"十二五"职业教育国家规划教材

经全国职业教育教材审定委员会审定

植物病理学

（第二版）

刘承焕　王存兴　主编

化学工业出版社

·北京·

《植物病理学》分上中下三篇，分别为植物病害基础知识、植物病理学的基本技术和植物病害的诊断与防治。植物病害基础知识包括植物病害的症状和分类、植物病害的病原物、植物病害的发生与发展三章，植物病理学的基本技术包括植物病害的调查技术、植物病害的诊断及标本采集制作技术、植物病害综合防治技术三章，植物病害的诊断与防治包括粮食作物病害的诊断与防治、油料作物病害的诊断与防治、经济作物病害的诊断与防治、蔬菜病害的诊断与防治、果树病害的诊断与防治五章。为强化技能训练，设计了四十个实验实训项目。本书配有电子课件，可从 www.cipedu.com.cn 下载使用。

本教材实践性强，适应面广，内容新，彩图多，既适合作为高等职业院校涉农专业的必修课教材，也可作为新农村建设的专业技术培训教材，还可作为守护在农业生产第一线的管理者和生产者的参考用书。

图书在版编目（CIP）数据

植物病理学/刘承焕，王存兴主编. —2版. —北京：化学工业出版社，2016.9（2024.9重印）
"十二五"职业教育国家规划教材
ISBN 978-7-122-27903-3

Ⅰ.①植… Ⅱ.①刘…②王… Ⅲ.①植物病理学-高等职业教育-教材 Ⅳ.①S432.1

中国版本图书馆 CIP 数据核字（2016）第 201510 号

责任编辑：李植峰　迟　蕾　张春娥　　　　装帧设计：史利平
责任校对：王素芹

出版发行：化学工业出版社（北京市东城区青年湖南街13号　邮政编码100011）
印　　刷：北京云浩印刷有限责任公司
装　　订：三河市振勇印装有限公司
787mm×1092mm　1/16　印张19¼　彩插4　字数492千字　2024年9月北京第2版第4次印刷

购书咨询：010-64518888　　　　　　　　　　售后服务：010-64518899
网　　址：http://www.cip.com.cn
凡购买本书，如有缺损质量问题，本社销售中心负责调换。

定　价：54.00元　　　　　　　　　　　　　　版权所有　违者必究

《植物病理学》(第二版) 编写人员

主　　编　刘承焕　王存兴
副 主 编　王红军　黄　敏　万玉玲　赵　静
编写人员　(按姓名汉语拼音排列)
　　　　　　黄　敏（曲靖职业技术学院）
　　　　　　李光武（中国农业大学烟台分院）
　　　　　　李永丽（河南科技大学）
　　　　　　刘承焕（济宁市高级职业学校）
　　　　　　刘春元（河南农业大学）
　　　　　　刘芳洁（晋中职业技术学院）
　　　　　　欧善生（广西农业职业技术学院）
　　　　　　孙　斌（河南农业职业学院）
　　　　　　孙吉翠（中国农业大学烟台分院）
　　　　　　万玉玲（辽宁省阜新蒙古族自治县中等职业技术专业学校）
　　　　　　王存兴（济宁市高级职业学校）
　　　　　　王红军（商丘职业技术学院）
　　　　　　徐　超（江苏农林职业技术学院）
　　　　　　张秀花（辽宁职业学院）
　　　　　　赵　静（广东生态工程职业学院）
　　　　　　赵书芹（河北省现代农业职教集团）

进入21世纪,三农建设越来越受到国家的重视,建设社会主义新农村已家喻户晓,农业生产如若上档次、上规模,农作物GAP生产要求农业技术人员必须掌握先进的生产技术和科学方法来实现作物高产优质,为人类提供无公害的绿色食品,而作物病虫害防治就是其中的一个重要环节。

植物病理学是作物生产技术、种子生产与经营、园林园艺、植物保护与检疫技术、观光农业等专业的一门重要必修课程。其目的是培养学生识别诊断农作物病虫害的基本技能和动手能力,在理论与实践结合的基础上提高作物病虫害防治的综合能力。本次修订教材在介绍相关基础理论知识和基本原理的基础上,注重实验、实习和实训等专业实践项目的开展,与岗位资格考试密切结合,及时融入新知识、新技术、新工艺和新方法,呈现教材的时代性、针对性和应用性,提高教学效果。全书分上中下三篇,分别为植物病害基础知识、植物病理学的基本技术和植物病害的诊断与防治。植物病害基础知识包括植物病害的症状和分类、植物病害的病原物、植物病害的发生与发展三章,植物病理学的基本技术包括植物病害的调查技术、植物病害的诊断及标本采集制作技术、植物病害综合防治技术三章,植物病害的诊断与防治包括粮食作物病害的诊断与防治、油料作物病害的诊断与防治、经济作物病害的诊断与防治、蔬菜病害的诊断与防治、果树病害的诊断与防治五章。为强化技能训练,设计了四十个实验实训项目。本书配有电子课件,可从www.cipedu.com.cn下载使用。

本教材实践性强,适应面广,内容新,彩图多,既适合作为高等职业院校涉农专业的必修课教材,也可作为新农村建设的专业技术培训教材,还可作为农业生产第一线的管理者和生产者的参考用书。

由于植物病理涉及面广,内容繁多,编者水平和能力所限,对书中出现的不妥之处,敬请读者批评指正,以便今后修改完善。

编者

2016年3月

第一版前言

随着我国办学体制的改革，高等职业教育在我国逐步兴起，农业类高等职业教育已经遍布全国。由于历史的原因，农业高等职业教育教材严重滞后。植物病理学是全国高等职业院校植物保护等种植类专业的专业必修课。过去多数采用大学本科教材，由于办学层次和办学方向的不同，这些教材很难适应高等职业教育。本教材是专为全国高职高专学校植物保护及种植类专业编写的，充分考虑到了高等职业教育的特点，力求科学、实用、够用、适用，突出了学生能力培养和生产实际的紧密结合，兼顾了学科体系的完整。该教材既包含一定量的专业理论知识，使学生对植物病理学有一个比较完整的概念，了解植物病理学一些基本理论和知识，又要兼顾到职业学校的特点，让学生能够掌握更多的实践技能，因而在编写过程中，我们采用理论与实践内容并重的原则。

在编写本教材过程中，编者广泛地吸取了各兄弟院校相关老师的意见，充分了解了各校目前的教学状况和教材使用情况。邀请济宁职业技术学院王存兴、刘承焕，中国农业大学（烟台）李光武、孙吉翠，商丘职业技术学院王红军，曲靖职业技术学院黄敏，晋中职业技术学院刘芳洁，河南农业大学刘春元，河南农业职业学院孙斌，河南科技大学李永丽，广西农业职业技术学院欧善生，河北省现代农业职教集团赵书芹等10所学校的12名高水平教师参加了本教材的编写，这些教师在全国具有广泛的代表性。

本教材共分两篇十一章。第一篇为总论部分，分为六章，主要讲述植物病理学的基本知识和技能。包括植物病害的基本概念，植物病原，植物病害的发生与发展，病害调查与防治和植物病理学基本方法技术等。占用总篇幅的三分之一左右。第二篇为各论部分，包含第七～十一章。内容主要包括粮食作物、油料作物、经济作物、蔬菜、果树等的病害，涵盖了全国主要种植作物种类。由于我国地域辽阔，气候条件差异较大，种植作物种类多，各地种植的作物种类不完全相同，病害发生的种类也不完全一样，因此在编写过程中，尽量照顾到全国各地的情况，各论部分编写病害种类较多，占用了约三分之二的篇幅，以便各个学校根据本地实际情况和实施性教学大纲，选讲适合本地的内容。

编者以及选用了当前农业生产上使用的最新技术成果，充实了教材内容，具有一定的先进性。本书共插图129幅，图文并茂。为了方便教师讲课和学生学习，我们同时编写了与本书配套的病害病状的原色图片光盘，供师生使用。

本书在编写过程中，得到了济宁职业技术学院冯艳梅老师的支持并提供部分病害症状照片；由于受到地域和时间的限制，部分光盘图片由专业网站提供，在此一并对所有关心和支持本书编写工作的同志们及提供图片的网站致以最诚挚的谢意。

由于高职高专农业类教材编写起步较晚，编者对许多细节的把握上还不够准确，加之能力水平受限，书中存在的疏漏和不足之处在所难免，请读者提出批评指正。

编者

2010 年 6 月

目 录

绪 论 ……………………………………………………… 1

上篇　植物病害基础知识　　　　　　　003

第一章　植物病害的症状和分类 …………………………… 4

第一节　植物病害的概述及发生条件 …… 4
　一、植物病害的概述 ……………………… 4
　二、植物病害的病原 ……………………… 5
　三、侵染性病害发生的基本条件 ……… 5
第二节　植物病害的症状 …………………… 6
　一、植物病害的病状及类型 …………… 6
　二、植物病害的病征及类型 …………… 7
　三、症状的变化及其在病害诊断中的
　　　作用 ……………………………………… 8

第三节　植物病害的分类 …………………… 9
　一、按病原类别分类 ……………………… 9
　二、按寄主植物类别分类 ……………… 9
　三、按寄主器官类别分类 ……………… 9
　四、按寄主生育期分类 ………………… 10
　五、按病害传播方式分类 ……………… 10
　六、按病害症状分类 …………………… 10
复习检测题 ……………………………………… 10
实验实训一　植物病害的症状观察 …… 10

第二章　植物病害的病原物 ………………………………… 12

第一节　植物病原真菌 ……………………… 12
　一、真菌的一般性状 …………………… 12
　二、真菌的分类和命名 ………………… 17
　三、植物病原真菌的主要类群 ………… 18
　四、真菌病害的特点 …………………… 34
第二节　植物病原原核生物 ……………… 35
　一、植物病原原核生物的一般性状 …… 35
　二、植物病原原核生物的主要类群 …… 37
　三、植物原核生物病害 ………………… 37
第三节　植物病原病毒 ……………………… 39
　一、植物病毒的一般性状 ……………… 39
　二、植物病毒的传播侵入 ……………… 41
　三、重要的植物病原病毒 ……………… 43
　四、植物病毒病的症状 ………………… 44
第四节　植物病原线虫 ……………………… 44
　一、植物病原线虫的一般性状 ………… 44
　二、植物病原线虫的主要类群 ………… 46
　三、植物线虫病的症状 ………………… 46

第五节　寄生性种子植物 ………………… 46
　一、寄生性种子植物的概念及特点 …… 46
　二、寄生性种子植物的主要代表 ……… 47
复习思考题 ……………………………………… 49
实验实训二　病原物的基本制片技术
　　　　　　　和观察 …………………………… 50
实验实训三　真菌营养体和繁殖体的观察 … 51
实验实训四　鞭毛菌、接合菌亚门真菌及
　　　　　　　其所致病害症状观察 ……… 53
实验实训五　子囊菌、担子菌亚门真菌及其
　　　　　　　所致病害症状观察 ………… 54
实验实训六　半知菌亚门真菌及其所致
　　　　　　　病害症状观察 ………………… 55
实验实训七　植物病原原核生物及其所致
　　　　　　　病害症状观察 ………………… 57
实验实训八　植物病原病毒、寄生线虫与寄生
　　　　　　　性种子植物及其所致病害
　　　　　　　症状观察 ………………………… 58

第三章　植物病害的发生与发展 ……………………………………………………… 61

第一节　病原物的寄生性、致病性及寄主植物的抗病性 ………… 61
一、病原物的寄生性和致病性 ……… 61
二、寄主植物的抗病性 ……………… 62
第二节　病原物的侵染过程 …………… 64
一、接触期 …………………………… 64
二、侵入期 …………………………… 65
三、潜育期 …………………………… 66
四、发病期 …………………………… 67
第三节　植物病害的侵染循环 ………… 67
一、植物病原物的越冬和越夏 ……… 67
二、植物病原物的传播 ……………… 69
三、初侵染和再侵染 ………………… 70
第四节　侵染性病害的流行 …………… 70
一、病害流行的因素 ………………… 71
二、病害流行主导因素分析 ………… 73
三、病害流行的变化 ………………… 73
四、病害流行的预测 ………………… 75
复习检测题 ………………………………… 77

中篇　植物病理学的基本技术　　78

第四章　植物病害的调查技术 ……………………………………………………… 79

第一节　调查的意义、类型和内容 …… 79
一、调查的意义 ……………………… 79
二、调查的类型 ……………………… 79
三、调查的内容 ……………………… 80
第二节　调查的方法和记载 …………… 80
一、调查的方法 ……………………… 80
二、调查资料的记载 ………………… 82
第三节　调查资料的统计与整理 ……… 83
一、调查资料的计算 ………………… 83
二、调查资料的整理 ………………… 84
复习检测题 ………………………………… 85
实验实训九　植物病害发生种类及为害情况的调查 ………………………… 85

第五章　植物病害的诊断及标本采集制作技术 …………………………………… 86

第一节　植物病害的诊断技术 ………… 86
一、植物病害诊断的程序 …………… 86
二、植物病害田间诊断技术 ………… 86
三、植物病害室内诊断技术 ………… 87
四、新病害的鉴定方法 ……………… 88
五、病害诊断注意事项 ……………… 88
第二节　植物病害标本的采集和制作技术 ………… 88
一、植物病害标本的采集 …………… 88
二、植物病害标本的制作 …………… 89
复习检测题 ………………………………… 90
实验实训十　植物病害的田间诊断 …… 91
实验实训十一　植物病害标本的采集和制作 ……………………… 91
实验实训十二　病原物的分离与培养 … 91

第六章　植物病害综合防治技术 …………………………………………………… 96

第一节　植物病害的综合防治 ………… 96
一、综合防治的概念 ………………… 96
二、制定综合防治措施应遵循的原则 …… 96
第二节　综合防治的方法 ……………… 97
一、植物检疫 ………………………… 97
二、农业防治 ………………………… 98
三、生物防治 ………………………… 100
四、物理机械防治 …………………… 101
五、化学防治 ………………………… 102
复习检测题 ………………………………… 103
实验实训十三　选择1~2种植物病害制定综合防治方案并实施防治 …… 103

下篇　植物病害的诊断与防治　　104

第七章　粮食作物病害的诊断与防治 ……………………………………………… 105

第一节　水稻病害的诊断与防治 ……… 105
一、稻瘟病 …………………………… 105
二、水稻胡麻斑病 …………………… 107
三、水稻纹枯病 ……………………… 108

四、水稻白叶枯病 …………………… 109
　　五、水稻烂秧病 ……………………… 111
　　六、水稻病毒病 ……………………… 112
　　七、水稻细菌性基腐病 ……………… 113
　　八、水稻其他病害 …………………… 114
　第二节　麦类病害的诊断与防治 …… 116
　　一、小麦锈病 ………………………… 116
　　二、麦类黑穗病 ……………………… 118
　　三、小麦白粉病 ……………………… 120
　　四、小麦赤霉病 ……………………… 121
　　五、小麦病毒病 ……………………… 122
　　六、小麦纹枯病 ……………………… 124
　　七、麦类其他病害 …………………… 125
　第三节　杂粮病害的诊断与防治 …… 126
　　一、玉米叶斑病 ……………………… 126
　　二、玉米瘤黑粉病 …………………… 128
　　三、玉米丝黑穗病 …………………… 129
　　四、玉米病毒病 ……………………… 130
　　五、高粱炭疽病 ……………………… 131
　　六、高粱黑穗病 ……………………… 132
　　七、谷子白发病 ……………………… 133
　　八、杂粮其他病害 …………………… 134
　复习检测题 …………………………… 135
　实验实训十四　水稻病害的症状和病
　　　　　　　　　原观察 ……………… 136
　实验实训十五　水稻病害的田间调查
　　　　　　　　　与防治 ……………… 137
　实验实训十六　麦类病害的症状和病
　　　　　　　　　原观察 ……………… 139
　实验实训十七　麦类病害的田间调查
　　　　　　　　　与防治 ……………… 140
　实验实训十八　杂粮病害的症状和病
　　　　　　　　　原观察 ……………… 141
　实验实训十九　杂粮病害的田间调查
　　　　　　　　　与防治 ……………… 142

第八章　油料作物病害的诊断与防治 …………………………………………… 144

　第一节　油菜病害的诊断与防治 …… 144
　　一、油菜菌核病 ……………………… 144
　　二、油菜霜霉病 ……………………… 146
　　三、油菜病毒病 ……………………… 147
　　四、油菜其他病害 …………………… 148
　第二节　大豆病害的诊断与防治 …… 149
　　一、大豆病毒病 ……………………… 149
　　二、大豆胞囊线虫病 ………………… 150
　　三、大豆霜霉病 ……………………… 151
　　四、大豆灰斑病 ……………………… 152
　　五、大豆紫斑病 ……………………… 153
　　六、大豆其他病害 …………………… 154
　第三节　花生病害的诊断与防治 …… 155
　　一、花生根结线虫病 ………………… 155
　　二、花生叶斑病 ……………………… 156
　　三、花生茎腐病 ……………………… 157
　　四、花生青枯病 ……………………… 158
　　五、花生其他病害 …………………… 159
　第四节　其他油料作物病害的诊
　　　　　断与防治 ……………………… 160
　　一、向日葵锈病 ……………………… 160
　　二、向日葵白粉病 …………………… 161
　　三、向日葵列当 ……………………… 161
　　四、芝麻叶枯病 ……………………… 162
　复习检测题 …………………………… 163
　实验实训二十　油料作物病害的症状
　　　　　　　　　和病原观察 ………… 163
　实验实训二十一　油料作物病害田间调
　　　　　　　　　查与防治 …………… 164

第九章　经济作物病害的诊断与防治 …………………………………………… 165

　第一节　棉花病害的诊断与防治 …… 165
　　一、棉花苗期病害 …………………… 165
　　二、棉花枯萎病 ……………………… 167
　　三、棉花黄萎病 ……………………… 169
　　四、棉花铃期病害 …………………… 170
　　五、棉花其他病害 …………………… 172
　第二节　甘薯病害的诊断与防治 …… 173
　　一、甘薯黑斑病 ……………………… 173
　　二、甘薯茎线虫病 …………………… 174
　　三、甘薯贮藏期病害 ………………… 175
　第三节　麻类病害的诊断与防治 …… 176
　　一、红麻炭疽病 ……………………… 176
　　二、红麻、黄麻立枯病 ……………… 178
　　三、红麻、黄麻根结线虫病 ………… 178
　第四节　烟草病害的诊断与防治 …… 179
　　一、烟草黑胫病 ……………………… 179
　　二、烟草青枯病 ……………………… 180
　　三、烟草蛙眼病 ……………………… 181

四、烟草赤星病 …………… 182
　　五、烟草花叶病 …………… 183
　第五节　糖料作物病害的诊断与防治 …… 184
　　一、甘蔗凤梨病 …………… 184
　　二、甘蔗赤腐病 …………… 186
　　三、甘蔗梢腐病 …………… 187
　　四、甜菜根腐病 …………… 187
　　五、甜菜褐斑病 …………… 188
　　六、甜菜蛇眼病 …………… 189
　第六节　茶树、桑树病害的诊断与防治 …… 190
　　一、茶云纹叶枯病 ………… 190
　　二、茶饼病 ………………… 191
　　三、茶轮斑病 ……………… 191
　　四、桑萎缩病 ……………… 192
　　五、桑里白粉病 …………… 193
　　六、桑紫纹羽病 …………… 194
　复习检测题 …………………… 195
　实验实训二十二　棉花病害的症状和病原观察 ………………… 195
　实验实训二十三　棉花病害田间调查与防治 …………………… 196
　实验实训二十四　甘薯病害的症状和病原观察 ………………… 197
　实验实训二十五　麻类、烟草、糖料作物病害症状与病原观察 … 198
　实验实训二十六　茶、桑病害症状与病原观察 ………………… 198
　实验实训二十七　麻类、烟草、甘蔗、茶树病害田间调查与防治 … 199

第十章　蔬菜病害的诊断与防治 …… 201

　第一节　十字花科蔬菜病害的诊断与防治 …… 201
　　一、大白菜软腐病 ………… 201
　　二、十字花科蔬菜霜霉病 … 202
　　三、十字花科蔬菜病毒病 … 204
　　四、十字花科蔬菜黑腐病 … 205
　　五、十字花科蔬菜其他病害 … 206
　第二节　茄科蔬菜病害的诊断与防治 …… 207
　　一、茄科蔬菜苗期病害 …… 207
　　二、茄科蔬菜青枯病 ……… 208
　　三、番茄早疫病 …………… 209
　　四、番茄晚疫病 …………… 210
　　五、番茄灰霉病 …………… 211
　　六、番茄病毒病 …………… 212
　　七、辣椒病毒病 …………… 214
　　八、辣椒炭疽病 …………… 215
　　九、辣椒疮痂病 …………… 216
　　十、茄子褐纹病 …………… 217
　　十一、茄子绵疫病 ………… 218
　　十二、马铃薯病毒病 ……… 219
　　十三、茄科蔬菜其他病害 … 220
　第三节　葫芦科蔬菜病害的诊断与防治 …… 221
　　一、黄瓜霜霉病 …………… 221
　　二、瓜类枯萎病 …………… 223
　　三、瓜类炭疽病 …………… 224
　　四、瓜类白粉病 …………… 225
　　五、瓜类病毒病 …………… 226
　　六、黄瓜黑星病 …………… 227
　　七、瓜类其他病害 ………… 228
　第四节　豆科及其他蔬菜病害的诊断与防治 …… 229
　　一、豆科蔬菜锈病 ………… 229
　　二、豆科蔬菜枯萎病 ……… 230
　　三、豇豆煤霉病 …………… 230
　　四、姜腐烂病 ……………… 231
　　五、葱紫斑病 ……………… 232
　　六、大蒜白腐病 …………… 232
　　七、大蒜细菌性软腐病 …… 233
　　八、芹菜斑枯病 …………… 233
　　九、芦笋茎枯病 …………… 234
　复习检测题 …………………… 235
　实验实训二十八　十字花科蔬菜病害的症状及病原观察 ……… 235
　实验实训二十九　十字花科蔬菜病害的调查与防治 …………… 236
　实验实训三十　茄科蔬菜病害的症状及病原观察 ……………… 237
　实验实训三十一　茄科蔬菜病害的调查与防治 ………………… 238
　实验实训三十二　葫芦科蔬菜病害的症状及病原观察 ………… 240
　实验实训三十三　豆科及其他蔬菜病害症状及病原观察 ……… 241

第十一章 果树病害的诊断与防治 … 243

第一节 仁果类果树病害的诊断与防治 …… 243
- 一、苹果树腐烂病 … 243
- 二、苹果炭疽病 … 245
- 三、苹果轮纹病 … 246
- 四、苹果白粉病 … 248
- 五、苹果斑点落叶病 … 249
- 六、苹果褐斑病 … 250
- 七、苹果病毒和类病毒病害 … 251
- 八、苹果、梨锈病 … 252
- 九、梨黑星病 … 253
- 十、梨黑斑病 … 254
- 十一、仁果类果树其他病害 … 255

第二节 葡萄病害的诊断与防治 … 256
- 一、葡萄白腐病 … 256
- 二、葡萄霜霉病 … 257
- 三、葡萄黑痘病 … 258
- 四、葡萄炭疽病 … 259
- 五、葡萄褐斑病 … 260
- 六、葡萄其他病害 … 260

第三节 柑橘病害的诊断与防治 … 262
- 一、柑橘黄龙病 … 262
- 二、柑橘溃疡病 … 263
- 三、柑橘疮痂病 … 264
- 四、柑橘炭疽病 … 265
- 五、柑橘贮运期病害 … 266

第四节 热带果树病害的诊断与防治 … 269
- 一、香蕉束顶病 … 269
- 二、香蕉镰刀菌枯萎病 … 269
- 三、香蕉炭疽病 … 270
- 四、龙眼、荔枝鬼帚病 … 271
- 五、荔枝霜疫霉病 … 272
- 六、荔枝、龙眼炭疽病 … 273
- 七、芒果炭疽病 … 274
- 八、芒果蒂腐病 … 276
- 九、芒果白粉病 … 277

第五节 核果类果树及其他果树病害的诊断与防治 … 278
- 一、桃褐腐病 … 278
- 二、桃细菌性穿孔病 … 279
- 三、桃缩叶病 … 280
- 四、桃疮痂病 … 281
- 五、柿角斑病 … 282
- 六、柿圆斑病 … 282
- 七、李袋果病 … 283
- 八、枣疯病 … 283
- 九、核桃黑斑病 … 284
- 十、板栗疫病 … 285

复习检测题 … 286

实验实训三十四 仁果类果树病害的症状及病原观察 … 286

实验实训三十五 仁果类果树病害调查与防治 … 287

实验实训三十六 葡萄病害症状及病原观察 … 288

实验实训三十七 柑橘病害的症状及病原观察 … 289

实验实训三十八 柑橘病害的田间调查与防治 … 290

实验实训三十九 热带果树病害的症状及病原观察 … 290

实验实训四十 核果类果树及其他果树病害症状及病原观察 … 291

参考文献 … 293

绪 论

栽培植物在生长发育和农产品贮藏运输过程中经常受到病害的威胁，并造成一定程度的损失，有时甚至形成严重的灾害。历史上曾经发生过许多因植物病害的大面积爆发和流行给人类带来重大灾难的实例。如：1845年，爱尔兰由于马铃薯晚疫病严重流行，曾造成上百万人因饥饿死亡或流离失所；1943年，孟加拉水稻胡麻斑病发生引起了严重的饥馑，导致200多万人死亡；我国1950年小麦条锈病大流行，使小麦减产60亿千克，这几乎相当于三千万人一年的口粮。由此看来，植物病害是世界各国都存在的自然灾害之一，据联合国粮农组织（FAO）估计，全世界农作物每年因植物病害所造成的产量损失，粮食作物约为10%、蔬菜约为40%。我国农作物因植物病害发生，每年损失粮食达1000多万吨。

植物病害不仅造成产量严重下降，其危害性还表现在以下多方面。

一是造成品质下降。如甜菜得褐斑病后含糖量大大减少；小麦患锈病后面筋减少。二是产生有毒物质。如甘薯黑斑病产生有毒物质黑疤酮，牛羊食病薯后导致气喘和死亡；用曾患有小麦赤霉病的小麦生产面粉，人食用后会出现呕吐、腹泻。三是限制了农作物种植。我国华北地区因红麻炭疽病发生而停种红麻40年。四是影响农产品的运输和贮藏。如大白菜软腐病、水果贮藏期病害在收获后经常发生。五是影响国际、国内贸易，如带有危险性病害的植物及农产品不能出口，从而使外贸活动受到限制，严重影响国际和国内经济贸易。

植物病害是农业增产和农产品质量提高的重要制约因素。因此，必须对植物病害进行科学有效的防治，才能提高作物的产量和质量，以更有利于人民的健康。

我国劳动人民具有与植物病害斗争的悠久历史。早在两千年前就认识到小麦"黄疸"（锈病）、麻类枯死现象与栽培的关系，明确了合理密植、轮作等方式可用来防病的作用；从公元6世纪起，对选择抗病品种、轮作倒茬以及种子处理等方面已有了比较详细的记载。然而，植物病理学作为一门具完整体系的科学，迄今仅有130多年的历史。近百年来，在世界各国工农业生产和科学技术迅速发展的推动下，植物病理学在基础理论、应用基础和病害防治的研究方面都取得了极大进步，并在植物保护工作上发挥着重大作用，以致成为农业科学教育中不可缺少的一门课程。但是，我国植物病理学真正在教学、科研和应用上取得巨大进展，还是在1949年之后，国家十分重视病虫害防治和检疫工作，建立健全了植物保护和检疫组织，提出了"防重于治"的植物保护策略。并在20世纪50年代《全国农业发展纲要》中，又规定在一切可能的地方，基本消灭严重危害农作物的11大病虫害。随着植保科学的发展和进步，防治病虫害的经验不断丰富，进而提出了我国现行的"预防为主，综合防治"的植保工作方针。进入21世纪，随着各类学科的发展，植物病理学必将为建立有利于提高农业综合生产能力、保护生物多样性、控制环境污染和节约能源的植物病害防治技术提供理论知识和技能。并通过对农业生态系统的有效调控，提高农作物病害控制工作的系统性、综合性、科学性和可持续性，为农业的可持续发展和生态环境的保护提供保障。

植物病理学是研究植物病害的病原、发生发展规律、防治策略以及防治技术的一门应用学科。该学科主要探讨了植物病害发生的各种生物和非生物因子及其引起病害的机制；病原物和寄主之间的相互关系以及控制病害发生、减轻发病程度、降低产量损失的方法和技术等。它与化学、数学、植物及植物生理学、农业气象、土壤肥料、遗传育种、植物栽培等学科密切联系。要学好这门课程，必须加强相关学科知识的学习，注意学科之间的联系和衔接，同时树立辩证唯物主义观点，理论联系实际，深入田间并进行大量的调查试验研究，真正掌握各种病害的识别、发生发展规律和防治技术，不断提高解决生产问题和科研的能力，认真贯彻我国的植保工作方针，为我国农业科学发展和经济可持续发展做出贡献。

上篇

植物病害基础知识

第一章 植物病害的症状和分类

➤知识目标

理解植物病害的内涵,了解植物病害发生的原因,掌握植物病害的症状类型以及症状在病害诊断中的作用。

➤能力目标

学会观察和描述症状的方法,能正确识别病状类型和病征类型。

第一节 植物病害的概述及发生条件

一、植物病害的概述

1. 植物病害的定义

植物在生长发育和储藏运输过程中,由于受到不良环境条件的影响或其他生物的侵染,使其正常的生长发育受到扰乱,在生理、组织和形态上发生一系列异常变化,造成产量降低、品质变劣,给人类带来一定的经济损失,这种现象称为植物病害。

2. 病理程序

植物发病时,首先生理上发生变化,如呼吸加强、代谢途径改变等,逐渐引起组织坏死、增生等变化,最后导致局部或整株的死亡、畸形、萎蔫等形态改变,将生理上的变化叫生理病变、组织上的变化叫组织病变、形态上的变化叫形态病变、植物受到不良环境影响或其他生物侵染后,在生理上、组织上、形态上发生一系列的病变过程称为病理程序。病理程序是鉴别植物发生病害还是植物受到伤害的重要依据,有病理程序的植物受害称为病害。如缺少氮肥,首先表现在生理上缺氮素,含氮有机物合成受阻,叶绿素合成减少,光合组织叶绿体形成减少,最后在形态上表现植株颜色变黄、生长受阻等。缺少氮肥,受害植物本身具有病理程序变化过程,因此缺氮是病害,称为缺素症。植物受到昆虫为害造成虫伤、机械损伤、高温灼伤等,没有生理变化,只是组织坏死和形态上的死亡同时出现,而不是从生理上、组织上到形态上的逐步变化,所以不是病害,而是伤害。

3. 植物病害的相对性

定义植物病害,是从生产和经济的观点出发,有些植物由于生物或非生物因素的影响,发生病变,但没有给人类带来经济损失,反而给人类带来了经济效益,这一般不称为植物病害。例如,茭白感染一种黑粉菌,因受病菌的刺激,幼茎肿大形成肥嫩可食的组织,食用价值更高;杂花郁金香是感染了病毒所致,这种郁金香更好看,人们把它视为一个新的品种来栽培;韭黄和蒜黄是在弱光下栽培的蔬菜,虽然这些都是"病态"的植物,但是却提高了经济利用价值,因此这些一般不属于植物病害。

📌资料卡片

植物病害的界定可依据以下几方面:植物病害有有害环境因素(生物因素和非生物因素)的作用;有动态连续的病理变化过程;造成一定的经济损失。这三方面缺一不可。

二、植物病害的病原

引起植物病害发生的原因称为病原，它是病害发生过程中起直接作用的主导因素。引起植物病害的病原种类很多，依据性质不同分为两大类，即生物性病原和非生物性病原。

1. 生物性病原

所有能引起植物病害的生物称为生物性病原，这类病原也被称为病原生物或病原物。各种病原物的营养都来自于其所依附的植物而不能自养，故又属于寄生物。被病原物寄生的植物叫做寄主植物，简称寄主。生物性病原种类很多，大致可分为以下几个类群：真菌、原核生物（细菌）、病毒、线虫和寄生性种子植物等。

由病原物侵染植物引起的植物病害都有侵染过程，能相互传染，故称为侵染性病害或传染性病害，也称寄生性病害。如黄瓜霜霉病、白菜软腐病等。

2. 非生物性病原

非生物性病原是指引起植物病害的不良环境因素，这类病原包括物理的和化学的因素，由于量的不适，导致植物发病。由非生物性病原引起的植物病害没有侵染过程，不能相互传染，故称为非侵染性病害或非传染性病害。常见的非生物性病原主要有以下几类：温度过高或过低、湿度过大或干旱、农药过量或成分不合适、工业废水或大气造成的环境污染、肥料过多或不足、光照不良或过强、盐碱害或缺氧等。这类病原不会造成传染，一旦环境条件改善，病害就会停止发生或慢慢好转。

三、侵染性病害发生的基本条件

植物与病原物同时存在于自然生态系统中，在长期共同进化过程中相互选择、彼此适应，往往能达到一定的动态平衡，一般不会导致严重发病，但在农田生态系统中，人类农事操作活动常无意识地改变着生态系统的组成和结构，造成栽培植物与病原物平衡失调，因而引起病害发生。由此可见，感病植物和病原同时存在是植物病害发生的基本条件。然而，植物和病原又同时处于一定的生态环境中，环境条件不仅分别影响着植物和病原，而且还影响着两者间的相互作用。当周围环境对植物生长发育有利而不利于病原发展时，植物的抗病能力增强，病原物致病力被削弱，植物不易发生病害；相反，如果环境有利于病原发展、不利于植物生长时，植物的抗病

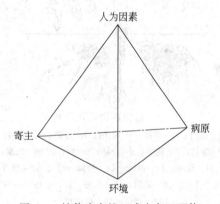

图 1-1　植物病害锥（或病害四面体）

能力减弱，则抗病的植物品种也可能发病。综上所述，植物病害发生需要有病原物、寄主植物和一定的环境条件配合，三者相互依存、缺一不可，任何一方的变化均会影响另外两方，这三者之间的关系称为病害三角或病害三要素。

农业生态系统是在人类活动下形成的，人类活动对植物病害的发生和消长具有重要影响。例如，采用不合理的栽培管理措施、不适当的耕作制度，种植了感病品种，从外地引种带进了危险性病原等，均可为某种植物病害的发生创造有利条件。因此，植物病害的发生除了寄主、病原物和环境外，还有人类活动干预，从而形成植物病害锥（病害四面体）学说（图 1-1）。

> **知识应用**
> 通过了解影响植物病害发生的因素,使人们能够准确地抓住病害发展过程中的主要矛盾,灵活运用农业科学知识,创造有利于栽培植物生长发育的条件,增强植物抗病性,控制病原的发生发展,更加积极、主动、有效地综合治理和防止病害发生。

第二节 植物病害的症状

植物感染病原物或受非生物因子的危害,经过生理病变和组织病变后,最后在形态上表现出不正常的变化,这种病变后的形态特征称为症状(图1-2,彩图1)。典型的植物病害症状包括病状和病征。

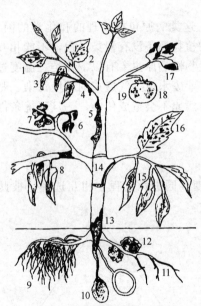

图1-2 植物病害症状示意图
1—花叶;2—穿孔;3—梢枯;4—流胶;5—溃疡;
6—芽枯;7—花腐;8—枝枯;9—发根;10—软腐;
11—根腐;12—肿瘤;13—黑脚(胫);14—维
管束变褐;15—萎蔫;16—角斑;17—叶枯(疫);
18—环斑;19—疮痂斑
(引自:许志刚,普通植物病理学,2006)

一、植物病害的病状及类型

病状是感病植物发病后本身所表现出来的不正常状态。常见的病害病状很多,变化也很大,为了便于描述,人为地将植物病害病状分为5种类型,即变色、坏死、腐烂、萎蔫和畸形等。

1. 变色

植物感病后,病部细胞内的叶绿素不能正常形成,或其他色素(如花青素、胡萝卜素等)形成过多,而使发病植物局部或全株色泽异常,称为变色。植物变色,尤其是叶片变色,是植物病害最常见的症状。较明显的变色症状主要有4种。

(1) 花叶 整株或局部叶片色泽深浅不匀,浓绿与黄绿相间,边缘清晰,并进一步发展为叶面凹凸不平的斑驳,常见于病毒病,如瓜类病毒病。

(2) 褪色 叶肉全部褪色而叶脉保持绿色;或仅叶脉褪色呈半透明状的明脉,多为缺素症和病毒病所表现的症状。

(3) 黄化 整株或叶片部分或全部均匀褪绿,色泽变成鲜黄或呈白色,多见于缺素症、病毒病害或植原体病害,如果树缺铁症、翠菊黄化病等。

(4) 着色 植物叶片或器官的叶绿素非正常消失,花青素增加,而变成紫色、红色等,一些生理性病害和病毒病害常表现着色症状,如棉红茎枯病、谷子红叶病。

2. 坏死

坏死是感病植物局部或大片组织的细胞死亡。由于病原和受害组织的性质不同,其表现特征也有显著差异。

(1) 斑点 或称病斑,多发生在茎叶和果实上,通常为局部组织坏死,病斑颜色不一,常见的有黑色、褐色、灰色、白色等。有时病斑上还有同心轮纹,显示出病原的扩展过程。病斑的形状各异,常见的有圆斑、条斑、梭斑、角斑、轮纹斑等,有的植物病害还因此得名,如水稻胡麻斑病、月季黑斑病、黄瓜细菌性角斑病等。斑点主要由真菌和细菌引起,冻害、药害和烟害也会造成斑点。

(2) 枯焦　表现为芽、叶、花、穗等全部或局部组织变褐枯死，或是病斑互相愈合连片，从而产生形状极不规则的枯焦病状，如棉花枯、黄萎病。

(3) 穿孔　在叶片病斑组织边缘形成离层，使病部脱落而产生穿孔，如桃穿孔病。

(4) 疮痂和溃疡　如果斑点表面粗糙，有的局部细胞增生而稍微突起，形成木栓化的组织，称为疮痂。由真菌或细菌引起，如柑橘疮痂病。溃疡多在木本植物枝干或果实等部位发生，其局部组织坏死，常深达形成层，形成凹陷病斑，病斑四周有木栓化愈伤组织形成，中间呈开裂状，并在坏死的皮层上出现黑色的小颗粒或小型盘状物，称为溃疡。一般由真菌、细菌或日灼等引起，如柑橘溃疡病。

(5) 炭疽　多在叶片、果实和新梢上形成的局部坏死病斑，于坏死组织上产生黑色小颗粒或黏液状物，称为炭疽。炭疽多由真菌引起，如棉花炭疽病。

(6) 立枯　植物幼苗得病后，近土表茎基部组织坏死缢缩，地上部逐渐枯死，但不倒伏，如多种植物幼苗立枯病。

(7) 猝倒　植物幼苗近土表茎基部组织坏死，幼苗迅速倒伏而死，如各种植物幼苗猝倒病。

3. 腐烂

腐烂是坏死的特殊形式，指植物的根、茎、叶、花、果实等细胞组织大面积的死亡和解体。由于组织分解的程度不同，腐烂分为干腐、湿腐和软腐。组织腐烂时，若组织解体缓慢，病组织向外释放的水分及时蒸发，则形成干腐；若组织解体较快，不能及时失水，则形成湿腐；若病组织中胶层受到破坏和降解，细胞离析，而后发生细胞消解，则称为软腐，如大白菜软腐病。根据腐烂的部位，腐烂分为根腐、基腐、茎腐、果腐、花腐等，还伴有各种颜色变化的特点，如褐腐、白腐、黑腐等。腐烂一般由真菌或细菌引起。

4. 萎蔫

萎蔫是由于植物缺水而使枝叶萎垂的现象，一般由真菌、细菌或生理原因引起。病理性萎蔫和因缺水引起的生理性萎蔫不同，病理性萎蔫是由于植物根茎组织或维管束系统遭到病原物的破坏及毒害，使水分无法输送到叶面所致，不会因灌溉而恢复。萎蔫可以表现为全株性的或局部性的，常因发病部位以及病害发展速度不同而异，如番茄青枯病、棉花枯萎病、棉花黄萎病等。

5. 畸形

畸形是植物受害部位的细胞和组织过度增生或生长分裂受抑制所造成的植株全株或局部器官、组织的形态异常。如植物生长特别细长，叫做徒长；或节间缩短，植物矮小形成矮缩；叶片变形，有卷叶、缩叶、细叶等；根、茎、叶过度分化生长，常产生毛根、丛枝；植物部分细胞过度分裂生长，形成癌瘤、虫瘿、菌瘿等。细菌、真菌和病毒均可造成畸形病状。

二、植物病害的病征及类型

病征是病原物在感病植物上所表现出来的特征。由真菌和细菌引起的植物病害，常在病害发展的一定阶段，于病部上产生病原的营养体及繁殖体，并构成肉眼可见的特异性表现，主要有 5 种类型。

1. 粉状物

粉状物是病原真菌在发病植物表面、表皮下或组织中产生的物质，以后破裂而散出。粉状物常因真菌类群不同而具有各自的特异性。

(1) 白粉　在患病植物叶片正面表层产生的大量灰白色粉末状物，为白粉菌所致病害的特征，如小麦白粉病、黄瓜白粉病等。

(2) 锈粉　初期在植物病部表皮下形成黄色、褐色或棕色病斑，表皮破裂后散出铁锈状粉末，称为锈粉。此为锈病特有的表现，如小麦锈病、菜豆锈病等。

（3）黑粉　是在病部形成菌瘿，瘿内充满大量黑色粉状物，或在茎秆、叶的表皮下产生黑色粉末，胀破表皮后露出，为黑粉菌所致病害的特征，如禾谷类植物的黑粉病及黑穗病。

（4）白锈　先在患病植物的表皮下形成白色疱状斑，破裂后散出灰白色粉末，称为白锈。此为白锈菌所致病害的特征，如十字花科植物白锈病。

2. 霉状物

霉状物是由真菌的菌丝、各种孢子梗及孢子在植物表面形成的肉眼可见的特征，其着生部位、颜色、质地因真菌种类不同而异。具体可分为以下几类。

（1）霜霉　多生于病叶背面，由气孔处产生的白色至紫灰色似霜状的霉状物叫霜霉，为霜霉菌所致病害的特征，如莴苣霜霉病、黄瓜霜霉病等。

（2）绵霉　于植物病部产生大量的白色疏松棉絮状霉状物，称为绵霉。此为水霉菌、腐霉菌和根霉菌等所致病害的特征，如茄子绵疫病、水稻绵霉病、甘薯软腐病等。

（3）霉层　是除了霜霉和绵霉以外，产生于任何患病部位的霉状物，并具有各种色泽，分别称为灰霉、青霉、绿霉、黑霉和赤霉等。许多半知菌所致病害产生这类特征，如月季灰霉病、棉铃红粉病等。

3. 粒状物

病原真菌在植物病部形成大小、形状、色泽、排列方式等各不相同的小颗粒状物，多数呈针头状、暗褐色至褐色。此为真菌的子囊壳、分生孢子器、分生孢子盘等所构成的特征，如苹果树腐烂病、各种植物炭疽病病部的粒状物等。

4. 菌核与菌索

菌核是真菌菌丝体紧密交结在一起形成的一种特殊结构，其形态、大小差别很大，有的似鼠粪状，有的呈菜籽状，多数为黑褐色，产生于植物受害部位。如稻纹枯病、油菜菌核病等。菌索是由真菌菌丝形成的绳索状结构。如根腐病、禾草白绢病等。

5. 菌脓

多数细菌性病害在潮湿时病部溢出含细菌菌体的脓状黏液，一般呈露珠状，或散布在病部表面呈菌液层，空气干燥时，脓状物风干后呈胶状。如水稻细菌性条斑病、黄瓜细菌性角斑病等。

此外，在植物病部产生的病征还有伞状物、马蹄状物、藻斑等。

植物病害的病状和病征既有区别，又相互联系，是症状统一体的两个方面。所有的植物病害都有病状，而病征只在真菌、细菌、寄生性种子植物和藻类所引起的病害上表现明显；病毒、植原体和类病毒等引起的病害无病征；线虫多在植物体内寄生，植物体外一般无病征；非侵染性病害也无病征。植物病害一般先表现病状，病状易被发现，而病征常在病害发展的某一阶段显现。

三、症状的变化及其在病害诊断中的作用

1. 症状的变化

一种植物在特定条件下发生一种病害后就会出现一种常见症状，称为典型症状。但大多数植物病害的症状不是一成不变的，它们会因为植物的品种、生育期、发病部位和环境条件的不同而变化，这种变化主要有以下几种类型。

（1）异病同症　不同的病原物侵染可以引起相似的症状，如叶斑病状可以由分类关系上很远的病原物引起，病毒、细菌、真菌等的侵染都可出现叶斑。

（2）同病异症　植物病害的症状会因发病的寄主种类、部位、生育期和环境条件的不同

而有所变化。如西葫芦花叶病在叶上表现花叶,在果实上表现畸形。

(3) 症状潜隐　有些病原物侵染寄主植物后只表现很轻微的症状,或不表现明显症状的潜伏侵染,病原物在它的体内正常地繁殖和蔓延,病株的生理活动也有改变,但是外观上不表现明显症状,这种现象称症状潜隐。如许多病毒病的症状会因高温而消失。

(4) 综合征　有的病害在一种植物上可以同时或先后表现两种或两种以上不同类型的症状,这种情况称综合征。如稻瘟病在芽苗期发生引起烂芽,在成株期侵染叶片产生枯斑,侵染穗部导致穗茎枯死引起白穗。

(5) 并发症　当两种或多种病害同时在一株植物上混发时,出现多种不同类型的症状,称为并发症。它们有时会彼此干扰发生拮抗现象,也可能出现加重病害的协生现象。

2. 症状在病害诊断中的作用

植物病害的症状是病害种类识别、诊断的重要依据。多数病害的症状表现相对稳定性,人们可以根据症状来认识和描述病害的发生和发展过程,选择最典型的症状来命名这种病害,如花叶病、叶枯病、腐烂病、丛枝病等,从这些病害名称就可以知道它的症状类型。当掌握了病害的症状表现,尤其是同病异症、综合征和并发症的变化以后就更容易对某些病害作出初步诊断,能确定它属于哪一类病害、它的主要特征在哪里,以及病因是什么等。因此,症状是人们识别病害、描述病害和命名病害的主要依据,在病害诊断中十分有用。但认识病害也不是那么简单的,有许多不同种类的病害症状相似,如稻瘟病和水稻胡麻叶斑病。也有些同一种类病害在不同品种、不同部位、不同环境条件下症状表现不同,如苹果轮纹病在苹果树干上形成瘤状突起、造成粗皮,在果实上形成轮纹状病斑;大白菜软腐病病叶在潮湿时呈软腐状,干燥时病叶呈透明薄纸状。因此,认识植物病害要加强不同病害的比较,注意症状的特殊变化,特别是对于新发生的病害和不太熟悉的病害,要注意症状结合病原物的识别,使诊断的病害确切无误。

第三节　植物病害的分类

目前对植物病害的分类没有统一的规定,但由于对病害的研究范围、发生共性以及防治需要等原因曾提出过各种不同的分类系统。

一、按病原类别分类

将病害分为侵染性病害(传染性病害)和非侵染性病害(非传染性病害)。在侵染性病害中,又可依据病原物种类的不同分为真菌性病害、细菌性病害、病毒病害、线虫病害、类菌原体病害、寄生性种子植物病害等。真菌性病害又可进一步细分为霜霉病、白锈病、白粉病、黑粉病和炭疽病等不同类型的病害。非侵染性病害按病因不同分为遗传性病害或生理病害、物理因素所致病害、化学因素所致病害等。

二、按寄主植物类别分类

植物病害可分为大田作物病害、果树病害、蔬菜病害、牧草病害、森林病害、观赏植物病害等。每类病害还可以再细分,如蔬菜病害又可分为十字花科蔬菜病害、茄科蔬菜病害等。这种分类有助于统筹制订某种植物上多种病害的综合防治计划。

三、按寄主器官类别分类

如果树病害可分叶部病害、果实病害、枝干病害、根部病害;而大田作物病害又有穗粒病害、蕾铃病害、维管束病害等。这种分类方法便于协调病害管理途径。

四、按寄主生育期分类

根据作物的生育阶段不同，可分为苗期病害、成株期病害、花铃期病害、贮藏期病害等。

五、按病害传播方式分类

如种苗传播病害、气流传播病害、土壤传播病害、介体传播病害等。这种分类方法有利于分析病害流行规律，并根据病害传播特点提出控制措施。

六、按病害症状分类

按症状表现，病害可分为腐烂型病害、斑点或坏死型病害、花叶或变色型病害、畸形病害、萎蔫类病害等。

此外，还可根据病害的传播流行速度和流行特点分为单年流行病、积年流行病。根据病原物的生活史分为单循环病害、多循环病害等。

复习检测题

1. 植物病害的主要特征是什么？
2. 阐述植物病害三要素的相互关系。
3. 简述植物病害症状的复杂性及其在病害诊断方面的作用。
4. 简述植物病害的症状类型。

实验实训一　植物病害的症状观察

【实训要求】

掌握各种病害的症状特征，正确识别病状和病征类型，为病害诊断奠定基础。

【材料与用具】

小麦黄矮病、水稻矮缩病、烟草花叶病、番茄蕨叶病、辣椒病毒病或当地作物其他病毒病害；棉花角斑病、水稻白叶枯病、番茄青枯病或当地作物其他细菌病害；十字花科根肿病及霜霉病、小麦白粉病、小麦赤霉病、小麦锈病、花生锈病、油菜菌核病、小麦散黑穗病、玉米黑粉病、稻瘟病、花生褐斑病、甘薯软腐病、甘薯镰刀菌干腐病、棉苗立枯病、黄瓜猝倒病、玉米大斑病、棉花枯萎病、棉花黄萎病、棉铃红粉病、水稻纹枯病、辣椒炭疽病、茄绵疫病或当地作物其他真菌性病害；水稻赤枯病、果树缺铁症等病害的盒装标本、浸渍标本及新鲜标本，以及症状挂图和多媒体课件。

手持放大镜、体视显微镜、镊子、挑针等。

【内容及步骤】

仔细观察每一实物标本，明确其属于哪一类型症状（病状和病征）。

1. 病状类型

（1）变色　观察小麦黄矮病、果树缺铁症、烟草花叶病、辣椒病毒病，叶片变为何种色泽？是全叶变色或局部变色？色泽是加深还是减褪？是否深浅交错呈"斑驳"状？

（2）坏死或腐烂

① 斑点：取所备材料观察，注意斑点的形状、大小、颜色以及有无轮纹等特点。

② 腐烂：观察甘薯软腐病、甘薯镰刀菌干腐病标本，各有何特征？是干腐还是湿腐？

③ 立枯和猝倒：取棉苗立枯病、黄瓜猝倒病标本观察，受害在何部位？茎基部是否缢缩？有何特异性病状表现？

（3）萎蔫　取番茄青枯病、棉花枯萎病、棉花黄萎病标本观察，植株是否保持绿色？与健株比较有何不同（最好到田间观察）？剥开病茎维管束有无变化？

（4）畸形、肿瘤、丛枝、矮化、徒长、叶片畸形等　取所备标本观察，各种畸形病状有何特征？与健株比较又有何不同？

2. 病征类型

（1）真菌性病害的病征

① 絮状物：观察水稻纹枯病、茄绵疫病标本，病部是否呈蜘蛛丝状物或棉絮状物？

② 霉层：取稻瘟病（灰色霉）、小麦赤霉病（粉红色霉）、棉铃红粉病标本观察，病部表面各产生何种颜色的霉状物？

③ 霜霉：取十字花科蔬菜霜霉病标本观察，叶背面有无霜霉状物？与霉层有何区别？

④ 白粉：取小麦白粉病标本观察，白色粉状物着生在何部位？白粉间是否见到小黑点？

⑤ 黑粉：取小麦散黑穗病、玉米黑粉病标本观察，病组织内有无黑色粉状物？病株与健株有何不同？

⑥ 锈粉：取花生锈病、小麦锈病标本观察，病叶有何特征？病部表皮下有无铁锈色粉状物？

⑦ 颗粒状物：取小麦白粉病、辣椒炭疽病标本观察，病部有无黑色小颗粒状物？

⑧ 菌核和菌索：观察油菜菌核病、水稻纹枯病、紫纹羽病标本，菌核呈何形态、何种色泽以及大小如何？紫纹羽病菌索有何特征？

（2）细菌性病害的病征　观察棉花角斑病、水稻白叶枯病标本，通常在潮湿时产生于植物表面，呈脓状黏液，或干燥时呈褐色胶粒状。

【实训作业】

将植物病害症状观察结果填入表1-1。

表1-1　植物病害症状观察记载表

观察日期_____　　　观察人_____

序号	病害名称	受害植物	发病部位	症状特点	症状类型		备注
					病状	病征	

第二章 植物病害的病原物

> 知识目标

认识植物病原的主要类群,了解不同病原类群的主要区别,掌握不同病原类型所引起病害的主要症状、侵染危害特点,为病害诊断和防治奠定基础。

> 能力目标

学会显微镜的使用方法、真菌及细菌制片的基本方法,观察不同病原引起的病害症状异同,了解植物真菌病、细菌病害鉴定的基本方法。

引起植物病害的病原物主要包括植物病原真菌、原核生物、病毒、线虫及寄生性植物等。

第一节 植物病原真菌

一、真菌的一般性状

真菌是一类有细胞壁和真正的细胞核;营养体为菌丝体,少部分为原质团、单细胞;多数通过产生孢子的方式进行繁殖;无叶绿素或其他光合色素,要从外界吸收营养物质才能生活的异养生物。植物病原真菌是指可以寄生在植物上并引起植物病害的真菌。

真菌分布广,在地球上的各种生态环境中,如土壤、农田、果园、森林、草原、空气、流水、海洋等到处都有真菌的存在。真菌的形态大小各异,小的通常要在显微镜下才能看清楚,大的其子实体达几十厘米。真菌种类繁多,据估计,全世界有真菌150万种,已被描述的约有10万种。引起植物病害的真菌约有8000种以上。

真菌与人类关系密切,有许多种类的真菌对人类有益,如粪肥的腐熟和有机物垃圾的分解;香菇、银耳、猴头等食用真菌的栽培;酒精、柠檬酸、头孢菌素、青霉素、维生素等化工产品和医药的生产;植物生长激素的萃取;酱油、麸醋、豆腐乳甚至面包等食品的加工;白僵菌、绿僵菌、捕食线虫的真菌、鲁保一号等在防治植物病虫草害方面的应用等,因而这些真菌成为人类不可缺少的朋友。但是,也有很多种真菌对人类是有害的,它们不仅能使大量贮存物资,如木材、纺织品、粮食霉烂,引起人类、家畜疾病,而且引起各种植物发生病害,造成极大损失。据不完全统计,在各类栽培植物的病害中,约有80%的植物病害是由真菌引起,且其中不少病害种类破坏性较大。例如,常见的稻瘟病、小麦锈病、棉花枯萎病、玉米大小斑病等,给农业生产带来了很大的危害。

1. 真菌的营养体

真菌的营养体一般为丝状体,称菌丝体,其上的单根丝状体称为菌丝。部分真菌的营养体为原质团或单细胞。

菌丝通常呈圆管状,无色透明或暗色;粗细不一,一般直径为5~6μm,少数小至0.5μm、大到100μm。菌丝有无隔与有隔之分,低等真菌的菌丝没有横隔膜,称无隔菌丝(图2-1),无隔菌丝体是一个多核、有细胞壁的大型丝状细胞,它们只有在细胞受伤或产生繁殖器官时才形成相应的隔膜。高等真菌的菌丝有横隔膜,称有隔菌丝。有隔菌丝呈竹节状，有多个细胞。真菌菌丝体一般是由孢子萌发、产生芽管发育形成的。菌丝多由顶端部分延伸而生长，且不断分枝，真菌菌体的每一部分都有潜在的生长能力，任何一段菌丝在条件适宜时均可发育成为新的菌丝体。

部分低等真菌的营养体为一团含有多核的原生质团，称为原质团。它们没有细胞壁，仅具细胞膜而无一定形态，又称为变形体，如根肿菌。少数种类的真菌营养体简单，为单细胞或单细胞上生有假根，或者在其他生物的营养体细胞间形成原始的丝状结构，如壶菌。

2. 真菌营养体的变态类型

菌丝体在一定的环境条件下或生长发育到一定阶段，可形成特殊的菌丝结构，有利于获取营养、繁殖、传播、度过不良环境等。常见的菌丝变态结构有吸器、假根、菌核、子座等。

（1）吸器 吸器是真菌深入到活的寄生植物细胞内吸取养分并有固着作用的菌丝变态类型。吸器的形状因病原菌而异，如霜霉菌吸器为丝状、白锈菌为小球状、白粉菌为掌状等（图2-2）。

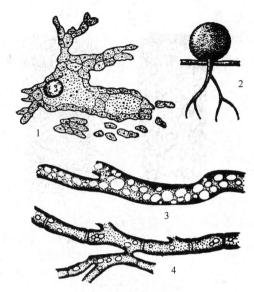

图2-1 真菌的营养体
1—变形体；2—单细胞；3—无隔菌丝；4—有隔菌丝

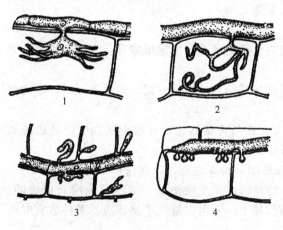

图2-2 真菌的吸器类型
1—白粉菌；2—霜霉菌；3—锈菌；4—白锈菌

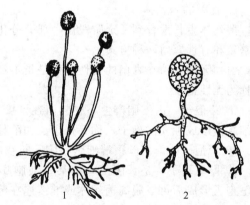

图2-3 真菌的假根
1—根霉菌的假根；2——种壶菌的假根

（2）假根 假根是伸入到基质内吸取养分并有固着作用的根状菌丝变态类型。如黑根霉（图2-3）。

（3）菌核 真菌的菌丝体形成密集的菌丝组织。菌丝组织有两种，一种是菌丝体组成比较疏松的疏丝组织；另一种是菌丝体组成比较紧密的组织，类似植物的薄壁组织，称为拟薄壁组织，拟薄壁组织中的菌丝密不可分。菌核就是由疏丝组织和拟薄壁组织共同构成的具有抵抗不良环境能力的菌丝结构，度过不良环境以后，在条件适宜的情况下，菌核萌发，形成新的菌体。菌核大小、形状和颜色因为不同真菌种类而不同。

（4）子座 子座是由疏丝组织和拟薄壁组织构成的在其上产生繁殖体的菌丝结构。它可为繁殖体储存营养，提供保护（图2-4）。

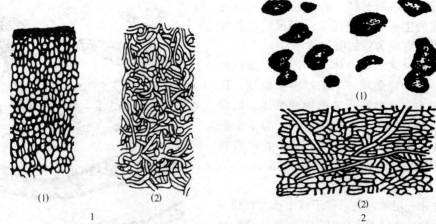

图 2-4 真菌的菌组织及变态类型
1—真菌的菌组织：(1) 拟薄壁组织；(2) 疏丝组织。
2—真菌的菌核：(1) 菌核外形；(2) 菌核横剖面

(5) 菌索　菌索是由菌组织形成的绳索状结构，其外形与高等植物的根近似，所以也称根状菌索。菌索的粗细不一，长短不同，有的可长达几十厘米。菌索可抵抗不良环境，有助于菌体蔓延和侵入。

有些真菌还可以形成菌环、附着胞等菌丝变态类型。

3. 真菌的繁殖体

菌丝体生长发育到一定阶段后，部分分化为繁殖器官或产生繁殖器官。真菌的繁殖分无性繁殖和有性繁殖两种方式。

(1) 无性繁殖　真菌的无性繁殖是指不经过两性结合的繁殖方式。无性繁殖所产生的孢子称为无性孢子。

① 芽孢子　由细胞产生小突起而逐渐膨大，在与母细胞相连处细胞壁收缩，最后脱离母细胞而形成独立的孢子，称芽孢子。如酵母菌的芽孢子。

② 粉孢子　由菌丝顶端细胞收缩、断裂成形的一种无性孢子，如白粉菌的无性孢子。

③ 厚垣孢子　是真菌菌丝的某些细胞膨大变圆、原生质浓缩、细胞壁加厚而形成的。厚垣孢子形成后可以脱离菌丝体或继续连在菌丝体上。它可以抵抗不良环境，条件适宜时萌发形成菌丝。

④ 游动孢子　是产生于孢子囊中的可以游动的孢子，产生游动孢子的孢子囊称为游动孢子囊。游动孢子囊由菌丝或孢囊梗顶端膨大而形成，呈球形、卵形或不规则形。游动孢子囊成熟时，以割裂的方式将原生质分割成原生质小块，这些小块发育成熟后形成孢子被释放出来。游动孢子为肾形、梨形或球形，无细胞壁，具1~2根鞭毛，可在水中游动，故称游动孢子。鞭毛有尾鞭和茸鞭两种。

⑤ 孢囊孢子　是产生于孢子囊中不能游动的孢子。其是在孢子囊中以原生质割裂方式产生的。孢子囊由孢囊梗的顶端膨大而形成。孢囊孢子呈球形，有细胞壁，无鞭毛，释放后可随风飞散。

⑥ 分生孢子　分生孢子是产生在特化的菌丝上的一种外生孢子，这个特化的菌丝称为分生孢子梗。分生孢子梗以芽殖、断裂的方式产生分生孢子。分生孢子梗单生、丛生、束生在菌丝上或着生在特殊的器官内，分枝或不分枝。分生孢子的种类很多，它们的形状、大

小、色泽、形成和着生的方式都有很大的差异。粉孢子可以看做分生孢子的一种特殊类型（图 2-5）。

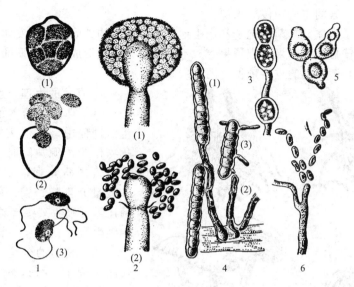

图 2-5 真菌的无性孢子类型

1—游动孢子：(1) 孢子囊；(2) 孢子囊萌发；(3) 游动孢子。2—孢囊孢子：(1) 孢子囊及孢囊梗；(2) 孢子囊破裂并释放出孢囊孢子。3—厚垣孢子。4—分生孢子：(1) 分生孢子；(2) 分生孢子梗；(3) 分生孢子萌发。5—芽孢子。6—粉孢子

（2）有性繁殖　真菌的有性繁殖是指真菌通过性细胞或性器官的结合而产生孢子的繁殖方式。真菌的性细胞称为配子，性器官称为配子囊。有性繁殖产生的孢子称为有性孢子。常见的有性孢子有结合子、卵孢子、接合孢子、子囊孢子和担孢子 5 种类型（图 2-6）。

① 结合子　通常由两个配子结合而成。

② 卵孢子　是由两个异型配子囊结合而形成的。厚壁，抵抗不良环境力强。雌性配子囊个体较大，其内部有卵球，称为藏卵器，雄性配子囊个体较小，称为雄器。

③ 接合孢子　是由两个同型配子囊融合成的厚壁、色深的休眠孢子。

④ 子囊孢子　通常由两个异型配子囊——雄器和产囊体相结合，分化形成子囊。子囊是无色透明、棒状或卵圆形的囊状结构。每个子囊中一般形成 8 个子囊孢子，子囊孢子形态差异很大。

⑤ 担孢子　通常直接由性别不同的菌丝结合成双核菌丝后，双核菌丝顶端

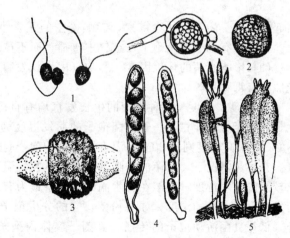

图 2-6 真菌的有性孢子类型
1—结合子；2—卵孢子；3—接合孢子；
4—子囊孢子；5—担孢子

细胞膨大成棒状的担子，在担子上产生 4 个外生孢子，称为担孢子。也有些菌的双核菌丝细胞壁加厚形成冬孢子，冬孢子萌发再产生担子和担孢子。

真菌的有性孢子大多在侵染植物后期或经过休眠期后产生的,如一些子囊菌越冬后次年春天才形成成熟的子囊孢子。真菌有性繁殖产生的结构和有性孢子具有度过不良环境的作用,是许多植物病害的主要初侵染来源。

(3)真菌的子实体　真菌的孢子和产生孢子的菌丝结构共同构成子实体。如子座、分生孢子盘、分生孢子器、子囊果、担子果等。不同的真菌可以形成不同类型的子实体,因此子实体可作为识别真菌种类的重要依据(图2-7)。

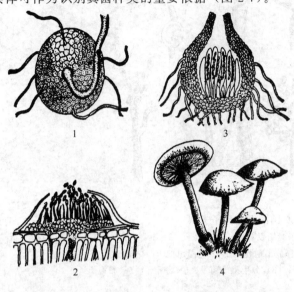

图 2-7　真菌的主要子实体类型
1—分生孢子器；2—分生孢子盘；
3—子囊果；4—担子果

4. 真菌的生理与生态

(1)真菌对营养的要求　真菌在生活过程中,必须从外界吸收有机碳化物作为能源。同时,还需要氮和多种无机矿质元素,如磷、钾、硫、镁和微量元素锌、铜、硼等。也有的真菌还需要吸收某些特殊的有机化合物,如维生素等。

(2)真菌的分泌　在真菌的整个代谢过程中,可以分泌酶、毒素、激素、色素等。分泌的酶主要是水解酶,其作用是把不溶解的有机物变成可溶性的,或把大分子有机物分解为小分子化合物,以便于真菌吸收。同时可以造成寄主植物的组织变软腐烂,如多种软腐病。毒素,不仅影响周围微生物的活动,也可引起寄主植物细胞中毒死亡,如镰刀菌分泌的镰刀菌酸引起枯萎病。激素,如赤霉素,影响寄主的正常生长、代谢,如水稻恶苗病造成水稻的死亡。色素,有利于真菌孢子在空气中传播,而不被紫外线杀死。

(3)影响真菌的环境因素　影响真菌生长发育的主要环境因素有温度、湿度、酸碱度、光照和有毒物质等。

① 温度、湿度　各种真菌的生长发育均有自己的温度范围,超出这个范围即不能正常生长,甚至造成死亡。一般真菌孢子的萌发温度为10～30℃,有的真菌孢子萌发最低温度为0℃,最高温度则达40℃。温度不仅影响孢子萌发,同时也影响孢子的形成和菌丝体的发育。在自然情况下,真菌的休眠器官多数是在气温下降的季节产生的。多数真菌孢子萌发要求较高的相对湿度,甚至在有水滴的条件下最为有利,如霜霉菌。但也有一部分真菌的孢子萌发时不需太高的湿度,如白粉菌,它的分生孢子在相对湿度为25%以下时也能萌发。此外,低等真菌游动孢子的传播、真菌子实体内孢子的排出等,均需要有水的存在才能顺利进行。

② 光照　光照对真菌的生长发育有一定的影响,例如,黄瓜霜霉病菌在光照和黑暗交替的环境下,有利孢子囊的形成；小麦秆锈病菌在接种后置于黑暗下3h,再给以7h光照的麦苗,长出的孢子堆最多。

③ 酸碱度　真菌对所处环境的酸碱度也有一定的适应范围,一般在pH 3～9之间均能生长。

④ 有毒物质　真菌对有毒物质的反应常因种类不同而异。多数真菌对铜和汞敏感,而

青霉菌则能忍耐高浓度的铜离子溶液；霜霉菌类对人工合成的瑞毒霉敏感，硫制剂多用于防治白粉病。研究真菌对毒物的反应，有助于杀菌剂的筛选工作。

5. 真菌生活史

真菌生活史是指从某种孢子萌发开始，经过营养生长和繁殖，最后又产生同一种孢子的过程。真菌的典型生活史一般包括无性阶段和有性阶段（图2-8）。

真菌的孢子在适宜条件下萌发产生芽管，发展成菌丝体，在植物细胞间或细胞内吸取养分，生长蔓延，经过一定的营养生长之后，产生无性孢子飞散传播，无性孢子再萌发，又形成新的菌丝体，并扩展繁殖，这就是无性阶段。无性孢子的繁殖力强，在一个生长季节中可发生多次，产孢的数量大，常成为植物病害发生流行的重要原因。但无性孢子对不良环境的抵抗力弱、寿命短，当环境条件不适宜或真菌病害发生的后期，则进行有性繁殖，产生有性孢子。有性孢子一般1年只发生1次，数量较少，其对不良环境的抵抗力强，常是休眠孢子，经过越冬或越夏后，次年再行萌发，并且常常成为初次侵染的来源。

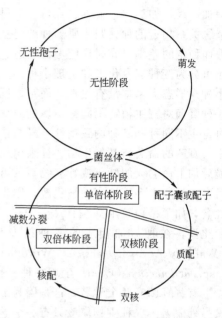

图2-8 真菌典型生活史图解

少数真菌在生活史中可产生多种孢子类型，称为孢子多型性。如典型的锈菌在其生活史中可以形成冬孢子、担孢子、性孢子、锈孢子和夏孢子5种不同类型的孢子。多数真菌的生活史可以在一种寄主上完成。少数种类的真菌需要两种以上不同的寄主才能完成生活史的称转主寄生现象，如梨胶锈菌。

真菌的种类很多，不是所有真菌按典型生活史模式完成个体发育，有些真菌只有无性繁殖阶段，极少进行有性繁殖；亦有真菌以有性繁殖为主，无性孢子很少产生或不产生；甚至有些真菌在整个生活史中不形成任何孢子，全由菌丝体完成。了解真菌的生活史，可找到真菌生活史中的薄弱环节，切断真菌生活史，达到防治病害的目的。

二、真菌的分类和命名

1. 真菌在生物中的地位

对于生物的分类，不同的人有不同的看法，有学者先后提出两界、三界、四界、五界和八界系统。目前应用比较普遍的有五界和八界系统，现简介如下。

（1）五界系统说 约翰（John，1949）、惠特克（Whittaker，1969）等多位学者先后提出了生物五界分类系统，真菌独立成菌物界，但内容各异。其中最有代表性的是将生物分为原生动物界、原核生物界、动物界、植物界和菌物界。

（2）八界系统说 1981年，Cavaliaer-Smith首次提出细胞生物八界分类系统，即真菌界、动物界、胆藻界、绿色植物界、眼虫动物界、原生动物界、假菌界及原核生物界。1995年出版的《真菌词典》（第8版）接受了八个界的系统。原来真菌所包括的一些种类被分到其他界中，如卵菌被归入假菌界、黏菌被归入原生动物界。因此，原来一直使用的"真菌"一词已不是一个分类单元或分类术语，而是涉及上述假菌界、原生动物界和真菌界三个界的一群生物的通称。因此，国内有些专家、学者建议今后应将"真菌"改称为"菌物"，将

"真菌学"改称为"菌物学"。这一观点目前还未被广大学者所接受。

为了使用上的方便，本书仍采用五界系统，菌物界分为黏菌门和真菌门，所涉及的真菌为真菌门的真菌，真菌门分五个亚门。

2. 真菌的各级分类单元和命名

真菌的各级分类单元为界、门、纲、目、科、属、种，必要时在两个分类单元之间还可增加一级，如亚门、亚纲、亚目、亚科、亚属、亚种等。种是真菌最基本的分类单元，许多亲缘关系相近的种就归于属。种的建立是以形态为基础，种与种之间在主要形态上应该有显著而稳定的差别，有时还应考虑生态、生理、生化及遗传等方面的差别。真菌在种下面有时还可分为变种、专化型和生理小种。变种也是根据一定的形态差别来区分的。专化型和生理小种在形态上基本没有差别，而是根据其致病性的差异来划分的。专化型的划分大多是以同一种真菌对寄主植物不同科、属的致病性差异为依据；生理小种的划分大多是以同一种真菌对寄主不同种和品种的致病性差异为依据。

真菌的命名与其他生物一样采用拉丁文双名法，即第一个词是属名，第二个词是种名，最后加上命名人的姓氏或姓名缩写（可省略）。属名第一个字母要大写，种名所有字母都小写。如果原学名不恰当而被更改，则将原定名人姓氏缩写加括号，在括号后再注明更改人的姓名，如苹果白纹羽病菌：*Rosellinia necatrix*（Hart.）Berl.。如果种的下面还分变种或专化型，在种后加相应的变种或专化型的名称，如桃白粉病菌 *Sphaerotheca pannosa*（Wallr.）Lev. var. *persicae* Woronich、黄瓜枯萎病菌 *Fusarium oxysporium*（Schl.）f. sp. *cucumerium* Owen。生理小种一般用编号来表示。

有些真菌有两个学名，这是因为最初命名时只发现其无性阶段，以后发现了有性阶段时又另外命名。一种生物应该只有一个学名，但为了应用上的方便，目前默许部分真菌有两个学名。如葡萄黑痘病菌的无性阶段学名为 *Sphaceloma ampelinum* de Bary，有性阶段的学名为 *Elsinoe ampelina*（de Bary）Shear。通常真菌无性阶段的学名更为常用。

三、植物病原真菌的主要类群

1. 鞭毛菌亚门

鞭毛菌亚门真菌的营养体多为无隔的菌丝体，少数为原生质团或具细胞壁的单细胞；无性繁殖产生具鞭毛的游动孢子；游动孢子多为球形、梨形或肾状，无细胞壁，顶生或侧生1~2根鞭毛。有的鞭毛上具纤细茸毛，称为茸鞭；有的鞭毛上无茸毛，称为尾鞭。游动孢子利用鞭毛在水中游动。游动孢子初期为梨形，顶生鞭毛，游动一段时间后变为不动的静止孢子，静止孢子可以再次伸出鞭毛形成肾脏形游动孢子，然后再收缩鞭毛形成无鞭毛静止孢子，最后萌发出菌丝，称为游动孢子双游式。但有些种类真菌游动孢子第一次形成静止孢子就萌发出菌丝，没有第二次游动过程，称为游动孢子单游式。有性繁殖形成结合子或卵孢子。鞭毛菌大多数生于水或湿土中，少数具有两栖和陆生习性；有腐生的，也有寄生的；有些高等鞭毛菌是植物上的重要病原菌。

鞭毛菌亚门一般分为4个纲，即根肿菌纲、壶菌纲、丝壶菌纲和卵菌纲，约有10个目190个属1100多种。划分纲的依据主要是游动孢子上鞭毛的数目、类型及着生位置等。

在鞭毛菌中，与植物病害关系密切的主要有根肿菌纲与卵菌纲真菌，尤其是卵菌纲

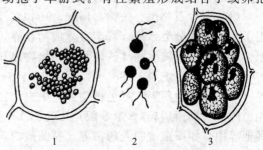

图 2-9 根肿菌纲的主要属
1—根肿菌属；2—游动孢子形态；3—粉痂菌属

真菌,其中有不少是重要的植物病原菌。

(1) 根肿菌纲　根肿菌纲全部为寄生菌。为害种子植物时,主要侵害地下部分而形成膨大或肿瘤等症状。其营养体为多核无壁的原生质团。无性繁殖产生游动孢子,游动孢子具尾鞭型双鞭毛,不等长。有性繁殖形成结合子,结合子侵染寄主,经过生长发育,最后分化形成休眠孢子囊。本纲仅1目1科,已知有15属。有两个代表属(图2-9)。

① 根肿菌属(*Plasmodiophora*)　休眠孢子囊不联合成休眠孢子堆,而是分散在寄主细胞内。该属真菌都是细胞内专性寄生菌,如芸薹根肿菌。

② 粉痂菌属(*Spongospora*)　休眠孢子囊集合成中空的海绵状球体。如马铃薯粉痂病菌。

(2) 卵菌纲　卵菌纲是鞭毛菌中最大的一个纲,它包括很多为害严重的植物病原真菌。多数卵菌营养体为非常发达的无隔菌丝体。无性繁殖产生具有一根尾鞭和一根茸鞭的游动孢子,有性繁殖则是藏卵器和雄器结合而形成卵孢子。

依据菌体形态、产果方式、卵球数目以及游动孢子等情况,通常把卵菌纲分为4个目,即链壶菌目、水节霉目、水霉目和霜霉目,霜霉目真菌能寄生高等植物并引起严重病害,少数水霉目真菌也能引起植物病害。

水霉目和霜霉目主要区别为:水霉目真菌藏卵器中有一个到多个卵球,游动孢子有两游现象,孢子囊不脱落,多为腐生,少数为鱼或高等植物的弱寄生菌。霜霉目真菌藏卵器中一般有一个卵球,游动孢子两游式,孢子囊易脱落,多为植物寄生菌。水霉目与植物病害有关的仅一个科,即水霉科。包括19个属,其中重要的属如下所述(图2-10)。

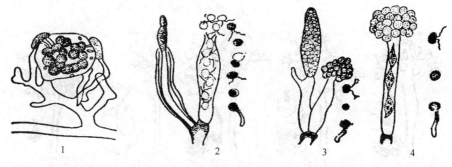

图2-10　水霉科的主要属
1—水霉属多卵球的藏卵器和雄器;2—水霉属孢子囊;
3—绵霉属;4—丝囊霉属

① 水霉属(*Saprolegnia*)　孢子囊棒状,具层出现象,游动孢子两游式,主要有引起稻苗烂秧病的串囊水霉菌等。

② 绵霉属(*Achlya*)　游动孢子囊棍棒状,次生孢子囊自初生孢子囊侧面长出。游动孢子两游式,但第一游动阶段较短,不明显。主要有稻绵霉菌、鞭绵霉菌等。

③ 丝囊霉属(*Aphanomyces*)　游动孢子囊纤细与菌丝无明显区别,内部游动孢子排成一列,释放时聚集在孢子囊孔口处形成静止孢子。主要有甜菜猝倒病菌、萝卜黑根病菌等。

霜霉目分类主要是根据孢囊梗的形态、孢子囊的产生方式、生活习性以及寄生性等。一般分为4个科,亦即腐霉科、霜疫霉科、霜霉科和白锈菌科。它们多数是各种经济植物的重要病原菌。其重要的属如下所述(图2-11~图2-13)。

① 腐霉属(*Pythium*)　孢子囊棒状、姜瓣状或球形,着生在孢囊梗顶端或菌丝中间。

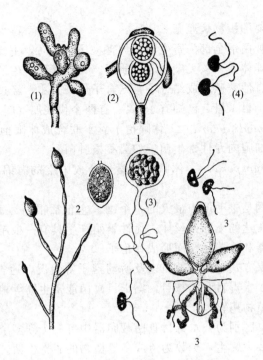

图 2-11 腐霉科的主要属
1—腐霉属：(1) 姜瓣状孢子囊；(2) 藏卵器和雄器；
(3) 孢子囊萌发形成泡囊；(4) 游动孢子。
2—疫霉属。3—指疫霉属

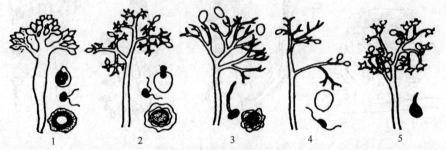

图 2-12 霜霉科各主要属
1—指梗霉属；2—单轴霜霉属；3—霜霉属；4—假霜霉属；5—盘梗霜霉属

孢子囊萌发时先形成泡囊，泡囊内产生游动孢子。藏卵器内仅产生一个卵孢子。主要有引起幼苗猝倒病的瓜果腐霉菌等。

② 疫霉属（*Phytophthora*） 孢囊梗呈不规则合轴分枝。孢子囊顶生，卵形、梨形或不规则形，顶部具有乳状突起，成熟后脱落。雄器侧生或包围在藏卵器基部。主要有引起马铃薯和番茄晚疫病的致病疫霉菌。

③ 指梗霉属（*Sclerospora*） 孢囊梗粗短，顶部不规则分枝呈指状，孢子囊柠檬形或倒梨形。藏卵器壁与卵孢子壁愈合，主要有引起谷子白发病的禾生指梗霉菌。

④ 单轴霉属（*Plasmopara*） 孢囊梗单轴式分枝，分枝与主枝成直角，分枝末端较钝。孢子囊卵形，有乳突。如引起葡萄霜霉病的单轴葡萄霜霉病菌。

⑤ 霜霉属（*Peronospora*） 孢囊梗双叉状分枝，末端尖细。孢子囊无乳状突起。如引起大豆霜霉病的东北霜霉菌。

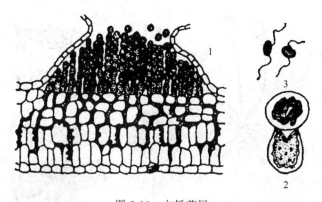

图 2-13　白锈菌属
1—蕹菜白锈菌突破寄主表皮的串生孢子囊；2—卵孢子萌发；3—游动孢子

⑥ 假霜霉属（*Pseudoperonospora*）　孢囊梗拟二叉分枝，末端尖细。孢子囊椭圆形，有乳状突起。如引起黄瓜霜霉病的古巴假霜霉瓜类霜霉病菌。

⑦ 盘梗霉属（*Bremia*）　孢囊梗双叉状分枝，末端膨大呈碟状，碟缘生小梗，孢子囊着生在小梗上，卵形，有乳头状突起。如引起莴苣及菊科植物霜霉病的莴苣盘梗霉菌。

⑧ 白锈菌属（*Albugo*）　孢囊梗短粗，棒状不分枝，栅栏状生于寄主表皮细胞下，孢子囊串生，球形，成熟时突破寄主表皮。卵孢子壁有纹饰。如白锈菌能引起十字花科植物白锈病。

2. 接合菌亚门

接合菌亚门真菌营养体为发达的无隔菌丝体；无性繁殖产生不动的孢囊孢子；有性繁殖一般为同型配子囊结合，产生接合孢子。接合菌在自然界中分布较广，大多数为腐生菌，少数为弱寄生菌，可寄生于藻类、蕨类、种子植物和昆虫等。

接合菌亚门分为两个纲：接合菌纲和毛菌纲。其中接合菌纲虫霉目真菌多是昆虫的寄生菌，捕虫菌目真菌大都寄生或摄食土壤中的原生动物、线虫和其他小动物。这两个目在生物防治方面具有研究价值。毛霉目真菌常根据菌丝体、孢囊梗及孢子囊的形态差异分为 14 个科 50 余属，其中能引起植物病害的主要有毛霉科的毛霉属和根霉属。

根霉属（*Rhizopus*）真菌的菌丝体发达，以假根附着在基物上，匍匐枝向外蔓延。孢囊梗 2~5 根与假根对生，不分枝，顶端膨大成头状孢子囊。孢子囊初为白色，成熟后变黑色，破裂时散出大量球形、卵形或多角形的孢囊孢子。接合孢子黑褐色、球形、厚壁，表面有瘤状突起。根霉属真菌大多为腐生菌，有些种对植物有一定的弱寄生性。如引起甘薯软腐病的匍枝根霉菌（图 2-14）。

3. 子囊菌亚门

子囊菌亚门真菌的营养体除酵母菌为单细胞外，其他子囊菌都是分枝繁茂的有隔菌丝体，有的种类还可形成菌核、子座等菌组织；无性繁殖在孢子梗上产生分生孢子，产生分生孢子的子实体类型有分生孢子梗束、分生孢子座、分生孢子器、分生孢子盘等；有性繁殖产生子囊，内生 8 个子囊孢子。子囊通常产生在有包被的子囊果内。

子囊果一般有 4 种类型：在子囊形成过程中，子囊下边的菌丝（不孕菌丝）包围子囊可以形成球状无孔口的闭囊壳或瓶状、球状、有固定孔口的子囊壳；也可形成开口较大呈盘状或杯状的子囊盘；有些种类的子囊菌则先形成子座，在形成子囊的过程中，子座消解出一个容纳子囊的空间，形成无真正壳壁的子囊腔。不同种类的子囊菌可以形成不同的子囊果类型，有少数种类不形成子囊果（图 2-15）。

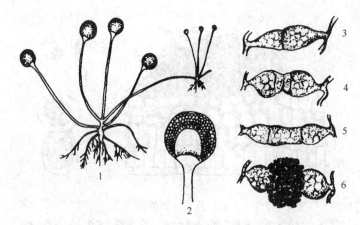

图 2-14 匍枝根霉菌
1—孢囊梗、孢子囊、假根和匍匐枝；2—放大的孢子囊；3—原配子囊；4—原配子囊分化为配子囊和配子囊柄；5—配子囊交配；6—交配后形成的接合孢子

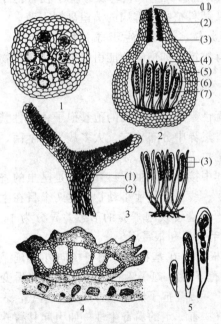

图 2-15 子囊果的类型
1—闭囊壳和散生的子囊。
2—子囊壳：(1) 孔口；
(2) 缘丝；(3) 子囊壳壁；(4) 子囊孔；
(5) 侧丝；(6) 子囊；(7) 子囊孢子。
3—子囊盘：(1) 囊层基；(2) 囊盘被；
(3) 子囊、侧丝及子囊孢子放大。
4—内含多子囊腔的子座。
5—双层壁的子囊

子囊果内除子囊外，许多子囊菌的子囊果内还包含有不孕丝状体。这些丝状体有的在子囊形成后消解，有的仍然保存。侧丝是一种从子囊果基部向上生长、顶端游离的丝状体。侧丝生长于子囊之间，通常无隔，有时有分枝，侧丝吸水膨胀，有助于子囊孢子释放。顶侧丝是一种从子囊壳中心的顶部向下生长、顶端游离的丝状体，穿插在子囊之间。拟侧丝是子囊腔中的子囊形成过程中，子座消解残留在子囊腔中上下贯通的菌丝。缘丝是指子囊壳孔口或子囊腔溶口内侧周围的毛发状丝状体。

绝大多数的子囊菌为陆生类型，处于比鞭毛菌和接合菌更高的演化地位。

子囊菌亚门与植物关系密切的有 5 个纲：

半子囊菌纲，无子囊果，子囊裸生；不整囊菌纲，子囊果是闭囊壳，子囊孢子成熟后子囊壁消解；核菌纲，子囊果为子囊壳，如果是闭囊壳，子囊壁不消解；腔菌纲，子囊生于子囊座中的子囊腔内，子囊双囊壁；盘菌纲，子囊果是子囊盘。

(1) 半子囊菌纲 半子囊菌纲真菌无子囊果，子囊裸生，菌体为菌丝或酵母状单细胞。引起植物病害的只有外囊菌目中的外囊菌属。

外囊菌属（*Taphrina*）为活体寄生菌。子囊裸露，平行排列在寄主表面，呈栅栏状。子囊长筒形，其内有 8 个子囊孢子，子囊孢子椭圆形或圆形，单细胞。子囊孢子在子囊内可芽殖产生芽孢子。外囊菌都是高等植物的寄生物，引起叶片、枝梢和果实的肿胀、皱缩。如桃缩叶病菌（*T. deformans*）（图 2-16）、李囊果病菌（*T. Pruni*）等。

(2) 核菌纲 核菌纲真菌是子囊菌亚门中种类最多的纲，分布广泛。可腐生，亦可寄生。寄

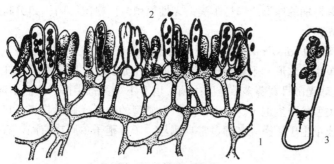

图 2-16 桃缩叶病菌
1—寄主组织；2—子囊及子囊孢子；3—子囊在足细胞上形成

生植物引起许多重要的病害。营养体发达，为有隔菌丝体。无性繁殖产生各种类型的分生孢子。有性繁殖形成典型的子囊壳和闭囊壳，子囊单层壁。

核菌纲一般分为白粉菌目、小煤炱目、冠囊菌目和球壳菌目 4 个目。其中与植物病害有关的主要是白粉菌目和球壳菌目。

① 白粉菌目　白粉菌目真菌一般称作白粉菌，都是高等植物上的专性寄生菌，可引起植物的白粉病。白粉菌的菌丝体很发达，无色透明或浅褐色，大都生长在寄主的表面，产生球状或指状的吸器，伸入寄主表皮细胞或叶肉细胞中吸收养分。无性繁殖是从菌丝体上形成分生孢子梗，再在上面形成单个或成串的椭圆形或其他形状的分生孢子。菌丝体与分生孢子梗及分生孢子在寄主表面形成白粉状的病征，因此这类病害称作白粉病。有性繁殖产生闭囊壳，成熟的闭囊壳球形或近球形，四周或顶端有各种形状的附属丝，肉眼看呈黑色小颗粒状。闭囊壳中有一个或多个子囊。子囊有卵形、椭圆形或圆筒形，内有 2~8 个椭圆形的子囊孢子。

白粉菌目只含有白粉菌科，我国有白粉菌 22 个属（有性态 18 属，无性态 4 属）。白粉菌分属的主要依据是闭囊壳上附属丝的形态及闭囊壳内的子囊数目。主要属（图 2-17）有以下几种。

a. 白粉菌属（*Erysiphe*）：菌丝表生，附属丝菌丝状，闭囊壳内有多个子囊，子囊孢子 2~8 个，无色、椭圆形。无性繁殖串生单胞椭圆形的分生孢子。如引起瓜类白粉病的二孢白粉菌。

b. 布氏白粉属（*Blumeria*）：与白粉菌属相似，附属丝丝状，但异常退化，少而短。闭囊壳内多子囊。无性态为粉孢属（*Oidium*）。如麦类白粉菌。

c. 钩丝壳属（*Unoinula*）：附属丝顶端卷曲呈钩状或螺旋状，闭囊壳内有多个子囊。无性繁殖与白粉菌属同。如引起葡萄白粉病的葡萄钩丝壳。

d. 叉丝壳属（*Microspaera*）：附属丝顶端多次双分叉，闭囊壳内有多个子囊。无性繁殖与白粉菌属同。如引起核桃白粉病的山田叉丝壳菌等。

e. 球针壳属（*Phyllactinia*）：附属丝刚直，长针状，基部膨大。闭囊壳内有多个子囊，子囊孢子卵形，淡黄色。分生孢子梗短棒状、不分枝，分生孢子单胞、长椭圆形。如榛球针壳可引起桑、梨、柿等 80 多种植物白粉病。

f. 单丝壳属（*Sphaerotheca*）：附属丝菌丝状，

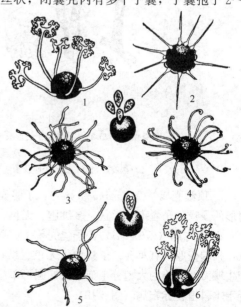

图 2-17　白粉菌各主要属
1—叉丝壳属；2—球针壳属；3—白粉菌属；
4—钩丝壳属；5—单丝壳属；6—叉丝单囊壳属

闭囊壳内仅有一个具短柄的球形或卵形子囊。无性繁殖与白粉菌属同。如引起瓜类、豆类等多种植物白粉病的单丝壳菌。

g. 叉丝单囊壳属（*Podosphaera*）：附属丝生于闭囊壳中部或顶部，刚直，顶端呈一次至多次双叉状分枝。子囊单生、球形。子囊孢子无色、卵形。如引起苹果白粉病的白叉丝单囊壳菌。

② 球壳菌目 球壳菌目真菌多数是腐生菌，也有不少为寄生菌，有些引起重要的植物病害。无性繁殖产生多种类型的分生孢子。有性繁殖产生典型的球形或瓶形具有孔口的子囊壳。子囊球形、棒状或柱状，成束生于子囊壳基部，常具侧丝。子囊孢子单胞或有隔，有色或无色，形态因种类不同而异。

球壳菌目种类多，通常分为15科310余属，与植物病害关系密切的常见属如下。

a. 长喙壳属（*Ceratocystis*）：子囊壳基部膨大成球形，有细长的颈，颈端裂成须状，壳壁暗色。子囊方圆形。子囊孢子椭圆形、蚕豆形、针形或钢盔状。无性繁殖产生无色、单胞、圆柱状的内生分生孢子。如甘薯长喙壳引起甘薯黑斑病（图2-18）。

b. 黑腐皮壳属（*Valsa*）：子座埋生在树皮内。子囊壳球形或近球形，有长颈伸出子座。子囊棍棒形或圆柱形。子囊孢子无色、弯曲呈腊肠形。如苹果黑腐皮壳菌引起苹果树腐烂病（图2-18）。

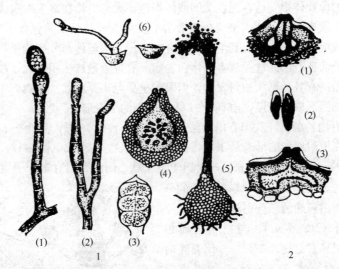

图2-18 长喙壳属和黑腐皮壳属
1—长喙壳属：(1) 内生厚膜孢子的形成；(2) 内生分生孢子的形成；(3) 子囊及子囊孢子；
(4) 子囊壳剖面；(5) 子囊壳；(6) 子囊孢子及孢子萌发。
2—黑腐皮壳属：(1) 子座及子囊壳；(2) 子囊及子囊孢子；(3) 分生孢子器

c. 顶囊壳属（*Gaeumannomyces*）：子囊壳埋于基质内，球形或近球形，壳壁厚，有一个短圆筒形的顶喙，子囊孢子丝状、多细胞、无色。如禾顶囊壳菌引起小麦全蚀病（图2-19）。

d. 赤霉属（*Gibberella*）：子囊壳单生或群生于子座上，球形或圆锥形，壳壁蓝紫色。子囊棒状，顶端壁厚，有小孔。子囊孢子无色、纺锤形、多细胞或少数为双胞。无性世代为镰刀菌属，产生镰刀形多胞的大型分生孢子及椭圆形单胞的小型分生孢子。如玉蜀黍赤霉菌引起小麦、玉米等禾本科植物赤霉病（图2-19）。

e. 小丛壳属（*Glomerella*）：子囊壳多埋生在寄主组织内，球形或瓶状，深褐色，有喙。子囊棒状。子囊孢子无色，椭圆形。无性世代为炭疽菌属。如围小丛壳菌引起苹果、梨、葡萄等多种果树炭疽病（图2-20）。

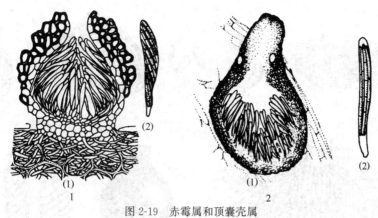

图 2-19 赤霉属和顶囊壳属
1—赤霉属:(1) 子囊壳;(2) 子囊。
2—顶囊壳属:(1) 子囊壳;(2) 子囊

(3) 腔菌纲 子囊具双层壁,生于子囊腔中。子囊座可以消解成多腔或单腔。有的子座消解成一个腔,残余的子座与子囊壳相似,成为假囊壳。每个子囊腔内含单个或多个子囊。子囊座顶部溶生或裂生孔口,或无孔口。与植物病害有关的有如下 4 个属(图 2-21)。

① 痂囊腔菌属(*Elsinoe*) 子囊座初期埋生,后期突破基质外露。子囊球形或洋梨形。子囊孢子三横隔,极少数具纵横隔膜,无色,多数长圆筒形。无性世代为痂圆孢属。如痂囊腔菌引起葡萄黑痘病。

② 球腔菌属(*Mycosphaerella*) 子囊座较小,球形,有孔口,散生于寄主表皮下,后期突破外露。子囊圆筒形或棒状,内含 8 个双胞、无色、椭圆形子

图 2-20 小丛壳属
1—子囊壳;2—子囊

囊孢子。如瓜类球腔菌引起瓜类蔓枯病、落花生球腔菌引起花生叶斑病。

③ 黑星菌属(*Venturi*) 子座初埋生,后外露或近表生,孔口周围有刚毛。子囊长卵形,子囊孢子圆筒至椭圆形,无色或淡橄榄绿色。无性孢子卵形、单胞、淡橄榄绿色。如梨黑星菌及苹果黑星菌分别引起梨黑星病和苹果黑星病。

④ 旋孢腔菌属(*Cochliobolus*) 子囊孢子多细胞,线形,无色或淡黄色,互相扭成绞丝状排列。如小麦根腐病菌引起小麦根腐病,玉蜀黍旋孢腔菌引起玉米小斑病。

(4) 盘菌纲

盘菌纲子囊果为子囊盘。子囊盘呈盘状、杯状或近球形。子囊多为棍棒或圆柱形,平行排列于各种形状的子囊盘上,其间有侧丝存在,共同构成子实层。子囊含有 2~8 个或 8 个以上的子囊孢子,子囊孢子圆形、新月形、线形。多数不产分生孢子。大多数为腐生菌。只有少数引起植物病害。

盘菌纲主要依据生活习性、寄主类型、子囊盘形状、子囊顶端结构及子囊孢子放射方式等特征分为 7 个目。引起植物主要病害的病原真菌多属于柔膜菌目。柔膜菌目营养体发达,菌丝有隔,子囊盘形态各异,可形成菌核和拟菌核等。子囊多为棍棒形或圆筒状,顶端具孔缝以放射子囊孢子。与植物病害有关的主要有 2 个属(图 2-22)。

① 核盘菌属(*Sclerotinia*) 由菌丝体形成菌核,菌核萌发产生具长柄的黄褐色子囊

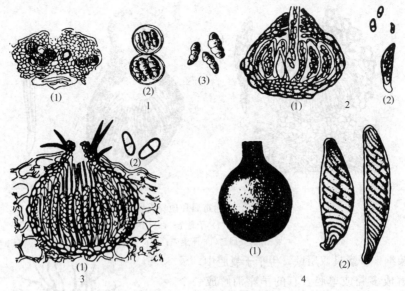

图 2-21 腔菌的代表属
1—痂囊腔菌属：(1) 子囊座；(2) 子囊；(3) 子囊孢子
2—球腔菌属：(1) 假囊壳；(2) 子囊与子囊孢子
3—黑星球菌：(1) 具刚毛的假囊壳；(2) 子囊孢子
4—旋孢腔菌属：(1) 假囊壳；(2) 子囊

盘。子囊与侧丝平行排列于子囊盘上，形成子实层。子囊棒棒形，子囊孢子椭圆形或纺锤形，无色，单细胞。多不产生分生孢子。如引起十字花科蔬菜菌核病的核盘菌。

② 链核盘菌属（*Monilinia*） 菌丝和寄主组织共同形成的拟菌核，子囊盘从拟菌核上长出，呈漏斗状或盘状，淡紫褐色。子囊含有 4～8 个单胞、无色、椭圆形子囊孢子。可产生分生孢子。如引起桃褐腐病的桃褐腐病菌。

4. 担子菌亚门

担子菌亚门真菌简称担子菌，是真菌中高等的类群。平菇、香菇、猴头菇、木耳、竹

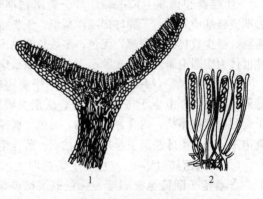

图 2-22 核盘菌
1—子囊盘；2—子囊和侧丝

荪、灵芝等食用和药用真菌均属于担子菌。寄生或腐生。营养体为发达的有隔菌丝体。无性繁殖多数种类不发达，部分种类特别发达，可以产生多种无性孢子。有性繁殖多数种类形成发达的担子果。担子果可分为三种类型：子实层自始至终暴露于外的称为裸果型，如外担子菌；子实层初期封闭，当担孢子成熟时则子实体裂开使其暴露于外的称半裸果型，如伞菌；子实层始终包在子实体内，当担子果分解或遭到外力破坏时才能释放担孢子的称被果型，如马勃菌等。担子是担子菌进行核配和减数分裂的场所，多数为双核菌丝的末端细胞。担孢子是担子上生出的单核单倍体孢子。

担子菌根据担子果有无和类型分为三个纲，与植物病害有关的有冬孢菌纲和层菌纲。

（1）冬孢菌纲 冬孢菌纲几乎都是植物寄生菌，其特征是无担子果。担子从冬孢子上产生，不形成子实层，冬孢子成堆或散生在寄主组织内。目前已知冬孢菌有 200 多个属 8000 多种，分锈菌目和黑粉菌目。

① 锈菌目　锈菌是专性寄生菌，可引起多种植物锈病。除不完全锈菌外，所有锈菌都产生外生型冬孢子。担子有隔，担孢子自小梗产生，成熟时强力弹射。典型长生活史锈菌一生可以产生性孢子、锈孢子、夏孢子、冬孢子和担孢子5种孢子类型。性孢子单细胞，单核，产生在性孢子器内，其作用是与受精丝进行交配，形成双核菌丝。受精后形成的双核菌丝形成双核锈孢子，锈孢子单细胞，产生在锈孢子器内。夏孢子也是双核菌丝体产生的双核孢子。夏孢子萌发形成双核菌丝可以继续侵染寄主，在生长季节可连续产生多次，作用与分生孢子相似，但两者性质不同。许多夏孢子聚生在一起形成夏孢子堆。一般是在寄主生长后期，双核菌丝形成厚壁双核休眠的冬孢子。许多冬孢子聚生在一起形成冬孢子堆。冬孢子萌发形成先菌丝，产生隔膜和小梗，其上产生担孢子。因为冬孢子和先菌丝分别在其中进行核配和减数分裂，所以共同称为担子，冬孢子是核配场所也称先担子，先菌丝是减数分裂场所也称为后担子。所产生的担孢子是单核孢子。

有的锈菌有转主寄生现象，有两种寄主才能完成生活史。如小麦秆锈菌的性孢子和锈孢子在小檗上产生，夏孢子和冬孢子在小麦上产生，那么，小檗是小麦秆锈菌的转主寄主。

冬孢子有无及形态特征、萌发方式等是锈菌分类的主要依据，与植物病害关系密切的有4个属（图2-23）。

a. 单胞锈菌属（*Uromyces*）：冬孢子单细胞，有柄，顶端较厚。夏孢子单细胞，有刺或瘤状突起。如菜豆锈病菌、豇豆锈病菌、蚕豆锈病菌等。

b. 柄锈菌属（*Puccinia*）：冬孢子有柄，双细胞，深褐色，单主或转主寄生；夏孢子黄褐色，单细胞，近球形，有刺。性孢子器球形；锈孢子器杯状或筒状，锈孢子单细胞，球形或椭圆形。如引起小麦秆锈病的禾柄锈菌。

c. 胶锈菌属（*Gymnosporangium*）：冬孢子双细胞，浅黄色至暗褐色，具有长柄；遇水胶化；性孢子器埋生于上表皮内，瓶形；锈孢子器长管状，锈孢子串生，近球形，黄褐色表面有小的瘤状突起。如引起梨锈病的梨胶锈菌、引起苹果锈病的苹果胶锈菌等。

d. 栅锈菌属（*Melampsora*）：冬孢子单胞，棱柱形或椭圆形，壁光滑，有色，无柄，着生在寄主表皮细胞下或角质层下，紧密排列成单层。如亚麻锈病菌。

② 黑粉菌目　黑粉菌因形成大量黑色粉状孢子得名。黑粉状的孢子称为冬孢子，许多冬孢子集结成黑色粉状的孢子堆。萌发形成担子，

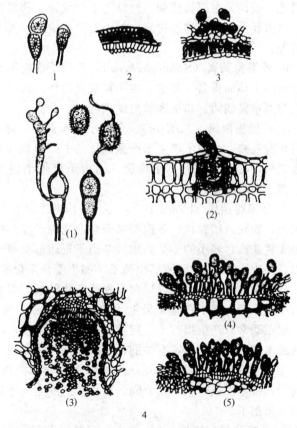

图 2-23　锈菌的代表属
1—柄锈菌属。2—栅锈菌属。3—单胞锈菌属。4—小麦秆锈菌：
（1）冬孢子萌发（示担子及担孢子）；（2）性孢子器及性孢子；（3）锈子腔及锈孢子；（4）夏孢子堆及夏孢子；（5）冬孢子堆及冬孢子

担子有隔或无隔，担孢子直接产生在担子上，不能强力弹射。兼性寄生。与栽培植物关系密切的有 4 个属（图 2-24）。

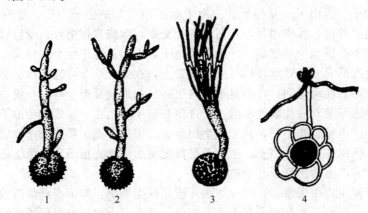

图 2-24 黑粉菌的代表属
1—黑粉菌属；2—轴黑粉菌属；3—腥黑粉菌属；4—条黑粉菌属

　　a. 黑粉菌属（*Ustilaginales*）：冬孢子堆外面无膜包围，冬孢子散生。冬孢子近球形，茶褐色，表面光滑或具疣刺、网纹等不同纹饰，萌发时产生有隔担子（先菌丝），侧生担孢子。可引起禾本科植物黑粉病，如小麦散黑穗病、大麦坚黑穗病、谷子粒黑穗病、玉米瘤黑粉病等。

　　b. 轴黑粉菌属（*Sphacelotheca*）：冬孢子堆生于寄主各部位，冬孢子堆中有寄主残余组织形成的中轴而得名。冬孢子堆团粒状或粉状，初期有假膜包围。冬孢子散生，单胞，萌发方式与黑粉菌属同。如玉米丝黑穗病菌。

　　c. 腥黑粉菌属（*Tilletia*）：冬孢子堆通常产于寄主子房内，少数产于寄主营养器官上，常有恶腥气味。冬孢子单生于产孢菌丝的中间细胞或顶端细胞内，表面有网状或刺状突起，少数光滑，其间常混有不孕细胞。担孢子束生于担子顶部，线形，有时成对结合呈"H"形。如小麦腥黑穗病菌。

　　d. 条黑粉菌属（*Urocystis*）：冬孢子堆着生于寄主各部位，以叶、叶鞘和茎为多，深褐至黑色，粉状或团粒状。冬孢子紧密结合成孢子球，中间是多个褐色近球形的孢子，外围是多个无色或浅色较小的不孕细胞。冬孢子近球形至卵形，表面光滑，萌发产生管状担子，无分隔，顶生 4~8 个长圆筒形担孢子。如小麦秆黑粉病菌等。

　　（2）层菌纲　绝大多数层菌有发达的担子果，多腐生，少数是植物病原菌。担子果裸果型或半被果型。担子在担子果上很整齐地排列成子实层，担子有隔或无隔，外生 4 个担孢子，层菌通常只产生担孢子。层菌一般是弱寄生菌，经伤口侵入到植物根部或维管束，造成根腐或木腐。与植物病害有关的代表属如下所述（图 2-25）。

　　① 卷担菌属（*Helicobasidium*）　属木耳目。担子果平铺成膜状，子实层平滑。担子圆筒形，常弯曲成弓状，具分隔。在弓背上侧生 4 个圆锥形小梗，并产生 4 个单胞、无色、卵圆形担孢子。

　　② 外担菌属（*Exobasidium*）　属外担菌目。担子裸生，担子由寄主表皮下的菌丝层上产生，突破表皮细胞外露，并形成子实层。担子无隔，顶生 2~8 个担孢子。如引起茶饼病的破损外担菌。

　　③ 小蜜环菌属（*Armillariella*）　属伞菌目。担子果伞状，肉质，有柄。菌盖一般为蜜黄色，柄上有菌环，早期消失，子实层生于菌褶两侧。担子棒状、无隔，顶生 4 个担孢

子。担孢子卵形，一端尖，光滑无色，成堆时白色。能引起各种果树的根朽病。

5. 半知菌亚门

半知菌亚门真菌包括没有有性阶段或没有发现有性阶段的真菌，还包括虽然有性阶段被发现，但有性阶段很少产生的一类真菌。半知菌一旦发现有性阶段，多数属于子囊菌，少数属于担子菌。部分卵菌虽然有性阶段少见或未见到，但从无性时期就可以明确分类地位，不包括在内。半知菌种类较多，占全部已知真菌的30%左右。其中有不少是重要的植物病原物。

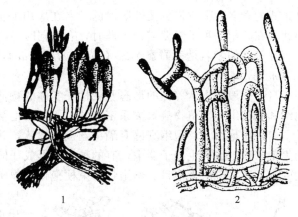

图 2-25 层菌纲的代表属
1—外担菌属；2—卷担菌属

半知菌的营养体，除少数为酵母状细胞外，绝大多数是繁茂的有隔菌丝体，有些能形成菌核等组织。

无性繁殖发达，产生分生孢子，分生孢子着生在分生孢子梗上，分生孢子梗单生、丛生、束生，或生于分生孢子座、分生孢子盘上，有的生于分生孢子器内（图2-26）。

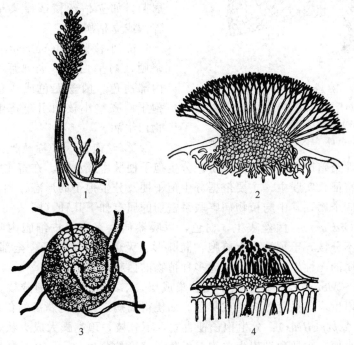

图 2-26 半知菌无性子实体
1—分生孢子梗束；2—分生孢子座；3—分生孢子器；4—分生孢子盘

半知菌的分类与命名还存在交叉问题，由于半知菌中包括许多子囊菌和担子菌的无性阶段，这些真菌的有性阶段分在子囊菌或担子菌中，它们的无性阶段又分在半知菌中，因此，同一个种就交叉分在不同的分类单元中，同一个种真菌就有两个学名。根据国际命名法规，每一个生物的种只能有一个正式的学名。对这些子囊菌和担子菌来说，它们有性阶段的学名是正式的学名，但它们的无性阶段的学名在应用上很方便，所以目前在国际上也是默许的。因此，在介绍一种子囊菌或担子菌时，有时同时注明两个阶段的学名。如小麦赤霉病菌，它的有性阶段的学名是玉蜀黍赤霉（*Gibberella zeae*），无性阶段的学名是禾本科镰刀菌（*Fusarium graminearum*）。

目前一般依据营养体的形态及无性子实体的特征，将半知菌亚门分三个纲：芽孢纲、丝孢纲和腔孢纲。与植物病害关系密切的主要是丝孢纲和腔孢纲。

（1）丝孢纲　丝孢纲真菌有隔菌丝极为发达，并能形成菌核等组织。分生孢子不产生于分生孢子盘上或分生孢子器中，有的种类不形成任何类型的无性孢子。丝孢纲是半知菌中最大的纲，通常分为无孢目、丝孢目、束梗孢目和瘤座孢目，各目中均含有很多植物病原菌。

① 无孢目　靠菌丝体繁殖，不产生分生孢子。有的种类可形成菌核。本目不分科，常直接分为23个属，能引起重要植物病害的主要有2个属（图2-27）。

a. 丝核菌属（*Rhizoctonia*）：菌丝褐色，多为近直角分枝，分枝处有缢缩。菌核褐色或黑色，表面粗糙，形状不一，表里颜色相同，菌核间有丝状体相连。不产生分生孢子。该属是重要的寄生性土壤习居菌，如立枯丝核菌侵染植物根、茎引起猝倒或立枯病等。

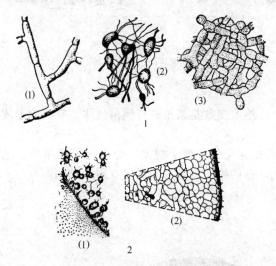

图2-27　丝核菌属和小核菌属
1—丝核菌属：(1)菌丝分枝基部缢缩；(2)菌核；(3)菌核组织的细胞。
2—小核菌属：(1)菌核；(2)菌核部分切面

b. 小核菌属（*Sclerotium*）：菌核组织坚硬，初呈白色，老熟后呈褐色至黑色，内部浅色。菌丝无色或浅色，不产生分生孢子。齐整小核菌引起花生等200多种植物白绢病。

② 丝孢目　又称丛梗孢目，是丝孢纲中最大的目。无性繁殖产生大量分生孢子。分生孢子梗散生或丛生。在寄主病部表面，经常产生各种霉层等特征。实践中，主要依据分生孢子梗及分生孢子的形态、颜色等特点，将丝孢目分为2科635个属，其中与植物病害联系密切的属有如下几种（图2-28）。

a. 粉孢属（*Oidium*）：菌丝表生，白色，以吸器伸入寄主表皮细胞内吸取营养。分生孢子梗短棒状，不分枝，于顶端串生单胞、椭圆形、无色的分生孢子。全部为专性寄生菌，多数是白粉菌各属的无性生殖阶段，引起多种植物的白粉病。

b. 丛梗孢属（*Monilia*）：分生孢子梗丛集成层，二叉状或不规则分枝。分生孢子椭圆形、单胞，分枝串生，黄褐色、粉色或灰色。如桃褐腐病、山楂花腐病的仁果丛梗孢菌。

c. 曲霉属（*Aspergillus*）：分生孢子梗直立，不分枝，顶端膨大成头状，并在膨大部分的表面密生瓶形小梗，小梗顶端串生单胞、无色、球形的分生孢子。如棉铃曲霉病菌。

d. 青霉属（*Penicillium*）：分生孢子梗无色，单生，顶端1次至数次分枝呈帚状，并在分枝顶端着生瓶形小梗。分生孢子单胞，无色，球形，串生于小梗顶端。如甘薯青霉病菌、柑橘绿霉病菌。

e. 轮枝孢属（*Verticillium*）：分生孢子梗细长，并生有典型的轮状分枝，分枝顶端产生卵形、单胞、无色的分生孢子。如棉花黄萎病菌、茄黄萎病菌。

f. 葡萄孢属（*Botrytis*）：分生孢子梗细长，分枝末端膨大，尖细或平截，常有小突起。

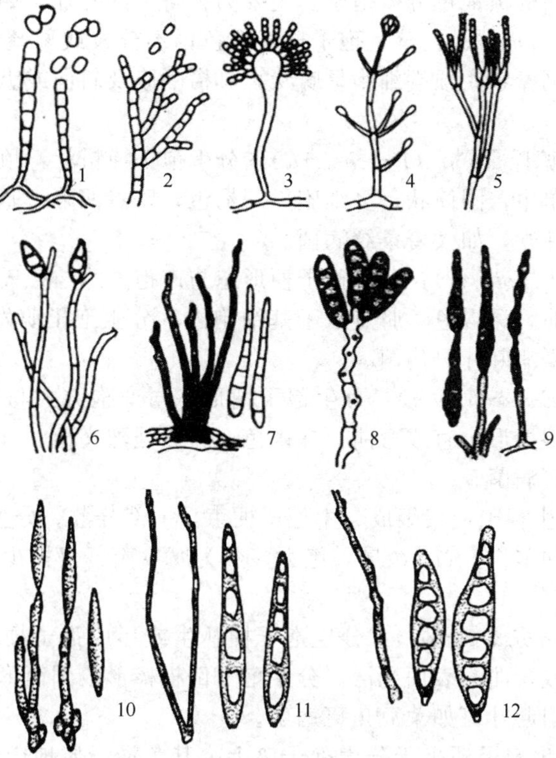

图 2-28 丝孢目的代表属

1—粉孢属；2—丛梗孢属；3—曲霉属；4—轮枝孢属；
5—青霉属；6—梨形孢属；7—尾孢属；8—德氏属；9—交链孢属；10—黑星孢属；11—平脐蠕孢属；12—凸脐蠕孢属

大量单胞、无色、椭圆形的分生孢子聚生于分枝末端，呈葡萄穗状。如多种作物灰霉病菌。

g. 聚端孢属（*Trichothecium*）：分生孢子梗无色，直立，较长，不分隔或少隔，顶端聚生双胞、无色、倒梨形的分生孢子。如棉铃红粉病菌。

h. 梨形孢属（*Pyricularia*）：分生孢子梗细长，无色，具分隔，极少分枝，单生或丛生。分生孢子梨形，无色，2~3个细胞，单生于分生孢子梗的顶端。如稻瘟病菌。

i. 小尾孢属（*Cercosporella*）：分生孢子梗簇生，直立，不分枝，多数无隔，无色，顶端具齿突。分生孢子圆柱状，长卵形或线形，无色，有隔，孢基平截。如十字花科植物白斑病菌、桃白霉病菌和茶树叶斑病菌。

j. 芽枝霉属（*Cladosporium*）：分生孢子梗暗色，有分枝，簇生或单生。分生孢子单胞或双胞，卵形至椭圆形，色暗。分生孢子顶生，或被推向侧面以致使孢子构成链状分枝。如桃疮痂病菌、黄瓜黑星病菌。

k. 黑星孢属（*Fasicladium*）：分生孢子梗黑褐色，较短，顶端着生分生孢子，脱落后在梗上留有明显的孢痕。分生孢子深褐色，椭圆形、梨形或瓜子形，单胞或双胞。有性阶段为黑星菌属。如梨黑星病菌、苹果黑星病菌及柿黑星病菌。

l. 尾孢属（*Cercospora*）：分生孢子梗暗色，不分枝，呈屈膝状，丛生于子座组织上。分生孢子无色或暗色，鞭状或线形，有分隔。如棉花叶斑病菌、花生叶斑病菌。

m. 刀孢属（*Clasterosporium*）：分生孢子梗单胞，很短，黑褐色，顶生多胞、基部稍窄、长圆筒形、略弯曲的黑褐色分生孢子。主要为害寄主的叶片,如桃霉斑穿孔病菌。

n. 交链孢属（*Alternaria*）:分生孢子梗暗褐色,不分枝或稀疏分枝,散生或丛生。分生孢子单生或串生,倒棒状,顶端细胞呈喙状,具横隔膜及斜向或纵向隔膜。如马铃薯早疫病菌。

o. 凹脐蠕孢属（德氏霉属）（*Drechslera*）:分生孢子梗粗壮,顶部合轴式延伸。产孢细胞多芽生。分生孢子单生,圆筒状,多细胞,深褐色,脐点凹陷于基细胞内。分生孢子萌发时每个细胞均可伸出芽管,如大麦条纹病菌。

p. 平脐蠕孢属（*Bipolaris*）:分生孢子梗形态与产孢方式与德氏霉属相似。分生孢子通常呈长梭形,直或弯曲,深褐色,脐点位于基细胞内。分生孢子萌发时两端细胞伸出芽管,如玉米小斑病菌、水稻胡麻叶斑病菌。

q. 凸脐蠕孢属（*Exserohilum*）:分生孢子梗形态与产孢方式与德氏霉属相似。分生孢子梭形至圆筒形或倒棍棒形,直或弯曲,深褐色,脐点强烈突出。分生孢子萌发时两端细胞伸出芽管,如玉米大斑病菌。

③ 束梗孢目　分生孢子梗集聚成分生孢子梗束,上部分散。分生孢子顶生,少数侧生。本目仅一个科,即束梗孢科,170余属,绝大多数为腐生菌,仅极少数类型能够引起植物病害,如褐柱丝孢属。

褐柱丝孢属（*Phaeoisariopsis*）:分生孢子梗丛生或形成孢子梗束,淡褐色、褐色或橄榄褐色,不分枝,直或弯曲,表面光滑。分生孢子倒棍棒形或圆筒形,单生,顶侧生多数三个或三个以上隔膜,引起叶斑如菜豆角斑病菌。

④ 瘤座孢目　分生孢子梗生于分生孢子座上,其色泽、质地因种类不同而异。本目仅含瘤座孢科,160余属,较重要的有以下2个属（图2-29）。

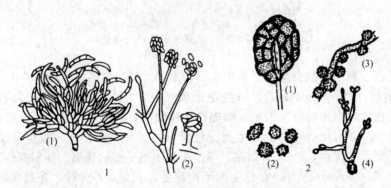

图2-29　镰孢菌属和绿核菌属
1—镰孢菌属:（1）分生孢子梗及大型分生孢子;（2）小型分生孢子及分生孢子梗。
2—绿核菌属:（1）受害谷粒形成分生孢子座;（2）分生孢子;（3）分生孢子生于菌丝上;（4）分生孢子萌发

a. 镰孢菌属（*Fusarium*）:分生孢子梗聚生于分生孢子座,分生孢子梗形状、大小不一。大型分生孢子多胞,无色,镰刀形。小型分生孢子单胞,无色,椭圆形。如西瓜枯萎病菌。

b. 绿核菌属（*Ustilaginoidea*）:分生孢子座在寄主的子房内形成,胀破颖片而外露。分生孢子梗细,极少分枝,弯曲而缠绕,无色光滑。分生孢子单胞,壁厚,表面密生疣突,形似黑粉菌的冬孢子,球形至椭圆形,橄榄绿色,萌发可形成次生小孢子。如稻曲病菌。

（2）腔孢纲　分生孢子梗短小,着生在分生孢子盘上或分生孢子器的内壁上。腔孢纲分2个目:黑盘孢目和球壳孢目。黑盘孢目真菌形成分生孢子盘;球壳孢目真菌形成分生孢子器。其中有不少是重要的植物病原菌，受害植物在病部往往形成黑色小粒点的病征，为病菌的分生孢子盘或分生孢子器。腔孢纲已报道的有700属，9000种。

① 黑盘孢目　分生孢子盘在寄主表皮下或角质层下形成；分生孢子梗紧密排列在黑色的分生孢子盘上，分生孢子单个顶生。成熟时分生孢子盘突破寄主表皮外露。分生孢子一般具胶黏状物质。腐生或寄生，其代表性的属有下列几种（图2-30）。

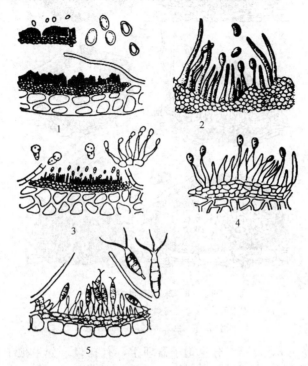

图2-30　黑盘孢科的主要属
1—痂圆孢属；2—炭疽菌属（示带刚毛）；3—盘二孢属；
4—炭疽菌属（示无刚毛）；5—盘多毛孢属

a. 痂圆孢属（*Sphaceloma*）：分生孢子盘常集生，垫状，分生孢子梗圆柱状，1～2分隔，不分枝。分生孢子单胞，无色，椭圆形。如葡萄黑痘病、柑橘疮痂病等。

b. 炭疽菌属（*Colletotrichum*）：分生孢子盘垫状，突破表皮外露，黑褐色，有时排列成同心轮纹形，有些种类可以在分生孢子盘上产生黑褐色刚毛。分生孢子梗无色或褐色。分生孢子单胞，无色，长椭圆形或新月形，有时含1～2个油球。可引起各种植物的炭疽病，如苹果炭疽病菌、辣椒红色炭疽病菌、棉花炭疽病菌、瓜类炭疽病菌、高粱炭疽病菌、茶树炭疽病菌等。

c. 盘二孢属（*Marssonia*）：分生孢子盘在角质层下产生，呈垫状。分生孢子梗短而不分枝。分生孢子无色，双胞，椭圆形，分隔处常缢缩，两个细胞大小不等。如苹果褐斑病菌。

d. 盘多毛孢属（*Pestalozzia*）：分生孢子盘垫状，黑色，着生于角质层下，成熟后露出。分生孢子梗短而细，不分枝。分生孢子椭圆形至梭形，多细胞，中间细胞褐色，两端无色，顶端生有2～5根，一般为3根刺毛。如棉花轮纹斑病菌、柿叶斑病菌。

② 球壳孢目　球壳孢目真菌形成分生孢子器，分生孢子器呈多种形状，典型的为球形或近球形，有孔口。分生孢子器表生或埋生于基质内或子座内。分生孢子器的外形与子囊壳相似。分生孢子产生在分生孢子器内壁上长出的分生孢子梗上，分生孢子梗短小。分生孢子器的大小、形

状、色泽和质地是分类的重要依据。其与植物病害关系密切的属有下列几种（图2-31）。

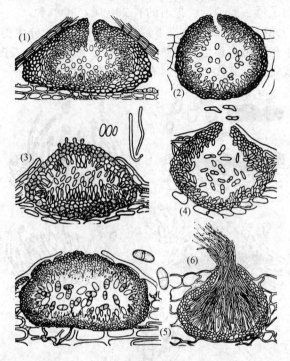

图 2-31 球壳孢目主要属
1—叶点霉属；2—茎点霉属；3—拟茎点霉属；4—壳
二孢属；5—色二孢属；6—壳针孢属

a. 叶点霉属（*Phyllosticta*）：分生孢子器埋生，有孔口。分生孢子梗短，分生孢子小，单胞，无色，近卵圆形。如棉花褐斑病菌。

b. 茎点霉属（*Phoma*）：分生孢子器埋生或半埋生。分生孢子梗短，着生于分生孢子器的内壁。分生孢子小，卵形，无色，单胞。如甘蓝黑胫病菌。

c. 大茎点霉属（*Macrophoma*）：与茎点霉相似，但分生孢子较大，一般长度超过 $15\mu m$。如苹果、梨的轮纹病菌以及苹果干腐病菌。

d. 拟茎点霉属（*Phomopsis*）：分生孢子有两种类型：常见的孢子卵圆形，单胞，无色，能萌发；另一种孢子线形，一端弯曲成钩状，单胞，无色，不能萌发。如茄褐纹病菌。

e. 盾壳霉属（*Coniothyrium*）：分生孢子器黑色，圆形或扁圆形，有孔口，少数有乳状突起，部分埋生于寄主表皮下，分生孢子梗短小，不分枝。分生孢子很小，单细胞，椭圆形，成熟后青褐色。如葡萄白腐病菌。

f. 壳针孢属（*Septoria*）：分生孢子器黑色，圆形或扁圆形，有孔口，部分埋生于表皮下。分生孢子梗极短，不分枝。分生孢子细长针形或线形，直或微弯，一端较细，多隔，无色。如小麦颖枯病菌、番茄斑枯病菌、芹菜叶斑病菌。

g. 壳二孢属（*Ascochyta*）：分生孢子卵圆形或圆筒形，双胞，无色。如瓜类蔓割病菌。

h. 色二孢属（*Diplodia*）：分生孢子器散生或聚生，分生孢子初期无色、单胞、椭圆形或卵圆形，成熟后双胞，深褐色至黑色。如棉铃黑果病菌。

四、真菌病害的特点

真菌病害症状比较复杂，表现出多样性，几乎可以产生各类病状。但真菌病害往往在寄主被害部位表面长出霉状物、粉状物、锈状物、颗粒状物等独特的病征。

不同种类的真菌表现出的症状也不同。霜霉菌可以在植物叶部背面产生明显的霉状物，多数种类呈白色霜状霉，也有的种类产生灰色、黑色、紫黑色霉。产生子囊果的子囊菌和产生分生孢子盘、分生孢子器的半知菌往往在病部产生黑色小粒点，个别种类产生灰白色小粒点，如葡萄白腐病。黑粉菌可以使发病植物产生黑粉。白粉病可以使发病植物上生出白色霉粉状物。锈菌引起锈病，发病植物上产生铁锈色、黑褐色锈粉。葡萄孢菌往往引起灰霉病，霉状物比较厚，多呈土灰色。同一类的真菌往往可以产生许多相似的症状，为人们鉴别病害提供了方便。

真菌的传播主要依靠气流、雨水、昆虫等，容易脱落孢子的真菌往往依靠气流传播。鞭毛菌产生游动孢子，所以可以通过流水传播；游动孢子本身的游动，由于范围比较小，在传播中作用较小。许多孢子器、孢子盘和子囊果中的真菌也需要雨水传播，这与孢子及一些其他吸水物质吸水后膨胀，从孢子器、子囊果中挤出有关。许多分生孢子盘也常分泌黏液，这些种类的真菌分生孢子也可以雨水冲刷、飞溅传播，如葡萄炭疽病菌；昆虫传播的真菌种类与雨水传播的真菌种类有些相似，分泌黏液的真菌和从分生孢子器、子囊果挤出的真菌也可以由昆虫携带传播。气流传播的真菌，雨水和昆虫往往也可以协助传播。另外，土壤、肥料、农具、种子携带等一些人为因素也可以传播真菌病害。

真菌的侵染途径比较多，可以从伤口、自然孔口或植物表皮直接侵入，侵入性伤口种类包括机械伤、冻伤、自然裂伤等，自然孔口包括气孔、水孔、蜜腺等。不是所有的真菌种类都可以通过这些途径侵入，每种真菌都有自己独特的侵染途径，不同种类的真菌侵染的途径不同。能够从表皮直接侵入的真菌往往可以通过自然孔口侵入，自然孔口侵入的真菌往往可以从伤口侵入。

多数真菌病害喜欢潮湿的环境条件，许多种类喜欢在有水滴的情况下萌发侵入，如鞭毛菌。部分根部侵入的病害对湿度不敏感，如枯萎病等。也有部分种类的真菌耐受干燥能力很强，在干旱的条件下也可以引起植物严重发病，如白粉菌。玉米瘤黑粉病在干旱时发病重，主要是因为干旱，玉米对黑粉菌的抵抗力下降。

相近种类的真菌，往往引起不同植物病害具有相似的症状、发生规律和防治方法。这对于人们学习植物病害有很多方便之处。虽然不同种类的真菌对不同种类的杀菌剂敏感性不同，相近种类的真菌引起的病害往往可以使用相同或相似的杀菌剂来防治。

第二节　植物病原原核生物

原核生物是指其遗传物质（DNA）分散在细胞质中，无核膜包围，无明显的细胞核。细胞质中含有小分子的核蛋白体，但无内质网、线粒体等细胞器。原核生物界的成员很多，有细菌、放线菌、植原体、螺原体等，通常以细菌作为原核生物的代表。

一、植物病原原核生物的一般性状

1. 形态

细菌的形态有球状、杆状和螺旋状（图 2-32），个体大小差别很大。球状细菌的直径为 $0.5\sim1.3\mu m$，杆状细菌的大小为 $(0.5\sim0.8)\mu m \times (1\sim5)\mu m$，也有更小一些的。螺旋状细菌较大，有的可达 $(13\sim14)\mu m \times 1.5\mu m$。细菌大都单生，也有双生、串生和聚生的。植物病原细菌大多是杆状菌，大小为 $(0.5\sim0.8)\mu m \times (1\sim3)\mu m$，少数为球状。植原体的形态为圆球形至椭圆形，大小为 $80\sim100nm$，无细胞壁，有质膜包围，螺原体形态为螺旋状，繁殖时可分枝。

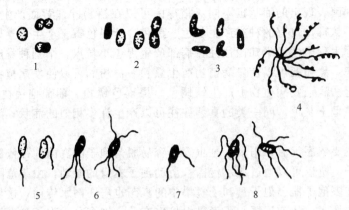

图 2-32 细菌和形态
1—球菌；2—杆菌；3—棒杆菌；4—链丝菌；5—单鞭毛；6—多鞭毛极生；7,8—周生鞭毛

2. 结构

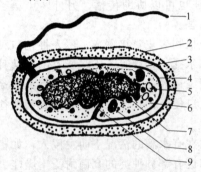

图 2-33 细菌内部结构示意
1—鞭毛；2—荚膜；3—细胞壁；4—原生质膜；5—气泡；6—核糖体；7—核质；8—内含体；9—中心体

细菌的构造简单，由外向内依次为黏质层或荚膜、细胞壁、细胞质膜、细胞质以及由核物质聚集而成的核区。细胞质中有颗粒体、核糖体、液泡等内含物；植物病原细菌细胞壁外有黏质层，但很少有荚膜。能运动的细菌有细长的鞭毛。各种细菌的鞭毛数目和着生的位置不同，在属的分类上有着重要意义。通常有3~7根鞭毛，着生在菌体一端或两端的称作极鞭，着生在菌体侧面或四周的称作周鞭（图2-33）。有些细菌生活史中的某一阶段，会形成芽孢。芽孢是菌体内容物浓缩产生的，一个营养细胞内只形成一个芽孢，是细菌的休眠体。芽孢有很厚的壁，对光、热、干燥及其他因素有很强的抵抗力。植物病原细菌通常不产生芽孢。一般植物病原细菌的致死温度在48~53℃之间，有些耐高温细菌的致死温度，最高也不超过70℃（10min），而要杀死细菌的芽孢，一般要用120℃左右的高压蒸汽处理10~20min。

植原体和螺原体无细胞壁，外层只有细胞膜包围，植原体细胞内有颗粒状的核糖体和丝状的核酸物质，它们也无鞭毛，不能运动，但螺原体可做旋转运动。

3. 繁殖、遗传和变异

植物病原细菌都是以裂殖的方式繁殖，杆状细菌分裂时菌体先稍微伸长，细胞质膜自菌体中部向内延伸，同时形成新的细胞壁，最后母细胞从中间分裂为两个子细胞。细菌繁殖很快，大肠杆菌在适宜的条件下每20分钟就可以分裂一次。在其他条件适合时，温度对细菌生长和繁殖的影响很大。植物病原原核生物的生长适温为26~30℃，少数在高温或低温下生长较好，如茄青枯菌的生长适温为35℃，马铃薯环腐病菌的生长适温为20~23℃。

植原体一般以裂殖、出芽繁殖或缢缩断裂的方式繁殖。螺原体繁殖时是球状细胞上芽生出短的螺旋丝状体，后胞质缢缩、断裂而成子细胞。

原核生物的遗传物质是细胞质内的DNA，主要在核区内，但在细胞中还有其他单独的遗传物质，如质粒。在细胞分裂时，基因组亦同步分裂，先复制再平均地分配在子细胞中，因此，分裂繁殖后的子细胞仍能保持原有的性状。

植物病原细菌经常发生形态、生理、致病性的变异。一种变异是突变，细菌自然突变率很低（为十万分之一），但细菌繁殖快，大大增加了变异的可能性；另一种变异是通过细菌之间的结合、转化等方式，使遗传物质部分发生改变，从而形成性状不同的后代。

4. 生理特性

一般植物病原细菌对营养要求不很严格，能在人工培养基上生长繁殖，培养基的酸碱度以中性或微碱性（pH7.2）为宜，培养适温 26～30℃，在 50℃下 10min 多数会死亡。细菌种类不同，在固体培养基上的菌落形状和颜色不同，常有圆形、不规则形，颜色有白色、黄色或灰色。但有一类寄生植物维管束的细菌在人工培养基上则难以培养或不能培养，称之为维管束难养细菌。

不同细菌对氧气的要求各异。一般可分为三大类，即好气性细菌、厌气性细菌、兼性厌气性细菌。植物病原细菌多数为好气性细菌，少数为兼性厌气性。

植原体较难在人工培养基上培养，它要求较复杂的营养条件，同时要求适当的温度、pH 值等，极少数种类可在液体培养基中形成丝状体、在固体培养基上形成"荷包蛋"状菌落。螺原体较易在人工培养基上培养，也形成"荷包蛋"状的菌落。

5. 染色反应

细菌的个体很小，一般在光学显微镜下观察必须进行染色才能看清。染色方法中最重要的是革兰染色，该法具有鉴别细菌种类的作用，同时可以反映细菌在本质上的差异。即将细菌制成涂片后，用结晶紫染色，以碘处理，再用 95％酒精洗脱，如不能脱色则为革兰阳性、能脱色则为革兰阴性。植物病原细菌革兰染色反应大多是阴性，少数是阳性。

植原体和螺原体没有革兰染色反应。

二、植物病原原核生物的主要类群

根据《伯杰氏细菌鉴定手册》（第九版，1994），目前大家比较接受的原核生物分类是将原核生物分为 4 个门，7 个纲，35 个组群。区分组的依据是菌体形态特征、能源及营养利用特性、运动性、革兰染色反应、芽孢或外生孢子特点、对氧的需求等表型特征。近来还增加了细胞壁成分分析、蛋白质和核酸的组成、DNA-DNA 杂交以及 rRNA 序列分析等内容。

与植物病害有关的原核生物分属于薄壁菌门、厚壁菌门和软壁菌门。薄壁菌门和厚壁菌门的原核生物有细胞壁，而软壁菌门没有细胞壁。

植物病原原核生物主要属和代表种见表 2-1。

三、植物原核生物病害

1. 原核生物病害症状

细菌病害的症状类型主要有坏死、萎蔫、腐烂和畸形等病状，褪色或变色的较少；有的还有菌脓溢出等病征。细菌病中叶斑较多，许多种类的叶斑半透明状；萎蔫症状是细菌侵害维管束后造成的，如茄科植物青枯病、马铃薯环腐病，通过茎横切面可否出现菌脓与真菌性萎蔫病进行区分；细菌引起植物组织腐烂也较为常见，如大白菜软腐病，细菌引起的腐烂常有臭味，没有霉状物病征；个别细菌可以造成寄主组织的畸形，如桃发根病以及苹果、葡萄的根癌病等。

表 2-1　植物病原原核生物的主要属和代表种

门	属名	病原菌代表种
薄壁菌门	*Agrobacterium* 土壤杆菌属	*A. tumefacians* 蔷薇科根癌病
	Burkholderia 布克菌属	*B. cepacia* 洋葱腐烂病
	Erwinia 欧文菌属	*E. amylovora* 梨火疫病；*E. carotovara* 胡萝卜、大白菜软腐病
	Liberobacter 韧皮部杆菌属	*L. asaticum* 柑橘黄龙病
	Pantoer 泛生菌属	*P. ananas* 菠萝腐烂病
	Pseudomonas 假单胞菌属	*P. syringae* 丁香疫病
	Rhizobacter 根杆菌属	*R. daucus* 胡萝卜瘿瘤病
	Ralstonia 劳尔菌属	*R. solanacearum* 茄科植物青枯病
	Rhizomonas 根单胞菌属	*R. suberifacrens* 莴苣栓皮病
	Xanthomonas 黄单胞菌属	*X. campestris* 甘蓝黑腐病，*X. c. pv. graminis* 禾谷类黑颖病，*X. c. pv. citri* 柑橘溃疡病；*X. oryzae* 稻黄单胞菌，*X. o. pv. oryzae* 稻白叶枯病，*X. o. pv. oryzicola* 稻细菌性条斑病
	Xylella 木质部小菌属	*X. fastidiosa* 葡萄皮尔斯病
	Xylophilus 嗜木质菌属	*X. ampelinus* 葡萄溃疡病
厚壁菌门	*Arthrobacter* 节杆菌属	*A. ilicis* 冬青叶疫病
	Bacillus 芽孢杆菌属	*B. megaterium* 小麦白叶条斑病
	Clavibacter 棒形杆菌属	*C. michiganensis* 执安棒形杆菌，*C. m. subsp. sepedonicus* 马铃薯环腐病；*C. tritici* 小麦密穗病
	Curtobacterium 短小杆菌属	*C. flaccumfaciens* 菜豆萎蔫病
	Rhodococxcus 红球菌属	*R. fascrans* 香豌豆带化病
	Streptomyces 链丝菌属	*S. scabies* 马铃薯疮痂病
软壁菌门	*Spiroplasma* 螺原体属	*S. citri* 柑橘僵化病
	Pyhtoplasma 植原体属	*P. aurantifolia* 柑橘丛枝病

细菌病害没有特有的病状，但细菌病害在病部产生的菌脓是细菌病害特有的病征。菌脓在干燥条件下往往不明显，有的干燥后成为菌膜或胶状粒。细菌病害种类比真菌病害种类少，一种作物上有一种或少数几种细菌病害。这些均给细菌病害的鉴定提供了方便。

植原体病害的病株多矮化或矮缩，枝叶丛生，叶小而黄化。因此丛生、矮缩、小叶与黄化是诊断植原体病害的重要依据。

2. 原核生物的寄生性

植物病原原核生物中，细菌一般是非专性寄生物，可以在人工培养基上生活。植原体难以培养，属于专性寄生物。

3. 原核生物的传播

植物病原原核生物病害的传播主要是雨水传播，如水稻白叶枯病等。部分可以通过传播介体传播，如昆虫传播大白菜软腐病，其中螺原体和植原体完全依赖昆虫传播，如菱纹叶蝉传播桑萎缩病。部分细菌病害还可以通过农事操作传播，如马铃薯切块繁殖的时候，切刀切过有马铃薯环腐病的薯块后，切刀既可造成伤口又会造成传播。

4. 原核生物的侵入

植物病原细菌不像有些真菌那样可以直接从表皮侵入，而只能从自然孔口和伤口侵入。自然孔口有气孔、水孔、皮孔、蜜腺等。棉角斑病菌从气孔侵入；水稻白叶枯病菌和甘蓝黑腐病菌从水孔侵入；柑橘溃疡病和桑疫病菌可以从气孔和皮孔侵入；梨火疫病菌是从蜜腺侵入。伤口有机械伤、自然裂伤、冻伤等。从自然孔口侵入的细菌一般能从伤口侵入，能从伤口侵入的细菌就不一定能从自然孔口侵入。蔬菜软腐病菌只能从伤口侵入，很少能从自然孔口侵入。一般引起叶斑病的细菌往往是从自然孔口侵入，引起腐烂、萎蔫和癌肿病的细菌往往是从伤口侵入。

5. 原核生物的侵染来源

细菌病的主要侵染来源有带病种子和其他繁殖材料、带菌土壤、病残体、其他杂草寄主、带菌昆虫等。植原体病可以来源于带病接穗或砧木。

第三节　植物病原病毒

植物病原病毒是仅次于真菌的重要病原物，据1999年统计，有900余种病毒可引起植物病害。可以说，几乎所有大田作物、果树蔬菜、花卉林木等都有许多种病毒病，甚至在一种植物上常发生几种或几十种病毒病害。

一、植物病毒的一般性状

病毒是个体微小的非细胞状态寄生物，其结构简单，主要由核酸及保护性衣壳组成；病毒是严格寄生性的一种专性寄生物。

1. 植物病毒的形态

形态完整的病毒称作病毒粒体。高等植物病毒粒体主要为杆状、线状和球状，少数为弹状等。线状、杆状和短杆状的粒体两端钝圆或平截。病毒的大小、长度，个体之间并不一致，一般是以平均值来表示。线状粒体大小为750nm×（10～13）nm，个别的可达2000nm以上；杆状粒体大小为（100～250）nm×（15～80）nm；球状病毒粒体为多面体，称为多面体病毒或二十面体病毒。粒体直径多为20～35nm，少数可达70～80nm；弹状粒体大小为（58～240）nm×（18～90）nm（图2-34）。

2. 植物病毒的结构和成分

植物病毒粒体由核酸和蛋白质衣壳组成。蛋白质在外形成衣壳，核酸在内形成心轴（图2-35）。

植物病毒粒体的主要成分是核酸和蛋白质，核酸和蛋白质比例因病毒种类而异，一般核酸占5%～40%、蛋白质占60%～95%。此外，还含有水分、矿物质元素等；有些病毒的粒体还含有脂类、碳水化合物、多胺类物质；有少数植物病毒含有不止一种蛋白质或酶系统。

一种病毒粒体内只含有一种核酸（RNA或DNA）。高等植物病毒的核酸多数是单链RNA，极少数是双链的（三叶草伤瘤病毒）。个别病毒是单链DNA（联体病毒科）或双链

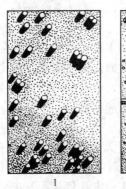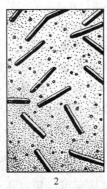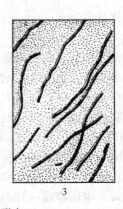

图 2-34　电镜下病毒粒体形态
1—球状（芜青花叶病毒）；2—杆状（烟草花叶病毒）；3—线状（甜菜黄化病毒）

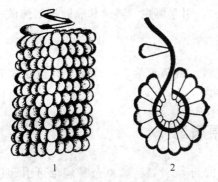

图 2-35　烟草花叶病毒结构示意
1—核酸链形成心轴；2—蛋白质亚基与核酸连接组成蛋白质衣壳

DNA（花椰菜花叶病毒）。

植物病毒外部的蛋白质衣壳具有保护核酸免受核酸酶或紫外线破坏的作用。蛋白质亚基是由许多氨基酸以多肽连接形成的。病毒粒体的氨基酸有 19 种或 20 种，氨基酸在蛋白质中的排列次序由核酸控制，同种病毒的不同株系，蛋白质的结构可以有一定的差异。

3. 植物病毒的复制和增殖

由于植物病毒的核酸主要是 RNA，而且是单链的，病毒的 RNA 分子并不是直接作为模板复制新病毒 RNA，而是先形成相对应的"负模板"，再以"负模板"为模板不断复制新的病毒 RNA。新形成的病毒 RNA 控制蛋白质衣壳的复制，然后核酸和蛋白质进行装配形成完整的子代病毒粒体。核酸和蛋白质的合成和复制以及子代病毒的装配，都需要寄主提供的场所（通常在细胞质或细胞核内）、复制所需的原材料和能量、寄主的部分酶和膜系统，因而病毒的繁殖不同于一般细胞生物的繁殖，而是叫复制和增殖。

4. 病毒的稳定性

病毒对外界条件的影响有一定的稳定性，不同的病毒对外界环境影响的稳定性不同。这种特性，可用作鉴定病毒的依据之一。

(1) 失毒温度　即把病株组织的榨出液在不同温度下处理 10min，在 10min 内使病毒失去传染力的临界处理温度称为该病毒的失毒温度。例如烟草花叶病毒的失毒温度为 90～93℃，黄瓜花叶病毒的失毒温度为 55～65℃。

(2) 稀释终点　即把病株组织的榨出液用水稀释，超过一定限度时，便失去传染力，这个保持侵染能力的最大稀释倍数称为稀释终点。例如烟草花叶病毒的稀释终点为 100 万倍左右，黄瓜花叶病毒的稀释终点为 1000～10000 倍。

(3) 体外保毒期　即病株组织的榨出液在室温（20～22℃）下能保存其传染力的最长时间称为病毒的体外保毒期。例如烟草花叶病毒的体外保毒期为一年以上，黄瓜花叶病毒的体外保毒期为一周左右。

(4) 对化学因素的反应　病毒对一般的杀菌剂、硫酸铜、甲醛等的抵抗力都很强，但肥皂等除垢剂可以使病毒的核酸和蛋白质钝化，因此常把除垢剂作为病毒的消毒剂。

5. 血清反应

病毒的蛋白质衣壳具有抗原性质，将其注入动物（一般为家兔）血液中后，便可激发产生抗体。抗原与抗体之间存有高度的特异性，两者相遇时即可发生沉淀反应、凝集反应等肉眼可见的现象。抗体存在于血清中，含有抗体的血清称抗血清。利用具有特异性的植物病毒抗血清，在植物病毒病害诊断方面是十分可靠而简便的。

二、植物病毒的传播侵入

病毒的传播可以分为介体传播和非介体传播两类。

1. 介体传播

介体传播是指病毒依附在其他生物体上，借其他生物体的活动而进行的传播，包括动物介体和植物介体两类。

（1）昆虫介体传播　目前已知的昆虫介体有 400 种，有 70％为同翅目的蚜虫、叶蝉和飞虱等。在蚜虫介体中大约有 200 种可传播 160 多种植物病毒。有的蚜虫只传播 2～3 种病毒，桃蚜可以传播 100 种以上的病毒。在这 160 多种植物病毒中，有的只由一种蚜虫传播，有的可由多种蚜虫传播，黄瓜花叶病毒甚至可以由 75 种蚜虫传播。

叶蝉有 49 种是病毒的传播介体。飞虱仅飞虱亚目中的一部分能传播植物病毒，它们主要传播禾本科植物病毒，如导致小麦丛矮病和玉米粗缩病等。

昆虫在病株上获毒后，保持传毒能力时间的长短有很大差别。根据昆虫获毒后传毒期限的长短，可分为三种类型：

① 非持久性传毒　昆虫获毒后立刻就能传毒，但很快就会失去传毒能力。

② 半持久性传毒　昆虫吸食病毒不能马上传毒，病毒要经过中肠到达唾液腺，再经唾液的分泌传染病毒。从吸食病毒汁液到可以传毒这段时间叫做"循回期"。昆虫的传毒有循回期，传毒能力可以保持一定期限，但不可以终生传毒。

③ 持久性传毒　昆虫获毒后要经过循回期才可传毒，且可终生保持传毒能力或经卵传毒。

也有人根据病毒在刺吸式口器昆虫体上的存在部位及病毒的传染机制，将传毒类型分为：

① 口针型带毒型　这类病毒存在于口针的前端，吸毒后可以马上传毒，其传染性状相当于非持久性病毒。如由一些蚜虫传播的花叶病毒。

② 循回型　昆虫吸食病毒后不能马上传毒，要经过循回期才能传毒。传毒时间较长，但病毒不能在昆虫体内复制。

③ 增殖型　病毒在虫体内有循回期，而且可在昆虫体内复制增殖。其传染性状相当于持久性病毒。如灰飞虱传播小麦丛矮病毒等。

（2）土壤中的线虫或真菌介体传播　已经知道 5 个属 38 种线虫可传播 80 种植物病毒或其不同的株系。由于线虫在土壤中移动很慢，传播距离有限，每年仅为 30～50cm。因此，这些病毒的远距离传播主要依靠苗木，大多数还可以通过感病野生杂草的带毒种子传播。小麦土传花叶病毒是由土壤中的黏菌传播的。

2. 非介体传播

在病毒传播中无其他有机体介入的传播方式称为非介体传播，包括汁液接触传播、嫁接传播和花粉传播等。病毒随种子和无性繁殖材料传带而扩大分布的情况是一种非介体传播。

（1）汁液接触传播　汁液接触传播又称机械传播，许多体外稳定性强的病毒，多数可通过机械擦伤的形式进行传播。自然情况下，病株与健株叶片的相互摩擦，田间的农事操作如整枝、打叉、绑蔓等以及农具接触，均能造成微伤而传播病毒病害。

(2) 嫁接传播　果树嫁接、自然条件下的根接以及菟丝子的寄生等，均能将病株体内的病毒粒体传给健株引起病害发生。可见，选择健康不带毒的砧木或接穗、切断病株与健株的根部接触以及及时防治菟丝子的为害等，对控制植物病毒病的危害极为重要。

(3) 花粉传播　由种子带毒的病毒中有许多是花粉传播的，即病株花粉传到健株上进行授粉，从而使所得种子带毒。有的甚至还能引起整个健株的系统性感病。有些果树病毒病的传播即是以这种形式完成的；在草本植物中也有类似情况，如菜豆花叶病毒等。

不同种类的病毒需要一定的传播方式，一种传播方式，只能传播特定的病毒。不是所有的传播方式可以传播所有的病毒病。

3. 植物病毒侵入及在体内的移动

植物病毒的侵入与细菌、真菌的侵入有所不同，它只能通过寄主细胞的微伤口侵入。所谓微伤是指细胞虽已受伤，但不影响细胞的生活力。因为植物病毒粒体一方面需要通过微伤进入寄主细胞；另一方面还必须进入细胞的活原生质体，才能开始增殖而达到侵染的成功。

病毒进入植物细胞后，在植物体内移动时，植物病毒自身并无主动转移的能力，无论在病田植株间，还是在病组织内，病毒的移动都是被动的。病毒在植物细胞间的移动称作细胞间转移，其转移的速度很慢。当病毒进入到维管束输导组织后，转移速度较快，可以很快传遍整个植株。但病毒在植物体内的分布是不均匀的，一般来讲，植物旺盛生长的分生组织很少含有病毒，如茎尖、根尖，这也是通过分生组织培养获得无毒植株的依据。另外，也有些病毒局限于植物的特定组织或器官，如大麦黄矮病毒（BYDV）仅存在于韧皮部。在植物输导组织中，病毒移动的主流方向是与营养主流方向一致的，也可以随营养进行上、下双向转移。从图 2-36 可以看出烟草花叶病毒（TMV）在叶片和植株内转移的过程，病毒接种在番茄中部复叶尖端小叶的侧面，经过 1~3 天，病毒分布到整个小叶；经过 3~5 天病毒则经过叶脉、叶柄及颈部的维管束系统到达根部和顶部；25 天左右病毒已经在全株分布。

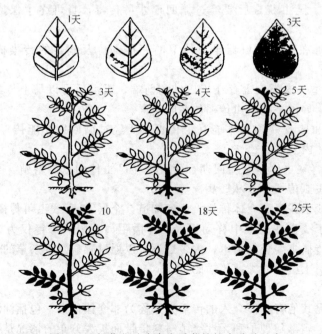

图 2-36　烟草花叶病毒在番茄植株中移动示意

三、重要的植物病原病毒

1. 植物病毒的分类

植物病毒的分类依据主要有以下几点：①构成病毒基因组的核酸类型（DNA 或 RNA）；②核酸是单链还是双链；③病毒粒体是否存在脂蛋白包膜；④病毒形态；⑤核酸分段状况（即多分体现象）等。

根据上述主要依据，到 2000 年止，已报道 977 种植物病毒，分在 15 科 73 个属中（包括 24 个未定科的悬浮属）。根据核酸的类型和链数，可将植物病毒分为双链 DNA 病毒、单链 DNA 病毒、双链 RNA 病毒、负单链 RNA 病毒以及正单链 RNA 病毒等。

在植物病毒的分类系统中，以前多数学者认为病毒"种"的概念还不够完善，采用门、纲、目、科、属、种的等级分类方案不成熟。所以，近代植物病毒分类上的基本单位不称为"种"，而称为成员（member），近似于属的分类单位称为组（group）。1995 年出版的国际病毒分类委员会（ICTV）第六次报告，将 729 个种分为 9 个科 47 个属，基本明确了科、属、种的关系。

株系（strain）和变株（variant）是病毒种下的分类单元，具有生产上的重要性。一般将自然存在的称株系，人工诱变的称变株。不同株系之间在蛋白质衣壳中氨基酸的成分、介体昆虫的专化程度、传染效率和症状的严重度等方面存在性状差异。

2. 植物病毒的命名

病毒的命名方法有多种，如目录法、拉丁文双名法、俗名法等。一般讲，前两种方法使用少，目前我国使用的植物病毒名称以俗名法为普遍，它也是目前国际上通用的方法。这种命名法是将寄主的俗名＋症状特点＋病毒组合而成。如烟草花叶病毒为 Tobacco mosaic virus，为了方便也可缩写成 TMV。

3. 常见的植物病毒

（1）烟草花叶病毒属（*Tobamovirus*）和烟草花叶病毒（TMV） 烟草花叶病毒属有 16 个种和 1 个暂定种，典型种为烟草花叶病毒（TMV）。病毒形态为直杆状，直径为 18nm，长为 300nm；病毒粒体的沉降系数 $S_{20\omega}$ 为 194s；粒体相对分子质量为 40×10^6 u，核酸占病毒粒体的 5％、蛋白质占 95％左右；基因组核酸为一条（＋）SSRNA 链；衣壳蛋白亚基为一条多肽。

寄主范围广，属于世界性分布；依靠植株间的接触、花粉或种苗传播，对外界环境的抵抗力强。可引起番茄、马铃薯、辣椒等茄科植物的花叶病。

（2）马铃薯 Y 病毒属（*Potyvirus*）和马铃薯 Y 病毒（PVY） 它是植物病毒中最大的一个属，病毒线状，通常长 750nm，直径为 11～15nm，具有一条正单链 RNA，核酸占粒体重量的 5％～6％、蛋白质占 94％～95％。病毒粒体的沉降系数 $S_{20\omega}$ 为 150～160s。主要以蚜虫进行非持久性传播，绝大多数可以通过接触传染，个别可以种传。所有病毒均可在寄主细胞内产生典型的风轮状内含体或核内含体和不定形内含体。

马铃薯 Y 病毒（Potato virus Y，PVY）主要侵染马铃薯、番茄等植物。PVY 可在茄科植物和杂草上越冬。自然状态下由桃蚜等蚜虫以非持久性方式传播。

（3）黄瓜花叶病毒属（*Cucumovirus*）和黄瓜花叶病毒（CMV） 黄瓜花叶病毒属有 3 个种，即黄瓜花叶病毒（CMV）、番茄不孕病毒（ToAV）和花生矮化病毒（PSV）。典型种为黄瓜花叶病毒，粒体球状，直径为 28nm，属于三分体病毒。粒体中 SSRNA 含量为 18％，蛋白质含量为 82％。沉降系数 $S_{20\omega}$ 为 99s。在 CMV 粒体中有卫星 RNA 的存在，CMV 即成为卫星 RNA 的依赖病毒，并能影响 CMV-RNA 的复制。CMV 在自然界依赖蚜虫以非持久性方式传播，也可由汁液接触传播，少数报道可由土壤带毒而传播。

黄瓜花叶病毒寄主包括十余科的上百种双子叶和单子叶植物，且常与其他病毒复合侵染，使病害症状复杂多变。传播的介体昆虫主要是棉蚜和桃蚜，大约有 75 种蚜虫能传毒。由于病株体内的病毒含量很高，因此传毒效率很高。

（4）南方菜豆花叶病毒属（*Sobemovirus*）和南方菜豆花叶病毒（SBMV） 南方菜豆花叶病毒属现有 11 个种和 3 个暂定种，典型种是南方菜豆花叶病毒（SBMV）。病毒粒体球状，直径为 30nm，由 180 个蛋白质亚基聚集而成，病毒粒体重量大约 6.6×10^6u，其中核酸含量为 21%、蛋白质含量为 79%。病毒有一条正单链 RNA 基因组，4.2～4.8kb 大小，相对分子质量为 $(1.3～1.5)\times10^6$u，只有一种衣壳蛋白，相对分子质量为 30×10^3u。

该属病毒大部分分布不广，寄主范围相当窄，限于一两个植物科的几个种，引起的主要症状是花叶和斑驳，如南方菜豆花叶病毒（SBMV）主要引起菜豆和豇豆的花叶和斑驳病。自然传播介体主要是甲虫，在有的寄主种子中可以传播，个别种可经蚜虫传播，易经汁液摩擦传播。

四、植物病毒病的症状

植物病毒病只有明显的病状而无外部病征。常见的病状有花叶、斑驳、黄化、丛枝、矮化、畸形及坏死斑等。有些病毒病也常形成内部病征，即在寄主叶毛或表皮细胞内产生 X-体、各种形态的结晶体等，可作为诊断病毒病的依据。

有些植物感染病毒后，不表现症状，其生长发育和产量也未受到显著影响，称"带毒现象"，被寄生的植物称为"带毒寄主"。

一种病毒所引起的症状，可以随着寄主植物种类而有不同，如 TMV 在普通烟草上引起全株性花叶，在心叶烟上则形成局部性枯斑；而两种或两种以上病毒的复合侵染，症状表现就更加复杂了。如 CMV 引起番茄病毒病的蕨叶症状，与 TMV 复合侵染则引起严重的条斑；有时复合侵染的两种病毒会发生拮抗作用，最明显的是交互保护，即先侵染的病毒可以保护植物不受另一种病毒的侵染。如经诱变获得的番茄花叶病毒的弱毒疫苗 N_{14} 的使用，可有效降低番茄条斑病的发病程度。

温度和光照对病毒病症状的影响很大，高温可以抑制许多花叶型病毒表现症状。如烟草感染花叶病毒后，在 10～35℃气温下，表现典型的花叶症状，若气温持续超过 35℃，则症状逐渐消失。这种植物体内有病毒，只因环境条件不适宜而不表现症状，称"隐症现象"。而环境条件适宜时，症状又可出现。

第四节　植物病原线虫

线虫又称蠕虫，是一类低等动物。多数线虫能独立生活于土壤和水流中，但也有不少种类寄生于人类、动物和植物体上。寄生于植物上的类群称为植物病原线虫。线虫为害植物与一般害虫不同，它能引起寄主生理机能的破坏和一系列的病变，所以称为植物线虫病。

植物病原线虫在自然界分布广、种类多。我国农作物重要的线虫病有小麦粒线虫病、水稻潜根线虫病、多种作物根结线虫病、大豆孢囊线虫病、谷子线虫病、甘薯茎线虫病等。

一、植物病原线虫的一般性状

1. 植物病原线虫的外部形态及大小

植物寄生线虫一般是圆筒状，两端尖。大多数为雌雄同型。体形细小，长为 0.5～

1mm，宽为 0.03～0.05mm。少数为雌雄异型，雌虫为梨形、球形和长囊状等（图2-37）。线虫虫体多为乳白色或无色透明，有些种类的成虫体壁可呈褐色或棕色。

2. 植物病原线虫的内部结构

植物寄生线虫外层为体壁，不透水、角质，有弹性，表面光滑或有纵横条纹，有保持体形、膨压和防御外来毒物渗透的作用。体壁下为体腔，其内充满体腔液，有消化、生殖、神经、排泄等系统。线虫无循环和呼吸系统。其中消化系统和生殖系统最为发达，神经系统和排泄系统相对较简单。

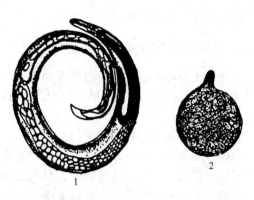

图 2-37　植物病原线虫形态
1—雄成虫；2—雌成虫

线虫的消化系统是从头部的口孔连接到肛门的直通管道。口孔上有6个突起称为唇；口孔后方有口腔；口腔下连食道，其中部可形成膨大的食道球，主要起唧筒作用，以吸取植物汁液；食道后端有分泌唾液或消化液的食道腺，或称唾液腺；食道以后是肠，并连接到尾端的直肠和肛门。植物病原线虫口腔中有一吻针，用以穿刺植物组织，分泌消化酶，溶解细胞中的物质，再吸入食道。

线虫的神经系统比较简单，一般在中食道球后面有一个神经环，并由神经环形成分枝通向各部器官，起感觉作用。

线虫的排泄系统是单细胞结构，将体腔内的排泄物吸收，通过排泄管自神经环附近的排泄孔排出。

线虫的生殖系统非常发达，占据体腔的大部分空间。雌线虫通常有1～2个卵巢，通过输卵管连到子宫和生殖孔，子宫的一部分可以膨大形成受精囊。这样，雌虫的肛门与生殖孔是分开的。雄虫有1～2个精巢（又称睾丸），它连接输精管和虫体末端的泄殖腔。泄殖腔内有1～2根交合刺。有些雄线虫的尾端还有交合伞等结构。

3. 植物病原线虫的生物学特性

线虫在土壤或植物组织中产卵。一龄幼虫往往在卵中蜕皮，卵孵化后形成二龄幼虫，二龄幼虫侵入寄主为害。幼虫一般蜕皮4次即变为成虫。交配后雄虫死亡，雌虫产卵。线虫完成生活史的时间长短不同，一般为一个月左右，一年可繁殖几代。

不同线虫的寄生方式不同。大多数线虫仅在寄主体外以口针穿刺植物组织营寄生生活，称为外寄生，这类线虫不容易被发现；有些线虫则在寄主组织内营寄生生活，称为内寄生；少数线虫则是先进行外寄生然后进行内寄生。

线虫对植物的致病作用，其除用口针刺伤寄主和在植物组织内穿行所造成的机械伤外，主要是线虫穿刺寄主时分泌的唾液中含有各种酶或毒素，造成各种病变，同时伤口是许多病原菌的重要侵染途径。

线虫的传播途径主要是借寄主植物的种子及无性繁殖材料等作远距离传播，如小麦粒线虫、谷子线虫、甘薯茎线虫等。近距离传播主要通过土壤、流水、人、畜活动和农具等，线虫本身的主动传播距离有限。

不同种类的线虫对环境条件的要求不同。适于线虫发育和孵化的温度一般为20～30℃。较高温度（40～50℃）对线虫不利，甚至可以致死。土壤湿度有利于线虫的活动，但不同种类的线虫对土壤水分的要求不同。大多数线虫在较干旱的条件下有利于生长和繁殖；而有些线虫则在淹水的条件下有利于生长和繁殖。此外，线虫病一般在沙壤土中发生严重，但有些则在黏重土中发生严重。

二、植物病原线虫的主要类群

线虫为动物界、线虫门的低等动物。门下设侧尾腺纲和无侧尾腺纲。植物寄生线虫分属于垫刃目、滑刃目和三矛目，目以下分总科、科、亚科、属、种。种的名称采用拉丁双名法。

其中如下属与植物联系密切：

(1) 胞囊线虫属（*Heterodera*） 寄生于植物的根和块根皮层组织内，为害根部但不形成根结。雄虫蠕虫形、透明柔软。雌虫二龄后渐膨大呈梨形或球形，金黄色或深褐色，坚硬不透明。卵一般不排出体外，整个雌虫体形成卵袋称胞囊。生长后期胞囊自病株脱落土壤越冬。如大豆胞囊线虫病、瓜类根线虫病等。

(2) 根结线虫属（*Meloidogyne*） 内寄生于植物根部，刺激根形成根结。雌虫球形或梨形，存于根结内。卵产在尾端分泌的胶质卵囊内，不产生胞囊。卵在雌虫体内或卵囊内发育成幼虫，成为第二年初侵染来源。如花生根结线虫病、瓜类根结线虫病等。

(3) 粒线虫属（*Anguina*） 寄生在植物地上部分，刺激病茎、叶、花、果形成虫瘿。雌雄虫体均为圆筒状，但雌虫粗壮，头部钝化，尾端尖锐，虫体向腹面卷曲。如小麦粒线虫病。

(4) 茎线虫属（*Ditylenchus*） 寄生在植物地上部分或地下部块茎和鳞茎上。雌雄虫均为细长线状体，尾端狭小圆锥形。如甘薯茎线虫病。

此外，滑刃线虫属（*Aphelenchides*）引起稻干尖线虫病、谷子线虫病等。

三、植物线虫病的症状

植物线虫为害时，主要侵染根、块根、块茎或鳞茎等，茎、叶、芽、穗及子房等也可受害。线虫侵染寄主后，除不断刺伤植物组织获取营养外，还分泌大量的唾液等物质。这些分泌物对寄主的生长发育影响很大，其主要表现包括刺激细胞增大或加速细胞分裂；抑制植物根茎分生组织的分裂活动；溶解果胶质或细胞壁等。因此，植物受线虫为害后，可以表现局部性症状和全株性症状。局部性症状多出现在地上部分，如顶芽坏死、茎叶卷曲、叶瘿、种瘿等；全株性症状则表现为营养不良、植株矮小、生长衰弱、发育迟缓、叶色变淡等，有时还有丛根、根结、根腐等症状。

第五节 寄生性种子植物

一、寄生性种子植物的概念及特点

大多数植物为自养生物，能自行吸收水分和矿物质，并利用叶绿素进行光合作用合成自身生长发育所需的各种营养物质。但是，大约有 2500 种高等植物和少数低等植物，由于叶绿素缺乏或根系、叶片退化，必须寄生在其他植物上以获取营养物质，称为寄生性植物。大多数寄生性植物为高等的双子叶植物，可以开花结籽，又称为寄生性种子植物。如菟丝子、列当等。还有少数低等的藻类植物，也能寄生在高等植物上，引起藻斑病等。

寄生性植物的寄主大多数是野生木本植物，少数是农作物或果树。从田间的草本植物、观赏植物、药用植物到果林树木和行道树等均可受到不同种类寄生植物的为害。寄生性植物的寄主范围也各不相同，比较专化的只能寄生一种或少数几种植物。如亚麻菟丝子只寄生在亚麻上。有些寄生植物的寄主范围很广，如桑寄生，它的寄主范围包括 29 科 54 种植物。桑寄生的寄主为阔叶树种。檀香科重寄生属的植物常寄生在槲寄生、桑寄生和大苞鞘花等桑寄生科的植物上，这种以寄生性植物为寄主的寄生现象称为重寄生。

根据寄生性植物对寄主植物的依赖程度，可将寄生性植物分为全寄生和半寄生两类。全寄生性植物无叶片或叶片已经退化，无叶绿素，根系蜕变为吸根，必须从寄主植物上获取包括水分、无机盐和有机物在内的所有营养物质，如菟丝子、列当等。寄生性植物的导管和筛管与寄主植物相连，寄主植物体内的各种营养物质可不断供给寄生性植物。半寄生性植物本身具有叶绿素，能够进行光合作用，但需要从寄主植物中吸取水分和无机盐，如槲寄生、桑寄生等，寄生性植物的导管与寄主相连。

寄生性植物在寄主植物上的寄生部位不同，寄生在根上的称根寄生，如列当；寄生在寄主地上部位的为茎寄生，如菟丝子和槲寄生。

寄生性种子植物一般以种子进行繁殖，但传播的动力和传播方式有很大的差异。大多数是依靠风力或鸟类介体传播，有的则与寄主种子一起随调运而传播，这是一种被动方式的传播；还有少数寄生性植物的种子成熟时，果实吸水膨胀开裂，将种子弹射出去，这是主动传播的类型，如松杉寄生。桑寄生科植物的果实为肉质的浆果，成熟时色泽鲜艳，引诱鸟类啄食，随粪便排出时黏附在树枝上，在温、湿度条件适宜时萌芽侵入寄主，并随鸟的飞翔活动而扩散。列当、独脚金的种子极小，成熟时蒴果开裂，种子随风飞散传播，一般可达数十米远。菟丝子等的种子或蒴果常随寄主种子的收获与调运而传播扩散。松杉寄生的果实成熟时，常吸水膨胀直至爆裂，将种子弹射出去，弹射的距离一般为3~5m，最远的可达15m。弹射出去的种子表面有黏液，易黏附在别的寄主植物表面，遇到合适的条件即可萌芽侵入。

二、寄生性种子植物的主要代表

寄生性植物种类，目前已发现大约有2500种。其中以桑寄生科为最多，约占一半。

1. 菟丝子

菟丝子是菟丝子属（*Cuscuta*）植物的总称。其叶片退化呈鳞片状，无叶绿素，茎藤细长呈丝状，黄白色或稍带紫红色，用以缠绕寄主。花很小，淡黄色，头状花序。蒴果不定形开裂，内有2~4粒种子。种子小，卵圆形，表面粗糙，黄褐色或深褐色，稍扁（图2-38）。

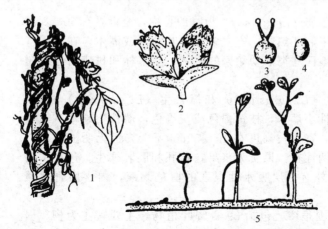

图 2-38 菟丝子
1—大豆上的菟丝子；2—花；3—子房；4—种子；5—菟丝子种子萌发及侵染寄主过程

菟丝子的种子几乎与寄主植物种子同时成熟，收获时或散落于土壤中，或混杂于种子间，成为第二年的侵染来源。作物播种时，菟丝子种子也随作物种子发芽而萌发，同时生出旋转的幼茎，幼茎接触到寄主时即刻进行缠绕，并形成吸盘穿入寄主的维管束，以不断吸取营养造成为害。

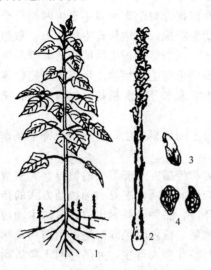

图 2-39　列当
1—向日葵根部受害状；2—列当的花序；
3—花；4—种子

我国目前已发现的菟丝子有 10 余种，其中最常见的有中国菟丝子和日本菟丝子。中国菟丝子茎细，花少，种子小，主要为害豆科和茄科草本植物。日本菟丝子茎稍粗，花多，种子大，主要为害木本植物。

田间发生菟丝子为害后，一般是在开花前彻底割除菟丝子，或采取深耕的方法将种子深埋使其不能萌发。"鲁保一号"是防治菟丝子的生物农药，是一种菟丝子炭疽菌制剂。

2. 列当

列当是列当属（*Orobanche*）植物的总称。列当属植物在我国主要分布于西北、华北和东北地区。寄主为瓜类、豆类、向日葵、茄果类等植物。列当属植物为全寄生、根寄生，一年生草本植物，茎肉质，单生或有分枝；仅在茎基部有退化为鳞片状的叶片，无叶绿素；根退化成吸根伸入寄主根内吸取养料和水分。花两性，穗状花序，花冠筒状，多为蓝紫色；果为球状蒴果，内有几百甚至数千粒种子；种子极小，卵圆形，深褐色，表面有网状花纹（图 2-39）。

列当主要以种子形式借气流、水流、农事操作活动等传播。种子在土壤中可保持生活力达 10 年之久，遇到适宜的温、湿度条件和植物根分泌物的刺激，种子就可以萌发。种子萌发后产生的幼根向根部生长，接触寄主的根后生成吸盘侵入寄主植物根部吸取水分和养分。之后茎开始发育并长出花茎，造成寄主生长不良和严重减产。

我国重要的列当种类有：埃及列当（*O. aegyptica*），主要寄主为瓜类植物；向日葵列当（*O. curnane*），主要寄主为向日葵。

3. 桑寄生

桑寄生是桑寄生属（*Loranthus*）植物的总称，全世界有 500 多种，中国有 30 余种。桑寄生主要分布在温带和亚热带，寄主多为阔叶乔木或灌木，在我国广东、广西、海南等地区鸟类活动频繁的树林、灌木林和村庄附近的树木，往往受害较重。

主要有桑寄生（*L. parasitica*）和樟寄生（*L. yadoriki*）两种。桑寄生为常绿寄生性小灌木，枝黄褐色或灰褐色，幼株尖端常有绒毛覆被，多具根出条，寄生枝高度在 10~50cm 不等，但无明显的节与节间。穗状花序，两性花，果实为浆果，种胚和胚乳裸生，包在木质化的果皮中。果皮外有一层吸水性很强的白色黏液，内含槲寄生碱（图 2-40）。

桑寄生寄主范围很广，包括 29 科阔叶植物，主要寄主为杨、枫杨、山茶科和山毛榉科。桑寄生种子萌发后产生胚根，分泌黏液，附着树皮上，形成吸盘，分泌酶，并以机械力从伤口、芽部或幼嫩树皮钻入寄主表皮，到达木质部，与寄主的导管组织相连，从中吸取水分和无机盐，以自身的绿叶制造所需有机物。桑寄生的无性繁殖器官是根出条，在寄主体表延伸，与寄主接触处形成新的吸根，再钻入树皮

图 2-40　桑寄生
1—寄主植物枝干；
2—桑寄生；
3—桑寄生果实

定植，并在一定条件下发育成新植株。桑寄生是为害林木最严重的病原物之一。受桑寄生为害的林木，一般表现为落叶早，次年放叶迟，木质部纹理紊乱，出现裂缝或空心，严重时枝条或全株枯死。

4. 独脚金

独脚金（*Striga* spp.）为一年生草本植物，俗称火草或矮脚子，约有23种，营寄生生活的大多分布在亚洲、非洲和大洋洲的热带和亚热带地区。中国的华南和西南有分布，有3个种和1个变种。独脚金茎上生黄色刚毛，叶狭长，披针形常退化成鳞片状，长约1cm，下部对生，上部互生，有少量叶绿素。花单生于叶腋，顶生疏穗状花序，花冠筒状，黄色、金黄色或红色，高脚碟状，近顶端急弯，唇形。蒴果卵球形，背裂，长约3mm，种子极小，金黄色，椭圆形，表面具长条形网眼，长宽比为7∶1以上，网状稍扭转，具网状纵线或脊（图2-41）。

图2-41 独脚金
1—独脚金全株；2—花

独脚金虽有叶绿素可进行光合作用制造养料，但仍不能自给。寄主受害后，生长受阻，纤弱，萎垂无生机。玉米受害可减产20%以上，病地连作可造成颗粒无收，温暖、湿润的生态环境适于独脚金的生长，但干旱年份玉米受害更重。独脚金主要寄主为单子叶的禾本科植物，如玉米、甘蔗、水稻、高粱，以及苏丹草和画眉草等。少数独脚金能寄生双子叶植物如番茄、豌豆、菜豆、烟草和向日葵等。

复习思考题

1. 解释下列名词和术语

菌丝、菌丝体、变形体、吸器、假根、菌核、菌索、营养体、结合子、接合孢子、卵孢子、游动孢子、孢囊孢子、粉孢子、芽孢子、厚垣孢子、性孢子、锈孢子、夏孢子、冬孢子、担子、担孢子、原核生物、子实体、子座、转主寄主、孢子的多型性、真菌生活史、口针带毒型、循回型、增殖型、病毒循回期、稀释终点、失毒温度、体外存活期、革兰染色、茎寄生、根寄生、全寄生、半寄生

2. 常见植物传染性病害的病原生物主要有哪几大类？
3. 简单比较真菌五个亚门的形态区别，并按分类系统简要描述所介绍真菌各代表属的基本形态特征。
4. 孢囊孢子和分生孢子、子囊壳和分生孢子器、分生孢子盘和子囊盘、球壳孢目和球壳菌目有何异同？
5. 子囊菌和担子菌的有性子实体各有哪几种类型？怎样进行区别？半知菌的无性子实体有哪几类？
6. 植物病毒粒体在形态、化学成分、增殖方式、传播及侵入寄主等方面具有哪些特点？
7. 植物病毒病害有哪些特异性症状，与真菌病害、细菌病害和生理性病害症状有何区别？
8. 怎样诊断植物病毒病？
9. 植物病原细菌在形态、染色、繁殖以及生理性状诸方面有何特点？
10. 植物病原细菌所致病害在症状上有哪些类型，与真菌所致植物病害的症状有何区别？
11. 植原体、螺原体与植物病原细菌在形态、繁殖、传播以及所致病害症状上各有何异同？
12. 列表比较胞囊线虫属、根结线虫属、茎线虫属和粒线虫属线虫在形态、发育以及所致植物病害症状方面的区别。
13. 简述菟丝子、列当、桑寄生和独脚金的个体发育过程。
14. 结合田间观察，简要比较病原真菌、细菌、病毒、植原体、线虫、寄生性种子植物等在形态、繁殖、传播以及所致植物病害症状诸方面各具哪些最突出的特点？

实验实训二　病原物的基本制片技术和观察

【实训要求】

学习病原真菌等一般临时装片和半永久性装片的制作技术，为病原物的检查和鉴定奠定基础。

【材料与用具】

根据当地实际任选带有菌丝体、孢子堆、霉层、分生孢子器、分生孢子盘、子囊壳、子囊盘等的病害材料，以及含有病原线虫的病害材料。

显微镜、载玻片、盖玻片、挑针、解剖刀、蒸馏水滴瓶、乳酚油、醋酸明胶酚浮载剂、酒精灯、火柴、刀片、纱布等。

【内容及步骤】

1. 整体装片制作法

对于生长在植物病部表面或培养基上的菌丝体、各种类型的病原孢子和线虫等，可直接选取少量材料封藏在适当的浮载剂中，制成整体装片，进行镜检。

整体装片的制作过程，主要有以下4个步骤。

（1）载玻片和盖玻片的准备　载玻片和盖玻片，装片前清洗干净。其具体洗涤方法是：用肥皂水或合成洗涤剂加热煮沸；从肥皂等洗液中取出后，用清水冲洗数次；以清洁的纱布擦拭干净后备用。擦拭载玻片和盖玻片时，应将玻片与纱布夹持在拇指和食指之间，同时移动手指，注意上下用力均匀，以防损坏。细菌鞭毛染色时，要求使用非常清洁的载玻片，才能获得好的结果。一般是将新的载玻片放入浓铬酸液中24h，以清水冲洗数次，再用蒸馏水洗净，然后保存于95％的酒精中备用。

（2）浮载剂的配制　浮载剂的主要作用是防止材料干燥、变形和光线散射。浮载剂的种类很多，经常使用的主要有：

① 水　洁净的水是最常用的浮载剂，特别适用于观察分生孢子和游动孢子囊的萌发、分生孢子器放射孢子角和细菌的活动等。水不会使孢子改变大小，但容易干燥，只适于做短时期浮载剂。

② 乳酚油　除水以外，乳酚油是植物病理制片中应用最广泛的浮载剂之一。标本在乳酚油中不易干燥，乳酸和苯酚都有防腐作用，可以较长时间地保存标本。

③ 醋酸明胶酚　将苯酚溶在冰醋酸中，加入明胶，不加热而任其溶化（约需二日），最后加甘油10滴搅和即成，贮藏于褐色玻璃瓶中备用。太干时可酌加冰醋酸稀释。这种浮载剂适于观察干标本，干缩的菌丝和孢子放在其中微微加热，便可以恢复原状，有利于镜检。

（3）整体制片方法

① 挑　对植物病部表面霉状物、粉状物病原体较多，如根霉菌等，或个体分明的产孢器官，如白粉菌的子囊壳，均可以采用尖细的挑针挑取少许制片。在保证选材典型的情况下，所取材料越少越好，以免材料互相重叠，分辨不清。

② 刮　如病部霉状物、粉状物病原体稀少时，可用解剖刀刮取病原物制片。首先以解剖刀沾浮载剂少许，在病部顺同一方向刮取二三次，将刮取的物体放到载玻片上的浮载剂中，加盖玻片制成装片，即可镜检。

③ 拨　对于着生在植物表皮层下或半埋生于基物内的病原体产孢器官，如分生孢子器、分生孢子盘、子囊壳等，可把病原体连同寄主组织一起拨下，放入载玻片上的浮载剂中，用两支挑针，一支稳定材料，另一支小心拨去不含病原体的植物组织，使病原体外露，加盖玻

片在显微镜下观察。

④ 撕　对于寄生在植物表皮细胞上的病原真菌，也可以将带有病原物的表皮撕下来进行镜检。

（4）装片过程　制作整体装片的具体操作过程是：①取一张清洁的载玻片放平，于中央滴一小滴适当的浮载剂；②用挑、刮、拨、撕等方法选取适当材料，放于浮载剂中分散均匀；③另取一张清洁的盖玻片，使一边先与浮载剂接触，然后轻轻放下盖好（防止产生气泡），即成临时装片或半永久性装片，可供镜检；④镜检使用过的载玻片和盖玻片均需洗净擦干备用，以防污物混杂，影响下次观察效果。

2. 徒手切片

病部产生小黑点病征的病害往往可以用徒手切片，制片观察病原物的内部结构。如苹果树腐烂病的分生孢子器、子囊壳以及高粱炭疽病分生孢子盘等。

徒手切片时选取小黑点多的病组织材料，如果病组织较薄如叶片，先在病征明显处切取病组织小块（边长5～8mm），放在小木块上，用食指轻轻压住，随着手指慢慢地后退，用刀片的刀尖将压住的病组织小块切成很薄的丝或片，用沾有浮载剂的挑针或接种针挑取薄而合适的材料放在一干净载玻片上的浮载剂液滴中央，盖上盖玻片，仔细擦去多余的浮载剂（注意浮载剂过多会使观察物出现晃动不稳定现象），即制成一张临时玻片或半永久玻片。如果病组织较厚如苹果树腐烂病病树皮，可以先用刀片切取表面带黑点的薄层，然后再切片。

3. 显微观察

首先检查显微镜是否完好，旋转粗调焦螺旋升起镜筒，转动转换器，使低倍物镜对准通光孔（物镜的前端与载物台要保持2cm的距离）。调整聚光器的高低和光圈的大小，使较大的光圈对准通光孔，左眼注视目镜内（右眼睁开，同时画图）。转动反光镜使光线通过通光孔反射到镜筒内，通过目镜，可以看到白亮的视野。切记低倍镜观察时，不要把聚光器升到顶，在升到顶的位置观察影像往往是光源影像。将做好的装片放在载物台上，用压脚压住，标本要正对通光孔的中心。转动粗调焦螺旋，使镜筒缓缓下降，使物镜镜头离玻片标本约1mm，然后从下向上逐渐调整，观察到镜头里出现影像，调微调焦螺旋，使影像清晰。有规律地调整玻片标本，观察寻找要看的内容，直到找到目标为止。再次调整微调焦螺旋和聚光器，使所看目标清晰为止。如果需要更细致的观察，可以换高倍镜，再调微调焦找到目标。初学者切记调整镜头是从下向上边调整边观察，不要从上向下，以免镜头压碎玻片，扎坏镜头。

【实训作业】

1. 取实验材料，通过挑、刮、拨、撕和徒手切片等方法，每人各制5张临时性装片和5张半永久性装片。

2. 简要分析上述玻片标本的制作方法有哪些优点？它们的缺点和不足是什么？怎样克服？

3. 怎样调整显微镜的光线强弱？低倍镜和高倍镜观察时，物镜镜头离盖玻片距离有何不同？为什么初学显微观察，要镜头逐步上调寻找观察目标，而不是从上向下寻找？

实验实训三　真菌营养体和繁殖体的观察

【实训要求】

通过观察，认识病原真菌的营养体及其变态，认识真菌的子实体、有性繁殖、无性繁殖产生的各种类型孢子，为病原鉴定打基础。

【材料与用具】

瓜果腐霉病、疫霉菌、立枯丝核菌、链格孢菌、小麦白粉病、甘薯软腐病、油菜菌核病、小麦麦角病、苹果或甘薯紫纹羽病、毛霉菌、犁头霉菌、玉米小斑病、花生黑斑病、柑橘青霉病、棉花黄萎病、稻瘟病、马铃薯早疫病、棉花枯萎病、桃缩叶病、桑里白粉病、小麦赤霉病、苹果树腐烂病、麦角病菌等所致植物病害标本及病菌玻片；或当地发生的病害标本及材料。

显微镜、挑针、刀片、木板、酒精灯、火柴、载玻片、盖玻片、纱布、乳酚油、二甲苯、擦镜纸、吸水纸等。

【内容及步骤】

1. 病原真菌的营养体及其变态的观察

用挑针挑取平板上培养好的瓜果腐霉病菌、立枯丝核菌和链格孢菌的菌丝体，用蒸馏水作浮载剂，制临时玻片镜检，观察菌丝形状、有无隔膜、分枝特点、颜色有无差别以及有无孢子形成等。

用撕取法制片，观察小麦白粉病菌的吸器形态，注意吸器的形状和在细胞内的位置，挑取甘薯软腐病菌平板培养物制片镜检，观察在孢囊梗基部的假根的形态和颜色。观察苹果或甘薯紫纹羽病菌的根状菌索的装片，分析结构特点。观察油菜菌核病菌的菌核和小麦麦角病菌的菌核标本。比较两种菌核的大小、形状和色泽。在显微镜下观察麦角病菌头状子座的切片，注意其内部结构与菌核的区别。

2. 真菌无性繁殖体的观察

用挑针挑取瓜果腐霉菌菌丝体，置于载玻片上的水滴中，观察游动孢子囊形态，注意孢囊梗与菌丝有无区别。观察根霉菌、毛霉菌、犁头霉菌的孢子囊、孢囊孢子。

挑取棉花枯萎病菌的培养物制片，观察厚垣孢子的形状、颜色和孢子壁的厚度，以及着生位置。

采用挑、刮等方法制作临时装片，观察玉米小斑病菌、花生黑斑病菌、小麦白粉病菌（无性世代）、柑橘青霉病菌、棉花黄萎病菌、稻瘟病菌、马铃薯早疫病菌等的分生孢子梗、分生孢子的形态、颜色、分隔、着生位置等。

3. 真菌有性繁殖体的观察

挑取疫霉的培养物（连同培养基）制片，镜检观察藏卵器的形态、色泽以及壁有无饰纹；雄器形态及其位置；卵孢子形态、每个藏卵器内卵孢子的数目等。

挑取根霉、毛霉或犁头霉正、负菌株在PDA培养基上交配7~10天后的培养物制片，镜检，观察接合孢子的形状、表面的饰纹、色泽、配囊柄的形状及有无丝状附属物等。

采用挑、刮或切片的方法制作临时玻片或直接观察永久玻片，镜检桃缩叶病菌、小麦白粉病菌、桑里白粉病菌、小麦赤霉病菌、苹果树腐烂病菌、麦角病菌等，观察子囊果的类型、子囊的形态以及子囊孢子的形态和颜色等。

观察小麦腥黑穗病菌的冬孢子萌发形成的担子及担孢子的形态。黑粉菌孢子萌发的条件是恒温（15~25℃）和定期的光照，连续培养3~5天，冬孢子即可萌发。

【实训作业】

1. 绘无隔菌丝和有隔菌丝、孢囊梗、孢子囊、游动孢子和孢囊孢子、分生孢子梗和分生孢子、厚膜孢子、卵孢子、接合孢子、子囊和子囊孢子、担子和担孢子形态图，并注明各部名称。

2. 简述真菌营养体和繁殖体——各种孢子的形成特点，分析它们在真菌生活史中各起什么作用。何谓子实体？

3. 说明认识真菌营养体和繁殖体的基本形态特征，对于鉴别病原真菌种类有何重要意义？

实验实训四　鞭毛菌、接合菌亚门真菌及其所致病害症状观察

【实训要求】

观察鞭毛菌、接合菌亚门真菌的孢囊梗、孢子囊、游动孢子、卵孢子和接合孢子的形态；了解鞭毛菌和接合菌亚门真菌所致植物病害的症状类型。

【材料与用具】

芸薹根肿病、马铃薯粉痂病、玉米褐斑病、水稻烂秧绵霉菌、瓜果腐霉菌、致病疫霉菌、谷子白发病、葡萄霜霉病、黄瓜霜霉病、十字花科植物霜霉病、十字花科蔬菜白锈病、地瓜软腐病和根霉有性孢子形成过程装片等植物病害标本或病菌玻片标本。

显微镜、载玻片、盖玻片、凹心载片、挑针、解剖刀、小剪刀、小镊子、培养皿、滤纸、凡士林油、乳酚油滴瓶、贮水小滴瓶、15%氢氧化钾滴瓶、酒精灯、火柴、大试管、试管架、试管夹、纱布块、33cm×20cm×6cm医用带盖白瓷盘、保湿滤纸、66cm×33cm纱布、小型纱布块、水槽、蜡笔、标签、温箱等。

【内容及步骤】

1. 观察芸薹根肿病植株的根部是否肿大。镜检芸薹根肿菌永久玻片，观察休眠孢子囊的分布位置、形态及有无细胞壁；比较有病菌侵害和没有病菌侵害植物细胞的大小及内含物。注意区分原生质团和休眠孢子。

2. 观察马铃薯粉痂病症状和永久切片，注意休眠孢子囊的分布和形态特征，以及有病菌的寄主细胞有无明显肿大。

3. 观察玉米褐斑病标本，注意受害部位病斑颜色及分布。用针挑取受害病组织内呈黄褐色粉末状物制成临时玻片，或直接镜检玉蜀黍节壶菌的永久玻片，观察休眠孢子囊的颜色和形态特征。

4. 观看水霉属真菌游动孢子两游现象录像。

5. 观察水稻烂秧症状。用镊子取病苗放于盛有浅水的培养皿中，直接在低倍镜下观察，或用镊子小心撕下病苗上的棉絮状物制成临时玻片镜检。注意比较游动孢子囊和菌丝的形态有无显著区别？观察孢子囊的层出现象是属于哪种层出类型，游动孢子释放是迅速离开孢子囊还是在排孢孔口处休止、聚集？观察是否产生有性器官，仔细观察藏卵器、雄器和卵孢子的形态以及雄器的位置、藏卵器内卵球的数目等。

6. 观察黄瓜病果上的白色菌丝体。将生长旺盛的小块菌丝体移至清水中20℃培养24~48h，菌丝顶端即形成大量游动孢子囊，用针挑取在清水中培养过的菌丝，观察腐霉菌的游动孢子囊。注意区分菌丝、孢囊梗和孢子囊。观察泡囊及游动孢子的形态特征。注意观察藏卵器和雄器的特征，并与水稻绵霉菌的雄器和藏卵器相比较。

7. 观察马铃薯晚疫病叶片的症状，注意病斑大小、颜色、霉轮。挑取少许霉状物在显微镜下检查，观察孢子囊是什么形状，孢囊梗和菌丝的形态有何不同？挑取烟草疫霉水培养中的菌丝体，用水作为浮载剂制片观察孢子囊顶部有无乳头状突起？注意有无球形厚垣孢子，观察孢子囊形状的变化。将玻片放入4℃冰箱中5~10min，取出立即镜检，观察孢子囊内游动孢子的形成和释放过程，注意与腐霉菌有什么不同。

8. 从不同种类的霜霉病材料叶背面刮取霉状物，分别制成临时装片。观察不同属的霜霉病菌孢囊梗的形态分化特征、孢子囊形态以及有无乳头状凸起。

9. 镜检十字花科蔬菜白锈病的组织切片,注意观察孢囊梗有无分枝,在寄主表皮下平行排列以及孢子囊串生的特征。

10. 挑去地瓜软腐病菌,观察孢囊梗、孢子囊形态,注意孢囊梗与假根着生位置的关系。观察根霉接合孢子的形成过程和特点。

【实训作业】

1. 绘水稻烂秧绵霉菌（绵霉属）、瓜果腐霉菌（腐霉属）、致病疫霉（疫霉属）、十字花科蔬菜霜霉病菌（霜霉属）、瓜类霜霉病菌（拟霜霉属）、葡萄霜霉病菌（指梗霜霉属）或当地其他霜霉菌代表属的形态图。

2. 以任一霜霉菌为例,绘制卵菌纲真菌的生活史示意图。

3. 根据观察,绘甘薯软腐病菌完整生活史图。

实验实训五 子囊菌、担子菌亚门真菌及其所致病害症状观察

【实训要求】

认识子囊菌、担子菌亚门真菌的基本形态特征,了解子囊菌有性子实体的类型、分类依据及白粉菌主要代表属的形态区别,认识区别常见锈菌、黑粉菌。了解子囊果及担子果类型。

【材料与用具】

桃缩叶病、麦类白粉病、瓜类白粉病、桃白粉病、桑里白粉病、洋槐白粉病、甘薯黑斑病、玉蜀黍赤霉病、苹果树腐烂病、小麦全蚀病、樱桃褐斑病、柿圆斑病、油菜菌核病、小麦三种锈病（条锈、叶锈和秆锈）、豇豆锈病、梨锈病、小麦散黑穗病、玉米瘤黑粉病、小麦秆黑粉病、水稻叶黑粉病、小麦腥黑粉病、高粱丝黑穗病、豆薯层锈菌、蔷薇多胞锈菌等植物病害标本或病菌玻片标本及多腔菌、茶饼病菌等子囊菌、担子菌玻片标本和各种担子果浸渍标本。

显微镜、扩大镜、载玻片、盖玻片、镊子、挑针、小剪刀、培养皿、蒸馏水、小滴瓶、乳酚油小滴瓶、新刀片、新毛笔、徒手切片夹持物（木髓、新鲜胡萝卜、马铃薯或甘薯块根）等。

【内容及步骤】

1. 观察桃缩叶病标本,注意受害叶片形态、颜色变化,叶片正、背面霉层。取桃缩叶病病叶表面病菌做临时玻片,或用病菌永久玻片直接镜检。注意观察子囊层、子囊和子囊孢子形状。

2. 观察麦类白粉病菌、瓜白粉病菌、桃白粉病菌、桑里白粉病菌、洋槐白粉病菌致病害症状,注意发病初期和发病后期症状的不同。挑取闭囊壳做临时玻片镜检,注意子囊果有无孔口,观察子囊果表面生附属丝的形状。轻轻挤压盖玻片,使闭囊壳破裂,观察子囊果内的子囊数。

3. 观察甘薯黑斑病症状,注意病斑的颜色和形状,病斑是否凹陷,其上是否有毛刺状物,毛刺状物为何物,有无苦味？挑取甘薯黑斑病培养物制作临时玻片或取病菌的永久玻片镜检,观察子囊壳及子囊孢子的形态特征。

4. 观察小麦赤霉病症状,注意病穗上的红霉、玉米秆或稻根上的黑色或深蓝色颗粒是病菌的什么阶段？镜检玉蜀黍赤霉菌,观察其子座和子囊壳的形状、颜色和质地以及子囊和子囊孢子的形态及排列方式。

5. 观察苹果树腐烂病症状,注意病斑上黑色小点为病菌子座,取苹果树腐烂病菌永久

切片镜检，注意子囊壳的形态和着生位置，以及子囊及子囊孢子的形态和排列。

6. 观察小麦全蚀病症状，注意叶鞘内"黑膏药"和黑色小颗粒状物。用显微镜观察小麦全蚀病菌的子囊壳的埋生情况以及子囊壳、子囊和子囊孢子的形态及排列。

7. 用显微镜观察竹多腔菌、樱桃褐斑病菌、柿圆斑病菌等的玻片标本，观察子囊座、子囊腔、子囊和子囊孢子特征。

8. 观察油菜菌核病病害症状，注意菌核的形态、色泽及着生位置。显微镜下观察油菜菌核病菌子囊盘切片，注意子囊盘、子囊、子囊孢子的形态特征。

9. 观察小麦条锈、叶锈和秆锈病症状，注意病斑的颜色、形状、大小，以及受害部位。制片观察冬孢子和夏孢子的形态特征，以及它们在孢子堆中的着生情况。

10. 观察豇豆锈菌在豇豆的叶、茎、荚上的症状。制片镜检病原菌，注意冬孢子和夏孢子的形态以及颜色变化。

11. 观察梨锈病症状以及在转主寄主龙柏上的冬孢子角形态。徒手切片或取永久玻片镜检，观察性孢子器、性孢子、授精丝和锈孢子器、锈孢子的形态特征。挑取桧柏上吸水膨大了的冬孢子堆（角）镜检，观察冬孢子的形态特征。

12. 观察大豆锈病症状，徒手切片制作豆薯层锈菌临时装片镜检或观察永久玻片中冬孢子堆的排列方式。

13. 观察小麦散黑穗病和玉米瘤黑粉病标本的症状特征。挑取病组织上的冬孢子堆制片观察冬孢子的形态特征。分别取两种冬孢子萌发，镜检观察担子和担孢子形成情况。

观察小麦秆黑粉病的症状，挑取表皮下的冬孢子粉制片观察冬孢子的形态特征。

观察小麦腥黑粉病的症状，闻一闻有什么气味，挑取冬孢子粉制作临时玻片，镜检观察冬孢子的形态特征。观察冬孢子萌发后形成的担孢子的形态。

观察高粱丝黑穗病的症状。挑取粉状物制片镜检，观察冬孢子及不孕细胞的形态。

14. 观察木耳、银耳、蘑菇、香菇、灵芝、猴头等的担子果形态和茶饼病标本，以及鬼笔、马勃和鸟巢菌等真菌的子实体。

【实训作业】
1. 绘外囊菌属形态图。
2. 绘麦类白粉菌、桑里白粉病菌的形态图。
3. 绘赤霉属子囊壳、子囊、子囊孢子和核盘菌属子囊盘形态图。
4. 布氏白粉属、白粉属、单丝壳属、叉丝壳属和叉丝单囊壳属的主要区别是什么？
5. 绘柄锈菌属、层锈菌属、黑粉菌属、条黑粉菌属的形态图。
6. 绘腥黑粉菌属冬孢子萌发图。
7. 绘梨胶锈菌的生活史图。

实验实训六　半知菌亚门真菌及其所致病害症状观察

【实训要求】

观察各种半知菌分生孢子、分生孢子梗的形态、颜色、大小、细胞个数等，分生孢子梗的着生位置及半知菌无性子实体的类型，明确半知菌亚门真菌种类与子囊菌的对应关系，了解重要的半知菌所致植物病害的症状特点。

【材料与用具】

稻瘟病、柑橘青霉病、花生黑斑病、棉花枯萎病、棉花黄萎病、小麦赤霉病、水稻恶苗病菌、大丽轮枝菌、马铃薯和番茄早疫病、玉米小斑病和大斑病、小麦叶枯病、棉花炭疽病、辣椒炭疽病、豆类炭疽病、葡萄黑腐病、苹果轮纹病、茄褐纹病、棉花黑果病菌、蚕豆褐斑病等本地发生的主要半知菌病害标本或病菌的培养物和永久玻片。

显微镜、放大镜、载玻片、盖玻片、镊子、挑针、解剖刀、小剪刀、培养皿、贮水小滴瓶、乳酚油滴瓶、新刀片、新毛笔、徒手切片夹持物（木髓、新鲜胡萝卜、马铃薯）等。

【内容及步骤】

观察稻瘟病标本的症状。取稻瘟病的发病小枝梗或茎节保湿，挑取病部灰白色霉层制片镜检，观察分生孢子梗和分生孢子的形态。

观察由青霉菌引起的柑橘、苹果、梨等果腐症状。挑取病果表面白色菌丝附近的青色霉层制片，观察青霉菌分生孢子梗及孢子，注意观察分生孢子梗的分枝和顶端产孢细胞的形态特征。

观察花生黑斑病的症状。取花生黑斑病叶片做徒手切片，或取花生黑斑病菌永久玻片镜检观察子座、分生孢子梗和分生孢子的形态特征。注意观察分生孢子梗着生的方式及其顶端的形态、分生孢子梗和分生孢子的颜色及分生孢子的形状及分隔情况。

观察棉花枯萎病、小麦赤霉病和水稻恶苗病的症状特点。挑取培养物制片观察大型分生孢子（镰刀形，多细胞，基部有时有一显著的突起，称足胞）和小型分生孢子（单胞，无色，椭圆形），观察有无分生孢子座。有的镰孢菌还产生厚垣孢子。

观察棉花黄萎病标本症状，注意维管束变色，并与棉花枯萎病维管束变色对比观察。

观察人工培养的大丽轮枝菌菌落和微菌核形态特征，用刀片将菌丝块切成一薄片，侧放在载玻片上，置于低倍镜下镜检，调节微调可见到分生孢子梗、分生孢子。

观察马铃薯和番茄早疫病病叶上的褐色同心轮纹病斑及病斑上黑色霉状物。刮片观察分生孢子梗和分生孢子的形态、颜色。注意分生孢子顶端有喙状细胞。

观察玉米小斑病症状，取玉米小斑病叶制成临时玻片，观察玉蜀黍离蠕孢分生孢子梗的着生情况，分生孢子梗的颜色、有无分枝和曲膝状；分生孢子的颜色、多胞、纺锤形常向一方弯曲的形态特点，注意脐点平截状。分生孢子萌发时两端细胞萌发。

观察玉米大斑病症状，注意与玉米小斑病比较病斑大小、形状、颜色及与叶脉的关系。取玉米大斑病叶制成临时玻片。观察分生孢子和分生孢子梗形态、颜色、细胞个数等。注意脐点明显突出于基细胞外。分生孢子萌发时两端细胞萌发。

观察棉花炭疽病、辣椒炭疽病症状，注意病斑与病征特点。选取任一炭疽病材料做徒手切片，镜检。注意有无刚毛、刚毛的颜色、刚毛有无分隔，如何将刚毛与植物的表皮毛区分开，分生孢子盘的形状、分生孢子梗的形状和分布，分生孢子的颜色、形状以及分生孢子有无分隔。

观察葡萄黑腐病和水稻谷枯病症状。取葡萄黑腐病材料，徒手切片置于显微镜下观察，分生孢子器和分生孢子的形状、颜色以及单胞还是多胞等特点。

观察茄子褐纹病、芦笋茎枯病症状。取茄褐纹拟茎点霉永久玻片或取茄褐纹病材料徒手切片，镜检观察分生孢子器内产生的两种分生孢子的形状，注意只有观察到线形分生孢子才能确定为拟茎点霉属。

观察小麦叶枯病菌永久玻片或取一年蓬叶斑病病叶作材料徒手切片，镜检观察分生孢子器的形状和分生孢子的形状，注意分生孢子有无分隔。

取棉花黑果病菌的永久玻片镜检，观察分生孢子器和分生孢子的形态。注意分生孢子的颜色和分隔，单胞、无色的为初期未成熟孢子；褐色、双细胞的为成熟孢子。观察棉花黑果病病害症状。

取蚕豆褐斑病菌永久玻片镜检，观察分生孢子器和分生孢子的形态；注意分生孢子的颜色和隔膜数。分生孢子初期单胞，后期双胞。观察蚕豆褐斑病的症状特点。

【实训作业】
1. 绘梨孢属、尾孢属和镰孢属的分生孢子梗和分生孢子形态图。
2. 绘炭疽菌属和拟盘多毛孢属的分生孢子盘和分生孢子形态图。
3. 绘拟茎点霉属和壳二孢属分生孢子器和分生孢子形态图。
4. 对所观察的病害的名称、病菌名称以及所属真菌的属名进行列表记录。

实验实训七　植物病原原核生物及其所致病害症状观察

【实训要求】
熟悉植物细菌病害症状类型和病原细菌的基本形态，学习植物细菌病害简易诊断方法及病原细菌初步鉴定的程序和技术，为以后植物细菌病害的正确诊断和病原细菌的鉴定打下良好的基础。了解植原体、螺原体的基本形态，观察区别所致病害与病毒病在症状上的异同。

【材料与用具】
细菌三种形态的装片；植原体、螺原体的形态与结构的电镜照片。马铃薯环腐病、番茄青枯病、大白菜软腐病、甘蓝黑腐病、水稻白叶枯病、棉花角斑病、小麦蜜穗病、苹果发根病、马铃薯疮痂病、泡桐丛枝病（MLC）、桑萎缩病（MLO）、柑橘黄龙病（BLO）等相关病原原核生物引起病害的标本、照片或新鲜材料；白叶枯病菌、马铃薯环腐病菌、茄青枯病菌和白菜软腐病菌等新鲜培养物。

带油镜头的显微镜、清洁载玻片、酒精灯、火柴、接种环、挑针、蒸馏水洗瓶、废渣缸（或大烧杯）、滤纸、镜头纸、香柏油、二甲苯、5mL吸管、无菌蒸馏水滴瓶、革兰染色液1套、鞭毛染色液1套、小玻棒、纱布块等。

【内容及步骤】
1. 植物病原原核生物引起植物病害症状观察
（1）观察植物病原原核生物引起病害的症状类型
① 坏死、斑点、叶枯、穿孔和溃疡　详细观察并记录棉花角斑病、水稻条斑病、水稻白叶枯病、马铃薯疮痂病、桃细菌性穿孔病的症状。
② 腐烂　观察大白菜软腐病或马铃薯软腐病的症状特征，辨识特殊的臭味。
③ 萎蔫　观察番茄青枯病和马铃薯环腐病症状标本。注意观察纵剖番茄茎秆和横切马铃薯薯块的维管束变色情况。
④ 瘤肿或畸形　观察冠瘿病菌为害桃树或法国梧桐根冠部引起的冠瘿病。观察发根病菌侵染苹果树木根部所引起的发根病。观察泡桐丛枝病，腋芽大量萌发，侧枝丛生；观察枣疯病，芽大量萌发呈丛枝状，花器退化，萼片、花瓣变成叶片状。

有些细菌病害当湿度大时，在病斑上可以见到污白色、黄白色或黄色菌脓。菌脓干燥后呈膜状或鱼子状。菌脓的有无是细菌病害诊断的依据之一。在诊断时也可以通过保湿诱导菌脓的产生来初步确定是否为细菌病害。植原体属引起的病害通常没有病征，但也可以观察有无介体昆虫作辅助诊断。

（2）植物细菌病害简易诊断
切取小块新鲜的水稻白叶枯病叶片（最好是病健交界处的病组织）平放在载玻片上，加蒸馏水一滴，盖上盖玻片后立即放在低倍镜下观察（注意光线要弱，避免形成气泡）。若是细菌病害，则在切口处有大量细菌成云雾状从病组织中流出称为细菌溢。按同样方法用健康组织作镜检对照。细菌溢的有无是鉴别细菌病害的重要方法。但是，有极少数为害薄壁细胞组织的细菌病害，如冠瘿病或发根病等，由于在薄壁细胞中的细菌量极少，切片镜检时细菌很少从切口处喷出。

2. 植物病原细菌形态观察和种类鉴定

（1）植物病原细菌培养性状观察　取培养皿中培养的水稻白叶枯病菌、马铃薯环腐病菌、茄青枯病菌和白菜软腐病菌等，注意观察菌落颜色、大小、质地，是否产生荧光色素等，注意与植物病原真菌培养菌落有什么根本性的不同？

（2）取细菌三种形态装片，观察球菌、杆菌、螺旋菌的形态。

（3）染色反应

① 革兰染色法　在干净的载玻片上用移菌环沾取上述培养的细菌，分别涂片标记。晾干后在火焰上通过两次固定，结晶紫染色1min，水洗数秒，然后以碘液处理1min；水洗数秒，再用95％酒精褪色，将载玻片斜放在白纸上，从上端滴下酒精，使其顺着整个载玻片均匀地向下流，直到洗下的酒精无色为止。褪色时间为10~20s，不能超过30s，否则阳性菌也可能褪色；水洗数秒；滴番红花复染10s；水洗，晾干，加香柏油镜检，革兰阳性菌呈紫色或蓝黑色、阴性菌呈红色。注意观察细菌要用油镜，不用盖玻片。

② 鞭毛染色法　细菌的菌龄是影响本试验成败的重要因素，一定要用新鲜的斜面培养物。用事先放在温箱中的灭菌水5~10mL，加入菌种试管中，再放在26℃温箱中静置，30min后吸取上部悬浮液一滴于洁净的载玻片一端，直立玻片，使菌液淌向另一端，晾干（干透），但不要在火焰上固定。具体方法为：媒染剂过滤后，滤液滴在涂片区，处理5~7min。用水轻轻洗去媒染剂，在空气中晾干。加苯酚品红染剂染5min。如用银盐染色则只要30s。水洗、晾干后用油镜镜检。注意菌体的形态、色泽以及鞭毛的数目和着生位置，绘简图表示。观察示范镜下各属细菌的形态。

【实训作业】

1. 记录不同症状类型的原核生物引起病害的症状特点。
2. 细菌和真菌引起的萎蔫病害怎么区别？
3. 记录染色的结果，并绘简图。

细菌种类					
革兰染色反应					
鞭毛数目和着生位置					

实验实训八　植物病原病毒、寄生线虫与寄生性种子植物及其所致病害症状观察

【实训要求】

了解植物病原病毒的基本形态特征，认识病原病毒和类病毒所致植物病害的主要症状类型。识别主要植物线虫病的症状和病原线虫的形态特征。了解常见的寄生性植物种类、寄生方式和特点。

【材料与用具】

烟草花叶病毒病（TMV）、黄瓜花叶病毒病（CMV）、蚕豆萎蔫病毒病（BBWV）、小麦土传花叶病（SbWMV、WSpMV）、大麦黄矮病（BYDV）、大豆花叶病（SMV）、芜菁花叶病（TuMV）、马铃薯卷叶病（PLRV）、烟草环斑病（TRSV）等的标本、新鲜材料或症状照片。

小麦粒线虫病、甘薯茎线虫病、水稻干尖线虫病、大豆胞囊线虫病、蔬菜根结线虫病等寄生性线虫病的为害状标本或幻灯片等。桑寄生、槲寄生、菟丝子、列当、野菰、独角金等寄生植物的寄生状态及形态或当地其他常见寄生性种子植物标本。

双目解剖镜、显微镜、载玻片、盖玻片、解剖刀、尖镊子、筛子、竹挑针、单面刀片、擦镜纸、吸水纸、蒸馏水小滴瓶、培养皿等。

【内容及步骤】

1. 植物病毒病症状类型

观察比较所给植物病毒及类病毒所致病害的标本，分析这些病害在症状上有何特点，可分为几种类型，与真菌性病害的症状有何区别。

2. 植物病毒病内含体的观察

内含体可作为诊断病毒病种类或病毒鉴定时的参考。取烟草（蚕豆或大豆）花叶病的病叶，用刀片在叶背的叶脉上切一小口，用镊子轻轻撕下一小块表皮，平置于载玻片上的水或碘液滴中，加上盖玻片，放在显微镜下检查，在表皮细胞和叶毛细胞内可见到病毒的晶状内含体，多数为六角形。如蚕豆花叶病毒，经碘液染色可见到无定形的 X-体，呈黄褐色，细胞核为鲜黄色；如用锥虫蓝液染色，则细胞核在 30s 内染成蓝色，内含体染成深浅不均的颗粒体，易于区别；用焰红染色液不需水洗，可直接镜检，细胞核粉红色，内含体鲜红色。

同样的方法，用健叶作对照，看有无这些内含体。

3. 线虫形态的观察

观察由小麦粒线虫为害小麦引起的症状，注意小麦受害部位，受害的茎叶有无扭曲或畸形，虫瘿的外形与麦粒有什么区别。取虫瘿一个，放水中浸泡 6h，用挑针挑取虫瘿内部的白色棉絮状物于载玻片上的水滴中，盖上盖玻片，置于低倍镜下镜检。

观察甘薯茎线虫为害甘薯的症状，剖开病薯可见到条点状褐色或白粉干腐症状。挑取少量组织于载玻片的水滴中，加盖玻片镜检，可见到卵、幼虫、成虫等各个虫态。观察雌雄同型，都是线形、口针、食道球形态，肠和卵巢平行，单卵巢，卵单行排列。注意雄虫较细小，尾部可见交合刺、交合伞，交合伞后端距虫体末端有一定间隔。

观察水稻干尖线虫病，以剑叶的干尖最明显，剑叶尖端 2～6cm 一段变为白色，干枯卷缩，幼穗形成时线虫侵入颖壳内，引起秕粒或不很充实。镜检水稻干尖线虫或珠蓝线虫，观察口针、食道球的形态特征以及雄虫尾部的交合刺，有无交合伞？

观察大豆胞囊线虫病的症状。挑取病根上的雌虫，肉眼可见到线虫头部已钻入寄主组织，虫体外露，多为柠檬形，黄褐色。制片镜检，大豆胞囊线虫的卵一般不排出体外，整个雌虫体变成深褐色的卵囊，称为胞囊（少数可排部分卵于体尾的胶质囊内）。

观察蔬菜根结线虫或花生、茄科植物根结线虫为害症状。拨开根结，挑取乳白色线虫（视力好可见，视力不好可在解剖镜下观察）观察雌虫虫体形态。根结线虫属分种的主要依据是：会阴花纹的形态特征，胞囊线虫分种是根据阴门锥周围的形态特征加以区别的。

4. 半寄生（水寄生）植物的形态和寄生结构的观察

观察桑寄生、樟寄生植物的匍匐茎和吸盘，从受害寄主茎部的剖面，观察寄生植物侵入寄主的情况，能否看到假根和次生吸根？桑寄生叶片两面光滑，果实红色；樟寄生叶背密生星状短毛，果实黄色。

观察槲寄生在寄主植物上的部位，从受害寄主茎部的剖面，观察寄生植物侵入寄主的情况以及形成的吸盘与吸根。槲寄生无主茎，呈二叉分枝，叶片卵圆形对生。

5. 全寄生植物的形态特征和寄生结构的观察

观察大豆菟丝子茎的颜色，叶片的发育情况，花的形态，果实的颜色。剥开果实，每个果实内的种子有多少，大小和形状是否有规则？将缠绕在寄主体上的菟丝子剥开，若是新鲜标本，观察吸根形状，如果是干标本，在剥开缠绕茎时，吸根易被折断，但用放大镜可以看到在寄主茎的表面吸器着生处的痕迹的外貌及排列情况。在显微镜下观察被菟丝子寄生的大豆茎的横切面（切片），观察形态和解剖结构。注意寄生物与寄生的导管和筛管相连部位的结构情况。

列当的花冠是唇形的，果实是蒴果，种子很小。观察为害瓜类的埃及列当或向日葵列当的标本，注意形态特征和寄生部位。

【实训作业】

1. 绘烟草花叶病毒病和黄瓜花叶病毒病内含体的形态图。
2. 根据标本观察，说明病毒所致植物病害具有哪些特异性症状？
3. 绘小麦粒线虫雌虫、雄虫体形图，注意交合刺、交合伞。绘菟丝子形态图，绘菟丝子吸根形态解剖图。
4. 根结线虫和胞囊线虫为害根部时，症状有何不同？
5. 比较观察到的寄生性种子植物的形态特征及寄生性。

第三章 植物病害的发生与发展

▶知识目标

通过理解病原物的寄生性、致病性及寄主植物的抗病性的概念，能够总体把握植物病害的发生与发展过程，进一步理解和掌握病原物的侵染过程、病害循环，熟悉病害流行的条件，了解病害预测的模式。

▶能力目标

通过理解病原物的侵染过程、病害循环，学会判断植物病害的发生与发展进程，从而为植物病害的有效和关键防治制定依据。

植物病害的发生与发展是寄主植物和病原物在外界条件影响下的相互作用而诱发病害的过程。病原物的致病性和寄主的抗病性都是固有的属性，但病原物不能单独表现为能致病或不能致病，寄主植物也不能单独表现为抗病或感病，而只有在外界条件影响下寄主植物和病原物相互作用，才能呈现出是否发病及其发生的程度。

第一节 病原物的寄生性、致病性及寄主植物的抗病性

一、病原物的寄生性和致病性

1. 病原物的寄生性

寄生性是指寄生物依赖于寄主而获得营养物质来维持生存和繁殖的能力。

植物病原生物从寄主植物获得营养物质的能力是不同的，只能从活的植物细胞和组织中获得营养物质的称专性寄生物，也称活体寄生物。这类寄生物的寄生能力最强，一般不能在人工培养基上培养，只能从活的寄主细胞和组织中吸取营养物质，当细胞和组织死亡后，就停止生长和发育。如霜霉菌、白粉菌、锈菌、病毒、大部分的植物病原线虫、寄生性种子植物等，均属于这类寄生物。

只能从死的有机体上获得营养的生物称为腐生物。严格地说，腐生物没有寄生性，不能在活体植物上生活，因而不能引起病害。有些寄主功能衰退或存在大量坏死组织时，弱寄生菌可以侵染寄主，这类寄生物的寄生性很弱、腐生性强。

既可在寄主活体上也可在死体上获得营养物质的称非专性寄生物，或称兼性寄生物。这类寄生物既能营寄生，也能营腐生，能在死亡的组织和人工培养基上生长。如马铃薯晚疫病菌、番茄灰霉病菌等。绝大多数的植物病原真菌和细菌属于这一类。

被某种寄生物侵染的所有植物，称为该种寄生物的寄主范围。如棉花黄萎病菌，除为害棉花外，还能侵染茄子、马铃薯、向日葵等多种植物。各类寄生物寄主范围的宽窄差异很大。一般来说，专性寄生物（除病毒外）的寄主范围较窄，并常寄生于同种、同属亲缘关系很近的植物上；相反，寄生性愈差其寄主范围也愈宽，而且寄主间的亲缘关系亦不明显。了

解病原生物的寄主范围，对于设计轮作防病和铲除野生寄主具有重要的指导意义。针对寄生性强的病原物所引起的病害，培育抗性品种是病害防治的有效措施。对于许多弱寄生菌引起的病害，应着重于提高植物自身的抵抗侵染的能力。

寄生专化性是指寄生物对寄主植物的寄生选择性。寄生专化性越强，寄主范围越窄。寄生专化性强的病菌，同一种病原寄主种类和范围也不同。生理小种是指同种病原物的不同群体在形态上没有什么差别，在生理生化特性、培养性状、致病性等方面存在差异。如稻瘟病菌、小麦条锈菌、玉米小斑病菌等均有生理小种的存在。用于鉴别生理小种的寄主品种叫作鉴别寄主，是从鉴别力强的、具有专化抗性的品种中选出的代表。

2. 病原物的致病性

病原物的致病性是指病原物诱发病害的能力，又指病原物对寄主植物的破坏性和毒害能力，是决定寄主植物能否发病和发病程度的特性。相比寄生性，致病性才是导致植物发病的主要因素。通常寄生性越强，对寄主组织的破坏性越小。

不同病原物的致病表现也是不同的。一般表现为病原物吸取寄主的营养和水分使寄主生长不良。其次，病原菌侵入寄主后分泌降解酶类，分解植物细胞或组织而使寄主组织或器官受到破坏。不同种类的病原物在致病过程中起主要作用的酶类可能有所不同。在大多数软腐病菌致病过程中起主要作用的是果胶酶。引起木材腐朽的真菌大多都具有较强的木质素酶活性。植物病原菌还能产生一些降解细胞内物质的酶，例如蛋白酶、淀粉酶、脂酶等，用以降解蛋白质、淀粉和类脂等重要物质。第三，病原物分泌毒素直接毒害和杀死寄主的细胞和组织，引起褪绿、坏死、萎蔫等症状。第四，病原物侵入寄主后分泌激素，刺激细胞过度分裂和增大，或抑制其生长发育，造成植物畸形生长，诱导产生徒长、矮化、畸形、赘生、落叶、顶部抑制和根尖钝化等多种形态病变。病原菌产生的生长调节物质主要有生长素、细胞分裂素、赤霉素、脱落酸和乙烯等。此外，病原物还可通过影响植物体内生长调节系统的正常功能而引起病变，如水稻恶苗病菌分泌的赤霉素引起稻苗徒长等。

二、寄主植物的抗病性

寄主植物的抗病性是指寄主植物抵抗病原物侵染的特性，是指植物避免、中止或阻滞病原物侵入与扩展，减轻发病和损失程度的一类可遗传的生物特性。病害的形成及其发生的程度，是寄主和病原物在外界条件影响下相互作用的结果。寄主对病原物侵染的反应，可以表现为从完全不发病至严重发病。

1. 植物抗病性的反应类型

（1）免疫　寄主植物能抵抗病原物的侵入，使病原物不能与寄主建立寄生关系，或即使建立了寄生关系，由于寄主植物的抵抗作用，使侵入的病原物不能扩展或死亡，在寄主上不表现肉眼可见的任何症状。有些存在过敏性反应，被侵染的细胞或少数相邻的细胞迅速死亡，使病原物停止发育或死亡。

（2）抗病　寄主受病原物侵染后，发病较轻。建立了寄生关系，由于寄主的抗逆反应，病原物被局限在很小的范围内，生长繁殖受到抑制，寄主表现轻微症状，不造成为害。发病很轻的称高抗；发病中等但偏于抗病的称为中度抗病。

（3）感病　病原物表现极大的破坏作用，使寄主植物严重发病，影响生长发育、产量、品质，甚至引起局部或全株死亡。寄主发病重的称感病，很重的称为高度感病。发病中等但偏于感病的称为中度感病。

(4) 耐病　指植物忍受病害的性能。寄主植物遭病原物侵染后，虽症状较重，但由于寄主植物的补偿作用，对作物生长发育及产量和品质影响较小。衡量耐病的标准是测定产量。

(5) 避病　寄主植物本身是感病的，植物因时间或空间的原因避免发病或避开病害盛期，使病原物没有侵染的机会。例如，适当早播小麦早熟品种，可减轻小麦赤霉病、秆锈病的发生。

抗病性是植物普遍存在的，与植物微观的形态结构和生理生化特性有关。形态结构的特性如植物表面毛状物的疏密、蜡层的厚薄、气孔的结构、侵填体形成的快慢等；生理生化方面如酚类化合物、有机酸含量和植物保卫素的积累速度等都会影响到植物抗病性的强弱。

按照寄主植物的抗病机制不同，可将抗病性区分为被动抗病性和主动抗病性。被动抗病性是指植物与病原物接触前已具有的性状所决定的抗病性。主动抗病性则是受病原物侵染所诱导的寄主保卫反应。植物抗病反应是多种抗病因素共同作用、顺序表达的动态过程，根据其表达的病程阶段不同，又可划分为抗接触、抗侵入、抗扩展、抗损失和抗再侵染。其中，抗接触又称为避病，抗损害又称为耐病，而植物的抗再侵染特性则通称为诱发抗病性。

2. 抗病性的分类

(1) 垂直抗病性和水平抗病性　垂直抗病性是指寄主的某个品种能高度抵抗病原生物的某个或几个生理小种，表现免疫或高抗。但一旦遇到致病力不同的新小种时，就会丧失抗性而高度感病。在遗传上，抗性是由个别主效基因控制的。在生产上，这种抗性易因小种发生变化而表现为感病，是不稳定和不能持久的。在流行学上，起到减少初期有效菌量的作用。

水平抗病性是指寄主的某个品种能抵抗病原生物的多数生理小种，一个品种对所有小种的反应是一致的，这种抗性表现为中度抗病。在遗传上，抗性一般是由多个微效基因控制的，也有由单基因控制的。在生产上，这种抗性是稳定和持久的。在流行学上，水平抗病性在病害发展过程中有减缓病害发展速率的性能，病害在田间发展的速率较慢，植物受害较轻。水平抗病性的特点是抗性持久稳定，种植面积广、时间长也不易出现因病害造成严重减产的情况。但在育种中不易选择而常被丢掉。

(2) 专化抗性和一般抗性　有较多的人不用垂直抗性和水平抗性的术语而倾向于用专化抗性和一般抗性。专化抗性即小种专化抗性，是指对某些小种能抵抗，但对另一些小种不能抵抗的抗性。寄主和病原物的相互作用是专化的，即特异的，相当于垂直抗性。一般抗性不表现为过敏性反应，但对病原物的侵入、发育和扩展能提供障碍，它应该能提供稳定和持久的保护作用。一般抗性通常是由多基因控制的，对较多的小种有较广泛的抗性，病害发生的速度也较慢，与水平抗性有类似的涵义，一般抗性相对地表现较为稳定和持久。

(3) 个体抗病性和群体抗病性　寄主植物个体遭受病原物侵染时表现的抗病性被称为个体抗病性，包括过敏反应及抗侵入、抗扩展等特征。而群体抗病性是指寄主植物群体在病害流行过程中所显示出来的抗病性，可在田间发病后推迟流行时间或减轻病害。

(4) 阶段抗病性和生理年龄抗病性　寄主植物在个体发育过程中因发育阶段和生理年龄不同，其抗病性也有差异。如黄瓜幼嫩叶片抗霜霉病，而成熟叶片易感病，主要是因为细嫩的黄瓜叶片气孔没有张开，霜霉病菌无法侵入；白菜在苗期抗腐烂病，而在莲座期易感病。

了解上述抗病性的分类、差异和机制，对指导病害测报和防治工作具有重要的指导意义。

> **知识链接　生理小种概念**
>
> 要了解病原物的致病性，首先要了解病原物的生理小种的涵义，因为不同生理小种的致病性不同，寄主和病原物的相互作用也因生理小种不同而异，这是植物病理学中的重要问题之一。
>
> 在分类学上，病原物按形态特征分为纲、目、科、属、种。生理小种是在种以下根据生理特性而划分的分类单位。以我国小麦秆锈菌为例，从不同地方采集的秆锈菌，其夏孢子的形状和大小等都没有差异，用一套可以区分锈菌致病力的小麦品种称为鉴别寄主来测定，它们的致病力并不相同，从而可以区分为不同的生理小种。
>
> 鉴别生理小种不是根据形态而是根据生理特性，其中主要是致病力来区分的。死体营养生物可以人工培养，除致病外，还可以根据培养性状和生理系列化等特性进行鉴别。
>
> 种：由许多在某些重要生物学特征上一致的个体所组成的群体。
>
> 变种：同一种内，形态特征有差异，对不同属植物致病力不同的类型。
>
> 专化型：同一个种内，形态特征没有差异，只是对不同属植物的致病力不同的类型。
>
> 生理小种：在病原物的种内，在形态上相似，而在培养性状、生理生化特性、致病力或其他特性上有差异的生物型或生物型群体称为生理小种。如稻瘟病菌、小麦条锈菌、玉米小斑病菌等均有生理小种的存在。

第二节　病原物的侵染过程

病原物从接触寄主植物开始到引起植物发病的连续过程，称为侵染过程，简称病程。病原物的侵入和扩展以及寄主植物的抗侵入和抗扩展，无不在外界条件影响下激烈地进行着。病害是否发生和发生程度，决定于寄主植物和病原物相互作用的结果。通常把侵染过程分为4个阶段：接触期、侵入期、潜育期和发病期。

一、接触期

开始到侵入寄主之前的一段时间称为接触期。如果没有病原物与寄主植物的接触，就不会造成病害发生。接触阶段时间的长短，因病原物种类和环境条件不同而有很大的差异，短的为几小时或几天，长的要经过几个月。各种病毒粒体与寄主接触的同时，立即发生侵入过程，因此把病毒消灭在接触期及侵入期之间，是不可能的。真菌的孢子、细菌等接触寄主后，如条件适宜很快就可以萌发或繁殖和侵入，否则就要待环境条件适宜时才能侵入。有些病原物在侵入前需要一段生长活动、聚集力量的过程。不少从伤口侵入的细菌和真菌在侵入伤口前已经吸取伤口处外溢的营养进行生长，细菌已开始分裂繁殖，真菌菌丝体已有一定的生长量，然后才更易侵入。像小麦赤霉病菌先在败谢花药上腐生，然后侵入小穗和穗部组织；油菜菌核菌也是先在衰亡花瓣上或叶片上腐生，然后才侵入健康茎叶和荚果。有些病原物，如小麦腥黑穗病菌的冬孢子、谷子白发病菌的卵孢子，可在种子表面越夏或越冬长达数月之久，表现休眠和保存，待种子播入土壤后才萌发和侵入寄主植物的幼芽鞘。但它们由于接触时间长，可用药剂拌种来防治。

病原物接触寄主植物主要有两种方式：一种是被动接触，如真菌的孢子、细菌及病毒等可以依靠各种自然动力（气流、雨水及介体）或人为传带，被动地传到植物感病部位；一种是主动接触，是指土壤中的某些病原真菌、细菌和线虫受植物根部分泌物的影响，主动地向根部移动积聚。

病原物与寄主植物的接触期,是病原物侵入过程中的最薄弱环节,也是防治病原物侵染最有利的阶段和最佳时间,此时使用保护性杀菌剂效果最好。

二、侵入期

从病原物开始侵入寄主植物到侵入后建立寄生关系为止的一段时间称为侵入期。这段时间的长短,一般为几小时到十几个小时。病原物在侵入寄主的过程中,会遇到寄主的抵抗,病原物必须能克服寄主的抵抗才能侵入。

1. 各类病原物侵入寄主植物的途径和特点不同

真菌侵入寄主有以下几种途径:直接穿透寄主表皮侵入,从自然孔口如气孔、水孔、皮孔等侵入,或从伤口(机械伤、虫伤、冻伤、自然裂缝、人为创伤等)侵入。如小麦条锈菌的夏孢子、葡萄霜霉菌的游动孢子从气孔侵入,水稻白叶枯病菌从水孔侵入,苹果炭疽病菌分生孢子可从皮孔侵入。真菌孢子在侵入寄主前,先要萌发,产生芽管侵入寄主。有的芽管顶端与寄主表面接触部分膨大形成附着胞,固着在寄主表皮上,然后从附着胞长出侵染丝侵入寄主。有的还需利用伤口渗出的营养物质,刺激萌发或增强侵染能力。如小麦赤霉病菌先在花后残留于小穗的花药和花丝上进行腐生生活,然后侵入小穗为害。

细菌一般从自然孔口、伤口侵入。病原细菌个体能在水中游动,可随水滴或植物表面的水膜进入自然孔口。如梨火疫病菌从蜜腺侵入。

病毒一般从微小的伤口侵入。植物病毒侵入细胞所需要的伤口必须是受伤细胞不死亡的微伤口。病毒不能从自然孔口侵入。

线虫及寄生性种子植物可以直接侵入。直接侵入是指病原生物直接穿透植物的保护组织——角质层、蜡层、表皮及表皮细胞而侵入寄主。

2. 影响病原物侵入的条件

影响病原物侵入的条件,对真菌、细菌来说主要是水分和温、湿度,特别是水分和湿度更为重要。

多数真菌的孢子只有在水滴中才能顺利萌发,如低等真菌的游动孢子只有在水滴中才能释放、游动和萌发。小麦条锈菌的夏孢子在水滴中萌发率很高。稻瘟病菌的分生孢子,在水滴中萌发率达86%,如只在饱和湿度下,萌发率不超过1%,而相对湿度低于90%时就不能萌发。所以稻瘟病在多雨、多露的季节发生较重。小麦白粉病菌的分生孢子萌发情况有所不同,在水滴中的萌发率不如在饱和湿度下高。

温度也有很大的影响,真菌孢子的萌发和细菌的繁殖都有其最适、最高和最低的温度。温度过高或过低均影响孢子萌发的快慢,甚至抑制其萌发。真菌孢子一般最适温度为20~25℃。如葡萄霜霉病菌的孢子囊,在20~24℃的适温下萌发仅需1h,在4℃条件下则需12h,而越冬的葡萄霜霉病菌卵孢子萌发最低温度是11~13℃。因此,可根据春季气温预测霜霉病开始发病的时期。基准温度(最低、最适和最高)因真菌种类而异,一般藻状菌(如白锈菌)、霜霉菌等所需温度偏低,而半知菌、白粉菌及许多锈菌的夏孢子阶段所需温度较高,但同属锈菌,如小麦条锈菌又显然低于叶锈菌和秆锈菌。

天气干旱时有利于传毒昆虫的活动,从而有利于病毒传播。冬小麦播种过晚、玉米播种过早过深,延长幼芽出土时间,从而延长了小麦腥黑穗病菌和玉米丝黑穗病菌侵染的时间。光照对侵入也有影响,禾本科植物在黑暗条件下气孔完全关闭,不利于有关病菌的侵入。如小麦秆锈病菌夏孢子侵入小麦时需要光照。咖啡锈菌夏孢子只在黑暗下才易侵入,这说明紫外线对孢子萌发可能有抑制作用。

三、潜育期

从病原物侵入后建立寄生关系到寄主开始表现症状为止的一段时间称为潜育期。潜育期是病原物在寄主体内扩展和寄主植物抗扩展的阶段。一方面，病原物要从寄主体内吸取养分，分泌各种酶、毒素或其他物质，破坏寄主的正常新陈代谢和细胞组织，从侵染点向周围扩展蔓延；另一方面，寄主植物要对病原物的侵染做出反应，来抵抗病原物的扩展。潜育阶段时间的长短不一，短的几天，长的将近一年。

各类病原物在寄主体内的扩展有不同的表现方式。真菌多以菌丝在寄主体内扩展，有的穿透寄主细胞壁，在细胞内外蔓延，如腐霉菌、丝核菌等。有的在细胞间蔓延，侵入细胞内产生吸器，吸收养料和水分，如霜霉菌、锈菌等。有的菌丝只在寄主表面蔓延，侵入寄主表皮细胞产生吸器摄取营养，如小麦白粉病菌。有的则穿透皮层细胞进入导管，沿导管蔓延，如棉花枯萎病菌和黄萎病菌、西瓜枯萎病菌等。有的侵入后很快扩展到生长点，然后随生长点蔓延，如小麦腥黑穗病菌等。细菌一般侵入寄主后，先在薄壁细胞间繁殖，细胞死亡后进入细胞。有的能分解细胞间的中胶层，使细胞分离，细胞内含物外渗，造成组织腐烂，如白菜软腐病菌。有的扩展到维管束，造成整株植物萎蔫，如花生、黄瓜青枯病菌。有的从叶片水孔侵入，在叶片维管束组织中蔓延，如水稻白叶枯病菌。病毒和类病毒一般侵入寄主细胞后，先在细胞内增殖，通过胞间连丝再向周围组织蔓延，有的病毒仅在侵染点周围的局部细胞组织中蔓延，如枯斑病毒。有的病毒则进入韧皮部的筛管，沿筛管向寄主周身蔓延，如烟草花叶病毒。植原体（原称类菌原体）和螺原体病是维管束性病害，由介体传递进入维管束后，多在韧皮部组织内繁殖和扩展。

根据病原物侵入寄主后扩展的范围，可分为局部侵染和系统侵染两类。有的病原物侵入寄主后，仅在侵入点周围的局部细胞中扩展，形成局部侵染，多数病害属这一类，如形成各种斑点的真菌病害（稻瘟病、玉米小斑病等）。有的病原物从侵染点扩展到全株的称为系统侵染。系统侵染的病害有三种情况：沿导管蔓延，如棉花枯萎病菌和黄萎病菌、花生青枯病菌等；沿筛管蔓延，如烟草花叶病毒、小麦黄矮病毒等；沿生长点蔓延，如玉米丝黑穗病菌、谷子白发病菌等。

病原物侵入寄主后表现症状的情况除正常表现的以外，还有不同的情况。如潜伏侵染现象，就是指病原物侵入寄主后在寄主体内潜伏，不立即表现症状，而在一定的条件下或在寄主的不同发育阶段才表现症状。例如，甘薯的块根被黑斑病菌侵染后不一定立即表现症状，而是到贮藏期在一定的条件下才表现症状。这与潜育期不同，潜育期是在正常情况下病原物侵入寄主后经过一定的潜育期即表现出症状来，潜伏侵染则不一定表现出症状。有的潜伏侵染在任何情况下都不表现症状，例如病毒侵染马铃薯品种爱德华国王后，病毒在其中潜伏未表现症状，被称为带毒者。还有一种症状隐蔽现象，是指植物被病原物侵染后一般表现症状，但在低温或高温等条件下，症状可暂时隐蔽，如条件适宜又可再表现出来，如棉花黄萎病表现症状后到现蕾时由于高温症状又隐蔽或不显著，等以后温度降低时又可再表现出来。

潜育阶段的长短因病害种类不同而异，同时也受环境条件的影响而变化。最长的如小麦散黑穗病，前一年小麦扬花时侵入，病菌潜育于带菌种子内部，种子发芽则潜育于其所生成的麦苗内部，直到小麦抽穗时才显露症状，潜育期长达一年。较短的如玉米小斑病、水稻胡麻斑病、马铃薯晚疫病等，接种后2天即可见到褪绿或水浸状初期病斑。水稻白叶枯病在适宜的条件下潜育期为3天。一般寄主植物生长健壮，抗病力增强，潜育期延长。在环境条件中以温度对潜育期的影响最大，温度越接近病原物要求的最适温度潜育期越短，反之则长。如稻瘟病在26～28℃时潜育期只有4.5天，24～25℃时为5.5天，17～18℃时为8天，9～

11℃时为13～18天。

四、发病期

寄主植物开始显症的阶段称为发病期。

在这一时期内，寄主植物表现出症状，局部侵染的病害一般只出现局部性症状，如各种叶斑病。但也有局部侵染引起周身症状的现象，如根腐病、根结线虫病等。系统侵染的病害一般表现系统性、全株性症状，如病毒病、维管束病害等。但也有系统侵染引起局部症状的情况，如禾谷类黑穗病。在局部侵染的真菌性病害中，先出现病斑，后出现孢子。细菌性病害则可在病部出现细菌"溢脓"。

发病期是病原物大量繁殖、扩大为害的时期，环境条件对寄主植物症状的表现和新的繁殖体的产生有很大的影响。如稻瘟病在潮湿情况下，病斑上产生大量的分生孢子；干旱时则产生很少或不产生分生孢子。马铃薯晚疫病在潮湿时病斑迅速扩大并产生白色霉状物，干旱时病斑停止扩大，不产生霉状物。

寄主植物的抗病性也有影响，在水稻抗病品种上，稻瘟病只形成很小的褐点型病斑。在玉米抗病品种上，大斑病产生褪绿型病斑，很少产生孢子，在感病品种上则形成萎蔫型病斑，产生大量分生孢子。

研究病原物对寄主植物的侵染过程，理解和把握其中的规律性，寻找并抓住侵染过程中的薄弱环节，可为病害的预防带来良好的窗口期，为预测预报提供方法上的突破。

第三节 植物病害的侵染循环

病害从一个生长季节开始发生，到下一个生长季节再度发生的整个过程称病害循环，也称为侵染循环。包括病原物的越冬和越夏、病原物的传播以及病原物的初侵染和再侵染等环节，切断其中任何一个环节，都能达到防治病害的目的。

一、植物病原物的越冬和越夏

病原物的越冬和越夏是指病原物在一定场所度过寄主休眠阶段而保存自己的过程。一般病原菌的越冬、越夏场所就是每年病害发生的初侵染源。病原菌的越冬、越夏场所主要有以下几个。

1. 种子和无性繁殖材料

种子和无性繁殖材料携带病原物的方式按病原物侵染二者内外的关系可分以下几种情况：第一种情况，潜伏在种子内越冬。如稻瘟病菌、水稻干尖线虫病菌、稻恶苗病菌、小麦散黑穗病菌及棉花炭疽病菌等病原物可侵入并潜伏在种子内越冬。第二种情况，潜伏在无性繁殖材料（苗木、接穗、种苗和块茎）内，如甘薯黑斑病菌、马铃薯晚疫病菌、马铃薯环腐病菌、柑橘溃疡病菌等。第三种情况，附着在种子表面。在作物收获脱粒过程中，黑粉菌冬孢子、谷子白发病卵孢子等可附着在种子表面越冬。第四种情况，混杂在种子内。如小麦线虫病虫瘿、菌核病菌核、大豆菟丝子种子等病原物的休眠体和植物种子混杂在一起。一些危险性的病虫草可随着种子和无性繁殖材料的远距离调运传播开来，造成病原生物从病区传播到无病区。实行植物检疫以及播种前进行消毒、处理对于防治病害起着非常关键的作用。

2. 田间病株

活体寄生物（靠活的植物体生存）在自然界只能在活的寄主植物上寄生。如小麦条锈菌在我国华北平原冬麦区小麦收获前，随气流转移到高山的春麦上和自生麦苗上越夏，秋天又随气流转移到平原地区的冬麦苗上越冬。小麦黄矮病毒在小麦收获前转移，到玉米、鹅观草上越夏。苹果树腐烂病菌、柑橘溃疡病菌、果树病毒病菌等均是在田间病株上越冬。桃缩叶病菌的孢子可潜伏在芽鳞上越冬。蔬菜保护地的病株也是病原物的越冬场所。有些病原物可以在温室内生长的作物上或在贮藏窖内贮存的农产品中越冬，如马铃薯环腐病菌等都可以在贮藏运输期间存活。此外，病原物还可在野生寄主和转主寄主上越冬、越夏，如黄瓜花叶病毒附随多年生宿根植株越冬。清洁田园、处理田间病株等均可起到减少初侵染源、预防病害发生的作用。

3. 病株残体

病株或染病器官死亡后，死体寄生物（靠死的植物体生存）可以在病组织内以腐生或休眠方式越冬、越夏。如稻瘟病菌可以在染病的残株中越冬；小麦赤霉病菌可以在稻桩、玉米等残体中越冬。病株残体是指寄主植物的秸秆、残枝、败叶、落花、落果、死根等残余组织。死体寄生物绝大多数为弱寄生物，如多数病原真菌和细菌都能在病株残体中存活或以腐生的方式在病株残体中生活一段时期。病残体对病原物的越冬、越夏起到了在恶劣环境下的一定的保护作用。另外，甘薯茎线虫等部分病原线虫和烟草花叶病毒病等少数病毒也可随病残体保存。同田间病株处理方式近似，农业防治中清洁田园、处理病残体是减少病菌来源的重要措施。

4. 土壤

土壤是许多病原物越冬或越夏的重要场所。存活在土壤中的病原物有土壤寄居菌和土壤习居菌之分。有些病原物随病株残体进入土壤中越冬，病株死体腐烂分解后，病原物就不能单独长期在土壤中存活，这类病原物称为土壤寄居菌，如水稻白叶枯病菌、玉米大斑病菌和小斑病菌、蔬菜软腐病菌、各种果树叶斑病菌等。有些病原物在病组织腐烂分解之后仍能在土壤中较长期存活，这类病原物称为土壤习居菌，如稻纹枯病菌、稻菌核病菌、稻白绢病菌、棉花立枯病菌、棉花枯萎病菌、棉花黄萎病菌等。还有些病原物产生各种休眠体，如玉米黑粉病菌冬孢子、霜霉病菌卵孢子、稻纹枯病菌菌核、根结线虫胞囊、大豆菟丝子种子等，都可以较长时期地在土壤中休眠越冬。土壤干燥，土温低，病原物容易保持休眠状态，存活时间长。深耕翻土，合理轮作、间作，可大大减少土壤中病原物的数量。

5. 粪肥

有些病原物可以随病株残体混入粪肥中。有些病原物如水稻粒黑粉菌冬孢子、小麦腥黑穗病冬孢子、谷子白发病菌卵孢子、甘薯瘟细菌随病株残体被牲畜吃食后，经消化道并不死亡，可随牲畜粪便混入粪肥中。因此，粪肥须经过堆沤和充分腐熟后方可施入田间，否则有机肥在未能充分腐熟的情况下，可成为病害的侵染来源。

6. 昆虫等传播介体

有些病毒可以在传毒的昆虫体内越冬，如水稻普通矮缩病毒在黑尾叶蝉体内越冬、小麦丛矮病毒可在灰飞虱体内存活和越冬、玉米粗缩病毒可在灰飞虱体内存活和越冬。昆虫等可成为病毒、植原体和细菌等病原物的传播介体，成为一种移动的越冬、越夏场所。因此，有效防治传毒昆虫是减少田间病毒传播的重要措施之一。

各种病原物的越冬、越夏场所各不相同，有的一种病原物可以在几个场所越冬、越夏，如棉花枯萎病菌，可以在种子、病株残体、土壤、棉子饼和粪肥中越冬，而小麦散黑穗病菌则仅能在种子内越夏、越冬。

病原物能否顺利越冬、越夏以及越冬、越夏后存活的菌量，受多种因素的影响。凡环境条件如温度、湿度、雨水、积雪等有利于作物越冬的，一般都有利于病原物的越冬。夏季高温潮湿有利于遗留田间的病株残体分解，从而可以减少越夏的病原物。而高温堆肥的做法，能加速病残组织的分解，可以大量减少粪肥中的病原物。

二、植物病原物的传播

经过越冬/越夏病原物、发病植株上产生的病原物等都要通过一定方式的传播与寄主植物接触才能发生侵染，引起病害。病原物传播的方式很多，可分为主动传播、被动传播两类。主动传播是指病原物靠自身力量传播，被动传播是指病原物靠人为、自然两种因素，如以种苗和种子的调运、农事操作和农业机械的操作传播等，以风、雨水、昆虫和其他动物的运动传播。总体来说，病原物的传播方式主要是依赖自然因素和人为因素来进行的。

1. 主动传播

病原物依靠自身力量进行传播，如鞭毛菌亚门真菌游动孢子和细菌可在水中游动传播；有些真菌孢子可自动放射传播；真菌菌丝、菌索能在土壤中或寄主上生长蔓延；线虫在土壤和寄主上的蠕动传播；菟丝子通过茎蔓的生长而扩展传播等。绝大多数病原物都需要借助外力才能传播，因此，主动传播的距离和范围较短，仅对病原物的传播为害起一定的辅助作用。

2. 被动传播

（1）人为因素传播　不受地理位置的限制，人为地将带病种子和无性繁殖材料等传播到很远的距离，播种带有病原物的种子、块根、块茎后就可引起病害发生，如水稻白叶枯病、棉花枯萎病等。其次，人类的经济活动和农事操作等常导致病原物的传播。购买并在田间施用带有病原物的粪肥，就把病原物传到田间，引起病害发生。灌溉、修剪、嫁接等农事操作都可能传播病菌，导致病害发生。特别地，移栽、整枝、打顶、抹杈、绑架等农事作业，经常传播易于摩擦传染的病毒。尤其引人注意的是，大多数检疫性病害从病区到无病区的远距离传播，如果切断气传和迁飞性昆虫传播的途径，要严防人为传入。

（2）气流传播　又称空气传播、气传、风传，是大多数真菌病害田间最主要的传播方式。真菌孢子小而轻，易被振落，或主动弹射而脱离母体，进入空中由气流携带而散布，气传距离可以从很近到很远。一般情况下，许多在病株残体上越冬的真菌，生长季节遇到适宜的温湿度，就可以产生大量的孢子，随气流传播到田间引起发病，如稻瘟病菌、玉米小斑病菌等。但受干燥或紫外线等的影响，像稻瘟病菌和多种霜霉菌的孢子囊一般不超过几十米或几百米的距离。若遇多风天气，也能一次传播到几千米之远，如烟草霜霉病菌。小麦条锈病菌夏孢子，抗性较强，可一次传播到几十千米的距离。因此，既要控制本地菌源，也要防止外地菌源的传入。而选育抗病品种能发挥更好的作用。

（3）流水传播　包括降雨、地表径流和灌溉、飞溅等。地表径流或灌溉流水传播较远，如稻白叶枯病菌、烟草黑胫病菌、番茄细菌性溃疡病菌等的流水传播极明显。土壤中病原性线虫也可由流水传播。细菌病害、真菌中的半知菌所致病害靠雨滴传播距离一般不远，最多几米，当风雨交加、田间感病品种种植连片时，则可传播较远距离。喷灌与雨滴有同样的传播作用，常使许多叶部病害加重。土表病菌飞溅传播常使葡萄白腐病加重，可适当提高结果部位来控制。对于水传病害，除寻找减少或回避为害的程度外，提前预防和事后及时综合防治是控制作物重要病害的必备措施。

（4）昆虫等生物介体传播　昆虫传播的距离可达很远，如小麦黄矮病由蚜虫传播，冬麦区小麦黄矮病流行时，由于蚜虫的迁飞和传毒，可把病害传播到上百千米以外的春麦区。有些越冬带毒昆虫迁到田间作物上，就可以引起病毒病的发生，如玉米粗缩病、水稻普通矮缩病等，这通常发生在附近的田块。许多细菌病害（如大白菜软腐病）和真菌病害（如黑麦角病）均可由昆虫传播，多数病毒病害和全部类菌原体病害均为介体昆虫传播。对此类病害，治虫防病是主要措施之一。

自然界中的风、雨、流水、昆虫都是病原生物传播的重要动力。各种病原物都有其一定的传播方式，研究并掌握病原物的传播途径和方式，对于控制病害具有指导意义。

三、初侵染和再侵染

经过越冬或越夏的病原物，在植物生长季节开始后传到田间引起的第一次侵染称为初次侵染或初侵染。受到初侵染的植株，在同一生长季节内完成侵染程序，并产生大量繁殖体进行再传播侵染，引起再次发病，称为再次侵染或再侵染。

有些植物病害，在一个生长季节内只有初侵染而无再侵染，如麦类黑穗病、苹果和梨锈病等。而大多数植物病害，在一个生长季节内可以发生多次再侵染，造成病害由轻到重、由少数中心病株扩展到点片发生和普遍流行，如各种植物的霜霉病、白粉病、锈病、叶斑病等。黑粉病等少数全株性感染的病害，在作物生长季节只有初次侵染，而无再次侵染。这类病害的潜育期一般都很长，从几个月到1年，在生长季节一般不会扩大蔓延，病害的严重程度决定于病害的越冬情况和初次侵染的数量。

根据病害在植物群体中发展有初侵染和再侵染多少的情况，存在单循环病害、少循环病害和多循环病害现象。在一个作物生长季节中，除只有初侵染没有再侵染的病害称单循环病害，如小麦腥黑穗病。在一个作物生长季节中，还有1~2次再侵染的病害，称为少循环病害，如棉花枯萎病、花生青枯病等，这些病害虽然在寄主的生长后期有进行再侵染的可能，但并不重要。在一个作物生长季节中，除有初侵染，再侵染有多次的，称为多循环病害，如小麦条锈病、稻瘟病、玉米小斑病等。病害发生的轻重主要决定于适于发病的环境条件和再侵染的次数。病原物通过各种方式作近距离或远距离传播，病害扩大蔓延直至达到高峰或作物成熟收获为止。

任何侵染性病害的发生，都包含着病原物经过越冬或越夏，度过寄主植物的休眠期，并以一定的传播方式与田间再次种植（或再生长）的寄主发生接触，引起初侵染和再侵染，造成病害的发生和流行，至生长季节后期，病原物又进入越冬和越夏的状态，从而完成病害发生的整个过程。

研究病害侵染循环的目的，在于抓住各种植物病害发生过程中的薄弱环节，制定中断侵染循环的有效措施，消除初侵染源，防止再侵染，以便控制病害发生，确保栽培植物的丰产丰收。

第四节 侵染性病害的流行

植物病害的发生发展受许多因素的综合影响，各种因素有利于病害的发生和发展，就会导致病害大发生。病害流行是指一定时间和空间内，病害在植物群体中普遍而严重发生，给农作物生产造成很大的损失。

植物病害在流行年份，不一定每个地区都能流行，因此分为常发区和偶发区。常发区是指有些地区的条件，经常有利于病害发生，病害经常流行。偶发区是指一般年份条件都不利于病害发生，只有个别年份病害偶然流行的地区。

植物病害流行在地理范围上常有局部流行、广泛流行之说，因此，有地方流行病、广泛流行病之分。在地理范围上，多数病害是局部地区流行，这种局部地区流行情况引起的病害称为地方流行病。一些由土壤传播的病原物，如一些由细菌或线虫所引起的病害，病原物在田间传播的距离不远，可造成局部地区流行。广泛流行病是指一些由气流传播的病原物可以被传播较远引起的病害。如小麦条锈菌夏孢子可以通过气流作远距离传播，锈病发生的面积可达几个省，甚至几个国家。

病害流行与病害发生不同。病害发生主要是研究个体病害发生规律，病害流行主要是研究群体病害发生规律，着重于在一定的时间和范围内，寄主植物群体发病在数量上的变化规律，内容包括病害流行的因素、流行的过程和流行的变化。研究病害流行规律可以为病害的预测预报提供理论依据。

一、病害流行的因素

植物病害的发生发展和流行受到生态系统中多因素的影响，包括寄主植物群体、病原物群体、环境条件和人类活动等因子，也受到农业系统、经济系统的影响和制约。现将各因素分别进行分析如下。

1. 大面积感病寄主植物

种植感病的品种，是病害流行的先决条件。在感病品种中，病害的潜育期短，病原物形成的繁殖体数量大，多循环病害的循环周转快，在有利的环境条件下，病害容易流行。有再侵染的病害，感病品种的潜育期缩短、产孢数量大、传播速度快，病害极易流行，如稻瘟病在抗病品种上产生褐点型病斑，不产生孢子；在感病品种上产生急性病斑，病斑正面、反面都可产生大量孢子。种植抗病品种可以有效地控制病害。但如果种植具有专化抗性的品种和在病原物群体中如出现对它能致病的小种，抗病品种就会表现为感病。从外地引进新品种，如对当地的病原物小种不能抵抗，就会引起病害流行。如湖南省从东北引进青森 5 号水稻品种引起稻瘟病流行；河北省从罗马尼亚引进玉米杂交种引起小斑病流行。

种植感病品种面积的大小和分布与植物病害流行范围的大小和为害程度有关。感病寄主植物群体越大，分布越广，病害流行的范围也越大，为害也越重。尤其是大面积种植同一感病品种，即品种单一化，就为病原物繁殖积累和扩大传播创造了有利的条件，可以导致在短期内病害迅速流行。例如，1960 年前后，碧蚂 1 号小麦在我国西北和华北地区大面积种植，1964 年气象条件对条锈病流行有利，加上其他感病品种，当年小麦条锈病发生的总面积达 800 万公顷。这说明大面积单一种植遗传性同质的感病品种，是人为地为病害流行创造了有利条件。

许多寄主植物具有明显的感病阶段。如果感病品种的感病阶段与病原物盛发期以及适于发病的环境条件和粗放的栽培管理措施等相吻合，就会造成病害的大流行。如玉米抽雄灌浆期易发生小斑病，马铃薯开花期易发生晚疫病，大白菜包心期常流行软腐病等。

2. 大量具有强致病性的病原物

病原物是病害流行的又一基本条件。没有大量的病原物存在，病害是不能流行的。

病原物通过变异产生毒力不同的生理小种，导致作物品种由抗病表现为不抗病以致病害流行，是生产中存在的一大问题。例如，稻瘟病菌和马铃薯晚疫病菌等不断发生变异，使培育和利用抗病品种发生困难。但是有的病原物变异后具有较强的毒力和适应力，可以逐渐增长而导致病害流行。例如，美国 1970 年造成玉米小斑病大流行的玉米小斑病菌小种 T，过去早就在美国存在。1970 年的小种 T 在形成孢子的能量上要比 1955 年的大 15 倍，在感病组织中繁殖得较快和能在较广泛的气候范围内引起侵染。1970 年遇到大面积种植单一的感病品种和气候适宜于小斑病流行，就爆发了毁灭性的灾害。

病害的迅速增长有赖于病原物群体的迅速增长。各种病原物的繁殖能力不同，有的有高度的繁殖力，在短期内可以形成大量的后代，为病害流行提供了大量的病原物。对于只有初次侵染而无再侵染的病害，如麦类黑穗病、瓜类枯萎病的流行与发生程度，取决于越冬、越夏的菌源数量。对于有多次再侵染的病害，如麦类锈病、稻瘟病等，其流行和发生程度不仅取决于越冬或越夏的菌源数量，还取决于繁殖速度和再侵染的次数。例如，小麦条锈菌的一个夏孢子侵入小麦后，可以产生10～100个夏孢子堆，每个夏孢子堆可以产生3000个夏孢子。即一个夏孢子繁殖一代，至少可以产生30000个夏孢子。有的病原物如引起棉苗立枯病的丝核菌，只以菌丝体在土中蔓延；有的如油菜菌核病菌和小麦全蚀病菌，只形成有性孢子而不形成无性孢子，它们的群体数量都增长较慢，需要多年积累才能引起病害流行。

病原物产生了大量的繁殖体后，借助气流、风雨（尤其是暴风雨）、流水和昆虫传播，才能在短期内把它们传播扩散，引起病害流行。水稻白叶枯病往往在暴风雨后爆发。田间流水可以把水稻白叶枯病和烟草黑胫病病原物在田间广泛传播。风雨可使病叶与健叶接触摩擦和造成伤口，利于细菌侵入。小麦黄矮病、油菜花叶病等的大流行，与蚜虫的大发生总是一致的。有许多病毒是由昆虫传播的。传毒昆虫的数量越多、活动范围越大，病害流行就越广，也越严重。

3. 有利的环境条件

环境条件主要包括气象条件、栽培条件、土壤条件等。

（1）气象条件　与病害流行有较大关系的气象条件是温度、湿度和雨水。

湿度是影响病原物侵入寄主前的主要因素。雨水多的年份常引起多种真菌性和细菌性病害流行，如稻瘟病、水稻白叶枯病和小麦锈病等都是这样。吉林省6月20日至7月10日雨量大、雨天多，有利于大斑病的流行；相反，则大斑病轻。雨水较少的年份有利于传毒昆虫的活动，病毒性病害容易流行，如水稻黄矮病、小麦黄矮病等。田间湿度高、昼夜温差大，容易结露，雨多、露多或雾多有利于病害流行，如马铃薯晚疫病等。雨水较少但田间湿度较高的情况下，一些不是必须在水滴中而在高湿度下孢子就可以萌发的真菌所引致的病害，如小麦叶锈病和白粉病就可以流行。

不同病原物的生长发育要求最适宜的温度不同，如小麦条锈病、玉米大斑病、马铃薯晚疫病、白菜霜霉病等均在较低的温度下流行，而小麦秆锈病、小麦赤霉病、玉米小斑病、棉花铃期病害等可在较高的温度下流行。如玉米大斑病、小斑病，在河北省7～8月份平均气温在25℃以上时适合玉米小斑病流行，在25℃以下时适合大斑病的流行。另一方面，水稻是喜温作物，苗期遇低温容易引起烂秧，抽穗后如遇降温则易诱发稻瘟病流行。小麦苗期春冻，易诱发根腐病等。茶饼病的发生除要求较高的湿度外，光照时间的长短对病害流行也具有决定性的影响。一般日照时数极少时，病害急剧上升；而连续几天的日照，对病害有十分明显的抑制作用。

（2）耕作栽培条件　耕作制度改变，会改变农业生态系统中各因素的相互关系，往往会影响病害的流行。如河北省石家庄地区实行棉麦间作套种后，小麦行间杂草丛生，有利于灰飞虱活动，以致丛矮病逐年加重，达到积年流行的程度。甘肃省张掖地区过去为春麦区，后来大力推广冬小麦，使麦蚜获得了越冬场所，结果引起了小麦黄矮病的大发生。吉林省过去采用水育秧方式培育秧苗，水稻绵腐病发生较重；近几年推广旱床育苗，苗床土壤的理化条件发生了变化，引起稻苗立枯病的严重发生。栽培管理过程中的每一技术环节都与病害有关。如稻田氮肥施用量过大，稻瘟病发生严重；管理粗放，树势衰弱，缺少钾肥的柑橘园，常引起炭疽病的流行；灌水不当，忽干忽湿，易导致番茄蒂腐病的发生。

影响病害流行的因素往往不是孤立地而是综合地起作用。以稻瘟病为例，如果种植感病品种，施用过多氮肥，冷水灌田或抽穗后雨多并带来低温，稻瘟病就有可能大流行。也应该看到各因素所起的作用有主有次，在一定的时间内常有一种因素起主导作用，影响着病害的发展和流行。如上述的稻瘟病流行条件中，即使感病品种、多氮肥等条件都具备，但没有充分的湿度条件，稻瘟病就不能流行，因此湿度条件就是决定性因素或主导因素。植物传染性病害的流行必须具备大面积感病寄主植物、大量具有强致病性的病原物和有利的环境条件三个基本要素。

二、病害流行主导因素分析

病害若流行，则病害流行条件三个方面是必须同时存在的，但这些条件有些是经常可以满足的，有些条件则是不确定的。正确地确定主导因素，对于分析病害流行、预测和设计防治方案具有重要意义。当病害流行的条件多数已经具备，个别不确定的因素就是影响病害流行的主导因素。当主导因素也满足流行的需要时，病害就会流行；相反，病害就不能流行。如梨桧锈病，只有梨树和桧柏同时存在时，病害才会流行，寄主因素起着主导作用。在连年干旱或冻害后，苹果腐烂病常常大发生，环境因素就起着主导作用。麦类黑穗病等没有再侵染并且品种抗病性无显著差别的病害，其流行决定因素是初侵染菌源的多少。在感病品种和相应生理小种同时存在的前提下，小麦条锈病能否流行的主导因素是拔节期至抽穗期的降雨条件。这是因为如果雨量得到满足时，有利于夏孢子的形成、传播、萌发和侵入，条锈病必然大流行。相反，如遇干旱天气，即使有感病品种和病原存在，病害也不会严重发生。因此，根据不同病害的流行规律，找出病害流行的主导因素，可制定出切实可行的防治对策和防治方案。

三、病害流行的变化

在一个生长季节，植物病害的发生流行随着时间而变化，数量由少到多，程度由轻到重，扩展由点到面，是一个病害发生、发展和衰退的动态过程。

1. 病害流行的时间动态

研究病害数量随时间而增长的发展过程，叫做病害流行的时间动态。病害数量增长的过程也是菌量积累的过程，不同病害的菌量积累过程所需时间各异，可分为单年流行病害和积年流行病害两类。单年流行病害在一个生长季节就能完成菌量积累过程，引起病害流行为害。积年流行病害需连续几年的时间才能完成菌量积累过程。

(1) 积年流行病害　又称单循环病害或少循环病害。在一个生长季节，病害的发生程度没有大的变化。当年病害发生的轻重，主要决定于初侵染的菌量和初侵染的发病程度。这类病害要经过多年积累大量的病原物群体后才逐年加重，最后达到流行的程度。此类病害即称为积年流行病害。许多重要作物病害如小麦腥黑穗病、散黑穗病、粒线虫病、水稻恶苗病、稻曲病、玉米丝黑穗病，棉花黄萎病，多种果树根病等均属这一类型。如小麦散黑穗病病穗率每年增长4～10倍，第一年病穗率仅为0.1%，第四年病穗率将达到30%左右，造成严重减产。河南省棉花枯萎病在20世纪50年代初只有两个县零星发生，60年代蔓延到30多个县，70年代蔓延到70多个县，80年代蔓延到90多个县，在发生面积和危害程度上都越来越大和越来越严重。

(2) 单年流行病害　又称多循环病害。在一个生长季节，病害就可以由轻到重达到流行程度，这类病害称为单年流行病害。许多作物的重要病害属于单年流行病害，如稻瘟病、白叶枯病，小麦锈病、白粉病，玉米大、小斑病，马铃薯晚疫病，黄瓜霜霉病，烟草炭疽病等。以马铃薯晚疫病为例，在最适气候条件下潜育期仅为3～4天，在一个生长季内再侵染10次以上，病斑面积约增长10亿倍。田间一旦发现病株，如发病条件适宜，2～3代后即可造成严重为害。

积年流行病害主要靠初始菌量大造成为害，而单年流行病害主要靠流行速度快而引起病害严重发生。因此，防治积年流行病害则以减少初始菌源为重点，除选用抗病品种外，还要特别强调田园卫生、土壤消毒、种子处理以及拔除病株等措施的运用。防治单年流行病害主要应通过选用抗病品种以及采取农业防治以及药剂防治等措施，降低病害的增长率。

对多循环病害（单年流行病害）而言，如果定期系统地调查病害发生率（普遍率或病情指数），以时间为横坐标，以发病数量为纵坐标，绘制成发病数量随时间而变化的曲线，叫做季节病害流行曲线，如马铃薯晚疫病呈S形、白菜白斑病呈单峰曲线、稻瘟病呈多峰曲线，最基本的形式是S形曲线。流行过程可划分为始发期、盛发期和衰退期。这分别相当于S形曲线的指数增长期、逻辑斯蒂增长期和衰退期。在这三个时期，指数增长期是菌量积累和流行的关键时期，它为整个流行过程奠定了菌量基础。病害预测、药剂防治和流行规律的分析研究都应以指数增长期为重点。

2. 病害流行的空间动态

研究病害由点到面的发展变化，叫做病害流行的空间动态。植物病害在种植区内发生以后，随着时间的推移，病害数量逐步增大，发展范围也逐步扩大，植物病害流行的空间动态反映了病害数量在空间中的发展规律。

（1）病害的传播　不同的病害传播距离有很大差异，可区分为近程、中程和远程传播。一次传播距离在百米以内的称为近程传播，近程传播主要是病害在田间的扩散传播，显然受田间小气候的影响。土传病害一般传播距离较近，主要受田间耕作、灌溉等农事活动以及线虫等介体活动的影响。当传播距离在几十千米甚至几百千米以外的称为远程传播，如小麦锈病即为远程传播。介于二者之间的称为中程传播。远程传播的病害有小麦锈病、燕麦冠锈病和叶锈病、小麦白粉病、玉米锈病、烟草霜霉病等病害。我国小麦条锈病和秆锈病在不同流行区域间也发生过菌源交流和远距离传播现象。种传病害主要受人类活动的制约，如收获、脱粒、留种、调种、贸易等活动。虫传病害主要取决于传病昆虫种群、活动迁飞能力以及病原与传病介体之间的相互关系。气传病害的自然传播距离相对较远。

（2）病害的田间扩展和分布型　多循环气传病害流行的田间格局有中心式和弥散式两类。

空间流行过程是一个由点片发生到全田普发的传播过程，这称为中心式传播或中心式流行。中心式是指病害的发生、发展过程有一个很明显的传病中心。多循环气传病害的初侵染菌源若是本田的越冬菌源，且初始菌量很小，发病初期便在田间常有明显的传病中心。由传病中心向外扩展，其扩展方向和距离主要取决于风向和风速。小麦条锈病、玉米小斑病及马铃薯晚疫病等都是中心式流行的病害。以小麦条锈病的春季流行为例，在北京地区的系统调查显示了由点片发病到全田普发的过程，早春在有利于侵染的天气条件下一个1~5张病叶组成的传病中心，第一代（4月上中旬）传播距离达20~150cm，第二代（4月下旬至5月初）传播距离达1~5m，此时田间处于点片发生期，第三代（5月上中旬）传播距离达5~40m，已进入全田普发，第四代传播距离达100m以外乃至发生中、远程传播。有些情况下，初侵染菌源来自田外，但初始菌量很少，也会形成一个发病中心，经2~3代高速繁殖引起全田发病。如北方冬麦区的小麦秆锈病流行即属于此种情况。

弥散式是指气传病害的初侵染源若来自外地，田间不出现一个很明显的传病中心。病株随机分布或接近均匀分布，外来菌源菌量较大，传播充分，且发病迅速，这称为病害的弥散式传播或弥散式流行，如麦类锈病在非越冬区的春季流行就属于这种类型。有的病害虽由本田菌源引起流行，但初始菌量大，再侵染不重要，如小麦赤霉病、玉米黑粉病等，一般没有明显的传病中心而呈弥散式流行。昆虫传播的多循环病害，田间分布型取决于昆虫的活动习性。土壤传播具有再侵染的病害一般可形成传病中心或传病带。

四、病害流行的预测

植物病害预测是依据病害的流行规律，利用经验或系统模拟等方法，估计一定时限之后病害的发生流行状况。由权威机构发布预测结果，称为预报。两者合称病害预测预报，简称病害测报。病害预测预报主要内容有病害流行因素调查、调查结果分析、预测结果和预防或防治措施。当前病害预测的主要目的是用作防治决策参考和确定药剂防治的时机、次数和范围。

1. 病害预测的类型

植物病害预测可根据预测时限长短和预测内容加以划分。

（1）依预测时限划分

按照预测时限可分为长期预测、中期预测和短期预测。

① 长期预测　亦称为病害趋势预测。其时限尚无公认的标准，主要指预测下一个生长季节或下一年度的病害发生情况。多根据病害流行的周期性、长期天气预报、品种布局和感病性等资料做出。预测结果指出病害发生的大致趋势。主要是用于种传或土传病害的测报，如麦类黑粉病、棉花枯萎病等。预报为农资供应计划和生产提供依据。

② 中期预测　主要对一个季度内或数十天后的病情发生情况做出估计。多根据发病数量、菌量、作物生育期、天气要素做出预测，预测结果为制定防治决策和防治准备提供依据。

③ 短期预测　主要是预测一周之内或未来几天内的病情变化。主要根据天气要素、菌源和病情作出，预测结果用以确定防治适期和防治对象。

（2）依预测内容分

按预测内容可分为发生期预测、发生量预测和损失预测等。

① 发生期预测　发生期预测是估计病害可能发生的时期。主要预测病害盛发期，用来确定喷药防治的适宜时期。也称侵染预测。

② 发生量预测　即流行程度预测。一般用发病率、严重度、病情指数等作定量的表达，也可用流行级别等作定性的表达。流行级别一般分为大发生、中度偏重、中发生、中偏轻和轻发生等5个级别。

③ 分布区预测　根据地域和地理环境条件，预测不同区域的病害发生情况。如高山区和平原区的区别，作为省、县一级的测报。

④ 损失预测　也称损失估计。主要根据病害流行程度预测病害可能造成的产量损失程度。预估病害是否达到经济受害水平（EIL）和经济阈值（ET），为是否采取防控措施提供依据。EIL是指造成经济损失的最低发病数量，ET是指应该采取防治措施时的发病数量，此时防治可防止发病数量超过经济损害水平，防治费用不高于因病害减轻所获得的收益。损失预测结果可用以确定发病数量是否已经接近或达到经济阈值。

2. 病害预测的依据

病害流行预测的依据是病害的流行规律。预测因子由寄主、病原物和环境因素中选取。一般说来，菌量、气象条件、栽培条件和寄主植物生育状况等是最重要的预测依据。

（1）根据菌量预测　单循环病害的侵染概率较为稳定，受环境条件影响较小，可以根据越冬菌量预测发病数量。如小麦腥黑穗病、谷子黑粉病等种传病害，可以检查种子表面带有的厚垣孢子数量，用以预测次年田间发病率。麦类散黑穗病则可检查种胚内带菌情况，确定种子带菌率和翌年病穗率。在美国，利用5月份棉田土壤中黄萎病菌微菌核数量预测9月份棉花黄萎病病株率。菌量也用于麦类赤霉病预测，为此需检查稻桩或田间玉米残秆上子囊壳数量和子囊孢子成熟度,或者用孢子捕捉器捕捉空中孢子。

多循环病害有时也利用菌量作预测因子。例如,水稻白叶枯病病原细菌大量繁殖后,其噬菌体数量激增,可以测定水田中噬菌体数量,用以代表病原细菌菌量。研究表明,稻田病害严重程度与水中噬菌体数量呈高度正相关,可以利用噬菌体数量预测白叶枯病发病程度。

(2) 根据气象条件预测　多循环病害的流行受气象条件影响很大,而初侵染菌源不是限制因素,对当年发病的影响较小,通常根据气象因素预测。英国和荷兰利用"标蒙法"预测马铃薯晚疫病侵染时期,该法指出若相对湿度连续 48h 高于 75%、气温不低于 16℃,则 14~21 天后田间将出现中心病株。有些单循环病害的流行程度也取决于初侵染期间的气象条件,可以利用气象因素预测。苹果和梨的锈病是单循环病害,菌源为果园附近桧柏上的冬孢子角。在北京地区,若当年 4 月下旬至 5 月中旬出现大于 15mm 的降雨,且其后连续 2 天相对湿度大于 40%,则 6 月份将大量发病。

(3) 根据菌量和气象条件进行预测　许多病害需要综合菌量和气象因素作为预测的依据。有时将流行前期寄主植物的发病数量作为菌量因素,用以预测后期的流行程度。如我国南方小麦赤霉病流行程度主要根据越冬菌量和小麦扬花灌浆期气温、雨量和雨日数预测,在某些地区菌量的作用不重要,只根据气象条件预测。

(4) 根据菌量、气象条件、栽培条件和寄主植物生育状况预测　有些病害的流行受多个因素影响。除了考虑菌量和气象因素外,还要考虑栽培条件和寄主植物的生育期和生育状况。例如,预测稻瘟病的流行,需注意氮肥施用期、施用量及其与有利气象条件的配合情况。在短期预测中,水稻叶片肥厚披垂,叶色墨绿,则预示着稻瘟病可能流行。在水稻的幼穗形成期检查叶鞘淀粉含量,若淀粉含量少,则预示穗颈瘟可能严重发生。

以上分析的只是常见的测报因子,对于昆虫等介体传播的病害,介体昆虫数量和带毒率等也是重要的预测依据。

3. 病害预测的方法

植物病害预测的方法很多,常见的有综合分析预测法、数理统计预测法、系统模拟模型法和类推法。

(1) 综合分析预测法　综合分析预测法是植物保护专家、实际工作者根据已有的知识、经验和信息,推理做出的判断。多用于中、长期预测。如北方冬麦区小麦条锈病冬前预测(长期预测)可概括为:若感病品种种植面积大,秋苗发病多,冬季气温偏高,土壤墒情好,或虽冬季气温不高,但积雪时间长,雪层厚,而气象预报次年 3~4 月份多雨,即可能大流行或中度流行。早春预测(中期预测)的经验推理为:如病菌越冬率高,早春菌源量大,气温回升早,春季关键时期的雨水多,将发生大流行或中度流行。如早春菌源量中等,春季关键时期雨水多,将发生中度流行甚至大流行。如早春菌源量很小,除非气候环境条件特别有利,一般不会造成流行。但如外来菌源量大,也可造成后期流行。

(2) 数理统计预测法　数理统计预测法是指运用统计学方法对病害多年多点历史资料进行统计分析,建立数字模型预测病害的方法。当前主要用回归分析、判别分析、模糊聚类分析以及其他多变量统计方法选取预测因子,建立预测式。此外,一些简易概率统计方法,如多因子综合相关法、列联表法、相关点距图法、分档统计法等也被用于加工分析历史资料和观测数据,用于预测。如 Burleigh 等提出的小麦叶锈病预测方法,主要采用多元回归分析法,依据美国大平原地带 6 个州 11 个点多个冬、春麦品种按统一方案调查的病情和一系列生物-气象因子的系统资料,用逐步回归方法导出一组预测方程,分别用以预测自预测日起 14 天、21 天和 30 天以后的叶锈病严重度。

(3) 系统模拟模型法　系统模拟模型法是利用系统分析方法,把病害的发生流行过程分解成若干子过程，如病害的侵染过程，用每个子过程中各有关因素和病害的发育进展关系组建成子模型。再按生物学逻辑组装成完整的计算机系统模拟模型。国内已建立小麦条锈病、稻瘟病、小麦白粉病、番茄晚疫病等的模拟模型。

（4）类推法 类推法包括物候预测法、预测圃法和利用环境指标的预测方法，如发育进度预测法、有效积温预测法、期距预测法等。

近年来，随着电子计算机的发展，数学模型、地理信息系统、病虫数据库及专家系统在病害流行研究和预测预报中得到很好的应用，遥感技术、雷达和GPS卫星定位系统在我国农业病虫监测中的研究取得了新的发展。随着手机、互联网、WIFI等技术的发展，植物病害的预测预报工作将会发生质的飞跃。

复习检测题

1. 解释名词：
寄生性、致病性、抗病性、初侵染、再侵染、病程、侵染循环
2. 病原物的侵染过程分哪几个时期？这种划分方法与防治有什么关系？
3. 病原物的侵入途径有哪些？
4. 影响病原物侵入的环境条件有哪些？
5. 植物抗病性有哪些类型？
6. 病原物的越冬（越夏）场所有哪些？这些场所与防治有什么关系？
7. 病原物的传播方式有哪些？
8. 什么叫病害的流行？植物病害流行的必备条件有哪些？
9. 病害流行预测有哪几种类型？
10. 简述植物病害预测的依据和方法。

中 篇

植物病理学的基本技术

第四章　植物病害的调查技术

▷知识目标

了解植物病害调查的意义,理解病害调查的原则和内容,熟悉调查资料的整理和计算方法,掌握植物病害调查的一般方法。

▷能力目标

能够对当地作物主要病害种类进行田间调查,并对调查资料进行整理、计算和分析。

第一节　调查的意义、类型和内容

一、调查的意义

为了做好病害的防治工作,必须有目的地对病害进行田间调查,及时准确地了解病害发生的面积、种类、分布和发病程度,便于确定防治重点。通过调查又能掌握病害发病规律,做到心中有数,为做好病害的预测预报工作和制定合理的防治方案奠定基础。

病害的调查统计是植保工作者掌握病情和数据资料的重要手段,也是发现、分析和解决问题的基础。

要做好病害的调查统计工作,必须遵循以下几项原则。

(1) 明确调查目的和要求　应根据农业生产实际需要和病害发生情况确定调查目的。调查目的明确后,再决定调查的内容,确定调查的时间、地点以及调查方法,拟定调查项目,并设计记载统计表格。

(2) 了解基本情况　依靠当地群众了解生产的实际情况,掌握病害发生的基本资料,如栽培的作物品种、播种时间、前茬作物、肥水管理、药剂防治等。这些情况与病害发生的关系十分密切,最了解这些情况的是直接参与生产的人民群众。

(3) 采取正确的取样方法　作物是大面积生产的,病害的田间调查不可能对所有田块逐一进行,需要抽取一定样点作代表,以点代面。因此,选点要有代表性,要随机取样,使调查结果更能够反映病害发生的实际情况。

(4) 认真记载数据,准确统计分析　调查过程中要认真记载,简明详实,不要随意改动,并认真整理,科学统计,实事求是地分析,从而得出正确结论。

二、调查的类型

病害调查可分为一般调查、重点调查和调查研究。

1. 一般调查

一般调查又称为普查,主要是了解一个地区或某一作物病害发生的基本情况,如病害种类、发生时间、危害程度、防治情况等,对调查的结果要求不是很严格,多在病害发生盛期调查1~2次。

2. 重点调查

重点调查又称专题调查，是在一般调查的基础上，针对某一地区某种病害的深入调查。专题调查的内容、方法因专项调查目的不同而异。重点调查的次数比一般调查要多，调查的内容也比一般调查更详细和深入，如发病率、病情指数、损失程度、环境影响、防治方法和防治效果等。重点调查时对于发病率、病情指数及损失程度的计算要求更准确。

3. 调查研究

有些病害的侵染循环和发病因子还不清楚，也没有很好的防治方法，则可采取调查研究的方式来发掘和解决问题。调查区域不一定广，但要深入。除田间观察外，也要利用访问和座谈等方式。调查研究有很多优点，它的作用有时甚至超过试验研究。

三、调查的内容

调查的内容依据调查的目的而定。病害的调查主要包括以下几方面：

1. 发生情况调查

调查一个地区在一定时间内病害发生的种类、发生时间、发病面积等。

2. 发生规律调查

调查病原菌越冬场所、越冬方式、侵入途径、传播方式以及与发病关系密切的农事操作等因素，为制定防治措施提供理论依据。

3. 危害程度调查

调查某种病害的危害程度，如发病率、病情指数、损失率及商品率等。

4. 防治效果调查

主要包括防治前后病害发生程度的对比调查，防治区与未防治区的对比调查，以及不同防治措施的对比调查等，为筛选最有效的防治措施提供依据。

第二节 调查的方法和记载

一、调查的方法

调查方法因病害性质和调查的目的、内容、精度要求的不同而有差异。调查方法可分为踏查和样地调查。

1. 踏查

踏查又称路线调查，是指以一个大范围如一个地区为调查对象进行的一般调查。目的在于查明主要植物病害的种类、分布、危害程度、危害面积、蔓延趋势和导致病害发生的原因。

踏查时，可沿自选路线，采取目测法边走边查，尽可能覆盖调查地区的不同植物。根据踏查所得资料，确定主要植物病害的种类，初步分析植物衰萎和死亡的原因。

2. 样地调查

样地调查又称详细调查，是在踏查的基础上，对主要的、危害较重的病害，选取样地进行重点调查。调查的目的在于精确统计病害数量、植物被害程度以及所造成的损失，并对其发生的环境因素做深入的分析研究。

（1）取样方法　在进行病害调查时，由于人力和时间的限制，不可能对所有田块或植株进行逐一调查，要根据调查目的、内容及类型等选择具有代表性的田块，抽取一定面积或一定数量的植株进行调查，所取样本必须有代表性和一定的数量，才能使田间调查结果准确地反映实际情况。

取样方法有很多，在大田调查中用得最多的是随机取样法，即根据调查目的要求，采取一定方式，抽取一定面积、一定数量的植株，进行调查统计。对预先确定的取样点和数量，调查中不得随意更换或增减，不能参与任何主观成分。随机取样的方法一般有五种（见图4-1），不论采取何种取样方法，样点一般应距田边1.5～2m。

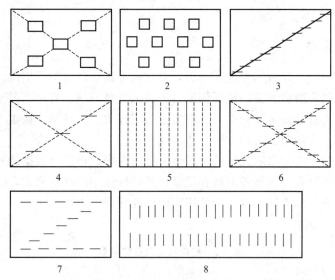

图 4-1　田间调查取样方法示意

1—五点式（面积）；2—棋盘式；3—单对角线式；4—五点式（长度）；5—抽行式；

6—双对角线式；7—"Z"字形；8—平行线式

（引自：张红燕等，园艺作物病虫害防治，2008）

① 五点取样法　按面积、长度或植株为单位选取样点，每块田取五点。该取样法样点少，取样应稍大一些。这种方法适用于地块小、近方形的田块。

② 对角线取样法　分单对角线和双对角线两种，与五点取样法相似。取样数较少，每个样点可稍大一些。适宜于密集的或成行的植物和随机分布结构。

③ 棋盘式取样法　将田块划成等距离、等面积的方格。每隔一个方形的中央取一个点，相邻行的样点交错分开。取样数较多、准确，但较费工。适宜密集或成行的植物和随机分布结构、较大呈长方形的田块。

④ 抽行式取样法　适于成行的作物田或核心分布结构。样点较多，分布较均匀。

⑤ "Z"字形取样法　适用于病害发生较重的边行或地形地势较复杂的田块。

(2) 取样时间　调查取样的适当时期一般是在田间发病最盛期。

(3) 取样单位　应根据作物种类、栽培方式和发病时期而定。常用的取样单位有：①植株或植株一部分为单位。如以叶片（叶斑病类）、果实（果腐病）、穗秆（黑粉病）等作为取样的单位。枝干病害要看发病情况而定，如主干生病影响到全株则应以植株为单位；如不影响全株则应以枝干为单位。同一种病害，由于为害时期和部位不同，取样的单位也不同。如棉花角斑病可以侵害叶片和棉铃，对于叶片受害的调查，取样时应以叶片作为单位，铃期受害则应以棉铃作为取样单位。有些病害可以有不同的取样方法，如水稻白叶枯病可以叶片作为取样单位，也可以植株作为取样单位。②长度或面积为单位。对于生长密集的条播作物，如条播小麦、花卉苗圃等，即调查一定长度（m）或面积（m^2）内植株或苗木上的病斑数，再折合成单位长度或单位面积病斑数。

(4) 取样数量　为保证取样的代表性，最大限度地缩小误差，田间调查时需确定适宜的取样数量。一般面积小、地形一致、作物生长整齐、四周无特殊环境影响的病害种类，样点可少取一些；反之则应适当增加样点数，每个样点可小一些。一般每个样点的取样数量为：果实病害100～200个果，全株性病害100～200株，叶部病害10～20片叶，条播作物每点调查$1m^2$或1～2m行长。

二、调查资料的记载

为了使调查材料便于以后的整理和分析，要对病害调查情况加以记载。调查记载是分析问题和总结经验、制定防治方案的重要依据。田间记载要准确、具体、简要。植物病害调查记载内容要根据调查目的而定，记载项目一般包括调查地点、日期、调查人、作物品种、土壤质地、病害名称、发病率、防治方法、防治效果等。

调查资料的记载一般都采取表格的形式。表格的内容、项目可根据调查目的和调查对象自行设计。对于重点调查和测报等的调查记录，最好按统一的规定格式，以便分析比较和积累资料。依据调查方法的不同，可参考使用下面的几种记载表格。

1. 踏查记载表（表 4-1）

表 4-1　植物病害踏查记载表

调查人：　　　调查地点：　　　调查日期：　　年　月　日

绿地概况							
调查总面积							
受害总面积							
树(品)种	病害名称	为害部位	总株数	病株数	发病率	病情指数	备注

2. 样地调查记载表（表 4-2～表 4-4）

表 4-2　稻叶瘟病发生情况调查记载表

调查人：　　　调查地点：　　　调查日期：　　年　月　日

病害名称	水稻品种	生育期	调查叶数/片	发病叶数/片	严重度分级					发病率/%	病情指数
					0	1	2	3	4		

表 4-3　苹果树腐烂病发生情况调查记载表

调查人：　　　调查地点：　　　调查日期：　　年　月　日

病害名称	果树品种	调查株数/株	发病株数/株	严重度分级					发病率/%	病情指数
				1	2	3	4	5		

表 4-4　稻白叶枯病防治效果调查记载表

调查人：　　　调查地点：　　　调查日期：　　年　月　日

病害名称	水稻品种	生育期	药剂名称	施药前病情指数		施药后病情指数		对照区病情增长率/%	施药区病情增长率/%	防治效果/%
				对照区	施药区	对照区	施药区			

第三节　调查资料的统计与整理

调查中获得的一系列数据和资料，需进行整理、计算、比较和分析，才能更好地反映实际情况，指导防治。

一、调查资料的计算

1. 发病率

发病率指发病个体数占调查总数的百分比，其反映的是病害发生的普遍程度。通常以发病植株或植株器官（根、茎、叶、花、果实）占调查植株总数或器官总数的百分比来表示，如病株率、病叶率、病果率、病穗率等。

$$发病率 = \frac{感病样本数}{调查总样本数} \times 100\%$$

2. 病情指数

在植株局部被害情况下，各受害单位的受害程度是不同的。因此，被害率就不能准确地反映出植株或器官的被害程度。对于这类病情的计算，可以按照被害的严重程度分级后再进行统计计算，能更准确地反映出植物的受害程度。

病情指数的计算，首先根据病害发生的轻重，进行分级计数调查，然后按下列公式计算：

$$病情指数 = \frac{\Sigma（各级严重度等级 \times 各级样本数）}{严重度分级最高级数 \times 调查总样本数} \times 100$$

例如：月季黑斑病的分级记载及病情指数的计算如表 4-5 所示。

表 4-5　月季黑斑病严重度记载标准及调查结果

严重度分级	严重度分级标准	调查叶片数/片
0	无病斑	30
1	病斑面积占叶面积的 1/4 以下	25
2	病斑面积占叶面积的 1/4～1/2	20
3	病斑面积占叶面积的 1/2～3/4	15
4	病斑面积占叶面积的 3/4 以上	10

$$病情指数 = \frac{(1 \times 25) + (2 \times 20) + (3 \times 15) + (4 \times 10)}{4 \times 100} \times 100 = 37.5$$

病情指数比发病率更能准确地反映植株的受害程度，病情指数越大，病情越重。例如，调查甲、乙两块地黄瓜霜霉病的发生程度，甲、乙两块地各调查 100 片叶，甲地 0 级 30 片、1 级 20 片、2 级 25 片、3 级 10 片、4 级 15 片，乙地 0 级 30 片、1 级 10 片、2 级 25 片、3 级 10 片、4 级 25 片。则甲、乙两地病叶率均为 70%。

$$病情指数（甲）= \frac{(1 \times 20) + (2 \times 25) + (3 \times 10) + (4 \times 15)}{4 \times 100} \times 100 = 40$$

$$病情指数（乙）= \frac{(1 \times 10) + (2 \times 25) + (3 \times 10) + (4 \times 25)}{4 \times 100} \times 100 = 47.5$$

通过病情指数计算结果比较，可以看出，黄瓜霜霉病的发病程度乙地重于甲地。

病害分级标准目前尚未统一，可参照表 4-6 和表 4-7 的分级标准。

表 4-6 枝、叶、果病害分级标准

严重度分级代表值	分级标准
0	健康
1	1/4 以下枝、叶、果感病
2	1/4～1/2 枝、叶、果感病
3	1/2～3/4 枝、叶、果感病
4	3/4 以上枝、叶、果感病

表 4-7 干部病害分级标准

严重度分级代表值	分级标准
0	健康
1	病斑的横向长度占树干周长的 1/5 以下
2	病斑的横向长度占树干周长的 1/5～3/5
3	病斑的横向长度占树干周长的 3/5 以上
4	全部感病或死亡

3. 损失率计算

病害给植物造成的损失，主要表现在产量或经济收益的减少，用发病率和病情指数通常都不能说明损失程度。因此，病害损失常用生产水平相同的受害田和未受害田的产量和经济总产值对比来计算得出，也可用防治区与不防治区的产量和经济总产值对比来计算。

$$损失率 = \frac{未受害田平均产量（产值）- 受害田平均产量（产值）}{未受害田平均产量（产值）} \times 100\%$$

4. 防治效果计算

无论是药效试验还是不同的防治措施对比试验，在最后评定时都要考察防治效果。防治效果可直接用防治以后的防治区与对照（不防治）区的病情进行比较，施药前要进行一次基数调查，施药后 7～10 天再调查一次，先计算病情增长率，再计算防治效果。

$$病情指数增长率 = \frac{施药后病情指数 - 施药前病情指数}{施药前病情指数} \times 100\%$$

$$防治效果 = \frac{对照区病情增长率 - 施药区病情增长率}{施药区病情增长率} \times 100\%$$

二、调查资料的整理

通过调查取得的大量资料比较分散、凌乱，要经过整理、汇总与初步加工，使其条理化、系统化，成为能够体现调查对象整体特征的综合资料，为确保调查结论的准确性提供科学的理论依据。

对调查资料的整理应做好以下几方面的工作：

(1) 汇总统计调查资料和数据。

(2) 根据实践经验辨别和核实收集到的调查资料，要确保资料的真实性。

(3) 写出调查报告 调查报告内容包括：①调查地区的概况。包括自然地理环境、生产管理情况以及植物病害情况等。②调查成果概述。包括主要植物的主要病害种类、危害程度、分布范围、发生特点、发生原因等。③病害综合治理的措施和建议。④附录。包括调查地区植物病害名录、主要病害发生面积汇总表、主要植物病害分布图等。

(4) 调查的原始资料要妥善装订、归档保存，并注意积累，建立健全植物病害档案。

复习检测题

1. 为什么要对植物病害进行调查?
2. 病害调查的类型和内容有哪些?
3. 病害调查常用哪些取样方法? 怎样确定取样的数量?
4. 什么是病情指数?

实验实训九　植物病害发生种类及为害情况的调查

【实训要求】

通过对当地主要作物病害种类及为害情况进行调查,了解当地主要作物病害发生种类,掌握病害田间调查的一般方法,并能够对调查资料进行统计和整理。

【材料与用具】

当地主要作物病害标本采集箱、放大镜、尺子、记录本、病害调查记载表,调查病害的分级标准、计数器、铅笔等。

【内容与步骤】

调查内容可根据当时当地病害发生情况自行设定,通常包括各类植物病害发生和危害情况调查、病害发生规律调查、防治效果调查等。

1. 选择当地 1~2 种主要作物,调查其整个生育期内病害发生的种类、发生时间、危害程度、防治情况等,或选择当地某种作物重要病害 1~2 种为调查对象,调查其不同发育阶段病害发生为害情况、病害侵染循环、防治方法等。
2. 依据调查目的自行设计调查项目、调查方法和记录表格。
3. 向田地管理者了解情况,如栽培条件、作物生长情况、田间管理措施、历年病害发生情况、防治措施及防治效果等。
4. 选择有代表性的田块,根据具体情况进行田间选点,确定取样数量和单位,进行田间调查并记录调查结果。
5. 对调查资料进行统计计算,确定发生程度,估计损失情况。

【实训作业】

1. 写出对当地 1~2 种主要作物整个生育期内病害发生情况的一般调查报告。
2. 写出对以当地主要作物 1~2 种重要病害为调查对象的专题调查报告。

第五章　植物病害的诊断及标本采集制作技术

▶知识目标

　　了解植物病害诊断步骤，熟悉各类病害的诊断方法；掌握病害标本采集、制作方法。

▶能力目标

　　能够运用病害诊断技术对各类常见病害做出正确诊断；学会采集、制作植物病害标本。

第一节　植物病害的诊断技术

　　植物病害产生的原因有很多，有生物侵染引起的，也有外界不良环境引起的。不同病原引起植物发病可产生相似的症状，而同一种病原物在侵染不同寄主植物时表现的症状也会有所不同，也就是说，由于不同植物引起病害的原因和所处环境条件不同，使很多病害有着相似的症状表现，这就要求人们要对病害做出正确诊断，找出病害发生的原因，才能制定出切实可行的防治方案。因此，正确诊断是有效防治病害的前提条件。

一、植物病害诊断的程序

　　诊断植物病害要经过以下几个步骤：

　　① 植物病害的田间诊断；

　　② 植物病害的症状观察；

　　③ 植物病害的病原室内鉴定；

　　④ 植物病害病原生物的分离培养和接种。

二、植物病害田间诊断技术

　　植物病害的田间诊断包括病害环境分析和症状观察。

　　1. 环境分析

　　根据病害在田间的分布、作物品种、土质、地形地势、作物生育时期、发病特点、施肥、灌溉、喷药、发病前后的气候条件以及周围是否有工厂的"三废"导致植物中毒等来综合分析、诊断是病害、虫害还是伤害，并进一步区分是侵染性病害还是非侵染性病害。

　　侵染性病害是由病原物侵染引起的，在田间往往是分散发生，有发病中心，并有逐渐向周围扩展蔓延的现象，在病株周围可找到健株，表现病征，互相传染。

　　非侵染性病害是由外界不良环境条件引起的，在田间往往是大面积成片发生，一般病株分布较均匀，没有发病中心，也没有从点到面扩展的过程，不表现病征。

　　2. 症状观察

　　对于植物病害而言，无论是侵染性病害还是非侵染性病害，每种病害都有各自不同的症状表现。真菌性和细菌性病害的病状主要表现为各种病斑、穿孔、萎蔫，少数为畸形。病部伴有霉状物、粉状物、锈状物、粒状物、菌核等病征的是真菌性病害；发病初期的真菌病害病征还没有表现出来，但后期病原物会表现出特征；萎蔫型的真菌病害，茎干的维管束变褐。病部有菌脓、菌膜或细菌胶粒的是细菌性病害；细菌性叶斑病的共同特点是病斑受叶脉限制呈多角形，发病初期多呈水渍状、半透明，常有黄色晕圈，后变为褐色至黑色，病斑上可见到白色、黄白色或黄色的菌脓；萎蔫型的细菌病害，茎的横切面维管束变褐，用手挤压有菌脓溢出，茎横切面是否出现菌脓是细菌性萎蔫病与真菌性萎蔫病的区别；细菌性腐烂病产生特殊的臭味，且无菌丝，可与真菌性腐烂病区别。由此根据病征即可初步辨别是真菌性病害还是细菌性病害。病毒和类病毒引起的病害常表现花叶、黄化、皱缩、丛枝、矮化、畸形等症状，田间比较容易识别。线虫病可导致植株生长发育迟缓、色泽失常、矮小、茎叶扭曲、顶芽、花芽及组织坏死，类似营养不良症，并常伴有叶瘿、种瘿、根结和瘿瘤的存在。

有些非侵染性病害如辣椒日灼病、玉米白化苗、番茄脐腐病等也可以从症状上加以识别。

三、植物病害室内诊断技术

对于很多从症状上不能识别的病害，或者症状相似的病害，以及新发生或不太熟悉的病害，田间诊断不能确定，需要进行室内诊断，借助显微镜观察病原菌或以保湿培养来确定病原类别，才能确诊病害种类。

1. 真菌性病害病原鉴定

真菌病害发病部位会产生各种颜色的霉层、粉状物、棉絮状物、煤乌状物、小粒点等病征，实验室可挑取或刮取病部表面的病菌，或切取埋生在病组织内的病菌子实体制成临时装片，在显微镜下观察病原物形态确诊病原。对病部不容易产生病征的真菌性病害，可将病部用清水洗净，放于保湿器内在 26~28℃ 温度下保湿培养 24~48h，再进行镜检观察。对于大多数常见的真菌性病害，通过田间症状观察，结合室内病原菌的形态学镜检即可做出诊断。如需进一步鉴定，最好选取新鲜发病材料的病健交界处进行病原菌的分离、培养和接种。

2. 细菌性病害病原鉴定

多数细菌性病害在天气干燥条件下不会流出菌脓，因而最有效的方法是显微镜检查"喷菌"现象，即取一小块病健组织交界处，放于载玻片的水滴中，盖上盖玻片镜检观察，如有大量细菌液呈云雾状喷出，即为细菌性病害。"喷菌"现象是诊断细菌性病害最简便有效的手段之一。

3. 病毒病害病原鉴定

对于病毒病害通常采用汁液摩擦、嫁接或介体传播等方法，对寄主进行接种以确定其传染性，也可以进行稀释限点、致死温度、体外保毒期等特性试验鉴定。

病毒粒体非常小，需要用电子显微镜观察。实验室快速鉴定植物病毒的方法是电镜负染检测法，其操作步骤是：

(1) 制病毒悬液　取病株典型症状的叶片，用蒸馏水冲洗干净，放入 0.02mol/L、pH7.2 的磷酸盐缓冲液中搅碎形成匀浆，以双层纱布过滤后，3000r/min 离心 20min 后去渣，再以 3000r/min 离心 10min，最后留上清液制成悬液。

(2) 滴液　用细滴管吸取病毒悬液，滴在喷碳加强 Formvar 膜（聚乙烯醇缩甲醛）的载网上，使形成一小液珠。在 2min 后，用小滤纸条从液滴的旁边吸取多余液体。

(3) 负染　加一滴 3% 的磷钨酸负染液至载网上，2min 后用小滤纸条从液滴边上吸除染液（样品未干时滴染液效果较好）。

(4) 观察　室温晾干后，放于带盖的玻璃皿内的滤纸上，在透射电子显微镜下观察。

此外，还有生物学检测法、免疫电镜检测法、血清反应检测法等检测方法。

4. 线虫病害的鉴定

对于线虫病的诊断，最有效的方法是显微镜检查有无线虫。可用挑针直接挑取叶瘿、种瘿或瘿瘤内的线虫在显微镜下观察；或将患病植物组织冲洗干净，剪成 2cm 的小段，放在有水的培养皿中，在解剖镜下用镊子和解剖针挑开，用吸管吸取水中的线虫。此外，还可采用漏斗分离法、浅盘分离法等方法镜检观察确诊。

四、新病害的鉴定方法

对新的或少见的真菌性或细菌性病害，还需进行病原物的分离、培养和人工接种试验，从而确定真正的致病菌。这一病害的诊断程序是依据柯赫法则进行的。柯赫法则确定侵染性病害病原物的操作程序是：

（1）在某种植物病害上常伴有一种病原微生物存在。
（2）该微生物可在离体的或人工培养基上分离纯化得到纯培养。
（3）将纯培养接种到相同品种的健株上，可诱发出与原来相同症状的病害。
（4）从接种发病的植物上再分离到其的纯培养，性状与接种物相同。

通过以上鉴定步骤得到的证据，就可确认该微生物即为这种植物病害的病原物。柯赫法则适合于所有侵染性病害的诊断与病原物的鉴定。

五、病害诊断注意事项

（1）不同的病原可导致相似的症状，如萎蔫型病害可由真菌、细菌、线虫等病原引起。
（2）相同病原侵染不同寄主可表现出不同的症状。如十字花科病毒病在白菜上呈花叶，在萝卜叶呈畸形。
（3）环境条件可影响病害的症状。如腐烂病类型在气候潮湿时表现湿腐症状、气候干燥时表现干腐症状。
（4）缺素症、黄化症等生理性病害与病毒病、类菌原体引起的病害症状相似。
（5）在病部可能有腐生菌，容易混淆和误诊，要注意区分。

第二节　植物病害标本的采集和制作技术

一、植物病害标本的采集

1. 采集用具

植物病害标本采集的用具有标本夹、标本箱、塑料袋、纸袋、小玻管、标本纸、麻绳、小刀、剪枝剪、手锯、扩大镜、记录本、铅笔等。

2. 采集方法和要求

采集和整理得当的植物病害标本，对诊断病害和教学工作都非常重要。病害发病部位有根、茎、叶、果实或全株，因而对于病害标本的采集有不同的要求。采集叶斑病标本时，寄主的叶片要完整且是由一种病原物引起的病斑，病叶要及时放入有吸水纸的标本夹内保存；果实类标本最好采集新发病的幼果，采集后放入塑料袋或牛皮纸袋中，带回室内后再制作成浸渍标本；根部病害和萎蔫的植株要连根挖出；有些野生植物或寄生性种子植物病害，则要连同寄主的枝叶和果实一起采集，以便于鉴定病原和寄主；对于粗大的树枝和植株则宜削取一截。采集标本应注意以下几点：

（1）对于某种病害不仅要采集发病部位的典型病状，还应采集不同时期、不同部位的病状。好的标本要有各受害部位在不同时期的典型症状。
（2）采集的标本不仅要病状典型，还要尽可能采集带有典型病征的标本。标本上有子实体的应尽量在老叶上采集，许多真菌有性阶段的子实体都在枯死的枝叶上出现，而无性阶段子实体大多在活体上。

（3）采集时应注意标本完整，避免损坏。较薄的易失水卷曲的叶片标本，最好随采随压。

（4）不同的病害标本最好分袋保存，避免病原菌互相污染，影响鉴定结果。

（5）采集病害标本的同时，最好用照相机将发病症状和发病现场拍摄记录下来。

（6）采集的标本要有记载，如寄主名称、寄主生育期、采集地点、栽培环境、采集日期、采集人姓名、生态和土壤条件等。标本应附上标签，其上的编号与同一份标本在记录本上的编号要相符。

二、植物病害标本的制作

1. 腊叶标本制作

腊叶标本也称干制标本，适用于一般植物的叶片、茎秆、花、去掉果肉的果皮及禾谷类植物的果穗等。腊叶标本可保存较长的时间。

（1）压制　对植物茎、叶等含水较少的病害标本，压在吸水的标本纸中，用标本夹夹紧，日晒或晾晒使其干燥。小麦、水稻等植株的叶片采集的同时就应放入标本夹中压制，否则会很快失水变形。为保持标本原来的色泽，也可将标本放置于小的标本夹中，用绳子捆紧后放入50℃烘箱中2~3天，或夹在吸水纸中用电熨斗熨压。

压制标本干燥前易发霉变色，标本纸要勤换。换纸次数依标本含水多少而定，通常前3~4天每天换1~2次，以后每2~3天换1次，直至完全干燥为止。

细嫩多汁的标本，如花及幼苗等可夹于两层脱脂棉中压制或于50℃烘箱中烘干。需要保绿的干燥标本，可先将标本在2%~4%硫酸铜溶液中浸24h，再压制。

较大枝干、坚果类、含水分少的果实以及高等担子菌的子实体，可直接风干、烤干或晒干。

（2）保存　腊叶标本的保存，一是将干燥的标本放入牛皮纸袋或普通纸盒中。牛皮纸袋是用牛皮纸叠成15cm×33cm的纸套，将标本装入纸套内。二是将标本固定在台纸上，台纸的左下角或右下角贴上标签，再用透明的塑料膜封上。三是保存于标本盒中，标本盒里先垫上棉花或海绵，也可将泡沫纸垫于盒底部，将干标本放于其上，写好的标签放在盒中右上角。无论采取哪种保存方法，都要将樟脑片或其他防虫药剂放入标本盒中，以防虫蛀。

2. 浸渍标本制作

多汁的标本，如果实、块根或担子菌的子实体等，需用浸渍法保存于标本瓶中。浸渍液常用的种类如下所述。

（1）防腐浸渍液　常用的是福尔马林50mL、95%酒精300mL、水2000mL混合而成；也可单用5%福尔马林液或70%酒精液保存。此类浸渍液仅能防腐，无保色作用，适宜保存甘薯、马铃薯、萝卜等病害标本。若浸泡标本过大，数日后要换一次浸渍液，并加盖密封。

（2）保绿色的浸渍液

① 醋酸铜浸渍液　将醋酸铜结晶逐渐加入50%醋酸溶液中，直到不溶解为止（50%醋酸溶液1000mL约加入醋酸铜15g可达到饱和程度），然后将该饱和液稀释3~4倍使用。病害标本保绿处理方法是：将稀释后的浸渍液加热至沸腾，投入标本，标本的绿色最初会褪去，继续加热，经3~4min绿色恢复后取出标本，用清水漂洗干净并存于5%福尔马林液中或压成干标本即可。

② 硫酸铜-亚硫酸浸渍液　将标本在5%硫酸铜液中浸泡8~24h取出，用清水漂洗3~

4h，然后保存在亚硫酸浸渍液中（含5%～6%二氧化硫的亚硫酸液15mL，加水1000mL或浓硫酸20mL，稀释在1000mL水中再加入亚硫酸钠16g）。此方法适用于不宜煮的葡萄、番茄等果实标本的保存。

（3）保黄色和橘红色的浸渍液 将含有5%～6%的二氧化硫的亚硫酸，配成4%～10%的稀释液，可保存含叶黄素和胡萝卜素的果实标本，如杏、梨、柿、黄苹果、柑橘或红辣椒等，该保存液有漂白作用，注意浓度不要太高。若浓度太低防腐力不够，可加入适量的酒精；果实浸渍后如发生崩裂，可加入少量甘油。

（4）保红色的浸渍液 氯化锌50g、福尔马林25mL、甘油25mL、水1000mL混合而成。将氯化锌溶于热水中，加入福尔马林，如有沉淀则用其澄清液。此溶液适用于因含有花青素而显红色的果实如番茄、苹果等。

浸渍标本可保存于试管、玻璃瓶或标本瓶中。为了避免标本浮起或移动，可将标本绑在玻璃条上再浸渍，或用玻片将标本压下。浸渍标本最好放在暗处，以免药液发生氧化作用。

为防止药液挥发和氧化，浸渍标本瓶口应密封，方法如下。

（1）临时封口法 用蜂蜡、松香各1份，分别融化后混合，加少量凡士林油调成胶状，涂于瓶盖边缘，将瓶盖压紧；或用明胶和石蜡的混合物封口，即将四份明胶在水中浸数小时，滤去多余水分加热熔化，再加入1份石蜡，继续熔化为胶状物后趁热使用。

（2）永久封口法 用酪胶和熟石灰各1份混合，加水调成糊状封口，干燥后因酪酸钙硬化而密封；也可用明胶28g在水中浸泡数小时，滤去水分后加热融化，再加入0.324g重铬酸钾和适量的熟石膏调成糊状用于封口。

3. 玻片标本的制作

对于植物病原物的观察，可采用临时装片法和徒手切片法。

（1）临时装片法 生长在植物表面的病原物，如粉状物、霉状物、颗粒状物等可用挑针挑取或刀片刮取，放在载玻片的水滴中，盖上盖玻片后显微镜观察。

（2）徒手切片法 对于组织内部的病原物，可将选好的材料用刀片切成薄片，或先将材料夹在胡萝卜、马铃薯内，再切成薄片，用毛笔蘸水取下，放在有水的浅皿中，选其中最薄的制片观察。

（3）永久玻片法 对于重要或少见的病原物，可制成永久玻片加以保存。制作时采用甘油明胶作浮载剂，制好的玻片标本可放于室内自然干燥，或在烘箱内烘干，再用加拿大树胶或中性树胶封固，贴上标签保存于玻片标本盒中。

甘油明胶的配制方法：甘油7份、明胶1份、水6份，先将明胶溶于水中，加热至35℃，熔化后加入甘油和苯酚（100mL甘油明胶加入1g苯酚），搅拌均匀，趁热用纱布过滤，装在玻璃瓶中备用（用时放在热水中溶化即可）。

> **资料卡片**
>
> 病害标本简易制作方法：将在田间观察到的典型病害标本用相机照下来，冲洗放大后用胶水黏在台纸或硬纸壳上（照片尺寸应略小于标本纸），将标签贴在照片的右下角，再用塑料薄膜将照片封上。

复习检测题

1. 植物病害诊断分哪几个步骤？
2. 实验室怎样诊断真菌、细菌及线虫病害？
3. 如何诊断新病害？

实验实训十　植物病害的田间诊断

【实训要求】

了解病害的发生情况及病害诊断的复杂性，熟悉植物病害诊断步骤，掌握病害田间诊断和鉴定的一般方法，能够鉴定病原类型并对所观察到的病害做出初步诊断。

【材料与用具】

各类植物病害发病现场，各种病害新鲜标本。

病害标本采集箱、采集袋，记录本、记录笔，手持放大镜、照相机及与病害诊断相关的参考书籍等。

【内容与步骤】

1. 到实训基地或周边农田、菜地、果园等病害发生现场，调查了解与病害发生相关的情况并做好记录。
2. 观察发病植物症状，对病害做出初步诊断。
3. 对发病现场、发病植株或发病器官摄像保存，便于病害诊断和积累资料。
4. 采集病害标本。

【实训作业】

1. 对田间观察的病害症状进行描述，指出病害类型，并说明诊断依据。
2. 对田间不能确诊的植物病害加以记录，注明作物品种、发病田块、生育时期、症状特点、为害情况等，说明不能确诊的原因及下一步的诊断措施。

实验实训十一　植物病害标本的采集和制作

【实训要求】

能正确识别当地作物主要病害的症状特点，学会采集植物病害标本，掌握植物病害标本的制作方法。

【材料与用具】

蒸馏水、酒精、福尔马林、醋酸铜、亚硫酸、樟脑片等。

病害标本采集箱、采集袋，纸袋、塑料袋、麻绳、记录本、标本盒、标本瓶、标本纸，小刀、剪枝剪、标签、放大镜、显微镜、大烧杯、量杯、量筒、酒精灯等。

【内容及步骤】

1. 到校内实训基地或附近农田、菜地、果园等病害发生现场采集病害标本。
2. 将采集的标本按症状特点分为真菌、细菌、病毒、线虫等不同类型的病害，再进行室内鉴定。
3. 以小组为单位，按照教材第五章第二节相关内容的要求，制作腊叶标本和浸渍标本。

【实训作业】

1. 采集各类病害标本 15~20 种。
2. 每人制作 1~2 盒腊叶标本。
3. 每个小组制作 2~3 瓶浸渍标本。

实验实训十二　病原物的分离与培养

【实训要求】

掌握植物病原真菌、细菌和线虫分离培养的基本原理，熟悉消毒、组织分离、稀释分离和植物病原线虫分离的基本操作方法。

【材料与用具】

新鲜的发病材料如辣椒炭疽病果、番茄灰霉病果、玉米大斑病叶、葱紫斑病叶、白菜软腐病菜帮、黄瓜角斑病叶等；感染根结线虫病的植物病根、感染孢囊线虫的病土、感染甘薯茎线虫的病薯块等。

无菌室、接种箱、无菌工作台（超净工作台）、恒温箱、空气净化器、紫外线灭菌灯、酒精灯、手术剪、眼科镊、马铃薯琼脂及牛肉蛋白胨的斜面与平板培养基、解剖镜、漏斗分离装置、漂浮分离装置、浅盘分离装置、培养皿、烧杯、玻璃瓶、火柴、纱布、接种针、接种环、纱布或铜纱、小烧杯、小玻管、旋盖玻璃瓶、40目和325目网筛、线虫滤纸、餐巾纸、挑针、竹针、毛针、记号笔、毛笔等。

福尔马林、95%酒精、70%酒精、0.1%升汞、0.25%新洁尔灭、0.5%次氯酸钙、5%石炭酸液、无菌水、肥皂等。

【内容及步骤】

1. 分离前的准备工作

（1）工作环境的清洁和消毒　病原物的分离培养是在无菌条件下进行的，因而分离前要对无菌室、无菌箱或无菌工作台（超净工作台）进行清洁和消毒。无菌室和无菌箱要经过喷雾除尘（无菌室也可使用空气净化器净化除尘），并用药物喷雾（70%酒精、2%煤酚皂液、5%石炭酸液等）或紫外线灯照射20~30min消毒。

如果在普通房间进行分离，可以将房间彻底清洁，然后关闭门窗，采用喷雾法除尘或用空气净化器除尘，再进行操作（无论是无菌室还是普通房间，在操作过程中，空气净化器始终都要开着，可随时净化空气、除尘除菌，保持室内无菌环境）。工作前擦净桌面，最好铺上湿纱布，将所需物品依次摆放在工作台上，避免工作时经常走动。工作人员穿上灭菌后的工作服，戴上口罩，用肥皂洗手后再用70%酒精或0.1%新洁尔灭擦手。

（2）分离用具的消毒　凡是和分离材料接触使用的器皿（刀、剪、培养皿、镊、针等）都要保持无菌。将这些用具浸于70%酒精中，使用时在灯焰上灭菌烧去酒精，如此2~3次（刀、剪、镊等不宜在灯焰上烧时过长，以防退火），再次使用时必须重复灭菌。

（3）分离材料的选择　选用新发病的植株或器官作为分离材料，可以减少腐生菌的污染。最好是从病、健组织交界处获得分离材料，因为该处病原菌的生活力强，容易分离成功且可以减少腐生菌混入的机会。

2. 病原真菌和细菌的分离和培养

病原菌分离的方法因材料不同而异，实验室最常见的方法有组织分离法和稀释分离法两种。

（1）组织分离法　适用于大部分病菌的分离，此法又分为小块组织分离和大块组织分离两种方法。

① 分离

a. 叶斑病类病原菌的分离：取新鲜病叶的典型病斑，在病、健交界处剪取3~5mm长的病组织数块，放到70%酒精中浸5s，再移至0.1%升汞溶液1~2min，消毒时间长短依病组织不同而异（0.5~30min），也可用10%的次氯酸钙（漂白粉）溶液消毒3~5min（次氯酸钙溶液应现用现配）。然后再将病组织移至无菌水中连续漂洗3次，以免残留的升汞影响分离病菌的生长。若病组织幼嫩，可直接用无菌水冲洗8~9次，最后将病组织移到适宜的培养基上培养。

b. 种子内部病原菌的分离：选择典型的发病种子若干，放入70%酒精中浸3s，用镊子夹住投入0.1%升汞溶液中表面消毒2~3min，取出后用灭菌水冲洗3次，最后移至已倒好的马铃薯琼脂平板培养基上培养，或直接放在培养皿内保湿培养于25℃温箱中。

c. 枝干、果实、块茎等大块组织内病菌的分离：将果实等发病部位蘸取95%酒精（也可用脱脂棉蘸70%酒精擦拭病部表面），用酒精火焰三次消毒后，再用以灯焰灭过菌的解剖刀在果实等发病材料的病、健交界处切开，挑取豆粒大小的病组织放到平板培养基上培养，每皿放3~4块。

② 标记　分离过程中用到的培养皿都要贴上标签，标注日期、材料和分离人姓名。

③ 培养　将已经接种的培养皿倒置于25~28℃温箱中培养3~4天后观察，若病组织小块上均长出较为一致的菌落，可初步确定为要分离的目标菌。

④ 纯化　用接种针自菌落边缘挑取小块移入斜面培养基上继续培养，温度控制在25~28℃。3~4天后观察，如菌落生长一致，镜检是单一的微生物，即得到了纯菌种，可放到冰箱中保存。如其上有杂菌生长，就需要再次分离获得纯培养后，才能移入斜面保存。

（2）稀释分离法　稀释分离法适用于细菌、土壤菌及病部产生大量孢子的真菌的分离。

① 涂布平板法　对于病原真菌是将病菌孢子进行梯度稀释后，再进行分离培养，通常采用涂布平板法，过程如下：

a. 配制梯度稀释菌悬液：用1mL无菌吸管吸取1mL菌悬液移入装有9mL无菌水的试管中，吹吸3次，让菌液混合均匀，即成10^{-1}稀释液；再换一支无菌吸管吸取10^{-1}稀释液1mL，移入装有9mL无菌水的试管中，也吹吸三次，即成10^{-2}稀释液；以此类推，连续稀释，制成10^{-3}、10^{-4}、10^{-5}、10^{-6}等一系列稀释度的菌悬液。梯度菌悬液稀释的数量依待分离的病原菌在样品中的数量而定，通常稀释3~6个梯度（图5-1）。

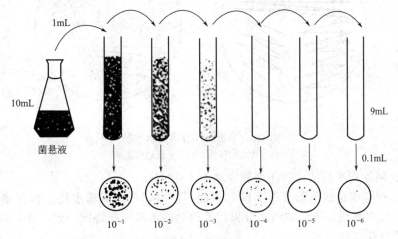

图5-1　配制梯度稀释菌悬液示意图
（引自：费显伟，园艺植物病虫害防治，2010）

b. 涂布：用无菌吸管分别从最后3种稀释度的试管中吸取0.1mL菌悬液放入与之相对应的平板上，用无菌玻棒在培养基表面均匀涂布。

c. 标记：在培养皿底面标记分离日期、分离人姓名、菌悬液稀释度等。

d. 培养：将培养基平板倒置，放于25~28℃的恒温箱中培养3~5天。

e. 纯化：将培养后长出的单个菌落分别移入斜面培养基上继续培养，温度控制在26~28℃。3~4天后观察，如菌落生长一致，镜检是单一的微生物，即得到了纯菌种，可放到冰箱中保存。如其上有杂菌生长，就需要再次分离，获纯培养后再移入斜面保存。

② 划线分离法　常用于病原细菌的分离。划线分离法的步骤如下所述。

a. 制备细菌悬浮液：切取4～5mm见方的小块病组织数块，表面消毒后用无菌水冲洗3次，放到无菌的研钵中研碎，再移至无菌培养皿中，加入适量的无菌水浸泡30min，使之成为细菌悬浮液。

b. 制备带菌平板：将融化的琼脂培养基冷却到45℃左右，分别倒入消毒的培养皿中，摇匀后静置冷却，凝固后在培养皿盖上标明分离材料、日期、稀释编号和分离人等。

c. 划线：划线的方法有如下两种。

ⓐ 连续划线法：将接种环在酒精灯火焰上灭菌，稍冷却后蘸取一环菌悬液，左手将培养皿盖打开一条缝，右手将蘸有菌悬液的接种环迅速伸入平板内，于平板1/5处密集涂布划线，然后来回作曲线连续划线接种，线与线间有一定距离，前后两条线勿重叠，划满平板为止[图5-2(a)]。此方法适用于含菌量较少的菌悬液。

ⓑ 分区划线法：在酒精灯火焰附近，左手持培养基，右手将蘸有菌悬液的接种环在平板的一侧表面顺序密集划线（注意线勿重叠），面积约占整个平板的1/5；旋转平板，从第一次划线的末端重复2～3根线后，进行第二次划线，方法同第一次，面积约占整个平板的1/4；旋转平板，从第二次划线的末端重复2～3根线后，进行第三次划线，方法同第一次，划满整个平皿[图5-2(b)]。注意每划一次，接种环都要在酒精火焰上灭菌。此方法适用于含菌量较多的菌悬液。此外，还有放射划线法、平行划线法、方格划线法等。

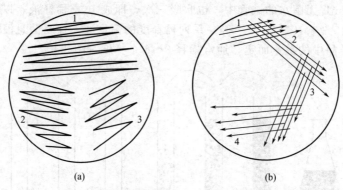

图5-2　平板划线分离法示意图
(a) 连续划线法；(b) 分区划线法

d. 培养：同涂布平板法，在培养箱中培养1～2天。

e. 纯化：挑取细菌的单菌落移至试管斜面，同时，再用无菌水将单菌落细菌稀释成悬浮液并进行第二次划线分离。如两次分离培养得到的菌落形态特征一致，并与典型菌落特征相符，则表明已获得纯培养。

3. 植物病原线虫的分离

植物寄生线虫的个体大多都很小，对极少数相对较大的线虫可从植物组织中直接挑出，而绝大多数则是利用它的趋水性、大小、密度以及与其他杂质的差异，采用过筛、离心、漂浮等措施，将线虫从植物组织或土壤中分离出来。分离线虫的方法有多种，应根据线虫的种类、研究目的等来选择适宜的方法。

(1) 解剖分离法　就是直接挑取病部组织在显微镜下观察。解剖分离法适合较大线虫的分离，如根结线虫、胞囊线虫、粒线虫等。

(2) 漏斗分离法　将直径为10～15cm的玻璃漏斗架在铁架上，下面接一段长约10cm

的乳胶管，管的另一端装一个弹簧夹。将植物材料切碎用双层纱布包好，放在漏斗中，向漏斗中倒入自来水（水以漫过纱布包为宜）。

由于趋水性和自身的重量，线虫就会离开植物组织，沉降到漏斗底部的乳胶管中。24h后打开弹簧夹，慢慢放出底部约5mL水样于平皿内（也可用小瓶或凹皿）。在解剖镜下观察分离到的线虫。若线虫数量太少，可将水样倒入离心管中，在1500r/min离心机中离心3min，倒掉上层清水，剩下的即为高浓度的线虫悬浮液。漏斗分离法是目前从植物材料中分离线虫较好的方法，也适用于分离土壤中的线虫。

（3）培育分离法　对于用漏斗分离法不易分离到的线虫，可采用培育分离法。

将病根采回后尽快洗去表面土粒，放在培养皿湿润的滤纸上，在室温（20~25℃）下培育3天，后用少量清水冲洗病根及皿底，收集即得到线虫悬浮液（从土壤中得到病根后要马上冲洗和培育，否则会有部分线虫爬出，冲洗时被冲掉）。

（4）浅盘分离法　其原理与漏斗分离法一样，但分离效果更好。用两个不同口径的浅盘套放在一起，上面一个是筛盘，它的底部是筛网（10目），下面一个稍大，是普通浅盘（也可在培养皿上放置一个稍小的做成浅盘状的金属网，网与培养皿底部保持一定距离）。分离时将线虫滤纸放在筛网上用水淋湿，上面再放一层餐巾纸，将要分离的土样或植物材料放置其上，向两盘之间的缝隙中加水，将供分离的土样或植物材料淹没，在室温（20~25℃）下浸泡1~2天后，去掉筛网，再将浅盘中的水样连续通过25目和400目的套筛，最后将400目筛上的线虫的残留物用小水流冲洗到培养皿中即可镜检。

（5）漂浮器分离法　此法用于分离没有活动能力的胞囊线虫。

该法需要有特制的分离装置——胞囊漂浮器（图5-3）。分离时先向漂浮筒内注入70%的清水，将100g风干的土样放于最上面的筛中，用强水流冲洗土样，使其全部洗到漂浮筒内。静置2min后，向漂浮筒内缓慢注水，使漂浮物全部溢出，经溢流水槽流入下面细筛中，再将细筛中的胞囊等漂浮物用水洗入烧杯或三角瓶中，倒入铺有滤纸的漏斗，在解剖镜下用毛笔收集并观察滤纸上的胞囊。

【实训作业】

1. 将供试的新鲜真菌病害材料进行分离和纯化，观察并记录分离物的培养性状，写出操作过程并分析成功或失败的原因。

2. 将供试的新鲜细菌病害材料进行分离和纯化，观察并记录分离物的培养性状，写出操作过程并分析成功或失败的原因。

3. 对感染甘薯茎线虫的病薯块、感染花生根结线虫病的病根或感染大豆胞囊线虫的病土进行分离和纯化，并绘制分离到的植物病原线虫图，注明分类特征。

4. 每人提交分离到的纯菌种两支（真菌、细菌各一支）。

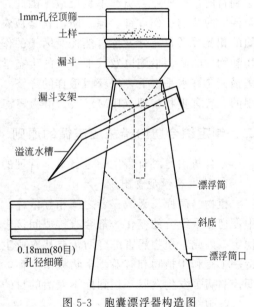

图5-3　胞囊漂浮器构造图
（引自：费显伟，园艺植物病虫害防治，2010）

第六章 植物病害综合防治技术

➢知识目标

理解植物病害综合防治的含义和应遵循的原则，掌握植物检疫、农业防治、生物防治、物理防治、化学防治等防治技术的基本方法。

➢能力目标

能根据当地植物病害发生的特点合理制定综合防治方案，并能因地制宜协调运用各种防治方法，实施植物病害的综合防治。

第一节 植物病害的综合防治

一、综合防治的概念

植物病害的防治方法很多，各种方法均有其优点和局限性，单靠其中一种措施往往不能达到目的，有的还会引起不良反应，因此，植物病害的防治必须贯彻我国"预防为主，综合防治"的植物工作方针。综合防治就是从农业生态系统的总体出发，根据有害生物和环境之间的相互关系，充分发挥自然控制因子的作用，因地制宜地协调运用检疫、农业、化学、生物和物理的防治措施以及其他有效的生态学手段，经济、安全、有效地将有害生物控制在经济损失允许水平之下，以获得最佳的经济、生态和社会效益。这一综合防治定义与国际上常用的"有害生物治理（IPM）"、"植物病害管理（PDM）"的内涵一致。

二、制定综合防治措施应遵循的原则

综合防治是对有害生物进行科学管理的体系，要遵从以下几个原则。

1. 从生态学观念出发

植物、病原、天敌三者之间相互依存、相互制约，与它们所处的环境构成一个整体，其中任何一个组分的变化，都会直接或间接影响其他组分的变化，影响到整个农业生态系统的稳定。因此，植物病害综合防治要从农业生态系统的整体观点出发，综合考虑各种因素，创造一个有利于植物和有益微生物繁殖生存，而不利于病害发生发展的环境条件，进而实现长期控制病害发生发展，达到标本兼治的目的。

2. 从安全观念出发

制定综合防治方案时首先考虑的是安全问题，包括对植物、天敌、人畜等不致发生药害和中毒事故，要保护好人类赖以生存的自然生态环境，科学、及时地防治病害。

3. 从保护环境，发挥自然控制作用的观念出发

综合防治不排除化学防治，在运用化学防治手段时，要科学、合理地施用化学农药，把握好农药的施用剂量和次数，延缓病害对农药的抗性，减少农药残留量，选用高效、低毒、低残留的农药，尽量不污染环境，符合环境保护的要求，又能保护和利用天敌，充分发挥自然控制因素的作用。

4. 从提高经济效益观念出发

在病害防治中，既要有效地控制病害的危害，也要考虑获得最好的经济效益。控制病害危害，就是使其危害程度在经济损失允许水平以下，而不是将病害彻底消灭。如果病害为害程度低于防治指标，可不防治，否则要及时防治。

5. 从协调的观念出发

综合防治并非各种防治方法的简单相加，也并非越多越好。有些防治措施之间可能有矛盾，有些防治措施可能重复，有的防治措施可能对该病害根本无效。所以，必须依据各种病害的不同发生规律，根据当时当地的实际情况，有机地选择并协调运用各种相应的有效防治措施，做到取长补短、相辅相成，实现控制病害的目的。

> **知识链接**
>
> 经济损失允许水平（EIL）也叫经济阈值（ET），是指植物因病虫造成的损失与防治费用相等条件下的种群密度或植物受害的程度。而防治指标是指病虫草等有害生物为害后所造成的损失达到防治费用时的种群密度的数值。一般用虫口密度和病情指数表示。

第二节　综合防治的方法

植物病害防治的基本措施和方法，按其性质可分为五类：植物检疫、农业防治、生物防治、化学防治和物理机械防治。

一、植物检疫

1. 植物检疫的概念、意义和任务

植物检疫是指一个国家或地方政府用法律、法规的形式，设立专门机构，禁止或限制危险性病、虫、杂草等有害生物人为地传入、传出，和对已发生及传入的危险性病、虫、草害采取有效措施消灭或控制蔓延。它具有强制性、预防性和大区域性的特点。

植物病原物和其他有害生物除自然传播途径外，还可随人类的生产和贸易活动而传播，称为人为传播。人为传播延长了传播距离，扩大了传播范围，人为传播的主要载体是被有害生物侵染或污染的种子、苗木、农产品、包装材料等，而且许多危险性病害一旦传入新地区，倘若遇到适宜其发生和流行的气候和其他条件，往往会引起比原产地更大的危害。如19世纪30年代，随着马铃薯由南美引到欧洲和北美，在1845年爱尔兰马铃薯晚疫病大流行，导致几十万人饿死，150多万人外出逃荒；甘薯黑斑病是1937年随"冲绳一号"品种从日本传入我国，现在已蔓延到我国1200多个种植甘薯区。因此，通过植物检疫防止危险性病、虫、杂草的远距离传播是限制人为传播病虫草害的根本措施，对于保证农业生产和生物安全，维护国家利益，提高国际贸易信誉，具有重要的意义。

植物检疫的任务有以下三个方面：①禁止危险性病、虫、杂草随着植物及其产品由国外输入和由国内输出；②将国内局部地区已发生的危险性病、虫、杂草封锁在一定的范围内并采取各种措施逐步将其消灭；③当危险性病、虫、杂草传入新的地区时，应采取紧急措施，及时就地彻底消灭。

2. 植物检疫的范围

植物检疫分为对外检疫和对内检疫。对外检疫又称国际检疫，是国家在沿海港口、国际机场及国际交通要道设立出入境检验检疫机构，对进出口和过境的植物及其产品进行检疫处

理，防止国外危险性病虫及杂草的输入，同时也防止国内某些危险性的病虫害及杂草的输出。对内植物检疫又称国内检疫，是国内各级检疫机关，会同交通运输、邮电、供销及其他有关部门根据检疫条例，对所调运的植物及其产品进行检验和处理，以防止仅在国内局部地区发生的危险性病虫及杂草的传播蔓延。我国对内检疫主要以产地检疫为主、道路检疫为辅。对内检疫是对外检疫的基础，对外检疫是对内检疫的保障，二者紧密配合，互相促进，以达到保护植物生产的目的。

3. 检疫对象的确定

植物检疫对象是每个国家或地区根据保护本国或本地区农业生产的实际需要和病、虫、杂草发生的特点而制定的，根据其性质不同，植物检疫对象分为对内检疫对象和对外检疫对象，每个国家都有对内和对外检疫对象名单，各省、市、自治区也都有对内植物检疫对象名单，我国农、林业植物检疫对象和应施检疫的植物、植物产品名单，由国务院农、林业主管部门制定。

植物检疫对象的确定原则是：①本国或本地区尚未发生或分布不广，仅在局部地区发生的病虫害及杂草。②适应能力强，繁殖速度快，传播迅速，短时间爆发成灾、危害严重、防治困难的病虫害及杂草。③可借助人为活动传播的病虫害及杂草。

4. 植物检疫的主要措施

（1）禁止进境　严格禁止可传带危险性极大的有害生物的活植物、种子、无性繁殖材料和植物产品进境。土壤可传带多种危险性病原物，也被禁止进境。

（2）限制进境　提出允许进境的条件，要求出具检疫证书，说明进境植物和植物产品不带有规定的有害生物，其生产、检疫检验和除害处理状况符合进境条件。此外，还常限制进境时间、地点，进境植物种类及数量等。

（3）调运检疫　对于在国家间和国内不同地区间调运的应检疫的植物、植物产品、包装材料和运载工具等，在指定的地点和场所由检疫人员进行检疫检验和处理。凡检疫合格的签发检疫证书，准予调运，不合格的必须进行除害处理或禁运。

（4）产地检疫　种子、无性繁殖材料、农产品在其原产地，或农产品在其加工地实施检疫和处理。这是国际和国内检疫中最重要和最有效的一项措施。

（5）国外引种检疫　引进种子、苗木或其他繁殖材料，事先需经审批同意，检疫机构提出具体检疫要求，限制引进数量，引进后除施行常规检疫外，还必须在特定的隔离苗圃试种。

（6）旅客携带物、邮寄和托运物检疫　国际旅客进境时携带的植物和植物产品需按规定进行检疫。国际和国内通过邮政、民航、铁路和交通运输部门邮寄、托运的种子、无性繁殖材料以及应施检疫的植物和植物产品需按规定进行检疫。

（7）紧急防治　对新侵入和定植的病原物与其他有害生物，必须采取一切有效防治手段，尽快消灭。我国国内植物检疫规定，已发生检疫对象的局部地区，可由行政部门按法定程序划为疫区，采取封锁，禁止检疫对象传出，并采取积极的防治措施，加以消灭。将未发生检疫对象的地区依法划为保护区，采取严格的保护措施，防止检疫对象传入。

二、农业防治

1. 农业防治的概念

农业防治又称环境管理或栽培防治，就是通过各种农业措施，有目的地调节病原物、寄主植物和环境因素之间的关系，创造有利于作物生长发育而不利于病菌生存繁殖的环境条件，减轻病害的发生程度。农业防治措施大都是农田管理的基本措施，可与常规栽培管理结合进行，不需要特殊设施。但是，农业防治方法往往有地域局限性，单独使用有时收效较慢、效果较低。

2. 农业防治的措施

(1) 选育和利用抗病品种　选育和利用抗病品种是防治植物病害的一种最经济有效的措施。特别是对气流传播病害或由土壤习居菌引起的病害、病毒病害等，抗病品种的作用尤为突出。利用抗病品种还可以避免或减轻因过分依靠农药而出现的残毒和环境污染问题。但是，选育和利用抗病品种经常遇到困难：优良的农艺性状和品种的抗病性不易同时兼得；抗病性不能持久；不能同时兼抗多种病害等。在培育抗病品种时，应尽量克服上述困难，培育出农艺性状好、抗病持久、可以兼抗多种病害的优良品种。

抗病品种选育的方法与一般育种的方法相同，有引种、系统选育、杂交育种、人工诱变、组织培养、遗传育种以及其他的抗病育种新技术（体细胞抗病变异体筛选与利用、体细胞杂交、转基因、太空育种）等，所不同的是要进行抗病性鉴定。

品种抗病性鉴定的方法有直接鉴定和田间鉴定。直接鉴定法是分别在室内和田间将病原物接种到待鉴定的品种上观察其抗性反应。间接鉴定法是根据与植物抗病性有关的形态、解剖生理、生化特性来鉴定品种抗病性。

抗病品种育成后要注意合理使用以延长抗病品种的使用年限。抗病品种在推广使用过程中因机械混杂、天然杂交、突变以及遗传分离等原因会出现感病植株，多年积累后可能导致品种退化。因而必须加强良种繁育制度，保持种子纯度；在抗病品种群体中及时拔除杂株、劣株和病株，选留优良抗病单株，做好品种提纯复壮工作。为了克服或延缓品种抗病性的丧失，延长品种使用年限，最重要的是搞好抗病品种的合理布局，在病害的不同流行区采用具有不同抗病基因的品种，在同一个流行区内也要搭配使用多个抗病品种，有计划地轮换使用具有不同抗病基因的抗病品种，选育和应用具有多个不同主效基因的聚合品种或多系品种等。

(2) 建立无病留种田，培育无病种苗　带病的种苗是病害远距离传播的主要途径之一，因此，建立无病留种田和无病繁殖区，是杜绝种苗传病的重要措施。设立的留种田要与一般的生产田隔开，隔离的距离因病原物的移动性和传播的距离而异，加强留种田的病害监测和防治工作，收获时要单打单收，防止混杂。在这方面已有许多成功的范例，如苹果无病毒苗的繁育和推广，既避免了病毒病的发生，又避免了根部病害的发生；采取一系列措施培育无病薯苗，可有效防治甘薯黑斑病的发生。

(3) 建立合理的种植制度　合理的种植制度既能调节农田生态环境，改善土壤肥力和理化性质，有利于作物生长发育和有益微生物繁衍，又能减少病原物存活，切断病害循环。如旱田改水田，可以使旱田中常见的炭疽病、立枯病、枯萎病等大大减轻。轮作是一项古老的防病措施，实行合理的轮作制度，可以减少土壤中病原物的数量，改变土壤中微生物区系结构，促进根际微生物群体组成的变化，从而减轻病害的发生和为害程度。轮作适于防治土壤传播的病害，轮作的对象必须选择非寄主植物，轮作的年限根据病原菌在土壤中的存活年限决定。

各地作物种类和自然条件不同，种植形式和耕作方式也非常复杂，诸如轮作、间作、套种、土地休闲和少耕免耕等具体措施对病害的影响也不一致。各地必须根据当地具体条件，兼顾丰产和防病的需要，建立合理的种植制度。

(4) 加强栽培管理　加强栽培管理可改变病原物发生的生态条件，有利于作物生长发育和提高抗病能力。在栽培管理中应采取如下措施。

① 合理布局和适当调整播期　各种病原物都有一定的寄主范围，如果茬口安排不当，

会加重病害的发生。如秋大白菜种在栽甘蓝和早萝卜的菜地旁边或附近,会加重病毒病发生。在不影响作物生长的前提下,提前或推迟播种时间,使作物的感病期与病原菌的大量繁殖侵入期错开,从而达到避病的目的。如对秋播的十字花科蔬菜适当晚播,可以减轻病毒病的为害。

② 改进栽培技术 栽培技术的改进,能使某些病害减轻。如改平畦栽培为高垄栽培可减轻大白菜软腐病的发生。

③ 合理调节环境因子 对于温室、塑料棚、苗床等保护地病害防治和贮藏期病害防治,可根据不同病害的发病规律,合理调节温度、湿度、光照和气体组成等要素,创造适于植物生长而不利于病原菌侵染和发病的生态条件,达到控制病害发生、发展的目的。如采用高温闷棚可防治多种蔬菜叶部病害。大棚黄瓜在晴天中午密闭升温至44~46℃保持2h,隔3~5天后重复一次,能减轻黄瓜霜霉病的发生。

④ 加强肥水管理 合理施肥对植物的生长发育及其抗病性都有很大的影响。多施有机肥,可以改良土壤,促进根系发育,提高抗病性。偏施氮肥,容易造成幼苗和枝条的徒长,组织柔嫩,抗病性下降。适当增施磷、钾肥和微量元素,能够提高植物的抗病能力。

合理灌溉也是农业生产中的一项重要措施,水分不足或过多都会影响植物正常生长发育,降低植物的抗病性。若蔬菜苗期水分过多,土壤温度偏低,会加重苗期病害的发生;如果久旱后突然浇大水则会造成裂果;一些土壤传播的病害,若采用大水漫灌的灌溉方式,有助于病害传播,加重病害的发生;在北方,果树进入休眠期前若浇水过多,则枝条柔嫩,树体充水,易受冻害,加重枝干病害发生。

(5) 保持田园卫生 田园卫生措施在作物生长期、作物收获后或休眠期都要实施,包括拔除病株和消灭发病中心、清除田间的枯枝落叶等病残组织、深耕除草、砍除转主寄主、清洗农机具和仓库容器等。搞好田园卫生可以减少多种病害的初侵染和再侵染的菌源。如在蔬菜生产中,一是在生长期将发病初期的病株、病叶、病果等及时拔掉或摘除,以免病害在田间扩展蔓延;二是收获后,要将田间的残株、落叶、落果、残根等集中深埋或焚烧,减少病菌在田间的残留。在果树生产中,田间卫生的重点是在采收后至萌芽前,因为多数病害的病原菌在落叶、落果和病枝上越冬,及时清理和剪除可明显减少初侵染菌源。

(6) 适时采收和合理贮藏 采收的早晚不仅会影响果实产量和品质,而且还会影响病害的发生和为害程度。如苹果采收过早,贮藏条件不适,会影响果品的正常生理活动,往往会使苹果虎皮病、红玉斑点病加重。在采收包装过程中造成伤口,会加重一些从伤口侵入的弱寄生菌侵入,造成果品贮藏期腐烂。因此,适时采收,减少伤口,可减轻病害的发生和为害。

贮藏期病害发生的轻重不仅与贮藏条件有关,而且与生长期病害的控制效果密切相关。因此,为了保证安全贮藏,必须做好田间防治、采后入库前处理以及保持贮藏期适宜的温湿度、通风干燥等各方面的工作。

三、生物防治

1. 生物防治的概念

生物防治是利用有益生物及其产物来防治植物病害的方法。现在主要是利用有益微生物对病原物的各种不利作用来减少病原物数量和削弱其致病性,有益微生物亦称拮抗微生物或生防菌。生物防治具有不污染环境、不破坏生态平衡、安全有效等优点,近20年来日益受到重视,在科研和生产实践方面都取得了重大进展。但是,生物防治效果不稳定,适用范围较窄,生防菌地理适应性较低,生防制剂的生产、运输、贮存要求较严格,防治效果也低于化学防治，目前还只能用作辅助防治措施。

2. 生物防治的机制

生物防治主要是利用有益微生物对病原物的各种不利作用，来减少病原物的数量和削弱其致病性。有些还能诱导或增强植物抗病性，通过改变植物与病原物的相互关系，抑制病害发生。有益微生物对病原物的不利作用主要有抗菌作用、溶菌作用、竞争作用、重寄生作用、捕食作用和交互保护作用等。

有益微生物产生抗菌物质，抑制或杀死病原菌，称为抗菌作用。例如，绿色木霉产生胶霉毒素和绿色菌素两种抗生素对立枯丝核菌有拮抗作用。有些抗菌物质已可以人工提取并作为农用抗生素定型生产，如井冈霉素、多效霉素、农抗120等已大面积推广使用。

溶菌作用是拮抗微生物通过产生酶作用于病原菌，导致病原菌芽管细胞或菌体细胞消解。其包括自溶性和非自溶性两种情况，后者有潜在的利用价值。

有益微生物的竞争作用，主要是对植物体表面侵染位点的竞争和对营养物质、氧气与水分的竞争。如用有益细菌处理植物种子防治腐霉根腐病，就是利用有益细菌大量消耗土壤中氮素和碳素营养而抑制了病原菌的缘故。

重寄生是指病原菌被其他微生物寄生的现象。例如，哈茨木霉和钩木霉可以寄生立枯丝核菌和齐整小核菌菌丝；菟丝子的炭疽病菌对菟丝子的寄生；噬菌体对细菌的寄生等。

捕食作用在病害防治中已有应用。迄今在耕作土壤中已发现了百余种捕食线虫的真菌，其中有一些已投入商业化生产。

交互保护作用是指接种弱毒微生物诱发植物的抗病性，从而抵抗强毒病原微生物侵染的现象。它主要用于植物病毒病的防治。

3. 生物防治的措施和应用

植物病害的生物防治有两类基本措施：一是大量引进外源拮抗菌；二是调节环境条件，使已有的有益微生物群体增长并表现拮抗活性。

利用有益微生物已成功地用于防治植物根部病害。如放射土壤杆菌K84菌系产生抗菌物质——土壤杆菌素K84，其商品化制剂广泛用于防治多种园艺作物的根癌病；用拮抗性木霉制剂处理农作物种子或苗床，能有效地控制由腐霉菌、疫霉菌、核盘菌、立枯丝核菌和小菌核菌侵染引起的根腐病和茎腐病。

施用生防菌可以防治果实贮藏期病害。如用含酵母菌的2%氯化钙水溶液浸渍果实，可以抑制苹果果实灰霉病、青霉病、柑橘果实绿霉病、青霉病和桃果实褐腐病。

用烟草花叶病毒弱毒突变株系N_{11}和N_{14}、黄瓜花叶病毒弱毒株系S_{52}，接种辣椒和番茄幼苗，可诱导交互保护作用，防治病毒病害。

调节土壤环境，增强有益微生物的竞争能力可以控制植物根部病害。向土壤中添加有机质，如作物秸秆、腐熟的厩肥、绿肥、纤维素、木质素等可以提高土壤碳氮比，有利于拮抗微生物发育，能显著减轻多种根部病害。调节土壤酸碱度和物理性状，也可以提高有益微生物的抑病能力。如酸性土壤有利于木霉孢子萌发，能增强对立枯丝核菌的抑制作用。

抑菌土在自然界是普遍存在的，开发利用抑菌土是病害生物防治的又一重要领域。连作多年的小麦病田，全蚀病反而会逐年减轻，甚至消失。这是由于土壤内积累了大量荧光假单胞杆菌等有益微生物而成为抑菌土的缘故。

四、物理机械防治

1. 物理机械防治的概念

物理机械防治是利用各种物理因素（如热力、射线等）、外科手术和机械设备来防治植物病害的方法。此类方法多用于处理种子、苗木、其他繁殖材料和土壤。物理机械防治是作物无公害生产的主要措施，它具有不污染环境、成本低、对某些病害防效显著、简单易行的优点。但也有一些措施费劳力，或效果不理想。因此，物理机械防治必须与其他防治方法有机地结合，才能达到理想的防治效果。

2. 物理机械防治的方法

（1）汰除 汰除法是指清除与作物的种子混杂在一起的病原物。如汰除混杂在作物种子中的菌核、虫瘿和菟丝子的种子。汰除的方法有机械汰除法和密度汰除法两种。机械汰除可根据混杂物的形状、大小和轻重采用风选、筛选和汰除机；密度汰除是根据混杂物的密度大小，用清水、泥水、盐水汰除。

（2）热力处理 热力处理主要采用以下几种方法。

① 干热处理 就是利用温箱的热气进行处理。干热处理法主要用于蔬菜种子，特别是对多种种传病毒、细菌和真菌都有防治效果。如带有卷叶病毒的马铃薯在37℃的温箱中培养25天，就能种植出无病毒的健株；番茄种子经75℃干热处理6天或80℃干热处理5天可杀死种传黄萎病菌。

不同植物的种子耐热性有差异，处理不当会降低种子的发芽率。豆科作物种子耐热性弱，不宜干热处理。含水量高的种子应先预热干燥后再处理。

② 温汤浸种 用热水处理种子和无性繁殖材料的方法称为温汤浸种。可杀死种子表面和种子内部潜伏的病原物。温汤浸种时，一般先把种子放在较低温度的温水中预浸4~6h，使种子内部的病原物从休眠状态进入活动状态，然后再将种子移至较高温度的热水中处理。如先将番茄种子放在20℃的温水中预浸4h，然后再将种子移至52℃的水中浸30min，可杀死番茄早疫病。

③ 蒸汽处理 常用于温室和苗床的土壤处理。用80~95℃蒸汽处理土壤30~60min，可杀死绝大部分病原菌。热蒸汽也用于处理种子、苗木。其杀菌有效温度与种子受害温度的差距较干热灭菌和热水浸种大，对种子发芽的影响较小。

利用热力治疗感染病毒的植株或无性繁殖材料是生产无病毒种苗的重要途径。热力治疗可采用热水处理法或热空气处理法。种子、接穗、苗木、块茎、块根等都可用热力治疗法。休眠的植物材料较耐热，可应用较高的温度（35~54℃）处理。

（3）辐射处理 即采用一定剂量的射线抑制或杀灭病原物。该方法多用于处理贮藏期的农产品和食品。如用γ射线1.25kGy剂量照射玉米种子，可以杀死种子内部所带的细菌性枯萎病菌；用微波加热处理少量种子、粮食、食品等能快速杀死病菌，微波炉已用于植物检疫，处理旅客携带或邮寄的少量种子与农产品。

（4）外科手术 在治疗果树和林木枝干病害时常用外科手术。如治疗苹果树腐烂病，可用"刮治法"或"割治法"实施"外科手术"，还可用桥接和脚接的方法供给树木生长的水分和养分。

（5）机械阻隔 采用有效的阻隔措施控制病原菌向外传播或接触寄主植物的感病部位。如地面覆盖塑料薄膜可以阻断葡萄白腐病菌的传播，从而减轻病害发生；苹果、梨、桃、葡萄等采用果实套袋技术，可明显降低病果率。

五、化学防治

化学防治是利用化学药剂控制植物病害发生发展的方法。它是当前防治植物病害的重要和常用手段之一，对一些突发性病害，是一种应急措施。

化学防治有以下优点：①防治效果显著，见效快。它既可以在病害发生之前作为预防性措施,避免或减轻病害为害,又可在病害发生之后作为急救措施,快速控制病害的为害。②使用方法简便易行,受地区及季节的限制小。③可以大面积使用,便于机械化操作。④防治对象广,几乎所有的病害都可利用化学防治。⑤可以大规模工业化生产、远距离运输和长期保存。

但是化学防治也存在一些缺点和局限性,特别是长期、连续、大面积使用化学药剂,其弊端更加突出,主要表现在:①污染环境,造成农药残留,影响人畜健康。②易杀伤天敌和其他有益生物,破坏生态平衡。③反复使用同一种农药防治病害,常引起该病害病原菌产生抗药性,防治效果降低或丧失。④使用不当或用量过大易造成药害。

化学防治既有优点,又有缺点。要防止片面夸大其优点,把化学防治视为唯一有效的防治方法,滥用化学农药。也要防止过分强调其缺点,不敢使用化学农药。应当将化学防治与其他防治方法相互协调,配合使用,要注意科学用药、合理用药、安全用药,充分发挥化学防治的优点,克服其缺点。

复习检测题

1. 简述植物检疫的特点和任务。
2. 植物病害的物理防治和生物防治各有哪些优缺点?
3. 当前在农作物抗病品种选育和使用方面存在哪些主要问题?应采取哪些改进措施?
4. 试以小麦或水稻上发生的一种病害为例,制定病害的综合防治方案。
5. 调查当地植物病害化学防治的现状,并提出改进的建议。

实验实训十三 选择1~2种植物病害制定综合防治方案并实施防治

【实训要求】
学会制定病害综合防治方案的方法,并进行防治工作,加强实际操作技能训练。

【材料与用具】
根据内容需要选定农药及器械、材料,放大镜、记录本等。

【内容及步骤】
1. 确定有利防治时机

根据当地种植情况,选择一种主要作物发生的重要病害,调查发病情况、危害程度等,确定有利的药剂防治时机。

2. 制定综合防治方案

在调查的基础上,结合农田生态环境,根据病害发生发展规律,协调选用多种防治方法,制定出综合防治措施。

3. 防治操作

根据制定的综合防治措施,在病害发展的不同阶段,实施相应的防治方法,可进行种子处理、拔出发病中心株和清除病残体深埋或烧毁、合理施肥和灌水、化学药剂喷雾或灌根等操作。在进行化学药剂防治操作时应注意安全保护。

【实训作业】
1. 总结制定综合防治方案时应注意哪些问题?
2. 观察病害防治效果,写出实训报告。

下 篇

植物病害的诊断与防治

第七章 粮食作物病害的诊断与防治

➤知识目标

　　了解常见粮食作物病害的病原，熟悉粮食作物主要病害的发病规律，掌握粮食作物病害的症状特征及防治方法。

➤能力目标

　　能准确识别粮食作物病害的症状和病原，并能根据病害的发病规律制定切实可行的综合防治方案。

第一节　水稻病害的诊断与防治

一、稻瘟病

　　稻瘟病是世界性病害，也是我国水稻的重要病害之一。凡栽培水稻的地区均有发生。流行年份，一般发病田块减产10%～30%，严重的可达40%～50%，局部田块甚至颗粒无收。

　　1. 症状

　　从幼苗到抽穗的整个生育期，各个部位均可发生，根据发病部位不同，可分为苗瘟、叶瘟（含叶枕瘟）、节瘟、穗瘟（穗颈瘟、枝梗瘟和谷粒瘟）。其共同特征是：高湿条件下，病部出现灰绿色霉层。

　　（1）苗瘟　发生在3叶期以前，初期在芽鞘上出现水渍状斑点，随后病苗基部变黑褐色，上部淡红色或黄褐色，严重时病苗枯死。潮湿时，病部可长出灰绿色霉层。

　　（2）叶瘟　发生在3叶期以后。因水稻品种抗病性和气候条件不同，病斑分为慢性型、急性型、白点型和褐点型等4种症状类型（见彩图2）。

　　① 慢性型　病斑呈梭形或纺锤形，两端有向外延伸的褐色坏死线，病斑中央灰白色称为崩溃部，边缘褐色称为坏死部，外圈有淡黄色晕圈称为中毒部，此"三部一线"是慢性型病斑的主要特征。湿度大时，病斑背面产生灰绿色霉层。

　　② 急性型　多发生在感病品种上，病斑暗绿色，近圆形或不规则形，针头至绿豆粒大小，后逐渐发展为纺锤形，叶片正反两面密生灰绿色霉层，遇干燥天气或经药剂防治后，急性病斑转化为慢性型病斑。

　　③ 白点型　初期病斑近圆形，白色或灰白色，不产生分生孢子，发生在感病品种的幼嫩叶片上，遇适宜条件能转变为急性型病斑。

　　④ 褐点型　常在抗病品种或稻株下部老叶上发生，病斑为褐色小点，局限于叶脉之间，不产生分生孢子。

　　（3）节瘟　主要发生在稻颈下第一、二节，节上生出褐色小点，严重时，整个节部变黑腐烂，干燥时病斑凹陷，易折断。

　　（4）穗瘟　发生在穗颈、穗轴、枝梗、稻壳和护颖上，严重时均可形成白穗，或致谷粒不饱满，米粒变黑，潮湿时病部产生灰绿色霉状物。

　　2. 病原

　　病原有性态为灰色大角间座壳 [*Magnaporthe grisea* (Hebert) Barr.]，属子囊菌亚

门、大角间座壳属；无性态为稻梨孢 [*Pyricularia oryzae* Cav.]，属半知菌亚门、梨孢霉属。分生孢子梗从病部气孔伸出，3~5根丛生，色淡呈屈曲状，屈曲处有孢痕，其顶端产生分生孢子；分生孢子梨形、无色透明，有两横隔（图7-1）。

菌丝生长发育的适宜温度为26~28℃，分生孢子形成的适宜温度为25~28℃。分生孢子在50℃水中13~15min死亡；谷粒内的菌丝体55℃ 10min死亡。稻瘟病菌对不同水稻品种的侵染或致病性不同，可侵染水稻、小麦、大麦、玉米、狗尾草、稗、早熟禾等23属38种植物，来源于21种禾本科植物上的病菌也可侵染水稻。

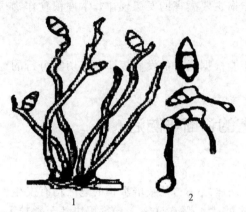

图7-1 稻瘟病病菌
1—分生孢子梗及分生孢子；
2—分生孢子及其萌发
（引自：赖传雅，2008）

3. 发病规律

病菌以菌丝体或分生孢子在病谷、病稻草上越冬。病籽粒和病稻草是次年稻瘟病的主要初侵染源；散落在地上的病稻草和未腐熟的粪肥也可成为初侵染源。播种病谷引起苗瘟。在北方6~7月份降雨后，病稻草上可产生大量分生孢子，随气流传播至稻田，引起叶瘟。病叶上的病菌可进行再侵染，相继引起其他器官发病，病菌侵入后4~6天便出现新病斑。

稻瘟病的发生流行除需大量菌源外，还要有感病水稻品种和适宜的发病条件。在菌源及发病条件均具备时，品种抗性是发病与否或发病轻重的决定因素。同一品种不同生育期的抗病力不同，幼苗3~5叶期、分蘖盛期和孕穗至抽穗始期最感病；圆秆拔节期较抗病。分蘖前期和乳熟后抗病力强，分蘖盛期易感叶瘟，抽穗初期易感穗颈瘟。平均相对湿度90%以上时利于发生病害，因此，雾多露重、阴雨连绵、光照不足易发病。偏施、迟施氮肥使稻株贪青徒长，组织幼嫩，硅质化程度下降，株间通风透光不良，田间湿度增高，加重病害发展。长期深灌、冷水串灌使土温和水温降低、土壤缺氧、根系发育不良，降低生活力和抗病力。

4. 防治方法

（1）选用高产抗病品种　因地制宜选用抗病新品种，淘汰高感品种，轮换种植抗病品种，并要做到合理布局。

（2）减少菌源　不在秧田的附近堆积病稻草，不用病草搭棚、催芽盖种、扎秧把，育秧前彻底处理病稻草、病谷壳，不播种带菌种子，禁止把旧稻草带进田内。

（3）加强栽培管理　合理配施氮、磷、钾肥，适当施用硅酸肥料，原则上以农家肥为主、化肥为辅，做到基肥足、追肥早；中后期看苗、看天、看田酌情施肥，不偏施、迟施氮肥。科学用水，以水调肥，促控结合。掌握水稻黄黑变化规律，前期浅灌、够苗晒田，孕穗抽穗覆浅水，以后保持干湿交替的管水方法。

（4）药剂防治

① 种子消毒　用2%福尔马林液浸种，即先将种子用清水浸泡1~2天（至吸足水分而未露白为度），取出稍晾干，随后放入药液浸种3h，捞出用清水冲洗后催芽播种，可预防水稻多种病害。或用80%乙蒜素乳油8000倍液浸种，早中籼稻浸2~3天、粳稻浸3~4天后直接催芽播种。可选50%多菌灵可湿性粉剂350倍液，室温下浸种24~36h，每日搅动数次，然后用清水浸种催芽；也可选80%402抗菌剂8000倍液浸种，早稻、中籼稻浸2~3

天，粳稻浸 3～4 天；还可选 10％401 抗菌剂 1000 倍液浸种 48h。

② 秧苗处理　秧苗根部洗净后放入 40％三环唑可湿性粉剂 700 倍液中浸泡 1～2min，捞出堆放 30min 后插秧。

③ 成株期处理　苗瘟一般在 3～4 叶期或移栽前 5 天施药，叶瘟在发病初期用药，穗瘟在抽穗前和齐穗期各喷一次药。每公顷可用 40％富士 1 号乳油 855～1080mL、或 40％稻瘟净乳油 855～2250mL、或 20％三环唑可湿性粉剂 750～1150g、或 20％三环唑·三唑酮可湿性粉剂 1500～2250g，加水 900kg 喷雾。其他有效药剂有春雷霉素、复方多菌灵（多井悬浮剂）、克瘟散、异稻瘟净等。

> **资料卡片**
>
> 稻瘟病防治技术口诀
>
> 因地制宜品种选，合理布局须轮换。及时处理病稻草，种子消毒要周全。肥水充足是基础，适当施用硅酸盐（肥）。干湿交替勤晒田，抓好防治关键点。

二、水稻胡麻斑病

1. 症状

苗期至成株期均可发病，尤以叶片受害最普遍。秧苗受害，叶片和叶鞘上出现椭圆形或近圆形褐色病斑，有时病斑相连成条状，严重时引起秧苗枯死。成株叶片受害，病斑初为褐色小点，扩大后成为芝麻粒大小的褐色斑，病斑上隐见轮纹，周围有黄色晕圈，老病斑的中央呈黄褐色或灰白色。严重时叶片上病斑密布，终至叶片早枯。穗颈、枝梗受害，形成褐色长条状大斑。谷粒受害早的病斑呈灰黑色，可扩展到整个谷粒；发病晚者，病斑较小，形状、色泽与叶部病斑相似。潮湿时，植株各部病斑均可产生黑色霉层（见彩图 3）。

2. 病原

病原为稻平脐蠕孢 [*Bipolaris oryzae* (Breda de Hann) Shoem.]，属半知菌亚门、平脐蠕孢属。分生孢子梗 2～5 枝从气孔伸出，基部较粗，暗褐色，不分枝，稍曲折，有多个隔膜。分生孢子褐色，长圆筒形或倒棍棒状，两端钝圆，有 3～11 个隔膜（图 7-2）。

菌丝生长最适温度为 28℃。分生孢子形成最适温度为 30℃；萌发适温为 24～30℃，并要求 92％以上的相对湿度。

3. 发病规律

病菌以菌丝体或分生孢子在病谷、病稻草上越冬。干燥条件下病组织和稻种上的分生孢子可存活 2～3 年，潜伏于组织内的菌丝体可存活 3～4 年，病谷、病稻草是该病的主要侵染源。翌年播种病谷后，种子上的病菌可直接侵染幼苗；病稻草上越冬病菌产生的分生孢子随气流传播，引起秧田和本田的初次侵染。病部产生的分生孢子通过气流传播进行再侵染。

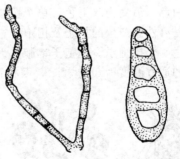

图 7-2　水稻胡麻斑病病菌
分生孢子梗及分生孢子
（引自：许志刚，2009）

该病的发生与土质、肥水管理和品种抗性关系密切。土壤瘠薄、缺肥的田块，特别是缺少钾肥时最易发病。沙质土、酸性土发病重。土壤缺水或长期积水的稻田，稻株抗病力低，也易发生。双季晚稻由于秧龄期长，常用少肥措施控制秧苗生长，容易诱发病害。不同生育期感病性不同，苗期易感病；分蘖期抗病性增强，分蘖末期以后抗性减弱；齐穗期抗病性最强，灌浆成熟期易感病；谷粒以抽穗至齐穗期易遭侵染。

4. 防治方法

（1）加强栽培管理　增施基肥，及时追肥，配施氮、磷、钾肥。沙质土多施腐熟堆肥作基肥，酸性土壤宜施用适量石灰，以促进有机物质正常分解，改变土壤酸度。注意田水管理，做到不积水又不缺水。

（2）种子消毒　可参照稻瘟病。

（3）药剂防治　可参照稻瘟病。有效药剂有菌核净、福美双等。重点应放在抽穗至乳熟阶段，保护剑叶、穗颈和谷粒不受侵染。

三、水稻纹枯病

水稻纹枯病又名水稻云纹病，是我国稻区的重要病害之一。其发病面积、发生频率、造成的产量损失等均居水稻病害之首，一般减产10%～20%，严重时减产30%以上。

1. 症状

水稻苗期至穗期均可发病，抽穗前后危害最重。主要危害叶鞘和叶片。

叶鞘发病，先在叶鞘近水面处出现水渍状、暗绿色、边缘不清楚的小病斑，后扩大成椭圆形或云纹状斑，病斑边缘暗绿色、中央灰绿色，天气干燥时，病斑边缘褐色、中央草黄色至灰白色，病斑相互愈合成云纹状大斑。严重时，叶鞘干枯。叶片发病，病斑与叶鞘病斑相似，但形状不规则，病斑外围褪绿或变黄，病情发展迅速时，病部暗绿色似开水烫过，呈青枯或腐烂状。穗部发病，轻者结实不良，重者不能抽穗，造成"胎里死"或全穗枯死。多雨多湿的条件下，病部产生白色或灰白色蛛丝状菌丝体，纠结成团，最后变成暗褐色、鼠粪状菌核，菌核易脱落。有时在病部表面可形成白色粉状物（担子和担孢子）。

2. 病原

病菌有性态为佐佐木薄膜革菌［*Pellicularia sasakii* (Shirai) Ito］，属担子菌亚门、薄膜革菌属；无性态为立枯丝核菌［*Rhizoctonia solani* Kühn］，属半知菌亚门真菌、丝核菌属。菌丝体初期无色，老熟时淡褐色，分枝与主枝成直角，分枝处缢缩，分枝不远处有分隔；菌核初为白色、后变为暗褐色，单个菌核呈扁球形似萝卜籽状。病组织上形成的灰白色粉状子实层，是有性态产生的担子及担孢子。担子倒棍棒状、无色、顶端生有2～4个小梗，每个小梗上各生1个担孢子。担孢子单胞、无色、卵圆形（图7-3）。

菌丝生长的适宜温度为28～32℃，菌核在30～32℃条件下形成最多，菌核萌发需要有96%以上的相对湿度，低于85%则受到抑制。该病菌寄主范围广，除水稻外还能侵染小麦、玉米、高粱、花生、大麦、大豆、甘蔗和甘薯等43科300余种植物。

3. 发病规律

病菌主要以菌核在土壤中越冬，也能以菌核和菌丝在病稻草、杂草和其他寄主上越冬。水稻收割时大量菌核落入田间的土壤中或遗留在稻桩上，成为第二年或下季水稻的主要初侵染源。越冬菌核在高湿、适温条件下萌发长出菌丝，侵入叶鞘形成病斑，病部形成的菌核落入水中，随水流传播蔓延，引起再侵染。一般

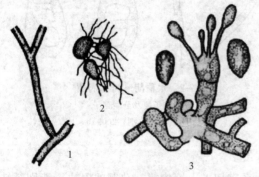

图7-3　稻纹枯病病菌

1—成熟菌丝；2—菌核；3—担子和担孢子

（引自：陈利锋等，2007）

在分蘖盛期至孕穗初期于植株间不断地水平扩展，并由植株下部叶鞘向上部叶鞘垂直扩展。灌溉水是菌核传播的动力，密植的稻丛是菌丝体进行再侵染的必要条件。一般在分蘖期开始发病，孕穗期达到发病高峰，乳熟期后病情减轻。

气温在25～30℃，湿度达到饱和时最易发病。长期深灌，田间湿度偏大，有利于病菌生长发育；同时土温、水温较低，土壤缺氧，有碍根系生长，降低稻株抗病能力。上年发病重的田块遗留菌核多，下年初侵染菌源数量大，则发病重。连作、氮肥过多、稻田郁闭、高温高湿发病也重。水稻品种间抗病性有差异，一般高秆、窄叶、分蘖少的品种比矮秆、宽叶、大穗的抗病；晚熟品种比早熟品种抗病；稻株细胞硅化程度高，茎秆坚硬的品种抗性较强；杂交稻比常规稻易遭纹枯病危害；籼稻比粳稻发病轻；双季稻区比单季稻区发病重，陆稻比水稻受害较轻。

4. 防治方法

（1）选用抗（耐）病品种　选用抗病品种是防治水稻纹枯病发生为害的有效途径，也是综合防治的关键措施。

（2）减少菌源　春耕灌水后，及时打捞菌核，深埋或烧毁，减少当年菌源。病草不还田，病稻草需沤烂腐熟后施用。

（3）加强水肥管理　合理施肥，要求基肥足，追肥早，农家肥为主，化肥为辅；增施有机肥和磷、钾肥，采用配方施肥技术；做到长效肥与速效肥相结合，农家肥与化肥相结合，以农家肥为主，氮肥应早施，切忌偏施氮肥和中后期大量施用氮肥。用水要贯彻"前浅、中晒、后湿润"的原则，做到分蘖期浅灌，够苗晒田，肥田重晒，瘦田轻晒，晒田促根，以根壮苗。穗期保持湿润，防止早衰。

（4）药剂防治　防治适期为分蘖末期至抽穗期。一般于分蘖末期丛发病率达5%～10%或分蘖盛期至孕穗初期丛发病率为10%～15%或拔节至孕穗期发病率达20%的地块，及时用药防治。施药时应保持6～7cm田水，维持4～5天。药剂喷在稻株中下部。发病初期，可用井冈霉素67.5～75.0g/hm^2，针对稻株中、下部喷雾或泼浇，隔10天1次，施药1～3次，或用B908芽孢生防菌株7.5kg/hm^{2}喷雾。分蘖盛期至圆秆期，可用70%甲基硫菌灵可湿性粉剂700倍液、40%菌核净可湿性粉剂800倍液。在水稻始穗期和齐穗期各喷药1次，用28%多井悬浮剂500倍液。分蘖盛期至拔节期用25%丙环唑乳油450～900mL/hm^{2}喷雾。

四、水稻白叶枯病

水稻白叶枯病是水稻重要病害之一。除新疆外，全国各稻区均有不同程度的发生，被害稻叶枯焦，谷粒不饱满，米质变劣，一般减产5%～10%，严重时可达30%。

1. 症状

主要危害叶片，也可危害叶鞘，其症状因水稻品种、发病时期及侵染部位不同而异。常见的白叶枯病症状为叶枯型，包括叶缘型和中脉型。叶缘型是从叶尖或叶缘开始发病，初为暗绿或黄绿色小点，后从叶缘向内扩展，并沿叶脉向上下蔓延，形成长条状黄白或灰白色病斑，病斑可达叶片基部。病健分界明显，呈不规则的波纹状，最后病叶枯死。潮湿时，病叶边缘有淡黄色露珠状菌脓，干后成黄色小粒，易脱落。中脉型多从叶片中脉开始发病，初期形成不规则形褐色具波纹状边缘的黄白或灰白色病斑，沿叶脉上下延长，常使病叶失水而纵向对褶枯死。

急性型大多发生在高感品种、多肥栽培和温湿度有利于病害发展的情况。病斑呈灰绿色，病叶迅速失水，向内侧卷曲而青枯。

凋萎型（枯心型或枯孕穗）多在杂优稻及高感品种的秧苗或移栽后 20～25 天的稻株上发生。典型症状是心叶失水青枯、凋萎，其余叶片青干卷曲，全株枯死；或仅心叶枯死，其余叶片仍正常生长，与螟害造成的枯心苗极相似，但茎部无蛀孔。切断病节、病叶鞘，用手挤压切口可溢出黄色菌脓。

2. 病原

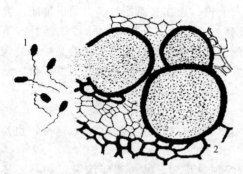

图 7-4　水稻白叶枯病菌
1—病原菌放大；2—示导管中的病原菌
（引自：徐秉良等，植物病理学，2012）

病原为稻黄单胞杆菌［*Xanthomonas campestris* pv. *oryzae*（Ishiyama）Dye］，属薄壁菌门，黄单胞菌属。菌体短杆状，两端钝圆，单鞭毛极生，外表有黏液膜，革兰染色阴性（图 7-4）。在人工培养基上菌落呈圆形隆起，黏稠状，表面光滑发亮，蜡黄至稻秆黄色。病菌生长温度为 5～40℃，最适温度为 26～30℃。致死温度在无胶膜保护下为 53℃，10min；在有胶膜保护下为 57℃，10min。病菌最适 pH 为 6.5～7.0。

3. 发病规律

病菌在带菌稻种、病稻草、病稻桩以及马唐等多种杂草上越冬，成为初侵染源。带菌稻种调运是远距离传播的主要途径，也是新病区的主要初侵染源。播种病谷，引起幼苗发病，插秧时带入本田。病稻草和稻桩上的病菌，通过雨水或流水传播至秧苗，引起发病。用病稻草催芽、覆盖秧苗、扎秧把等有利病害传播。当环境条件适宜且品种高感时，可引起急性症状。病菌从茎基部或根部的伤口侵入后，在维管束增殖再扩展到其他部位，引起系统性侵染，使植株出现凋萎型症状。初发病部溢出菌脓通过风雨、田间流水、露水和叶片接触等传播进行再侵染。

白叶枯病的发生流行受品种、生育期、气候及栽培条件等因素的综合影响。水稻品种对白叶枯病的抗性差异很大，一般糯稻抗病性最强、粳稻较抗病、籼稻较感病；叶片窄或直立型比宽叶或下垂叶品种抗病。同一品种不同生育期抗病性也有差异，苗期至分蘖期较抗病，孕穗、抽穗期最感病。气温 26～30℃，相对湿度 90%左右，多雨、强风、少日照，特别是在暴风雨或洪水淹漫之后，有利病害发生流行。绿肥用量过多或偏施氮肥，尤其是使用硫酸铵、硝酸铵等都易诱发病害。排水不良、串灌、漫灌和受淹，有利于病菌的传播和侵入。

4. 防治方法

（1）植物检疫　加强植物检疫，禁止病区种子向外调运。

（2）选用抗（耐）病品种　因地制宜地选用适合当地种植的抗、耐病品种，发生过白叶枯病的田块和低洼易涝田都要种植抗病品种。

（3）减少菌源　无病区严防从病区引种。病区要建立无病留种田，避免病稻草还田，防止病田水流入无病田。实行种子消毒，可用三氯异氰尿酸 500 倍液或 10%叶枯净 200 倍液浸种 24h。用 1%石灰水或 80%的 402 抗菌剂 2000 倍液浸种 2 天，用福尔马林 50 倍液浸种 3h，闷种 12h，洗净后催芽。用中生菌素 100 倍液，升温至 55℃，浸种 36～48h 后催芽播种。

（4）加强栽培管理　秧田应选择背风向阳、地势高、无水淹、离水源近、排灌方便的田块，防止秧苗长期淹水。合理施肥，原则是基肥足、追肥早、穗肥巧；基肥以有机肥为主，合理搭配磷钾肥，后期慎用氮肥。科学用水，排灌分家，严防深灌、串灌、漫灌和水淹，做到前期浅水、后期湿润、中期适当晒田。

（5）药剂防治　在发病前或发病初期，选用3％中生菌素500倍液，或72％农用链霉素、90％新植霉素可溶性粉剂3000～4000倍液，或20％叶枯唑可湿性粉剂800～1000倍液喷雾。每隔7～10天1次，连喷2～3次。

五、水稻烂秧病

水稻烂秧是种子、幼芽、幼苗在秧田死亡的总称。分为生理性烂秧和侵染性烂秧两类。生理性烂秧常见的有烂种、漂秧、黑根和死苗等；侵染性烂秧有绵腐病、立枯病等。

1. 症状

（1）绵腐病　发生在水育秧田。稻芽或幼苗受侵染后，最初在种壳裂口处或幼芽的胚轴部出现乳白色胶状物，后逐渐向四周长出白色棉絮状菌丝，常因氧化铁沉淀或藻类、泥土黏附而呈铁锈色、泥土色或绿褐色，最后幼芽枯死。

（2）立枯病　多发生在湿润育秧田、旱育秧和保护地育秧的地块，一般成片发生。发病早的，植株枯萎，潮湿时茎基部软腐，易拔断；发病晚的病株逐渐萎蔫、枯黄，仅心叶残留少许青色而卷曲，初期茎不腐烂，根毛无或稀少，可连根拔起，以后茎基部变褐甚至软腐，易拔断，或秧苗突然成片青枯。病苗基部长有白色、粉红色或黑色霉状物。

2. 病原

（1）绵腐病　病原为层出绵霉 [*Achlya prolifera* (Nees) deBary]、稻绵霉 [*A. oryzae* Ito et Nagal]、鞭绵霉 [*A. flagellata* Coder] 等，均属鞭毛菌亚门、绵霉属。菌丝发达呈管状，有分枝，无隔。无性繁殖产生游动孢子囊，孢子囊圆筒形或棒状，萌发形成游动孢子。有性生殖产生卵孢子。

（2）立枯病　病原为镰孢菌（*Fusarium* spp.）、腐霉菌（*Pythium* spp.）和丝核菌（*Rhizoctonia solani* kühn）等。其中腐霉菌致病力最强，其次是镰孢菌，丝核菌最弱。

镰孢菌属半知菌亚门、镰刀菌属。大型分生孢子镰刀状，弯曲或稍直，无色，多分隔；小型分生孢子椭圆形或卵圆形，无色，双胞或单胞。厚壁孢子椭圆形，无色，单胞。

腐霉菌属鞭毛菌亚门、腐霉属。菌丝发达，无分隔，呈白色絮状，孢子囊球形或姜瓣状。孢子囊萌发产生肾形、双鞭毛的游动孢子。

丝核菌属半知菌亚门、丝核菌属。只产生菌丝和菌核。成熟菌丝褐色，分枝与母枝成直角分枝，分枝有缢缩。离分枝不远处有一分隔。菌核褐色、形状不规则。

3. 发病规律

引起烂秧的病菌均属弱寄生真菌，主要在土壤中营腐生生活。绵霉菌、腐霉菌还普遍存在于污水中。

（1）腐霉菌　以菌丝、卵孢子在土壤中越冬，翌年萌发产生游动孢子，由伤口侵染种子或幼苗，游动孢子靠水传播进行再侵染。低温削弱了生活力的秧苗易发病。

（2）镰刀菌　以菌丝、厚壁孢子在多种寄主病残体上及土壤中越冬，条件适宜时产生分生孢子借气流传播进行初侵染，病苗上产生的分生孢子进行再侵染。

（3）丝核菌　以菌丝、菌核在病残体上和土壤中越冬，以菌丝蔓延传播和菌核随流水传播。

低温缺氧是引起烂秧流行的主要原因。土壤中盐碱含量高、暴风雨侵袭、秧田长期灌深水、秧田整地不平、管理粗放、谷种质量差以及施用未腐熟的有机肥等利于发病。

4. 防治方法

（1）加强栽培管理　精选种子，适量、适期播种，避免用有伤口的种子播种。浸种催芽要做到"高温（36～38℃）露白，适温（28～32℃）催根，淋水长芽，低温炼苗"。施用充分腐熟的有机肥,齐苗后施"破口"扎根肥,第二叶展开后早施"断奶肥"。寒潮到来前灌"拦腰水"护苗。掌握"前控后促"和"低氮高磷钾"的原则。

(2) 药剂防治 绵腐病、立枯病并发的秧田,可用种子重量0.3%的种衣剂1号浸种48h,冲洗后催芽播种;或用40%灭枯散可溶性粉剂$2.5g/m^2$,于秧苗1叶1心期泼浇。

防治绵腐病,可用25%甲霜灵或70%敌克松可湿性粉剂1000倍液喷雾,或在进水口处用纱布袋装入硫酸铜$0.16g/m^2$,随水流入秧田。若绵腐病发生严重,则秧田应换水冲洗2~3次后再施药。

防治立枯病,播种前用30%恶霉灵水剂$3\sim6mL/m^2$,对水3kg,喷洒苗床,然后播种。

六、水稻病毒病

水稻病毒病是水稻的重要病害,全世界已知十多种,中国已知7种,现主要介绍水稻矮缩病、水稻条纹叶枯病。

1. 水稻矮缩病

(1) 症状 水稻矮缩病又称水稻普通矮缩病。病株矮缩,分蘖增多,叶片变短、僵硬,呈浓绿色,新叶的叶片和叶鞘上可出现与叶脉平行的黄白色虚线状条点。孕穗以后发病的仅在剑叶或其叶鞘上出现黄白色条点。苗期至分蘖期发病的植株分蘖少,一般不能抽穗,发病迟的虽可抽穗,但抽出的穗往往成包颈穗或半包颈穗,结实率低,穗小,瘪谷多。

(2) 病原 病原为水稻矮缩病毒(rice dwarf virus),简称RDV,属植物呼肠孤病毒组病毒。病毒粒体为球状正二十面体,具双层衣壳,基因组为双链核糖核酸(dsRNA),由12个片段组成。病叶榨出液中病毒的稀释限点为$10^{-4}\sim10^{-3}$,带毒虫卵中的病毒稀释限点为$10^{-5}\sim10^{-4}$。钝化温度为40~50℃ 10min。在0~4℃下,体外存活期为48~72h。病叶条点部分的细胞内可见到近球形的X-体。

水稻矮缩病毒主要由黑尾叶蝉传播,二点黑尾叶蝉、二条黑尾叶蝉和电光叶蝉也可传播。介体昆虫一旦获毒能终生传毒,并可经卵传至下一代。病毒在黑尾叶蝉体内循回期为4~58天,多数为12~35天。在48h内,接种饲育时间越长,介体传毒率越高。水稻矮缩病毒的寄主范围广,迄今已知有水稻、看麦娘、燕麦、稗、裸麦、大麦、野生稻、雀稗和小麦等30余种。

(3) 发病规律 水稻矮缩病的初侵染源主要是获毒越冬的3龄和4龄黑尾叶蝉若虫。带毒黑尾叶蝉迁飞到早稻秧田和早栽的本田传病,其后代可因卵带毒而传病,无毒黑尾叶蝉可通过吸食病株汁液而获毒传病。黑尾叶蝉在晚稻田大量发生并传病,使病害不断扩展、蔓延,待晚稻收割时,又以获毒若虫越冬。

水稻矮缩病的发生、流行与黑尾叶蝉发生量及带毒率密切相关。冬季温暖干燥,且翌年春季至早秋温、湿度适宜,特别是夏季干旱,有利于黑尾叶蝉的生长繁殖和传毒危害,晚稻发病重。早、中、晚稻混栽,不同成熟期品种插花种植,为黑尾叶蝉提供了桥梁寄主,有利于病害的扩展、蔓延流行。不同水稻品种抗(耐)病性有差异,矮秆品种比高秆品种感病,杂优稻较常规稻感病。同一品种不同生育期抗病性也不同,分蘖前最为感病,拔节后较抗(耐)病。此外,晚稻早播、早栽发病重,稀播、单本比密播、多本发病重。

(4) 防治方法

① 选用抗病品种 抗病品种有汕优63、版纳2号和南洋密种等。此外,各地均有不少相对发病轻的品种,要注意因地制宜地选用。

② 加强栽培管理 早稻、晚稻应尽可能按品种、熟期连片种植,减少插花田。秧田要远离虫源田、重病田。合理调节移栽期,使水稻易感生育期避开传毒昆虫的迁飞高峰期。晚

稻应尽量栽植抗病品种。加强肥水管理，促进稻苗初期早发、中期健壮，增强抗病力。稻草要及时运出田外，并铲除田边杂草，减少黑尾叶蝉的栖息藏匿场所。

③ 治虫防病　重点抓好黑尾叶蝉两个迁飞高峰期的防治。越冬代成虫迁飞盛期，着重搞好早稻秧田和早插本田的防治。在第二、三代成虫迁飞盛期要着重抓好双季晚稻秧田和本田初期的防治。对双季晚稻秧田要施药保护，对早栽双季晚稻本田应在栽秧后立即喷药治虫，每5~7天1次，连喷2~3次。防治黑尾叶蝉常用的药剂有叶蝉散、吡虫啉、噻嗪酮等。

2. 水稻条纹叶枯病

水稻条纹叶枯病分布于日本、朝鲜和中国。近几年来在我国北方很多稻区大面积发生，危害严重，并有逐渐加重的趋势。

(1) 症状　苗期发病，心叶基部出现黄白斑，后扩展成与叶脉平行的黄色条纹，条纹间仍保持绿色。病苗心叶细弱卷曲，呈捻纸状。分蘖期发病，在心叶下一叶基部出现褪绿黄斑，后扩展成不规则黄白色条斑。拔节后发病，仅在上部叶片或心叶基部出现褪绿黄白斑，后扩展成不规则条斑。发病早的多不能抽穗，发病晚的抽穗不良或畸形不实。

(2) 病原　病原为水稻条纹叶枯病毒（*rice stripe virus*），简称RSV，属水稻条纹病毒组。该病毒只能通过介体昆虫传播，传毒昆虫主要是灰飞虱，病毒可经卵传递。该病毒的寄主范围仅限于禾本科作物及杂草。

(3) 发病规律　水稻条纹叶枯病毒主要随带毒灰飞虱在小麦、杂草上越冬。翌春，带毒越冬的灰飞虱在麦田或杂草上繁殖危害，小麦生长后期转移到水稻秧田或早栽一季稻本田，在水稻上繁殖危害数代后，于9月下旬转移至麦田及周边杂草上越冬。水稻条纹叶枯病随灰飞虱的迁移而在水稻、小麦、杂草和灰飞虱不同代次间相互传递。水稻秧苗期最易感病，幼穗分化期过后不易感病。在我国北方稻区，6月中旬可见病株，7月底进入发病盛期，麦茬稻于8月中旬进入发病盛期。

水稻条纹叶枯病发生轻重与作物种类、水稻生育期、气候条件、品种等因素有关。稻麦两茬区比一季稻区发病重；稻麦插花种植区比水稻连片种植区发病重；水稻敏感期与灰飞虱迁飞高峰期相吻合者发病重；春季气温偏高，利于灰飞虱的生长繁殖，病害发生重。不同水稻品种间的抗性差异较大。

(4) 防治方法

① 选用抗病品种　三优18、镇稻88、新稻10号、鲁香粳9407等均有较强的抗病性。适时播种，使水稻易感期错过灰飞虱迁飞高峰期。

② 加强栽培管理　翻耕灭茬，铲除杂草。小麦或油菜收获后，及早翻耕灭茬；育秧前，彻底清除田边、沟边杂草，以减少传毒虫源。调整作物布局，成熟期相同的品种尽可能连片种植，防止灰飞虱在不同生育类型的品种间迁移传病。水稻秧田要远离麦田，避免稻麦共生，防止灰飞虱直接从麦田转移到秧田为害。秧苗期防止徒长，培育壮秧；大田期做到促控结合，避免偏施氮肥，增施磷、钾肥，提高抗病力。

③ 治虫防病　药剂浸种是控制条纹叶枯病的重要措施。可用10%吡虫啉可湿性粉剂500~1000倍液，或5%锐劲特悬浮剂800~1000倍液浸种48h，催芽播种。秧田和本田可用吡虫啉、噻嗪酮、氯噻啉、噻虫嗪等药剂喷雾防治灰飞虱。

七、水稻细菌性基腐病

1. 症状

主要为害水稻根节部和茎基部。一般在分蘖期开始发病，先心叶青卷、枯黄，似暝害枯心苗，随后茎基部变黑腐烂，全株叶片自上而下褪绿枯黄，直至整株枯死。病株易齐泥拔断，洗净后用手挤压，可见乳白色混浊细菌液溢出，有恶臭味。圆秆拔节期，病株叶片自上而下依次发黄，表现出"剥皮死"。穗期至抽穗期后，病株则自下而上依次枯黄，严重的抽不出穗，形成"枯孕穗"、半包穗或枯穗。"剥皮死"及"枯孕穗"或"白穗"的病株基部均发黑腐烂有恶臭，挤压有乳白色菌溢。此外，病株基部茎节上有倒生根长出。

2. 病原

病原为菊欧文菌玉米致病变种 [*Erwinia chrysanthemi* pv. *zeae* (Sabet) Victria, Arboleda et Munoz]，属欧氏杆菌属细菌。细菌单生，短杆状，两端钝圆，周生鞭毛4～8根，无芽孢和荚膜，革兰染色阴性。该病菌可侵染水稻、玉米、鸢尾等。

3. 发病规律

病菌可在病稻草、病稻桩上越冬，种子不带菌。翌年越冬后的病菌从叶片上水孔、伤口及叶鞘和根系伤口侵入，主要从茎基部的伤口或根部的伤口侵入，侵入后在根基的气孔中系统感染，在整个生育期重复侵染。

细菌性基腐病一般在水稻分蘖至抽穗期以及灌浆期发生，以分蘖至齐穗期发病最重。早稻在抽穗期进入发病高峰；晚稻在孕穗期进入发病高峰。轮作、直播或小苗移栽稻发病轻。高温高湿利于发病。地势低、黏重土壤、排水不良的田块发病重；缺少有机肥和钾肥、偏施或迟施氮肥发病也重；分蘖末期不脱水或烤田过度易发病。晚稻发病重于早稻。品种间抗病性存在明显差异。

4. 防治方法

(1) 选用抗病品种 可因地制宜地选用抗病品种，如四梅2号、中粳574、矮粳23、浙福802、农林百选、盐粳2号、武香粳、汕优6号、双糯4号、南粳34等。

(2) 加强栽培管理 培育壮秧，移栽前重施"起身肥"，使秧苗好拔好洗，避免秧苗根部和茎基受伤。避免深插秧，以利秧苗返青快、分蘖早，增强抗病力。推广工厂化育苗，采用湿润育秧。适当增施磷、钾肥确保壮苗。要小苗直栽浅栽，避免伤口。水田管理应做到分蘖期浅水勤灌，经常露田，分蘖末期适度晒田，后期保持干干湿湿，严防长期深灌或脱水干旱。提倡水旱轮作，增施有机肥，采用配方施肥技术。

(3) 药剂防治 种子处理，水稻播种前用25％使百克乳油2000倍液浸种1～2天后取出用清水催芽。发病前施药预防，应在水稻移栽前7～10天、分蘖期、抽穗前期各喷药1次。每亩（1亩＝666.67m²）可用20％噻菌铜或噻森铜悬浮剂120mL，或50％氯溴异氰尿酸可溶性粉剂40g，或72％农用链霉素可溶性粉剂15g，对水60kg喷雾，喷药时田间最好无水。

八、水稻其他病害

1. 水稻恶苗病

病秧苗纤细，叶片淡黄色、狭长，节间显著伸长，根毛很少，基部数节上有倒生须根。叶鞘、茎秆上有白色或淡红色霉状物。病原无性态为 *Fusarium moniliforme*，属半知菌亚门、镰孢属；有性态为 *Gibberlla fujikuroi*，属子囊菌亚门、赤霉属。病菌随带菌种子及病稻草越冬，在田间随风雨传播，从伤口侵入引起发病，有多次再侵染。种子破损，秧苗受伤，病害发生重。

建立无病留种田，精选种子；及时拔除病苗，及早处理病残体；不在高温下和中午插秧，不插老龄秧。用浸种灵或咪鲜胺浸种。

2. 稻曲病

危害稻粒。最初在发病稻粒内形成淡黄色小菌核，逐渐膨大成墨绿色粉球，包裹全部颖壳，病谷比健谷大 3～4 倍（见彩图 4）。病原无性态为 *Ustilaginoidea virens* (Cooke) Takahashi，属半知菌亚门、绿核菌属；有性态为 *Claviceps oryzae-sativae*，属子囊菌亚门、麦角菌属。病菌在谷粒表面或土表越冬。在田间借气流传播，病菌于水稻开花时侵染花器而致病。若花期适逢高温多雨，则利于发病。

加强栽培管理及种子处理（同稻瘟病）。必要时在水稻孕穗后期和破口期，用井冈霉素、三唑酮、戊唑醇、氟环唑等药剂喷雾防治。

3. 水稻叶鞘腐败病

秧苗期至抽穗期均可发病。孕穗至抽穗期染病，叶鞘上生褐色至暗褐色不规则病斑，向整个叶鞘扩展，致叶鞘和幼穗腐烂。湿度大时病斑内外有白色至粉红色霉状物。病原为 *Sarocladium oryzae* (Sawada) W. Gams. et Webster，属半知菌亚门、稻帚枝霉属。种子带菌，发芽后病菌从生长点侵入，随稻苗生长而扩展。也可从伤口、气孔、水孔等处侵入。生产上氮磷钾比例失调，尤其是氮肥过量、过迟施用或缺磷及田间缺肥时发病重。早稻及易倒伏品种发病也重。

防治上选用抗病品种。配方施肥，加强栽培管理。药剂处理种子参见稻瘟病。

4. 水稻细菌性褐斑病

水稻细菌性褐斑病又称细菌性鞘腐病，为害叶片、叶鞘、茎、节、穗、枝梗和谷粒。叶片染病形成纺锤形或不规则赤褐色条斑，病斑中心灰褐色，边缘有黄晕。叶鞘受害，病斑赤褐色，短条状，后融合成水渍状不规则大斑，后期中央灰褐色，剥开叶鞘，茎上有黑褐色条斑。穗轴、颖壳受害，产生近圆形褐色小斑，严重时整个颖壳变褐，并深入米粒。镜检病部可见切口处有大量菌脓溢出。病原为 *Pseudomonas oryzicola*，属假单胞菌属的细菌。病菌在种子和病组织中越冬。从伤口侵入寄主，也可从水孔、气孔侵入。随水流传播。

加强检疫，防止病种子的调入和调出。处理带菌稻草，配方施肥，清除田边杂草。药剂防治参见水稻白叶枯病。

5. 水稻粒黑粉病

水稻粒黑粉病又称黑穗病、稻墨黑穗病、乌米谷等。主要发生在水稻扬花至乳熟期，染病稻粒呈污绿色或污黄色，其内有黑粉状物，成熟时腹部裂开，露出黑粉。病原为 *Tilletia barclayana*，属担子菌亚门、腥黑粉菌属。病菌以厚垣孢子在种子内和土壤中越冬，通过家禽、畜等的消化道病菌仍可萌发，借气流传播到抽穗扬花的稻穗，侵入花器或幼嫩的种子，在谷粒内繁殖产生病菌。雨水多或湿度大，施用氮肥过多会加重该病发生。品种间发病率高低差异较大。

严防带菌稻种传入无病区。选用闭颖的品种，可减轻发病。种子消毒处理参照稻瘟病防治。实行 2 年以上轮作；加强栽培管理，避免偏施、过施氮肥。可选用三唑酮、戊唑醇、丙环唑等药剂对水喷雾。

6. 水稻叶黑粉病

只为害叶片，病斑沿叶脉呈断续线条状，后变黑色，稍隆起，里面充满暗褐色的冬孢子堆，隆起病斑周围变黄。病原为 *Entyloma oryzae*，属担子菌亚门、叶黑粉菌属。病菌以厚垣孢子在病稻草上越冬，翌年夏季萌发长出担孢子及次生小孢子，借气流传播为害。一般在缺肥、生长不良情况下发病重。

合理施肥，避免水稻因缺肥而造成早衰，并注意增施磷、钾肥，以减轻发病。喷施药剂参照稻粒黑粉病。

7. 水稻干尖线虫病

水稻干尖线虫病又称白尖病、线虫枯死病。苗期4~5片真叶时出现叶尖灰白色干枯、扭曲干尖，孕穗后干尖更严重。湿度大有雾露时，干尖叶片展平呈半透明水渍状。大多植株矮小，病穗较小。病原为 *Aphelenchoides besseyi* Christie，属线形动物门、滑刃线虫属。以成虫、幼虫在谷粒颖壳中越冬，干燥条件下可存活3年，遇幼芽从芽鞘缝钻入，附于生长点、叶芽及新生嫩叶尖端的细胞外。线虫在稻株体内生长发育并交配繁殖，随稻株生长，侵入穗原基。秧田期和本田初期靠灌溉水传播，土壤不能传病，随稻种调运进行远距离传播。

选用无病种子，加强检疫。进行温汤浸种，先将稻种预浸于冷水中24h，然后放在45~47℃温水中5min，再放入52~54℃温水中浸10min，取出冷却后催芽。药剂浸种可用40%醋酸乙酯乳油500倍液，浸50kg种子，浸泡24h，或用15g线菌清加水8kg，浸6kg种子，浸种60h，然后用清水冲洗再催芽。

第二节 麦类病害的诊断与防治

一、小麦锈病

小麦锈病分为条锈、叶锈、秆锈三种，是世界各小麦产区普遍发生的一种气传病害。受害植株光合作用减弱，呼吸作用增强，蒸腾作用明显加剧，致使全株的水分、养分被大量消耗，导致穗小、粒秕、产量降低。

1. 症状

小麦三种锈病的共同特点是：分别在被害叶或秆上出现鲜黄色、红褐色或褐色的铁锈状夏孢子堆，表皮破裂后散出粉状物。后期在病部长出黑色病斑即冬孢子堆。三种锈病的夏孢子堆和冬孢子堆的大小、颜色、着生部位及排列情况各不相同。群众用"条锈成行、叶锈乱、秆锈是个大红斑"来区分（见彩图5、彩图6和表7-1）。

表7-1 小麦三种锈病症状比较

区别要点		病害种类	条锈病	叶锈病	秆锈病
	危害部位		以叶片为主，也危害叶鞘、茎秆和穗	主要危害叶片	以茎秆和叶鞘为主，也危害叶片和穗
夏孢子堆	形态		狭长或椭圆形	圆形或椭圆形	狭长或长椭圆形
	相对大小		最小	较小	最大
	颜色		鲜黄色	橘红色	红褐色
	排列情况		排列整齐，与叶脉平行，呈虚线状	不规则散生	不规则散生
	表皮开裂情况		开裂不明显	孢子堆周围开裂一圈	大片开裂并外翻
冬孢子堆	形态及颜色		短线形，黑色	椭圆形，黑色	长条形，黑色
	相对大小		小	小	较大
	表皮开裂情况		不开裂	不开裂	开裂，呈粉疱状

2. 病原

病原为小麦条锈病菌（*Puccinia striiformis* West. f. sp. *tritici* Eriks.）、小麦叶锈病菌（*Puccinia recondite* Rob. Ex Desm. f. sp. *tritici* Erikss. Et Henn.）、小麦秆锈病菌（*Puccinia graminis* Pers. f. sp. *tritici* Erikss. Et Henn.），均属半知菌亚门、柄锈菌属（表7-2、图7-5）。

表 7-2 小麦三种锈病病原物比较

	病害种类 区别要点	条锈病	叶锈病	秆锈病
夏孢子	形态	球形或卵圆形	球形或卵圆形	长椭圆形，个体较大
	夏孢子堆颜色	鲜黄色	橙黄色	红褐色
冬孢子	形态	棍棒状，顶端扁平或斜切	棍棒状，顶端平直或倾斜	椭圆形或长棒形，顶端圆形或略尖
	柄的长短	柄短	柄很短	柄长
	冬孢子堆颜色	褐色	暗褐色	黑褐色

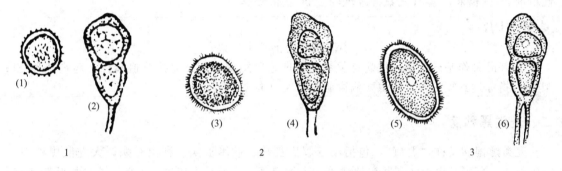

图 7-5 小麦三种锈病菌
1—小麦条锈菌：(1) 夏孢子；(2) 冬孢子。2—小麦叶锈菌：(3) 夏孢子；(4) 冬孢子。
3—小麦秆锈菌：(5) 夏孢子；(6) 冬孢子

3. 发病规律

三种锈菌均靠气流传播，以夏孢子随季候风往复传播侵染。

（1）小麦条锈病 条锈菌不耐高温，一般旬平均温度超过23℃时不能存活，因此，在冬麦区不能越夏。冬小麦收获时，大量夏孢子随季风分别传到甘肃、青海、宁夏、四川西北、云南、新疆、华北的晋北高原、内蒙古乌兰察布和河北坝上等地区，引起晚熟春麦及自生麦苗发病而越夏；至9~10月，上述越夏区的春麦收获，夏孢子又随风吹到各冬麦区，造成秋苗感病，并以菌丝或夏孢子堆在秋苗上越冬。翌年4~5月，越冬的条锈菌若遇适宜条件，则不断产生夏孢子进行多次再侵染，造成病害流行。

（2）小麦秆锈病 秆锈菌耐高温，不耐低温，在北方冬麦区不能越冬。在当地自生麦苗上越夏，主要在闽、粤东南沿海地区以及云南南部越冬，翌年春季，夏孢子随季风传播至北方各麦区，造成秆锈病流行。

（3）小麦叶锈病 叶锈菌既耐热也耐寒，因此冬麦区可在自生麦苗上越夏，并能侵染秋苗，在病叶上越冬，第二年小麦孕穗至抽穗期造成病害流行。春麦区叶锈病的菌源则来自于冬麦区。

小麦锈病发生的早晚和轻重主要取决于寄主、病原和环境3个条件的综合作用。有感病品种和菌源存在的情况下，环境条件则是决定病害流行程度的主要因素。一般条锈菌的侵入和发育适温为9~16℃，叶锈菌为15~22℃，秆锈菌为18~25℃。因此，田间条锈病发生最早，叶锈病稍迟，秆锈病最晚。小麦锈菌的夏孢子必须在叶面有水膜的情况下才能萌发侵入。小麦拔节孕穗期以后雨水充沛，湿度偏高，均有利锈病发生。播种过早有利于秋苗感染叶锈病和条锈病。地势低洼、土壤黏重、排水不良的地块，湿度较大；或使用氮肥过多、追肥过晚，小麦生长柔弱，成熟推迟，植株感病性增强，容易造成病害发生。

4. 防治方法

（1）选用抗病品种　各地结合当地锈菌优势小种存在情况，选用小麦抗病良种。

（2）加强栽培管理　冬小麦越冬前、返青时或春小麦拔节后，注意检查，发现病叶、病窝要彻底铲除；避免偏施或迟施氮肥，小麦分蘖拔节期追施磷、钾肥；多雨高湿地区要开沟排水，春季干旱地区对发病地块及时灌水；麦收后及时翻耕，铲除自生苗。

（3）药剂防治　药剂拌种，用种子重量0.2%的20%三唑酮或12.5%烯唑醇乳油拌种。小麦拔节后搞好田间调查，条锈病病叶率达2%～3%时、叶锈病病叶率达5%～10%时、秆锈病病秆率超过5%时开始喷药，可用20%三唑酮乳油、12.5%烯唑醇或25%戊唑醇可湿性粉剂3000倍液，或40%氟硅唑乳油8000倍液喷雾。

> **资料卡片**
>
> 小麦锈病防治技术口诀
>
> 选好品种作基础，提高抗病是关键。合理施肥忌偏氮，小麦拔节追磷钾。药剂拌种三唑酮，指标达到喷一遍。防虫防病微肥添，关键时期一喷三。

二、麦类黑穗病

麦类黑穗病又称"黑疸"，包括小麦腥黑穗病、散黑穗病、秆黑粉病，大麦散黑穗病、坚黑穗病，燕麦散黑穗病和坚黑穗病等。麦类黑穗病主要是直接破坏麦穗，或破坏叶鞘和茎秆，致使植株不能抽穗，从而对麦类作物产量影响很大。小麦腥黑穗病菌含有有毒物质，食用后可引起人、畜中毒。

1. 症状

黑穗病症状的共同特点是破坏植物花器或感病组织，并形成大量的黑粉状物。

（1）小麦腥黑穗病　一般分为光腥黑穗病、网腥黑穗病和矮腥黑穗病3种。前两种统称为普通腥黑穗病，其病穗形状基本正常，颖片稍张开，收获时仍保持绿色。种子内充满黑粉称为菌瘿，外包灰褐色膜，压碎后散出黑粉，有鱼腥味。矮腥黑穗病作为植物检疫对象与普通腥黑穗病的主要区别是：矮腥黑穗病株极端矮化，其高度仅相当于健株的1/3～1/2；病株分蘖增多，每株可达30～40个；病穗较长，每小穗常产生5～7个菌瘿，且较坚硬（见彩图7）。

（2）小麦散黑穗病和大麦散黑穗病　全穗或部分小穗遭到破坏形成黑粉菌瘿，外包被膜极易破裂，黑粉飞散后仅留穗轴。

（3）小麦秆黑粉病　小麦秆黑粉病主要为害小麦茎、叶和穗等。小麦拔节后开始表现症状，病部初呈淡灰色与叶脉平行的条纹，后逐渐隆起，转为深灰色，最后表皮破裂，散出黑粉。病株多矮化、畸形或卷曲，多数病株不能抽穗而卷曲在叶鞘内，或抽出畸形穗。

2. 病原

麦类黑穗病菌均属担子菌亚门、黑粉菌目。病部产生的大量黑粉，即为病菌的冬孢子。但各种麦类黑穗病菌的冬孢子形态（图7-6），则因病害种类不同而异。

小麦腥黑穗病菌包括光腥黑穗病菌［*Tilletia foetia* (Wajjr) Liro］、网腥黑穗病菌［*Tilletia caries* (DC) Tul］和矮腥黑穗病菌［*Tilletia contron versa* Kuhn］，均属腥黑粉菌属。它们的共同特征是，冬孢子萌发形成无隔担子，顶生线形担孢子；担孢子在侵染小麦之前常结合成"H"形，然后产生双核侵入丝，并以双核菌丝造成危害。

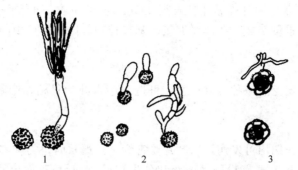

图 7-6　小麦黑穗病病菌
1—小麦普通腥黑穗病冬孢子及其萌发；
2—小麦散黑穗病冬孢子及其萌发；3—小麦秆黑粉病冬孢子及其萌发

小麦散黑穗病菌［*Ustilago nuda*（Jons）Rostr］属黑粉菌属。冬孢子近球形，单胞，褐色，表面有微刺。

小麦秆黑粉病菌［*Urocystis tritici* Korn.］属条黑粉菌属。冬孢子常组成孢子团，中央有 1～4 个深褐色的冬孢子，外有若干不孕细胞围绕。孢子多角形或球形，表面光滑；外围不孕细胞透明，较小。

3. 发病规律

麦类各种黑穗病每年仅侵染一次而无再侵染，属系统性侵染病害。

小麦腥黑穗病菌以冬孢子附在种子表面或混入粪肥、土壤中越冬或越夏。当种子发芽时，冬孢子也萌发，从寄主芽鞘侵入并到达生长点，以后菌丝体随寄主生长而发育，到抽穗时才表现症状。

小麦散黑穗病菌以菌丝潜伏在种子胚内，种子带菌是传播的唯一途径。带菌种子萌发时，潜伏的菌丝也开始萌发，随小麦生长而生长，经生长点向上发展，侵入穗原基。孕穗时，使麦穗变为黑粉表现症状。小麦开花时，冬孢子随气流传播至健穗花器的柱头上，萌发侵入，形成带菌的种子。

小麦秆黑粉病菌以冬孢子散落在土壤中或以冬孢子黏附在种子表面及肥料中越冬或越夏，成为该病初侵染源。冬孢子萌发后从芽鞘侵入而至生长点，病菌以后随寄主的发育而进入叶片、叶鞘和茎秆，引起全株性感染。病部产生的大量冬孢子成为下一季节的侵染源。

小麦黑穗病发生轻重与上年小麦扬花期天气情况密切相关。小麦扬花期遇小雨或大雾天气，利于病菌萌发侵入，则种子带菌率高，来年发病重；反之，扬花期干旱，种子带菌率低。另外，一般颖片张开大的品种较感病。干燥地块较潮湿地块发病重，品种间抗性差异明显。

4. 防治方法

（1）加强植物检疫　小麦矮腥黑穗病和印度腥黑穗病是检疫对象，各地引种、调种时应进行严格检疫，以防病害扩大蔓延。同时防止病害随种子和商品粮传入我国。

（2）选用抗病品种　小麦品种间对腥黑穗病、秆黑粉病的抗病性具有明显差异，各地应注意抗病品种的选择和使用。建立无病留种田，培育和使用无病种子，这是消灭小麦散黑穗病的有效方法。留种田要播无病种子，并与生产田间隔 200m 以上。田间管理时应注意施用无菌肥，及时拔除田间病株。

（3）加强栽培管理　适期播种，播种不宜过深，播种时用硫铵等速效肥作种肥；及时拔除病株；实行 1～2 年轮作或水旱轮作。

(4) 药剂拌种　防治小麦腥黑穗病和散黑穗病，播种前每100kg用2%戊唑醇干拌剂或湿拌剂150g或用3%苯醚甲环唑悬浮种衣剂300mL拌种包衣。小麦秆黑粉病在发病轻的地区或田块，可用种子重量0.2%的70%五氯硝基苯拌种，防止土壤中的病菌与种子接触。

三、小麦白粉病

小麦白粉病是小麦上的一种常见病害，可造成小麦叶片早枯，影响灌浆，千粒重下降，对产量影响极大。

1. 症状

小麦从苗期至成株期均可发病，以叶片受害为主。严重时也为害茎秆、叶鞘和穗部。病部形成圆形或椭圆形灰白色霉粉斑（菌丝和分生孢子），叶片正面比背面多。发病严重时，霉粉斑相互愈合，形成不规则大斑，甚至覆盖全叶、叶鞘、茎秆，后期霉层增厚可达2mm，霉层中间产生黑色小颗粒（闭囊壳）（见彩图8）。

2. 病原

小麦白粉病菌无性态 [*Oidium monilioides* (Nees) Link] 属半知菌亚门、粉孢属；有性态 [*Erysiphe graminis* (DC.) Speer *f. sp. tritici* Marchal] 属子囊菌亚门、白粉菌属。病菌以吸器伸入寄主表皮细胞吸取营养。分生孢子梗短而不分枝，其上串生分生孢子。分生孢子无色，单胞，椭圆形。闭囊壳黑褐色，球形，无孔口，其周周生有菌丝状的附属丝，内含9～30个子囊，每个子囊内有4～8个椭圆形、单胞、无色的子囊孢子（图7-7）。该病菌除为害小麦外，也可侵染大麦及其他禾本科杂草。

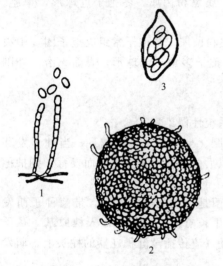

图7-7　小麦白粉病病菌
1—分生孢子梗及分生孢子；2—闭囊壳；
3—子囊及子囊孢子

3. 发病规律

小麦白粉病的侵染循环在国内因地区不同有三种可能。首先，于小麦收获后白粉病菌的闭囊壳随病残体越夏，秋季形成并放射子囊孢子侵染秋苗，引起发病，然后以菌丝体随麦苗越冬，至第二年春季继续发展，经多次再侵染造成病害流行。第二，闭囊壳于当年夏季成熟而放射子囊孢子，侵染田间的自生麦苗越夏，小麦秋播后，自生麦苗上的分生孢子可侵染秋苗引起发病，菌丝体在病麦苗上越冬，于翌春引起严重危害。第三，闭囊壳随病残体越夏和越冬后，第二年春季放射子囊孢子，侵染麦苗引起发病，经多次再侵染造成病害大发生。白粉病菌的越夏方式有两种：一种是以分生孢子在夏季气温较低的地区的自生麦苗上或夏播小麦植株上越夏；一种是病残体的闭囊壳在低温干燥的条件下越夏。

小麦品种感病，且条件适宜时，病害可在短期内爆发流行。冬麦拔节至孕穗期病情上升，扬花到灌浆期达发病高峰，至成熟期病情下降。白粉病的流行程度主要取决于寄主抗病性和气候条件等因素。发病适温为15～20℃，对湿度适应范围广，相对湿度0～100%的范围内均能萌发和侵染，因此，在感病品种和菌源同时存在的地区，凡春季气温回升较快、湿度偏高时有利于病害流行。此外，水肥条件较好，氮肥施用过多，植株生长茂密，有贪青徒长趋势，光照不良；或水肥条件很差，植株生长衰弱，细胞缺水失去膨压，促使植株抗病力降低等，均有利于发病。小麦品种间抗病力有差异。

4. 防治方法

（1）选用抗病品种　各地因地制宜地种植抗病品种如豫麦 34、18，郑麦 004、9023，周麦 16、19，鲁麦 14、22 号，中麦 2 号，京农 8445，皖麦 25、26，扬麦 158，川麦 25，绵阳 26，京华 1 号、3 号，京核 3 号，京 411 等。

（2）减少菌源　麦收后及时深耕灭茬，清除田间病残体，铲除自生麦苗，减少初侵染源。

（3）加强栽培管理　适期适量播种，合理密植，适当灌溉和排水，注意氮、磷、钾肥料的科学搭配，促进行间通风透光，降低田间湿度，使麦株生长健壮，提高抗病能力。

（4）药剂防治　防治要抓好两个关键时期：①种子处理。用种子重量 0.1% 的 20% 三唑酮乳油或 2% 戊唑醇湿拌剂 1∶1000 拌种可有效抑制苗期白粉病的发生，同时可兼治条锈病和纹枯病。②田间喷药。于小麦孕穗至抽穗前进行，当病叶率达 5%～10% 时开始喷药。可用 20% 三唑酮乳油 1000 倍液，或 12.5% 烯唑醇可湿性粉剂 3000 倍液，或 40% 氟硅唑乳油 8000 倍液喷雾；或每亩用 25% 丙环唑乳油 35～45mL，或 6% 戊唑醇微乳剂 16～25g 对水 50kg 喷雾。

四、小麦赤霉病

小麦赤霉病又称红麦头、麦穗枯，是世界性病害，在我国各麦区都有发生，以长江中下游和东北春麦区发生最重。赤霉病不但影响小麦产量，而且病粒中含有有毒物质，人食用含病粒 5% 的面粉后会引起中毒。

1. 症状

从幼苗到抽穗均可发生，引起苗枯、穗腐、基腐或秆腐，其中以穗腐发生最重。

（1）苗枯　由种子或土壤中病残体带菌引起。病苗芽鞘变褐腐烂，随后根冠湿腐，致使病苗枯死。湿度大时，枯死苗茎基部常产生粉红色霉层。

（2）穗腐　小麦扬花后开始发生。初期个别小穗基部出现水渍状褐色小斑，扩大后小穗枯黄，传染邻近小穗，有时传遍全穗。高湿时，在颖壳合缝处或小穗基部出现粉红色霉层（分生孢子），后期于霉层上生蓝黑色颗粒状物（子囊壳）。穗轴或穗颈发病时，组织变褐坏死，病部以上干枯成白穗（见彩图 9、彩图 10）。

（3）基腐和秆腐　植株茎基部或穗下 1～2 节的叶鞘及茎秆组织变褐腐烂，严重时则导致全株枯死。

2. 病原

病原无性态为禾谷镰孢（*Fusarium graminearum* Schw.），属半知菌亚门、镰孢属；有性态为玉蜀黍赤霉 [*Gibberella zeae* (Schw.) Petch.]，属子囊菌亚门、赤霉属。分生孢子有大型分生孢子和小型分生孢子两种类型，大型分生孢子镰刀形，多数有 5 个隔膜，单胞，无色，聚集时为粉红色；小型分生孢子单胞，椭圆形，较少见。子囊壳卵圆形，蓝紫色至紫黑色，表面光滑，顶端有乳状突起的孔口；子囊无色，棍棒状，内生 8 个子囊孢子；子囊孢子纺锤形，多为 3 个隔膜（图 7-8）。不同地区或不同来源的玉蜀黍赤霉菌株对不同小麦品种的致病力有显著差异。玉蜀黍赤霉寄主范围很广，除小麦外，还有大麦、燕麦、水稻、玉米、高粱、棉花、甘蔗、油菜、芝麻、豆类、番茄、甜菜以及冰草、稗草、狗尾草等 60 多种作物及杂草。

3. 发病规律

在我国中、南部稻麦两作区，病菌除在麦株残体上越夏外，还在水稻、玉米、棉花等多种作物病残体上越冬。翌年在这些病残体上形成的子囊壳是主要侵染源。子囊孢子成熟正值小麦扬花期，可借气流、风雨传播至凋萎的花药上萌发，然后侵染小穗，造成穗腐，并产生

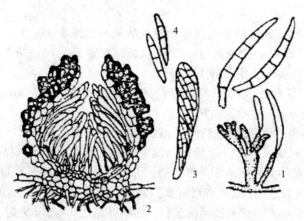

图 7-8 小麦赤霉病菌
1—分生孢子梗及分生孢子；2—子囊壳；3—子囊；4—子囊孢子
(引自：宗兆锋，2002)

大量分生孢子。穗腐形成的分生孢子对本田再侵染作用不大，但对邻近晚麦侵染作用较大。在我国北部、东北部麦区，病菌能在麦株残体、带病种子和其他植物如稗草、玉米、大豆红蓼等的残体上越冬。在北方冬麦区则以菌丝体在小麦、玉米穗轴上越夏、越冬，次年条件适宜时产生子囊壳放射出子囊孢子进行侵染。

不同的品种抗病性有明显差异，同一品种不同生育期感病性差异也很大。抽穗至扬花期是病菌侵染并引起发病的最适时期。菌源充足，气候条件适宜，与小麦扬花期相吻合，会造成赤霉病流行。在小麦齐穗至始花期，若遇3天以上连续阴雨，或降雨量超过50mm，应立即用药。凡地势低洼、土壤黏重、排水不良的麦田，或施用氮肥过多，造成麦株贪青徒长或发生倒伏时，以及麦粒储藏时含水量过高等均有利于发病。

4. 防治方法

(1) 选用抗（耐）病品种　如苏麦2号、3号，扬麦4号、5号、158号，辽春4号，西农88、881，皖麦27号，郑引1号、2133，宁8026、8017等。春小麦有定丰3号，宁春24号。各地可因地制宜地选用。

(2) 加强栽培管理　收获后深耕灭茬，减少菌源；适时播种，避开扬花期遇雨；提倡施用酵素菌沤制的堆肥，采用配方施肥技术，忌偏施氮肥；小麦扬花期少灌水，多雨地区要注意排水降湿。小麦扬花前要处理完麦秸、玉米秸等植株残体。

(3) 药剂防治　种子处理是防治芽腐和苗枯的有效措施。可用50%多菌灵可湿性粉剂，每100kg种子用药100～200g (a.i) 湿拌。防治穗腐施药的关键时期在小麦始花至盛花期，小麦抽穗扬花期若出现连续阴雨，要争取抢在雨前防治，雨日天数长时，可隔5～7天再喷一次。每亩可用6%戊唑醇微乳剂16～25g对水50kg喷雾，或50%多菌灵可湿性粉剂800倍液，或50%甲基硫菌灵可湿性粉剂1000倍液，或25%咪鲜胺乳油1000倍液等喷雾。

五、小麦病毒病

病毒病是小麦生产上的一类重要病害，近年来有加重的趋势。我国发现的小麦病毒病达10多种，发生普遍的有小麦梭条花叶病、小麦黄矮病、小麦丛矮病、小麦土传花叶病等。

1. 小麦梭条花叶病

小麦梭条花叶病又叫黄花叶病。分布在我国长江流域和黄河中下游地区，其中江苏、安徽、河南、陕西关中等省（区）发生较重，成为小麦生产上的限制因素。一般病田减产

10%~20%，重病田减产可达50%以上。

(1) 症状　小麦返青后，陆续生出的新叶最初出现断续不清的褪绿条纹，后发展成与叶脉平行、宽窄不一的条斑或梭条斑，叶片逐渐变黄、坏死，老叶不表现症状。一般病株叶片由下向上黄化，植株纤弱，根短、量少，有效分蘖明显减少。重病株心叶抽出时即严重褪绿、黄化或扭曲畸形。染病较晚的植株，在气温达15℃以上后，症状渐轻直至消失。

(2) 病原　病原为小麦梭条花叶病毒（wheat spindle streak mosaic virus, 简称 WSSMV），属马铃薯Y病毒组。病毒粒体线形，受侵染病叶细胞内可见风轮状内含体。钝化温度50℃经10min，稀释限点为 10^{-4}~10^{-3}。传播介体为禾谷多黏菌，不能由种子或昆虫传毒，汁液接种可传毒。小麦是唯一的寄主。病毒侵染的适宜温度为15℃左右，发病适温为8~15℃，最低5℃，15℃以上逐渐隐症。

(3) 发病规律　梭条花叶病毒主要靠病土、病根残体、病田流水传播，也可经汁液摩擦接种传播，不能经种子、昆虫媒介传播。传播媒介是习居于土壤的禾谷多黏菌。冬麦播种后，禾谷多黏菌产生游动孢子，侵染麦苗根部，病毒随之侵入根部进行增殖，并向上扩展。小麦越冬期病毒呈休眠状态，翌春表现症状。小麦收获后随禾谷多黏菌休眠孢子越夏。

种植感病品种，易造成该病的发生和流行。小麦出苗后气温较高，翌春温度在5~15℃之间持续时间长的年份发病重。冬前和早春雨水充沛，土壤湿度大，有利于多黏菌的活动，发病重。连作、早播、地势低洼、排水不畅、基肥充足、小麦返青较早的田块发病重。

(4) 防治方法

① 选用抗病品种　常年发病地区选用繁8165、宁丰、济南13、堰师9号、陕农7895、西育8号、宁麦9号、镇麦5号等优良抗病品种。

② 加强栽培管理　与非寄主作物油菜、大麦等进行多年轮作；冬麦适时迟播；增施基肥，返青期病田重施速效氮肥；开沟排水，降低水位，提高苗期抗病能力；及时清除病残体。

③ 药剂防治　对于小面积出现的土传黄花叶病，应对土壤进行处理，可用焦木酸稀释4~8倍处理土壤。另外，用氯化苦、溴甲烷处理也有显著效果。

2. 小麦黄矮病

黄矮病是小麦病毒病中分布最广、为害最重的病害之一。我国西北、华北、东北、西南及华东等地的冬、春麦区都有不同程度的发生。以北方冬、春麦区特别是黄河流域各省为害最重。受害小麦一般减产5%~10%，严重的在40%以上。

(1) 症状　幼苗发病，叶尖开始变黄，逐渐向下发展，冬季易死苗。根系分布浅、分蘖少、植株矮小。来春未死亡的病株，先从基部叶片显病，从下向上发展，叶片呈鲜黄色，植株严重矮化，旗叶变小，多不能抽穗。拔节期感病，则从中部叶片向旗叶发展，叶尖变黄，叶脉绿色，最后全叶干枯，植株矮化不明显，瘪穗增多，粒重降低。抽穗期感病，主要是旗叶发黄，植株不矮化，影响子粒的饱满度和千粒重。

(2) 病原　病原为大麦黄矮病毒（BYDV）。病毒粒子为正二十面体，病毒核酸为单链核糖核酸。病毒在汁液中的致死温度为65~70℃。病毒经由蚜虫传毒，能侵染小麦、大麦、燕麦、黑麦、玉米、雀麦、虎尾草、小画眉草、金色狗尾草等。

(3) 发病规律　黄矮病毒随病株或越冬蚜虫越冬，春季随蚜虫迁飞传播，病害扩展蔓延。小麦生长后期，蚜虫转移到禾本科作物及杂草上，秋季回迁到麦苗上，引起初侵染，形成发病中心，春季不断发生再侵染，病害因而流行。在我国麦类黄矮病流行中起主导作用的是麦二叉蚜，麦二叉蚜的传毒是一种持久性传毒，但不能终生传毒，也不能经卵传毒。

凡10月份气温高、冬春雨雪少、早春气温回升早而快、7月份气温低的年份，越冬虫数高，死亡率低，越夏蚜量多，入侵麦田的蚜量就多，病害会流行。早播、缺肥、缺水、旱地、盐碱地发病重。

（4）防治方法

① 加强栽培管理　轮作换茬，不与禾本科作物连作；选用抗病品种，间套作麦田及时除草；调整播种期，适当迟播；注意麦田排水，降低地下水位，病田增施氮肥；控制病田土壤扩散，并实行深耕土壤5~25cm。

② 治蚜防病　用药剂防治传毒蚜虫，来减轻病毒病的发生。播种前每亩用10％吡虫啉可湿性粉剂30~50g拌种。小麦生长期每亩用10％吡虫啉乳油15g、3％啶虫脒乳油20mL、25％吡蚜酮可湿性粉剂20g喷雾。

3. 小麦丛矮病

（1）症状　苗期感病，新生叶上有黄白色断续的虚线条，以后发展成不均匀的黄绿条纹，分蘖明显增多。冬前感病的植株大部分不能越冬而死亡，轻病株返青后分蘖继续增多，表现细弱，叶部黄绿相间的条纹明显，病株严重矮化，一般不能拔节抽穗或早期枯死。拔节后感病的植株仅上部叶片显条纹，能抽穗，但穗小，籽粒秕。此病的典型症状是上部叶片有黄绿相间的条纹，分蘖显著增多，植株矮缩，形成明显的丛矮状。

（2）病原　病原为北方禾谷花叶病毒（Northern cereal mosaic virus），简称NCMV，属弹状病毒组。病毒粒体杆状，由核衣壳及外膜组成。稀释限点为10~100倍，体外存活期2~3天。病毒可为害小麦、大麦、黑麦、粟、燕麦、高粱及狗尾草、画眉草、马唐等24属65种作物及杂草。

（3）发病规律　灰飞虱是主要的传毒介体，小麦丛矮病毒不经土壤、汁液及种子传播。冬麦区灰飞虱秋季从病毒的越夏寄主上大量迁入麦田为害，造成早播麦田秋苗发病高峰。越冬带毒若虫在麦田、杂草根际或土缝中越冬，是翌年毒源，春季为害麦苗；小麦成熟后，灰飞虱迁飞至自生麦苗、水稻、玉米、杂草上越夏。小麦、大麦等是病毒的主要越冬寄主。

凡对介体昆虫繁殖和保存病毒有利的种植制度、栽培管理措施及气象条件，对小麦丛矮病的发生也有利。间作套种的麦田、早播麦田、邻近灰飞虱栖息场所的麦田发病重。夏秋多雨、冬暖春寒的年份发病重。

（4）防治方法

① 加强栽培管理　合理安排种植制度，尽量避免棉麦间作套种；秋季作物收获后及时耕翻灭茬，秋播前及时清除麦田周边的杂草；适期播种，避免早播。

② 治虫防病　关键抓好苗前苗后治虫。

a. 药剂拌种：参照小麦黄矮病的防治。b. 喷雾治虫：播种后、出苗前喷药1次，重点是麦田四周5m的杂草及麦田内5m的麦苗和杂草。返青期，重点喷靠近路边、沟边、场边、村边的麦田，可用药剂为吡虫啉、噻嗪酮、氯噻啉、噻虫嗪等。

六、小麦纹枯病

小麦纹枯病俗称立枯病。该病分布范围广，几乎遍及世界各温带小麦种植区。一般病田病株率为10％~20％，重病田块可达60％~80％。

1. 症状

小麦各生育期均可受害，造成烂芽、死苗、花秆烂茎、枯白穗等症状。小麦发芽后，芽鞘受害变褐死亡。幼苗多在3~4叶时表现症状，近地表的叶鞘上产生淡黄色小斑点，后发展成黄褐色梭形或眼点状病斑，逐渐扩大，颜色变深，并向内发展至茎秆，基部茎节腐烂，幼苗猝倒而死。小麦生长中后期，叶鞘上的梭形病斑联合呈云纹状，中间淡黄褐色，周围有明显的棕褐色环圈。茎部病斑呈梭形,边缘褐色,中央灰白色至草黄色,病斑沿叶鞘向植株上部扩展,直至剑叶,形成青褐色至黄褐色花秆,叶鞘及叶片早枯。高湿时,病斑向内发展深入茎秆,导致烂茎,造成倒伏、枯孕穗或枯白穗。田间湿度大时,病株基部可见白色菌丝团,后期可见褐色小颗粒状菌核(见彩图 11)。

2. 病原

病原无性态为禾谷丝核菌(*Rhizoctonia cerealis* Vander Hoeven),属半知菌亚门、丝核菌属;有性态为禾谷角担菌[*Ceratobasidium graminearum* (Bourd.) Rogers],属担子菌亚门、角担菌属。菌丝多分枝,分枝处呈直角或锐角,分枝基部稍缢缩,分枝附近有一隔膜。菌核初为白色,后渐变成浅黄色至褐色,球形、扁圆形或不规则形,表面粗糙,萌发产生担子;担子倒卵圆形或棍棒形,上生 4 个担子梗,担子梗顶端产生担孢子;担孢子单细胞,椭圆形,基部稍尖,无色(图 7-10)。

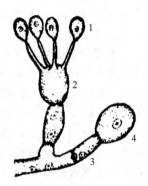

图 7-9 小麦纹枯病菌
1—担孢子;2—担子;
3—菌丝;4—原担子

3. 发病规律

病菌主要以菌核在土壤中或附在病残体上越夏、越冬,成为下一季主要初侵染源。干燥条件下,菌核可存活 6 年之久。未经腐熟的带有病残体和病土的有机肥也可传播病害。冬前病菌为害小麦地下部的幼根、幼芽。翌春,小麦返青后病情发展较快,至拔节后期或孕穗阶段,达到高峰。小麦抽穗后,造成田间枯白穗。麦株病部产生大量白色菌丝体,向四周扩展进行再侵染;天气潮湿时,病斑上形成担孢子,也可借气流传播进行再侵染。小麦成熟之前,病部的菌丝层上产生菌核。

秋、冬季温暖,春季低温寒冷、多雨潮湿有利于发病。冬麦播种过早、过密,氮肥施用过多,冬前麦苗生长过旺或麦田草害重,土壤或田间湿度过大,病田常年连作,均可加重发病。带病秸秆直接还田或施用未经腐熟的粪肥等,也有利于发病。

4. 防治方法

(1) 选育抗(耐)病品种 各地均已选育出较抗病的小麦良种,可因地制宜地选用。

(2) 减少菌源 上茬作物收获后应及时翻耕灭茬,促使植株残体腐烂,减少田间菌源数量。小麦成熟后要及时收割,尽可能处理麦秸、玉米秸等植株残体。

(3) 加强栽培管理 适期播种,避免早播,适当降低播种量,合理密植;施用酵素菌沤制的堆肥或增施有机肥,采用配方施肥技术,避免偏施氮肥,多施经充分腐熟的有机底肥,早施追肥,增施磷、钾肥;及时清除田间杂草;雨后及时排水。

(4) 药剂防治 播种前药剂拌种,用种子重量 0.2% 的 33% 纹霉净(三唑酮加多菌灵)或用种子重量 0.0125% 的 12.5% 烯唑醇可湿性粉剂、或用种子重量 0.03% 的 15% 三唑醇粉剂拌种。翌春小麦拔节期,每亩用 5% 井冈霉素水剂 7.5g 对水 100kg,或 15% 三唑醇粉剂或 20% 三唑酮乳油 8g 对水 60kg,或 12.5% 烯唑醇可湿性粉剂 12.5g 对水 100kg 喷雾。

七、麦类其他病害

1. 小麦根腐病

小麦各生育期均能发生。幼苗芽鞘受害变褐腐烂。根部受害,次生根变褐腐烂(见彩图 12)。叶和叶鞘受害产生外缘黑褐色、中部灰褐色、椭圆形或不规则形大斑,上生黑色霉状物。被害籽粒种皮上形成不定形病斑,重时胚部变黑,有"黑胚病"之称。病原为小麦根腐平脐蠕孢(*Helminthosporium sativum*),属半知菌亚门、平脐蠕孢属。病菌主要以菌丝体随种子或病残体越冬，借风雨传播。播种过深、土壤板结、返青期遇冻害、土壤过湿或严重缺水都可加重发病；成株期高温高湿，叶、穗受害重。

选用抗（耐）寒品种。精耕整地，重病区实行轮作。增施磷、钾肥，避免大水漫灌，并要防止干旱。药剂拌种，用60％多·福可湿性粉剂400g或25％丙环唑乳油150mL拌100kg麦种。小麦开花初期喷雾，每亩用25％丙环唑乳油40mL对水60kg喷雾，或用20％三唑酮乳油或15％三唑醇可湿性粉剂2000倍液喷雾。

2. 小麦全蚀病

主要为害小麦根部和茎基部第一、二节处，造成根腐和基腐。在茎基部表面及叶鞘内侧布满黑褐色菌丝层，俗称"黑膏药"，叶鞘内侧产生小黑点（子囊壳）。抽穗后，病株根系腐烂，点片死亡，形成"白穗"。病原物为子囊菌亚门、禾顶囊壳小麦变种（*Gaeumannomyces graminis* var. *tritici* J. Walker.）。病菌随病残体在土壤中或混杂于种子和粪肥中越夏、越冬，也可在自生麦苗和禾本科杂草上存活，成为下季小麦的初侵染源。播种后，病菌多从麦苗根毛处侵入。病田连作，病害逐年加重，达到高峰后，病情则逐年自然下降。土壤贫瘠缺磷、地势低洼的田块发病重。偏碱性土壤有利于发病。冬麦过早播种，病菌冬前侵染早，侵染期长，发病重。

做好检疫工作，严禁从全蚀病发生区调种；实行轮作，重病田发病逐年减轻后要连续种植小麦，防止反复；药剂拌种，可用12.5％烯唑醇可湿性粉剂或2％戊唑醇湿拌剂160g拌麦种100kg。

3. 小麦线虫病

病株在抽穗前，叶片皱缩，叶鞘疏松，茎秆扭曲。孕穗期后，病株矮小，茎秆肥大，节间缩短。麦穗上形成虫瘿，病穗较健穗短，色泽深绿，虫瘿比健粒短而圆，颖壳向外开张。病原为小麦粒线虫〔*Anguina tritici* (Steinbuch) Chitwood〕，属植物寄生线虫。粒线虫以虫瘿混杂在麦种中传播。虫瘿随麦种播入土中，沿芽鞘缝侵入生长点附近，幼穗分化时，侵入花器。干燥气候，幼虫能存活1~2年。沙土干旱条件发病重，黏土发病轻。

加强检验，防止带有虫瘿的种子远距离传播；建立无病留种制度；用20％盐水汰除虫瘿。实行3年以上轮作；施用充分腐熟的有机肥。

第三节　杂粮病害的诊断与防治

一、玉米叶斑病

目前我国玉米发生较重的叶斑病主要有玉米大斑病、玉米小斑病和玉米弯孢菌叶斑病。玉米大斑病在我国东北、西北和南方山区、华北北部的冷凉玉米产区发病较重，一般减产15％~20％，大发生年减产50％以上。玉米小斑病是温暖潮湿玉米栽培区的重要叶部病害。玉米弯孢菌叶斑病近几年在我国华北、东北等地发生也较重。

1. 症状

三种叶斑病主要为害叶片，也可侵染叶鞘和苞叶。病斑多先由下部叶片发生，逐渐向上蔓延，严重时叶片早枯，影响灌浆。

（1）玉米大斑病　病斑较大，一般长5~15cm、宽约1cm，长梭形，发病初期水渍状，后变灰绿色至黄褐色，病斑宽度不受叶脉限制。湿度大时，病斑表面密生灰黑色霉状物（分生孢子梗和分生孢子）。病斑多时愈合成片，造成叶片干枯（见彩图13、彩图14）。

（2）玉米小斑病　病斑比大斑病小，多为1~1.5cm，长方形或椭圆形，两端较钝，发病初期产生黄褐色小斑点,扩大后形成黄褐色或红褐色不定形斑,病斑宽度一般局限于两叶脉间,病斑上有时出现轮纹。潮湿时病斑表面密生灰黑色霉状物(见彩图15)。

(3)弯孢菌叶斑病　病斑圆形或椭圆形,中央灰白至黄褐色,边缘暗褐色,四周有浅黄色晕圈,潮湿时病斑两面均可产生灰色霉层(见彩图16)。

2. 病原

病原均属半知菌亚门,玉米大斑病菌属凸脐蠕孢属(*Exserohilum turcicum* Leonard et Suggs),玉米小斑病菌属平脐蠕孢属(*Bipolaris maydis* Shoemaker),玉米弯孢菌叶斑病菌属弯孢属(*Curvularia* spp.)。大小叶斑病菌的分生孢子梗2~6枝丛生,由气孔伸出,褐色,直立或膝状弯曲,无分枝,顶生分生孢子。玉米大斑病菌分生孢子呈长梭形,中央稍宽,有2~8个隔膜,基细胞尖堆形,脐点明显,突出于基细胞外。小斑病病菌分生孢子较小,近圆筒形,常向一侧弯曲,有3~10个隔膜,基细胞钝圆形,脐点凹入基细胞。弯孢菌叶斑病菌分生孢子梗褐色,直或弯曲,分生孢子聚生在顶端,分生孢子暗褐色,弯曲或新月形,2~3分隔,多数三隔(图7-10)。寄主有玉米、水稻、高粱、小麦及杂草等。

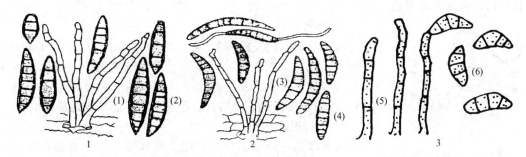

图7-10　玉米大斑病菌、玉米小斑病菌和玉米弯孢菌叶斑病菌
1—玉米大斑病菌:(1)分生孢子梗;(2)分生孢子。
2—玉米小斑病菌:(3)分生孢子梗;(4)分生孢子。
3—玉米弯孢菌叶斑病菌:(5)分生孢子梗;(6)分生孢子

3. 发病规律

三种病菌均以菌丝体或分生孢子随病残体越冬。第二年越冬病菌在适宜条件下产生分生孢子,随气流传播,当玉米表面有水膜存在时分生孢子可迅速萌发侵入,在潮湿条件下,新病斑上可产生大量分生孢子,进行多次再侵染。

不同杂交种对玉米三种叶斑病的抗性有明显差异。温湿度是影响三种叶斑病发生的重要因素,7~8月份的平均气温在25℃以上时,适于小斑病的发生和流行。相反,平均气温在25℃以下的地区,则主要发生大斑病。弯孢菌叶斑病适合发病的温度在30℃左右,高温发病重。高湿对三种叶斑病发生都有利,高温干旱的情况下,弯孢菌叶斑病发生也重。缺肥,生长衰弱发病重,拔节期施用氮肥可明显减轻发病。

4. 防治方法

(1)选用抗病品种　避免杂交种单一化,注意品种的提纯复壮。尽量压缩感病杂交种的播种面积。

(2)加强栽培管理　秋季深翻,实行2~3年轮作倒茬;清除田间病残体,避免秸秆还田,通过高温堆肥处理玉米秸秆;及时摘除底部病叶,带出田间喂牲口、沤肥或烧掉;增施基肥,拔节期追施氮、磷、钾混合肥料,防止后期缺水、脱肥,增加植株抗病力。

(3)药剂防治　玉米抽雄灌浆期是药剂防治的关键时期。可选用90%代森锰锌可湿性粉剂 1000 倍液、或 50% 多菌灵可湿性粉剂 500 倍液、或 40% 氟硅唑乳油或 10% 苯醚甲环唑水分散粒剂 8000 倍液、或 50% 硫菌灵胶悬剂 600～700 倍液等在发病初期喷雾，隔 7～10 天喷 1 次，连续 2～3 次。

二、玉米瘤黑粉病

玉米瘤黑粉病是玉米的重要病害之一，在玉米田发生较普遍，该病对产量的影响与病害发生时期、发病部位及病瘤的大小有关，如田间发病早、病瘤着生在果穗或果穗以上部位，病瘤则大而多，减产严重。

1. 症状

苗期到近成熟期都可发病，抽雄以后发生最为普遍。植株地上部的组织均可出现肿瘤，最初瘤内为白色，瘤外包有灰白色膜，外膜破裂后散出黑粉（冬孢子）。病瘤的大小和形状因发病部位不同而不同，茎节瘤和果穗上的瘤大如拳头或更大些，而叶上的瘤仅有豆粒大小。雌穗可全部变成黑粉或仅部分籽粒受害（见彩图 17）。雄穗的部分小花也可受害，形成袋状肿瘤，内部充满黑粉。

2. 病原

病原为玉米瘤黑粉病菌 [*Ustilago maydis* (DC.) Corda]，属担子菌亚门、黑粉菌属。冬孢子球形或椭圆形，黄褐色，表面有细刺；冬孢子萌发产生担子，担子侧生 4 个担孢子（图 7-11）。两个异性担孢子经结合后侵入玉米才能形成黑粉瘿瘤。

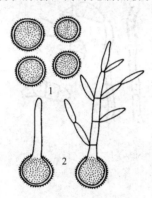

图 7-11 玉米瘤黑粉病菌
1—冬孢子；2—冬孢子萌发产生担子和次生担孢子
（引自：方中达，1996）

3. 发病规律

病菌以冬孢子在土壤、粪肥、病残体或种子表面越冬。越冬的冬孢子萌发产生担孢子和次生担孢子，随风雨传播，从幼嫩组织的表皮或伤口侵入，由于病菌的刺激，使侵染点周围的寄主组织增生，形成病瘤。病瘤散出的黑色粉状冬孢子经风雨传播后，可进行再侵染。

在干旱少雨地区，或瘠薄的沙性土壤中，田间残留的冬孢子易保存其活力，次年的初侵染源数量大，玉米瘤黑粉病发生普遍。所以玉米瘤黑粉病在北方玉米产区比南方发病重。玉米抽雄前后肥水供应不足易发病，螟害、冰雹、暴风雨以及人工作业等造成伤口，都利于病害发生。玉米连作发病重。

4. 防治方法

（1）选用抗病品种　各地应因地制宜，选用抗病增产品种。在品种中，果穗苞叶长而紧密的比苞叶而覆盖不紧的抗瘤黑粉病能力强；耐旱品种多表现抗瘤黑粉病。

（2）减少菌源　在病瘤内尚未形成黑粉前应及早割除，并带出田外深埋处理，以减少侵染源。割除病瘤应掌握及时割、彻底割、连续割。

（3）加强栽培管理　适期播种，合理密植，及时灌溉，在抽雄前后避免干旱，避免偏施、过量施氮肥，适时增施磷钾肥。玉米收获后应清除田间病残体，秋季深耕。玉米秸秆用作堆肥时要充分腐熟。与其他作物（高粱除外）轮作 3～4 年。

（4）药剂防治　种子处理，可选用 12.5% 烯唑醇可湿性粉剂按种子重量的 0.5% 拌种或用 0.1% 401 抗菌剂 1000 倍液浸种 48h。玉米出苗前可选用 50% 克菌丹 200 倍液或 20% 三唑酮乳油 750～1000 倍液进行土表喷雾，消灭初侵染源。病瘤未出现前可选用 12.5% 烯唑醇可湿性粉剂或 20% 三唑酮可湿性粉剂 1500 倍液喷雾。在玉米抽雄前 10 天左右喷 50% 福美双可湿性粉剂 500～800 倍液，可减轻瘤黑粉病菌的再侵染。

三、玉米丝黑穗病

玉米丝黑穗病是玉米产区的重要病害，尤以华北、西北、东北和南方冷凉山区的连作玉米地块发病较重，发病率达 2%～8%，严重地块可达 60%～70%。

1. 症状

玉米丝黑穗病是幼苗期侵染的系统性病害。有些自交系的苗期即可表现症状，其主要特点是个头矮，叶子密，下边粗，上边细，叶子暗，颜色绿，植株弯曲。玉米抽雄时症状更加明显。病株的雄穗全部或部分分枝形成病瘤，瘤外包有一层薄膜，破裂后散出块状黑粉；雌穗短小，不吐花丝线，整个雌穗变成一个大黑苞，苞叶张开后露出大量块状黑粉。因病穗内部混有寄主丝状维管束组织，故名丝黑穗病（见彩图18）。

2. 病原

玉米丝黑穗病菌 [*Sphacelotheca reiliana* (Kühm) Clinton] 属担子菌亚门、轴黑粉菌属。冬孢子球形或椭圆形，茶褐色，表面细刺明显。冬孢子常集结成团，但黏结不紧，易散碎。冬孢子萌发产生 4 个担子，担子侧生 4 个担孢子，担孢子无色，单胞，椭圆形（图 7-12）。

3. 发病规律

病菌以冬孢子散落在土壤中、混入粪肥内或黏附于种子表面越冬。带菌土壤、粪肥是重要的初侵染源，调运带菌种子是远距离传播的重要途径。病菌主要从玉米幼芽鞘侵入，随植株一同生长进入花器，破坏穗部，引起系统侵染，该病无再侵染。冬孢子在土壤中能存活 2～3 年以上。

玉米连作、播种过深、种子质量差以及从播种至幼苗期田间偏旱，病害发生重。在春玉米产区，若感病品种种植面积大，遇春旱年份，此病易盛发流行。

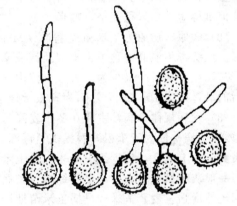

图 7-12　玉米丝黑穗病菌
（示冬孢子及冬孢子萌发）
（引自：徐秉良等，植物病理学，2012）

4. 防治方法

（1）选用抗病品种　抗病杂交种有丹玉 6 号、13 号，吉单 101、131，辽单 22 号，锦单 6 号，掖单 11 号、13 号，陕单 9 号，京早 10 号，冀单 29、30，海玉 8 号、9 号，西农 11 号，农大 3315 等。

（2）减少菌源　定苗前铲除病苗和可疑苗，在菌瘿中的冬孢子成熟散落前，及时砍除病株；玉米收获后彻底清理病残体，秋季进行土壤深翻。

（3）加强栽培管理　重病田实行轮作倒茬；播前要精选种子，整地保墒，播种时覆土深浅要适宜；施用充分腐熟的有机肥，玉米生长期要平衡施肥，特别是增施硼肥，增强植株抗病能力。

（4）药剂防治　可用 6% 戊唑醇悬浮种衣剂 200g 或 10% 烯唑醇乳油 20g 湿拌种 100kg，堆闷 24h 后播种。对已包衣的统配种子进行二次包衣，可用 2% 戊唑醇悬浮种衣剂 40～50g 或 2.5% 咯菌腈悬浮种衣剂 60～80mL，先用少量水稀释，然后与 10kg 种子拌匀进行包衣，晾干后播种。土壤处理，丝黑穗病重区，可用 50% 甲基硫菌灵或 50% 多菌灵可湿性粉剂 50g，拌细土 50kg，播种时每穴用药土 100g 左右盖在种子上。

> **资料卡片**
>
> 玉米丝黑穗病防治技术口诀
>
> 抗病品种是基础，种子无毒是关键。清理病残须深翻，重病田轮三四年。田间一旦现病株，散苞之前清除田。平衡施肥促健株，施硼能增抗病力。戊唑醇、咯菌腈，二次包衣再下田。硫菌灵、多菌灵，播种穴施防土传。

四、玉米病毒病

玉米病毒病包括多种由病毒（或类菌原体）侵染所引起的病害。但在生产上危害较大的主要有玉米粗缩病、花叶条纹病和条纹矮缩病等三种。

1. 玉米粗缩病

粗缩病是20世纪70年代以来玉米上发生逐渐严重的病害，特别是麦田套种玉米尤为突出，重病田块甚至造成毁种。

（1）症状　从幼苗到抽穗期都可发病，5叶后开始表现症状。植株患病后首先从叶片中脉两侧中部产生透明的虚线状条点，后系统扩展到整叶及以上所有叶片。病叶暗绿、粗厚、僵直、短而宽；叶背、叶鞘和苞叶表面都有线状隆起的条纹，初为蜡白色，后期暗褐色。病株严重矮化，株高不到健株的一半，不能抽穗结实，多提早枯死。发病较晚的植株虽能抽穗，但雄穗短缩，果穗变小、畸形。

（2）病原　病原为玉米粗缩病毒（Maize rough dwarf virus），简称MRDV，病毒粒体球形。该病毒不能通过种子、土壤及汁液摩擦传播，灰飞虱是主要传毒介体，属于持久型病毒。灰飞虱获毒时间最少为1天，虫体内循回期为10~15天，最短传毒时间为5h。玉米感病后的潜育期为15~20天。除为害玉米外，还能侵染小麦、燕麦、粟、高粱和稗草等。

（3）发病规律　病毒主要在冬小麦及禾本科杂草上越冬，也可在传毒介体中存活。小麦"绿矮"型病株即为玉米粗缩病提供了毒源。春季玉米出土后，小麦和杂草上的带毒灰飞虱迁飞到玉米上取食，传毒给玉米。晚播玉米收获后，带毒灰飞虱又迁入小麦或杂草上越冬。

一般灰飞虱虫量大、小麦"绿矮"型病株多的年份，发病重。玉米5叶期前易感病，10叶期抗性增强。麦套玉米、早播玉米苗期恰好与第1代灰飞虱成虫活动盛期相遇，玉米发病重。麦收后播种玉米，并及时灭茬除草，水肥管理得当的地块，发病轻或不发病。

（4）防治方法

① 选用抗（耐）病品种　玉米抗病品种有中单4号、农单5号、郑单958、京黄113、豫农704、农大108、鲁单9006等，各地因地制宜地选用。

② 加强田间管理　做好小麦丛矮病的防治工作，减少玉米粗缩病毒源和灰飞虱，可有效地控制粗缩病对玉米的危害。调整种植方式，播种玉米应尽量做到使玉米苗期避开灰飞虱第1代成虫盛发期，春玉米早播，夏玉米麦田灭茬后直播。及时拔除病株，集中烧毁。

③ 治虫防病　防治灰飞虱主要在麦垄套播玉米田的苗期，另外，小麦收获时及时喷药，尽量做到割一块、治一块，能有效控制病害的发生和流行。所用药剂参阅小麦丛矮病的防治。

2. 玉米花叶条纹病

玉米花叶条纹病又称矮花叶病、花叶毒病、黄绿条纹病等，普遍发生于所有的玉米产区，但以平原地区发生较多。

（1）症状　玉米整个生育期间均可感病。感病植株首先自心叶基部出现褪绿条点花叶，相继扩展至全叶，病叶叶脉间的叶肉逐渐失绿而变黄，叶脉仍保持绿色，形成明显的黄绿相间条纹状。玉米生长中后期，某些品种病株的叶片自叶尖或叶缘逐渐向叶片基部发展，出现紫红色的花叶状或条纹状，最后干枯。苗期感病重的植株生长缓慢，黄弱瘦小，多不能抽穗或于抽穗前枯死。

（2）病原　病原为玉米矮花叶病毒（Maize dwarf mosaiv virus），简称 MDMV，病毒粒体长条状，钝化温度 55～60℃，稀释限点 1000～2000 倍，20℃下体外存活期 1～2 天。病毒可借汁液摩擦接种。自然条件下主要靠玉米蚜、禾谷缢管蚜、麦二叉蚜等进行传播，为非持久性病毒。该病毒除为害玉米外，尚能侵染高粱、谷子、糜子、蟋蟀草、狗尾草、马唐等多种禾本科作物和杂草。

（3）发病规律　多年生禾本科杂草是玉米矮花叶病毒的主要越冬场所。翌年春季，蚜虫在带毒越冬寄主上吸毒后迁飞至玉米田传毒为害，以后在春、夏玉米和杂草上辗转传播。至玉米收获时，病毒又随蚜虫回到杂草上越冬。

一般越冬毒源量多，传毒蚜虫数量多，春玉米发病率高；麦收后蚜虫大量迁飞，春玉米上毒源积累增加，故夏玉米受害较重，春玉米发病率高低可作为夏玉米发病轻重的测报依据。夏玉米播种过晚、久旱无雨、土壤瘠薄、管理粗放等均有利于病害的发生和流行。

（4）防治方法

① 农业防治　选用抗病自交系，种植抗病杂交种。夏玉米早播、育苗移栽等措施有利于防止苗期感染，可减轻病害。加强水肥管理，促进玉米生长健壮，增强玉米抗病能力。

② 治蚜防病　小麦乳熟期蚜虫迁飞高峰，及时喷药 2～3 次。药剂参照麦蚜防治。

3. 玉米条纹矮缩病

玉米条纹矮缩病又称玉米条矮病，是我国西北、华北和东北部分地区玉米的一种重要病害。

（1）症状　植株矮缩，节间缩短，节稍大，茎变粗，叶片密集，沿叶脉产生褪绿条纹，叶硬直立，后期叶脉形成坏死条斑。重病株提前枯死，轻病株雌雄穗不易抽出，很少结实。

（2）病原　病原为玉米条纹矮缩病毒（Maize streak dwarf virus），简称 MSDV，病毒粒体炮弹形，传毒介体为灰飞虱，卵不传毒。除为害玉米外，尚可侵染高粱、糜、粟、大麦、小麦以及狗尾草等。

（3）发病规律　病毒主要随传毒介体灰飞虱越冬，第二年春季首先在麦田活动，后转入玉米田取食传毒。病害发生轻重与品种、管理有密切关系。一般感病品种、灌溉条件好或雨水偏多有利于杂草生长、缺肥造成玉米生长不良等田块发病重。

（4）防治方法

① 选用抗病品种　只要是以免疫或高抗自交系为母本，子一代多表现为抗病。玉米制种时可结合当地情况，选用高抗自交系作母本，能有效地控制病害发生。

② 加强水肥管理　增施基肥，及时追肥，同时及时浇水和除草，保证植株生长健壮，可提高抗病能力。

③ 治虫防病　加强对灰飞虱的防治，要抓好四个时期的工作，即越冬防治、麦田防治、药剂拌种和一代成虫迁入玉米初期的防治。使用药剂参照小麦丛矮病的防治。

五、高粱炭疽病

1. 症状

从苗期到成株期均可染病。主要为害叶片、叶鞘和穗，也可侵染茎部和茎基部。苗期染病为害叶片，导致叶枯，造成死苗。叶片染病，病斑梭形，中间红褐色、边缘紫红色，其上密生小黑点（分生孢子盘）（见彩图 19）。叶鞘染病，病斑较大、椭圆形，后期也密生小黑点。高粱抽穗后，幼嫩穗颈受害形成较大的病斑，其上也生小黑点，病穗易倒折。此外，还可为害穗轴和枝梗或茎秆，造成腐败。

2. 病原

病原为禾生炭疽菌 [*Colletotrichum graminicolum* (Ces.) Wilson]，属半知菌亚门、炭疽菌属。分生孢子盘黑色，散生或聚生在病斑两面，刚毛直或略弯混生，褐色或黑色，顶端较尖，具 3～7 个隔膜，分散或成行排列在分生孢子盘中。分生孢子梗单胞无色，圆柱形。分生孢子镰刀形或纺锤形，略弯，单胞无色。

高粱炭疽病菌除为害高粱外，还可为害小麦、燕麦、玉米等禾本科植物。

3. 发病规律

病菌随种子或病残体越冬。翌年田间发病后，苗期可造成死苗。成株期病斑上产生大量分生孢子，借气流传播，进行多次再侵染。

发病程度与品种及气候条件有关。高粱品种间发病差异明显。高温多雨有利于病害的发生和流行，7～8 月份气温低、降雨次数多、降雨量大可能大流行。高粱连作、田间高湿发病重。

4. 防治方法

(1) 选用抗病品种　选用和推广适合当地的抗病品种，淘汰感病品种。

(2) 减少菌源　收获后及时处理病残体，进行深翻，减少初侵染源。

(3) 加强栽培管理　实行轮作，施足充分腐熟的有机肥，采用高粱配方施肥技术，在第三次中耕除草时追施硝酸铵，做到后期不脱肥，增强抗病力。增施有机肥，提倡施用酵素菌沤制的堆肥，防止生育后期脱肥。

(4) 药剂防治　种子处理，用种子重量 0.5% 的 50% 福美双粉剂或 50% 多菌灵可湿性粉剂拌种。重病田块，孕穗期开始喷 70% 甲基硫菌灵可湿性粉剂 1000 倍液、或 50% 多菌灵可湿性粉剂 800 倍液、或 50% 苯菌灵可湿性粉剂 1500 倍液。

六、高粱黑穗病

高粱黑穗病俗称"黑疸"或"乌米"，是高粱上的一类重要病害，其种类很多，其中发生普遍、危害较重的有高粱散黑穗病、丝黑穗病和坚黑穗病。

1. 症状

三种黑穗病的共同特点是：都是由真菌引起的系统性侵染病害，均是穗部被破坏，发病器官均变成黑粉（见彩图 20、表 7-3）。

表 7-3　高粱三种黑穗病症状比较

病害名称	发病器官	症状特征
高粱散黑穗病	小穗内外颖、花的子房	黑粉外包一层薄膜，薄膜破裂后，黑粉易散失
高粱丝黑穗病	全穗	病穗外包有灰白色薄膜，膜内充满黑粉，薄膜破裂黑粉飞散后，残留丝状维管束组织
高粱坚黑穗病	小花的子房	黑粉外的薄膜坚实不易破裂

2. 病原

高粱散黑穗病菌为高粱轴黑粉菌 [*Sorisporium cruenta* (Kühn) Pott.]，丝黑穗病菌为丝轴黑粉菌 [*Sphacelotheca reiliana* (Kühn) Clint]，坚黑穗病菌为高粱坚轴黑粉菌 [*S. sorghi* (Link) Clinton]，它们均属担子菌亚门、轴黑粉菌属。散黑穗病菌的冬孢子圆形或长圆形，黄褐色，表面有棱纹（图 7-13）；坚黑穗病菌的冬孢子形态、颜色与前者同，只是表面有不太明显的细刺；高粱丝黑穗病菌的冬孢子形态参阅玉米丝黑穗病菌。

3. 发病规律

丝黑穗病菌的冬孢子成熟后散落于土壤中越冬；坚黑穗病菌的包膜不易破裂，故冬孢子随打场而黏附于种子表面；散黑穗病菌的冬孢子既能黏附在种子上，也可以落在土壤里越冬休眠。三种病菌均能随打场而污染场土，如果场土及病残体混入厩肥时，则粪肥也可成为病害的初次侵染来源。翌年高粱播种后，越冬的冬孢子随种子发芽而萌发，从高粱的幼芽鞘侵入，形成系统性侵染。至高粱抽穗时再产生大量黑粉，并以不同形式越冬而完成侵染循环过程。

三种病菌只能在种子发芽期侵入，故土壤温、湿度与病害发生关系密切。凡不利于高粱种子萌发出土的条件，均能增加病菌的侵染机会。如播种过早、土温偏低、土壤干旱、覆土太深等都可延长高粱种子萌发出土的时间，使发病率升高。

4. 防治方法

（1）选用抗病品种　因地制宜地选用抗病品种和杂交种是最经济有效的防治措施。

（2）减少菌源　收获后彻底清理病残体，秋季土壤深翻，不从病区调运种子；在包膜破裂前，及时砍倒病株，集中烧毁或深埋。

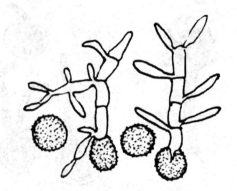

图 7-13　高粱散黑穗病菌
（示冬孢子和冬孢子萌发）
（引自：徐秉良等，植物病理学，2012）

（3）加强栽培管理　播种不宜过早，播前精选种子，整地保墒，覆土深浅要适宜。施用充分腐熟的有机肥。重病地实行 2~3 年轮作。

（4）种子处理　用种子重量 0.3% 的 25% 三唑酮可湿性粉剂拌种，或用种子重量 0.1%~0.15% 的 2% 戊唑醇干粉种衣剂拌种，对三种黑穗病均有较好的防效。以坚黑穗病和散黑穗病为主的地区，可用种子重量 0.3% 的 70% 甲基硫菌灵或 50% 多菌灵可湿性粉剂拌种。

七、谷子白发病

谷子白发病是谷子上的主要病害，分布普遍，发病率一般为 1%~10%，严重地块可达 50% 以上，造成明显减产。

1. 症状

谷子白发病的症状复杂，在不同的生育期有不同的表现。

① 灰背：幼苗长到 3~4 片叶时，病叶逐渐褪色，以后形成黄白色的条斑。潮湿时叶背长出灰白色霉状物（孢子囊和孢囊梗）。

② 白尖：谷子抽穗前在新叶正面出现许多与叶脉平行的黄白色条纹，心叶不能展开，只能抽出 1~2 片黄白色直立的顶叶。

③ 枪杆：黄白色的顶叶逐渐变干枯死，不能抽穗，直立田间形似枪杆。有时心叶不能抽出，呈扭曲状，特称旋心。

④ 白发：顶叶破裂散出大量的黄褐色粉末（卵孢子），残留叶脉，散乱卷曲如一团白发。

⑤ 看谷老：多数病株不能抽穗而逐渐枯死，少数病株能抽穗，但穗畸形，短粗肥大，小花的内外颖伸长成角状或叶片状，直立田间，全穗膨松，俗称"看谷老"或"刺猬头"。病穗初为红色或绿色，后变褐色，组织破裂后散出大量的黄褐色粉末（卵孢子）。

2. 病原

病原为禾生指梗霜霉 [*Sclerospora graminicola* (Sacc) Schrot.]，属鞭毛菌亚门、指

梗霉属。孢囊梗短粗呈手指状，每个小梗顶生一个孢子囊。孢子囊无色透明，椭圆形，有乳突。孢子囊萌发放出游动孢子，肾形，在中部凹处生鞭毛2根。卵孢子球形，单生于藏卵器内，淡黄色或黄褐色，膜厚，其外壁与藏卵器壁紧密相连。藏卵器黄褐色或红褐色，略呈球形或多角形（图7-14）。

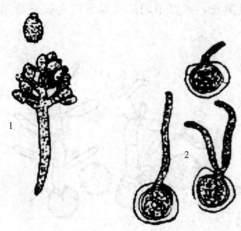

图7-14　谷子白发病病菌
1—孢囊梗及孢子囊；2—卵孢子及萌发

3. 发病规律

病菌以卵孢子在土壤、粪肥中或附在种子表面越冬，成为翌年初侵染源。卵孢子抵抗不良环境的能力很强，散落在田间的卵孢子可以存活2年左右，通过牲畜消化系统而不死。谷子播种后，幼芽尚未出土时，卵孢子萌发侵入芽鞘，菌丝蔓延至生长点，随生长点组织的分化而达到叶片和花序，引起系统侵染，并在不同时期造成多种类型的症状。

土壤温度在20～21℃，土壤湿度为60%左右，对发病最有利。谷芽长度在2cm以下时最易受侵发病，谷芽出土后很少受害。春谷播种偏早或过深，幼苗出土时间长，增加病菌侵染机会，病害重。

4. 防治方法

（1）选用抗病良种　利用抗病良种是防治白发病最经济有效的方法。抗病良种应以当地自选为主、外地引进为辅。

（2）减少菌源　谷子生长期拔除"灰背"、"白尖""枪杆"和"看谷老"，拔下的病株携带出田外烧毁，切勿作饲料，也不要用来沤肥。拔除病株需掌握及时拔、连续拔、整株拔。

（3）加强栽培管理　适期播种，适当浅播，以促早出苗、出壮苗，减少侵染机会；施用充分腐熟的肥料；实行2～3年轮作倒茬。

（4）种子处理　播种前用种子重量0.3%的35%甲霜灵拌种剂或50%甲霜铜可湿性粉剂拌种，也可用种子重量0.5%的64%杀毒矾可湿性粉剂拌种，或用10%石灰水浸种12h，冲洗、晾干、播种。

八、杂粮其他病害

1. 玉米锈病

叶片上散生圆形褐色疱状突起，病部表皮破裂后散出大量红褐色粉状物（见彩图21）。病原 *Puccinia sorghi* Schw. 属担子菌亚门、柄锈菌属。病菌在南方以夏孢子辗转传播、蔓延，无越冬现象；北方菌源来自病残体或来自南方的夏孢子及转主寄主——酢浆草，成为初侵染源。田间叶片染病后，病部产生的夏孢子借气流传播，进行再侵染。高温多湿或连阴雨、偏施氮肥发病重；早熟品种易发病。

增施磷钾肥，避免偏施、过施氮肥；清除酢浆草和病残体，集中深埋或烧毁。药剂防治参阅小麦锈病。

2. 玉米青枯病

从玉米灌浆期开始发病，乳熟末期至蜡熟期进入显病高峰。表现为青枯、黄枯、茎基腐症状，均是根部受害引起。叶先青枯，茎基部3～4节干缩腐烂，根部空心变软，皮层变紫红色至褐色，易剥离。严重时病株失水萎蔫早死。病菌为 *F. graminearum*、

F. moniliforme、*Pymatumthium aphanide* 等，前两种病菌均属半知菌亚门、镰孢菌属，后一种属鞭毛菌亚门、腐霉属。玉米青枯病是典型的土传病害，病菌以分生孢子或菌丝体在病残体、土壤和种子上越冬，成为翌年的初侵染源。病菌在玉米生长期间借雨水、昆虫传播，从根部侵入，引起根腐，进一步扩展，进入茎基部。高温高湿、雨后骤晴易引起病害发生和流行；玉米田连作、种植过密、田间郁蔽、通风透光不良、偏施氮肥等发病重。

选用抗性好的品种，如丹玉 47、丹玉 39、丹科 2151、东单 70、富友 9 等。与其他非寄主作物轮作换茬；及时彻底清除田间病株残体；增施农家肥和钾肥。播种前选用三唑酮或戊唑醇等拌种；发病初期可选用恶霉灵、三氯异氰尿酸、吡唑醚菌酯·代森联等药剂灌根。

3. 高粱球腔菌叶斑病

主要为害叶片。在叶片上形成不规则形病斑，淡褐色，边缘红褐色或紫红色，后期病部生小黑点（子囊壳）。病原为高粱球腔菌（*Mycosphaerella hlolci* Tehon），属子囊菌亚门、球腔菌属。病菌在病残体上越冬，翌春散出子囊孢子，借风雨传播，从寄主气孔侵入，引起发病。

一般不必单独防治，必要时可结合防治高粱其他叶斑病进行兼治。发生严重时可选用甲基硫菌灵、多菌灵、代森锰锌等喷雾。

4. 绿豆叶斑病

发病初期叶片上出现水渍状褐色小点，扩展后形成边缘红褐色至红棕色、中间浅灰色至浅褐色近圆形病斑。湿度大时，病斑上密生灰色霉层（分生孢子梗和分生孢子）。严重时，病斑融合成片，叶很快干枯。病原为变灰尾孢（*Cercospora canescens* Ell. et Mart.），属半知菌亚门、尾孢属。病菌以菌丝体和分生孢子在种子或病残体上越冬，成为翌年初侵染源。田间借风雨传播蔓延。高温高湿、秋季多雨、连作地或反季节栽培发病重；早播田重于晚播田，瘠薄地重于旱肥地。

选用抗叶斑病品种，如秦豆 4 号、秦豆 6 号、中绿 1 号、鲁引 1 号等；播前用 45℃温水浸种 10min。发病初期选用多·霉威、代森锰锌、松脂酸铜、醚菌酯等药剂喷雾。

复习检测题

1. 稻瘟病的叶瘟有几种症状类型？影响稻瘟病发生和流行的因素有哪些？
2. 试比较稻瘟病、稻胡麻斑病在症状及防治上有何异同点？
3. 稻纹枯病的发生与哪些因素关系比较密切？如何开展有效防治？
4. 稻白叶枯病的症状有哪些类型？如何有效防治？
5. 稻烂秧病的发生一般由哪些因素引起？如何区分生理性烂秧和侵染性烂秧？
6. 小麦三种锈病的症状有何异同点？如何进行防治？
7. 影响小麦赤霉病流行的主要因素有哪些？如何根据发生规律开展防治？
8. 根据当地小麦赤霉病的发生情况，制定一个综合防治方案。
9. 小麦黑穗病有哪几种？如何预防小麦黑穗病？
10. 小麦白粉病目前发生严重的主要原因有哪些？
11. 小麦纹枯病逐年加重的原因是什么？如何有效防治？
12. 如何区分玉米大斑病和小斑病？影响该病害发生的主要因素是什么？
13. 玉米黑穗病有哪几种？其侵染循环有何异同？怎样减少初侵染源？
14. 高粱黑穗病有哪三种？如何有效预防？
15. 谷子白发病症状有哪些类型？

实验实训十四　水稻病害的症状和病原观察

【实训要求】

认识当地水稻主要病害的症状和病原特征，并根据症状和病原特点能正确地诊断病害。

【材料与用具】

稻瘟病、胡麻叶斑病、纹枯病、白叶枯病、烂秧病、病毒病、水稻恶苗病、菌核病、赤枯病、稻曲病、叶鞘腐败病、细菌性褐斑病、稻粒黑粉病、稻叶黑粉病、稻干尖线虫病等病害的腊叶标本和病原菌玻片，病害挂图、光盘及幻灯片等。

显微镜、载玻片、盖玻片、贮水滴瓶、挑针、刀片、搪瓷盘、幻灯机、多媒体设备等。

【内容及步骤】

1. 取稻瘟病、稻胡麻叶斑病的标本，观察发病部位及病部特征，比较两种病害的叶片病斑，在形状、大小、色泽、数量及其在叶片上的分布有何差异。制片镜检两种病菌的分生孢子和分生孢子梗形态特征。

2. 取稻白叶枯病、细菌性条斑病、细菌性褐斑病三种细菌性病害标本，观察比较发病部位以及病斑形状、大小、色泽、水渍程度等方面有何异同。对光观察哪种病斑半透明，重点观察白叶枯病几种症状类型特点并与生理性枯黄相区别。

（1）取三种细菌性病害病原装片镜检，观察病原细菌的形状，以及有无鞭毛。

（2）切取白叶枯病新鲜病叶病健交界部分一小块叶片组织，放在载玻片的水滴中，加盖玻片或夹在两张载玻片之间，于低倍显微镜下观察，看有无细菌从病组织中呈云雾状溢出。

3. 取稻纹枯病和稻菌核病的标本，观察两种病害的发病部位，叶鞘上症状各有何特点。菌核着生部位、着生方式有何不同。对水稻植株的为害是否相同。稻纹枯病叶上病斑与叶鞘上的是否相似。注意病斑发生部位、扩展方向以及子实体类型。

取纹枯病和菌核病材料，观察比较两种病害菌核的形态特征、色泽、大小。挑取少量菌丝制片镜检，观察菌丝色泽、分枝和分隔情况。有条件的可观察培养基上的菌核产生情况。

4. 取当地常见的水稻病毒病症状标本，观察哪些病害明显矮化，分蘖增多或减少，植株和叶片是否呈僵硬状态，叶片、叶鞘是否变色，叶质和叶色有何变化，有无条纹显现，各种病毒病症状如何区别？

5. 取水稻各种烂秧的标本，观察比较秧苗叶片色泽，秧苗基部是否腐烂，有无粉红色霉状物或绵毛状物。有条件的应到秧田实地观察病苗是否成片发生，病苗能否连根拔起，观察病苗根的数目、长短、色泽。

分别挑取病菌上的粉红色霉状物或绵毛状物制片镜检分生孢子、游动孢子囊和游动孢子形态。

6. 取稻干尖线虫病标本，观察病叶尖端有何特征，病穗与健穗有何异同？重点观察病叶尖端是否扭曲，呈何颜色，有无褐色线纹。

取病原装片观察虫体呈何形状。雌虫直或稍弯，雄虫尾部弯曲呈镰刀形，重点观察大小、形状、尾部特征。

【实训作业】

1. 绘3～5种水稻常见病害的病原图。

2. 列表比较当地水稻主要病害种类及其症状特征。

实验实训十五 水稻病害的田间调查与防治

【实训要求】

了解当地水稻常见病害种类及为害情况,掌握主要病害的调查方法,进行当地主要病害的防治工作,加强实际操作技能训练。

【材料与用具】

放大镜、标本采集用具、记录本、铅笔,根据防治内容选定农药和器械、材料等。

【内容及步骤】

1. 水稻病害普查

对水稻病害的种类、分布特点、为害程度等进行调查。另外与发病程度的相关因子也要调查,如水稻品种、生育期、肥水管理水平、地势等。普查需在苗期、分蘖后期和穗期各进行1次,共调查3次。

以小组为单位。选不同类型的代表性田块(如地势、土质、品种、播种期和水肥管理等),根据不同病害种类和分布特点,采用五点取样法,每点调查50株(穴、叶、穗等),统计并计算其发病率,填入表7-4。

表 7-4 水稻病害普查记载表

调查地点:_____ 调查人:_____ 调查日期:_____

病害种类 \ 项目	田块号	地势	土质	水肥条件	品种	种子来源	播期	调查时生育期	发病率/%	备注

2. 主要病害发生为害情况调查

调查发病率,计算病情指数,明确病害在田间的发生为害情况,了解不同品种病害发生差异,以稻瘟病为例。

(1) 苗叶瘟 从秧苗3叶期开始,调查感病品种的秧苗,每5天调查1次,至移植前共调查2~3次,以掌握病害的初见期。并于最早发病的田块固定5点,每点100株,调查发病率和病情指数,结果填入表7-5。

表 7-5 稻瘟病调查记载表

调查地点:_____ 调查人:_____ 调查日期:_____

田块类型	调查项目	品种	生育期	发病部位	调查株数	发病株数	发病株率/%	严重程度分级						病情指数	备注
								0	1	2	3	4	5		

(2) 叶瘟 在发现中心病株后选取4丛,作定点系统调查,每5天1次到始穗期为止,记载上部5片叶(不足5片,全部调查)的病叶数、急性型病斑数,计算发病率,填入表7-6。

表 7-6　稻叶瘟调查表

调查地点：_____　调查人：_____　调查日期：_____

田块类型 \ 调查项目	品种	生育期	调查丛数	调查株数	调查叶数	病叶率/%	急性型病斑数	急性型病斑 增减数	急性型病斑 增减率/%	备注

（3）穗颈瘟　自始穗期开始，每块田定 200 穗，每 5 天调查 1 次，到蜡熟期止，计算发病率和损失率。

（4）严重度分级标准

① 苗瘟。以株为单位，共分四级。

0 级　无病

1 级　病斑 5 个以下

2 级　病斑 6～20 个

3 级　全株发病或部分叶片枯死

② 叶瘟。以叶片为单位，共分五级。

0 级　无病

1 级　叶片病斑 5 个以下，小于 0.5cm

2 级　叶片病斑小而多（多于 5 个）或大（大于 0.5cm）而少

3 级　叶片病斑大而多

4 级　全叶病枯

③ 穗颈瘟。以穗为单位，共分六级。

0 级　无病

1 级　个别小枝梗发病（每穗损失 5% 以下）

2 级　1/3 小枝梗发病（每穗损失 20% 以下）

3 级　穗颈或主轴发病，谷粒半瘪（每穗损失 50% 左右）

4 级　穗颈发病，大部瘪谷（每穗损失 70% 左右）

5 级　穗颈发病，造成白穗（每穗损失 90% 左右）

3. 药剂防治试验

根据当地田间水稻病害发生情况，结合当地气候变化，适时进行药剂防治。根据病菌传播规律，选用不同的防治方法。学会田间药剂试验设计和方法，比较不同药剂和处理方法的防病效果。

例如，防治稻叶瘟病，一般在中心病株出现急性型病斑，病叶率明显上升时，及时进行药剂防治。田块类型可选感病品种 1 块，生育期为分蘖盛期或抽穗期。

试验处理设 800g/hm^2、1200g/hm^2、1500g/hm^2 3 个剂量，对水 225kg 喷雾。设常规药剂 40% 异稻瘟净乳油 500 倍液和清水喷雾为对照。每处理 4 个小区，每小区面积 30m^2 左右。

防效调查，每小区定点 5 个，每点 50 叶（穗），用药前调查发病率和病情指数，用药后 10 天，再调查发病率和病情指数，结果记入表 7-7。

表 7-7　稻瘟病药剂试验调查表

处理	小区	药前或药后	调查总数	严重程度分级					发病率/%	病情指数	病指增长率/%	防治效果/%	备注
				0	1	2	3	4	5				

计算方法如下：

$$病指增长率=\frac{喷药后病指-喷药前病指}{喷药前病指}\times100\%$$

$$防效=\frac{对照区病指增长率-防治区病指增长率}{对照区病指增长率}\times100\%$$

【实训作业】
1. 写出水稻作物病害调查结果报告。
2. 采集并制作当地常见水稻作物病害标本。
3. 结合当地一种水稻作物主要病害的防治操作，分析不同防治措施的防病效果。

实验实训十六 麦类病害的症状和病原观察

【实训要求】
认识当地麦类作物主要病害的症状和病原特征，根据症状和病原能正确诊断病害，从而为病害田间调查和有效防治奠定基础。

【材料与用具】
小麦三种锈病，麦类黑穗病，小麦白粉病、赤霉病、全蚀病，小麦线虫病等病害的腊叶标本和病原菌玻片，病害挂图、光盘及幻灯片等。
显微镜、载玻片、盖玻片、贮水滴瓶、挑针、刀片、搪瓷盘、幻灯机、多媒体设备等。

【内容及步骤】
1. 观察小麦三种锈病标本，注意它们的冬、夏孢子堆的着生部位、形状大小以及色泽特点、排列方式和表皮破裂等方面的区别。
病原观察：①分别挑取小麦3种锈病的夏孢子制片镜检，比较3种夏孢子的形态、色泽、大小、微刺的区别。②将小麦叶锈菌和条锈菌的夏孢子分别置于载玻片上，各加一滴浓磷酸，静置1~2min后加盖玻片镜检。叶锈菌夏孢子内的原生质凝结成一个圆球，而条锈菌的则分裂成两个以上的圆球。这一特征在测报方面有何意义？③用挑针挑取任一种锈病的夏孢子，置于载玻片中央的乳酚油棉蓝染液内加热，冷却后加盖片镜检。注意该种锈菌夏孢子的芽孔分布情况。④分别挑取上述各种锈病的冬孢子，制片镜检。注意冬孢子形态、色泽、有无分隔、顶端细胞壁是否增厚，以及柄的形状等特征。
2. 观察小麦黑穗（粉）病标本，比较小麦散黑穗病、网腥黑穗病、光腥黑穗病、秆黑粉病的为害部位、株形变化、麦穗破坏程度等特征。仔细观察小麦腥黑穗病与线虫病标本，注意它们在株形、穗形上有何异同；比较腥黑穗病菌瘿与线虫病虫瘿在大小、形状、色泽、硬度及内容物方面的区别。
病原观察：①挑取少量小麦黑穗（粉）病的冬孢子制片镜检，观察比较冬孢子的形态、大小、色泽，是否有微刺、纹饰或不孕细胞。②取小麦线虫病虫瘿放在培养皿内，以温水浸泡5min，用挑针从虫瘿内挑取少许白色絮状物制片镜检线虫形态。
3. 观察小麦赤霉病病穗标本，注意病穗呈何色泽，颖壳缝隙及小穗基部有无粉红色霉层，颖壳表面有无黑紫色的颗粒状物，病穗籽粒呈何形状；赤霉病株的苗枯、茎腐和秆腐有何表现。
刮取小麦赤霉病的粉红色霉状物制片镜检。观察分生孢子的形状、有无分隔，有无厚膜孢子。取赤霉病子囊壳切片镜检，观察子囊壳形状、色泽以及子囊着生特点与形态；子囊内子囊孢子数目，如何排列；子囊孢子的形态、色泽等。
4. 观察小麦纹枯病发病部位，叶鞘上有何特点；菌核着生部位、着生方式；注意病斑发生部位、扩展方向、子实体类型。

观察纹枯病菌核的形态特征、色泽、大小。挑取少量菌丝制片镜检，观察菌丝色泽、分枝和分隔情况。有条件的可观察培养基上菌核产生情况。

5. 观察小麦全蚀病，取苗期、分蘖期、拔节期和抽穗灌浆期标本，观察其种子根及次生根变黑，叶鞘内侧生灰黑色菌丝层以及茎基形成"黑脚"的特征。"黑脚"菌丝层上有无黑色颗粒状物。

取病根或叶鞘内侧组织剪成小块，放于乳酚油内加热透明，然后制成临时装片镜检。观察组织表面有无栗褐色的匍匐菌丝，菌丝分枝处有两个隔膜成"∧"字形。自"黑脚"材料上，挑取黑色颗粒状物制片，镜检子囊壳、子囊及子囊孢子的形态。

6. 取小麦白粉病的标本，观察为害部位白色粉斑特点，后期淡褐色粉斑中有无黑色颗粒状物。

挑取少量白粉状物制片镜检。观察分生孢子梗在菌丝上着生的位置，有无分枝，其顶端分生孢子是串生还是单生，呈何形态。从淡褐色粉斑中挑取黑色小颗粒镜检。观察子囊壳的形状、附属丝与菌丝有无区别；轻压盖片，子囊壳破裂后有几个子囊放出，呈何形态。子囊孢子呈何形态，如何排列。

【实训作业】
1. 绘图比较麦类三种锈病病原的形态区别。
2. 列表比较所观察的麦类各种病害的症状特征和病原形态。
3. 绘 3～5 种麦类病害的病原形态图。

实验实训十七　麦类病害的田间调查与防治

【实训要求】
了解当地主要麦类作物常见病害种类及为害情况，掌握病害的调查方法。进行当地主要麦类病害的防治工作，加强实际操作技能训练。

【材料与用具】
放大镜、标本采集用具、记录本、铅笔，根据防治内容选定农药和器械、材料等。

【内容及步骤】
1. 麦类病害一般调查
调查时间分 3 次进行，即苗期至分蘖期、拔节期至孕穗期、抽穗至蜡熟期。
调查方法用 5 点取样、随机取样等，每点取 100 个茎（根、叶或穗），统计各种病害的发病率。

2. 小麦锈病的调查
（1）调查时间　冬麦区入冬前，调查秋苗发病情况，确定各种锈病的越冬基数；早春小麦返青后，调查越冬菌源数量及病害发展情况，以确定防治的有利时机；小麦乳熟期，调查不同品种的病情，为评选抗病品种提供依据。

（2）调查方法
① 入冬前病情调查。选感病品种麦田 10 余块，每块地取 5 个样点，每点 $50m^2$，计算发病率。
② 早春病情调查。在冬前调查的基础上，定点检查，条锈病每点检查 $50m^2$；叶、秆锈每点检查 $10～50m^2$，记病叶（秆）数，求发病率。如发现有发病中心时，应记载发病中心数。当发病较普遍时，每点调查 100 个叶（秆），求发病率。严重率用目测估计。条锈病于

返青后 1 个月左右开始，叶（秆）锈病于孕穗期开始，每隔 5 天调查 1 次，至喷药防治为止。

③ 生长后期病情调查。乳熟期叶片未干枯前进行。每品种调查 3～5 块，5 点取样法，计算发病率、严重率、病情指数。

3. 小麦赤霉病的调查

以下介绍调查方法。

① 病菌动态的检查。自早春气温回升开始，选择地势高燥和低洼潮湿、土面残留稻桩（或玉米秆、豆秸、棉茬等）较多的麦田各一块。每 5 天随机检查稻桩 100 丛（或其他基物 100 支），记载子囊壳出现日期、子囊孢子形成日期及带菌丛率，直至小麦抽穗扬花时为止。

② 穗期病情观测。大、小麦开始抽穗时，选择低洼的早熟、感病麦田 2～3 块，每 2～3 天调查 1 次，掌握大田穗部发病始期。穗部开始发病后，在每块麦田的发病点上取 200～400 穗，隔天调查记载一次病穗增长率。

③ 药剂防治指标。齐穗至扬花期如气温较常年高 1～2℃，气象预报有连续降雨天气，病穗始期早且增长速度快，应组织防治。

4. 防治

根据调查和统计情况，以小麦主要病害为主制定出综合防治方案，并进行实际操作。

【实训作业】

1. 写出小麦作物病害调查结果报告。
2. 结合当地小麦一种病害的防治操作，分析不同防治措施的防病效果。

实验实训十八　杂粮病害的症状和病原观察

【实训要求】

认识当地杂粮作物主要病害的症状和病原特征，并根据症状和病原能正确地诊断病害，为田间调查奠定基础。

【材料与用具】

玉米叶斑病、瘤黑粉病、丝黑穗病、褐斑病、干腐病、青枯病、锈病等（部分可参见彩图 22～彩图 24），高粱炭疽病、黑穗病、叶斑病，谷子白发病，绿豆叶斑病，小豆白粉病等病害的腊叶标本和病原菌玻片，病害挂图、光盘及幻灯片等。

显微镜、载玻片、盖玻片、贮水滴瓶、挑针、刀片、搪瓷盘、幻灯机、多媒体设备等。

【内容及步骤】

主要是症状观察

(1) 观察玉米小斑病、大斑病、弯孢菌叶斑病等叶部病害标本，注意比较病斑的大小、形状、色泽、边缘以及数量等有何不同，是否有轮纹，病斑上有无松散的黑色霉层产生。

用解剖刀分别从病斑上刮取黑色霉层制片镜检，比较 3 种分生孢子的大小、形状、分隔、两端细胞形态、脐点及色泽等。

(2) 观察比较玉米瘤黑粉病和丝黑穗病为害部位、症状区别。

从两种病害材料上分别挑取黑粉制片镜检。比较两种冬孢子的大小、形状、色泽、微刺等方面的区别。如无区别时，可注意黑粉孢子堆内的寄主残余组织（植物维管束组织），构成中轴的为轴黑粉菌属病菌，没有中轴的则为黑粉菌属病菌。

(3) 观察玉米褐斑病病斑的形状与色泽，病斑是否稍隆起，破裂后有无褐色粉末散出。

自病斑内挑取褐色粉末制片镜检，观察休眠孢子囊的形状、色泽，以及有无盖状结构等特征。

(4) 观察玉米青枯病萎蔫青枯状，叶鞘基部和叶耳溢缩呈褐色，茎基3～4节明显失水干缩。取所给茎基部干缩标本，观察有无粉色霉层产生。

自青枯病材料上刮取粉色霉状物制片镜检，注意镰刀形分生孢子的大小及分隔、色泽等特征。

(5) 取玉米粗缩病和花叶条纹病标本，观察比较两种病害的症状区别。玉米粗缩病植株的叶片色泽、形状及中脉两侧有何特征？节间是否缩短？病株矮化程度如何？能否抽穗？玉米花叶条纹病植株的叶片有无黄绿相间的花叶条纹？病株是否矮化？与粗缩病比较有何不同？

(6) 观察谷子白发病"灰背"、"白尖"、"枪杆"、"旋心"、"看谷老"等不同类型的症状特征。

刮取少量"灰背"上的灰白色霉层制片镜检，观察孢囊梗与孢子囊的形态特征。将"枪杆"或"看谷老"组织内的黄色粉末撒在载玻片的水滴中，制片镜检，观察卵孢子的形态、大小、色泽以及藏卵器的器壁与卵球的关系。

(7) 观察高粱黑穗病，比较高粱3种黑穗病的症状，注意穗形破坏程度，有无穗轴及分枝；花器破坏情况，有无护颖存在；黑粉孢子堆的被膜是否易破裂；黑粉散出后有无中轴，全穗症状是系统性的，还是个别籽粒遭到破坏。

分别挑取高粱散黑穗病、坚黑穗病、丝黑穗病的黑粉状物制片镜检。观察比较冬孢子在形态、大小、色泽、微刺等方面的区别。

(8) 观察高粱炭疽病的标本，注意病斑大小、色泽、形状、有无黑色小颗粒等。

制片镜检炭疽病菌的分生孢子盘有无黑色刚毛，观察病菌的分生孢子梗、分生孢子形态特征。

(9) 取绿豆叶斑病的标本，观察病斑大小、形状、色泽、霉层等。

用解剖刀刮取叶背面的灰色霉层制片镜检，观察其分生孢子形态。

【实训作业】

1. 绘玉米大斑病、小斑病、黑粉病、丝黑穗病、褐斑病、谷子白发病、高粱散黑穗病、炭疽病，以及绿豆叶斑病等病害的病原形态图（任选3～5个）。

2. 列表比较高粱黑穗病、叶斑病的症状区别。

实验实训十九 杂粮病害的田间调查与防治

【实训要求】

了解当地主要杂粮作物常见病害种类及为害情况，掌握杂粮病害的调查方法。进行当地杂粮主要病害的防治工作，加强实际操作技能训练。

【材料与用具】

放大镜、标本采集用具、记录本、铅笔，根据防治内容选定农药和器械、材料等。

【内容及步骤】

1. 玉米、高粱、谷子病害普查

(1) 调查任务 对作物病害的发病种类、分布特点、为害程度以及发病条件等基本情况进行普查。

(2) 调查时间 分别于苗期、成株期及齐穗至乳熟期进行3次调查。

(3) 调查方法 每次调查选择不同生态条件下的玉米、高粱、谷子田各5～10块，采用

5点取样法或随机取样法,每点取100株(叶片、穗)。调查病害发生种类,统计发病率,并将结果记入表7-8。

表7-8　杂粮作物病害普查记载表

调查地点：_____　调查日期：_____　调查人：_____

病害名称 \ 项目	地势	田块号	土质	水肥条件	品种	种子来源	播期	调查时生育期	发病率/%	备注

注：主要病害记载发病率,次要病害记载病名。

2．玉米大斑病、小斑病的调查

(1) 调查任务　系统调查田间玉米大、小斑病的发生情况。调查不同品种的发病情况,了解品种间抗病性差异。

(2) 调查方法　选择一定的地块,自播种出苗后,每隔3～7天定期系统调查玉米大、小斑病的发生情况,直至玉米收获前20天为止。品种抗病性调查,应在玉米吐丝后15～20天为宜。调查时,记载和统计发病率、严重率、病情指数等。大小病斑应分别记载。

(3) 药剂防治指标　在病害可能流行的条件下,小斑病病株率达70%,病叶率在20%左右,即为第一次喷药防治的关键时期。

3．种子处理的防治操作

结合当地情况,应用拌种、浸种、闷种、使用种衣剂等各种方法对高粱、玉米或谷子的种子进行处理操作。

【实训作业】

1．写出一种杂粮作物病害调查结果报告。

2．种子处理可防治玉米、高粱、谷子的哪些病害?

第八章 油料作物病害的诊断与防治

▶知识目标

了解常见油料作物病害的病原,熟悉油料作物主要病害的发病规律,掌握油料作物病害的症状特征及防治方法。

▶能力目标

能准确识别油料作物病害的症状和病原,并能根据病害的发病规律制定切实可行的综合防治方案。

第一节 油菜病害的诊断与防治

一、油菜菌核病

油菜菌核病在我国各油菜产区均有发生,以长江流域和东南沿海各省的冬油菜区最为严重,发病率为10%~80%,减产10%~70%。

1. 症状

幼苗受害,茎基部与叶柄呈白色湿腐,上生白色絮状菌丝,病斑绕茎后幼苗死亡,病部形成黑色菌核。成株期茎、叶、花、角果及种子均可感病。叶片染病,病斑中央黄褐或灰褐色,外围暗青色,周缘浅黄色,干燥时病斑呈纸状,易破裂穿孔。茎部染病,病斑呈梭形或长条形,边缘褐色,中部灰白色,最后绕茎一周,髓部烂成空腔,内生黑色鼠粪状菌核。花瓣感病,病斑初为水浸状,后变为苍白色。角果染病,初现水渍状褐色斑,后变灰白色,果荚内外常生黑色的小菌核。潮湿时发病部位长出白色棉絮状霉(图8-1、彩图25)。

图8-1 油菜菌核病的症状
1—叶部病斑;2—茎部病斑;3—病茎内的菌核

2. 病原

油菜菌核病菌 [*Sclerotinia sclerotiorum* (Lib.) de Bary],属于子囊菌亚门、核盘菌

属。菌核黑色鼠粪状。菌核萌发长出肉褐色、具长柄的子囊盘。子囊盘表面的子实层由子囊和侧丝呈栅栏状排列组成。子囊无色、棍棒状，内生8个子囊孢子。子囊孢子单胞、无色、椭圆形。菌丝白色，有分枝，具隔膜（图8-2）。

菌核抵抗不良环境的能力强，一般在旱地可存活一年；水淹一个月才腐烂，菌核在温度为8～16℃、土壤湿度为75%以上、空气相对湿度在80%以上，并有光照时，萌发产生子囊盘。

油菜菌核病的寄主范围很广，可侵染64科396种植物，自然寄主有36科214种植物，其中以十字花科、菊科、豆科、茄科、伞形科和蔷薇科植物为主，不侵染禾本科植物。

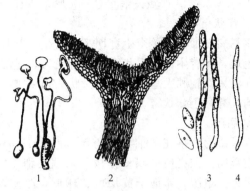

图8-2 油菜菌核病病菌
1—菌核萌发形成子囊盘；2—子囊盘纵剖面；
3—子囊和子囊孢子；4—侧丝
（引自：侯明生等，农业植物病理学，2006）

3. 发病规律

油菜菌核病菌主要以菌核在土壤、病残体或混在种子中越夏（冬油菜区）和越冬（夏油菜区）。越夏菌核在秋季当温湿度适宜时，少数可萌发，产生子囊盘或菌丝侵染幼苗，在自然条件下仅四川盆地发现较多。多数菌核越夏、越冬后，至翌年2～3月才萌发产生子囊盘，经50天子囊孢子成熟后，从子囊内射出，随气流传播，沾附在油菜组织上，条件适宜时可萌发侵入寄主。病组织形成的菌核，随收获落入土中或混入种子和堆肥中，而成为下年发病的来源。

越夏、越冬的菌核数量越多，油菜开花期雨日多、雨量大，病害易流行；连作地、早播早栽地、油菜开花早、花期长，发病重；三种类型的油菜品种中，以芥菜型抗病较好，甘蓝型次之，白菜型最感病。

4. 防治方法

（1）选用抗、耐病品种 甘蓝型、芥菜型油菜抗病性较强。如中油821、中双4号、青油14号、油研7号等抗性高。

（2）减少菌源 实行与禾本科作物轮作，尤以水稻和油菜的轮作防病效果最佳。选种和种子处理，播前筛选除去混在种子中的菌核，然后用10%～15%的硫酸铵液或10%的盐水漂除菌核。中耕培土，早春浅中耕2～3次，油菜收后深耕，油菜抽薹期培土，以减少菌源。

（3）加强栽培管理 清除田间病残体；清沟排渍；施足基肥，施好苗肥，重施腊肥，早施薹肥，后期控施氮肥，增施磷、钾肥；及时摘除老叶、病叶。

（4）药剂防治 油菜盛花期，病叶株率达10%以上、病茎株率在1%以下时开始用药。可选用50%菌核净可湿性粉剂500倍液；以及50%乙烯菌核利（农利灵）可湿性粉剂、50%腐霉利可湿性粉剂、50%异菌脲可湿性粉剂、20%甲基立枯磷乳油1000倍液喷雾。施药时注意喷至植株中下部。

> **资料卡片**
>
> 油菜菌核病防治技术口诀
>
> 抗病品种仔细选，禾本作物轮两年。清除病残加深耕，增施磷钾防效显。异菌脲或农利灵，腐霉利粉效果好，各类药剂互轮换，间隔七天喷三遍。

二、油菜霜霉病

油菜霜霉病广泛分布于油菜产区，尤以长江流域、东南沿海和山区发病较重，一般发病率在10%～50%，严重发病可达100%。单株产量损失10%～50%。

1. 症状

霜霉病在油菜的整个生育期都可发生。叶片被害，叶面产生淡黄小斑，后扩展为多角形的黄色斑，叶背生白色霜状霉；茎秆受害，呈黑褐色不规则形病斑；花器受害，花瓣肥厚变绿如叶状，花轴肿大呈"龙头拐"状；角果被害，病部呈淡黄色，严重时角果变褐萎缩。受害处均长有白色霜状霉。

2. 病原

病原菌为十字花科油菜霜霉菌[*Peronospora parasitica* (Pers.) Fries]，属鞭毛菌亚门、霜霉属。孢囊梗呈双叉分枝，末端尖细，内弯呈钳状，顶生孢子囊。孢子囊球形至卵形，无色、单胞。卵孢子黄褐色、球形，厚壁，外表光滑或略带皱纹（图8-3）。霜霉病菌是专性寄生菌，有生理分化现象。病菌仅为害十字花科植物。

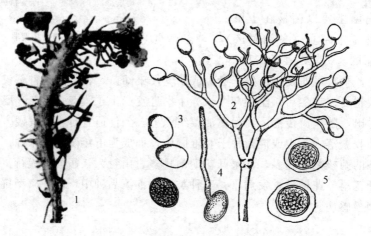

图 8-3　油菜霜霉病
1—发病花轴；2—孢囊梗及孢子囊；3—孢子囊；4—孢子囊萌发；5—卵孢子
（2～5引自：侯明生等，农业植物病理学，2006）

3. 发病规律

油菜霜霉病菌以卵孢子随病残体在土中或在萝卜和芜菁植株的块根里越夏、越冬。在冬油菜区，越夏的卵孢子借雨水传播到寄主组织表面，秋末冬初侵染油菜幼苗，引起初侵染。秋冬期间产生孢子囊借风雨传播，进行多次再侵染。冬春气温低于5℃时，病菌以菌丝在病株内越冬。翌春2～3月，气温回升时，病菌又产生孢子囊再侵染，适宜条件下造成4～5月间的病害流行。侵染后期，病组织内形成卵孢子。油菜收获时，寄主病残体内的卵孢子落入土中越夏或越冬。

油菜霜霉病的发生与气候条件、栽培措施、品种抗性等有关。孢子囊萌发的温度是7～15℃，16～20℃有利于病菌侵入。因此，昼夜温差大、多雨高湿或雾大露重，有利于此病的发生和流行。连作、早播、地势低洼、田间渍水、氮肥过多、生长茂密、通风不良的田块，病害发生重。易感染病毒病的品种也易感染霜霉病。油菜在抽薹开花期为敏感期，此时气温接近于发病适温，若遇阴雨高湿，病害就会流行。

4. 防治方法

油菜霜霉病的防治应以种植抗病品种、加强栽培管理为基础，适当结合药剂防治。

（1）种植抗病品种　三大类型油菜中，甘蓝型油菜较抗病，芥菜型油菜次之，白菜型油菜最感病。

（2）加强栽培管理　可与非十字花科植物轮作2年以上，或1年水旱轮作。适时播种，合理密植，施足基肥，增施有机肥及磷钾肥，增强植株抗病力。早春清沟排渍。收获后彻底清除田间病残株，并深耕深翻。

（3）种子处理　用10%的盐水处理种子，再清洗种子，或用25%甲霜灵拌种。

（4）药剂防治　初花期病株率达10%以上时开始用药，可选用72.2%霜霉威水剂600~800倍液、25%瑞毒霉可湿性粉剂1000倍液、40%乙磷铝可湿性粉剂300倍液、64%杀毒矾可湿性粉剂500倍液、72%霜脲·锰锌可湿性粉剂600~800倍液、58%甲霜灵·锰锌可湿性粉剂600倍液、64%烯酰·锰锌可湿性粉剂1000倍液喷雾，7天一次，连喷2~3次。

三、油菜病毒病

油菜病毒病又名花叶病，我国各油菜产区均有发生，重病区在流行年份产量损失达20%~30%，严重者达70%。

1. 症状

不同类型的油菜症状表现不同。甘蓝型油菜的症状主要是黄斑型、花叶型和条斑型；白菜型和芥菜型油菜的症状主要是皱缩明脉花叶型和矮化型。

① 黄斑型　新生叶上有点状枯斑和黄色斑块。前者病斑较小，淡褐色；后者病斑较大，淡黄色或橙黄色，病健分界明显，常引起叶片变黄枯死。

② 花叶型　叶片呈黄绿相间花叶，支脉和小脉半透明，轻微皱缩。

③ 条斑型　在茎枝一侧出现褐色条斑，条斑上下扩展呈枯斑状。后期枯斑纵裂，裂口上有白色分泌物。条斑连片后常使植株半边或全株枯死。

④ 皱缩明脉花叶型　叶脉呈半透明状，叶上支脉和细脉呈明脉，明脉附近逐渐退绿，使叶片呈黄绿相间花叶，并且皱缩呈畸形。

⑤ 矮化型　株形矮化，叶片皱缩内卷，分枝少，花蕾不开放，角果畸形。

2. 病原

油菜病毒病的主要毒源有芜菁花叶病毒（TuMV）、黄瓜花叶病毒（CMV）、烟草花叶病毒（TMV）等。其中，TuMV是最主要的毒源。其粒体线状，钝化温度为62℃，稀释终点为10^{-4}~10^{-3}，体外保毒期为3~4天。可由汁液传播或由蚜虫作非持久性传毒。能为害十字花科、菊科、茄科、藜科和豆科植物。系统侵染萝卜、白菜、芜菁、菠菜、茼蒿和花生等，局部侵染黄花烟与苋色藜。

3. 发病规律

在我国冬油菜区病毒在寄主体内越冬，翌年春天由桃蚜、菜缢管蚜、棉蚜、甘蓝蚜等蚜虫传毒，其中桃蚜和菜缢管蚜在油菜田十分普遍，冬油菜区由于终年长有油菜，春季甘蓝、青菜、小白菜、荠菜等十字花科蔬菜和杂草，成为秋季油菜的重要毒源。油菜田发病后由蚜虫迁飞扩传引起再侵染。

油菜栽培区春季和秋季温暖、干旱少雨，利于蚜虫发生和迁飞，发病重；秋季早播或移栽的油菜、春季迟播的油菜，发病重；油菜地靠近蔬菜地、或附近杂草丛生田，发病重；甘蓝型油菜较抗病，芥菜型油菜次之，白菜型油菜易感病。

4. 防治方法

油菜病毒病的防治应以选种高产抗病品种为基础，加强栽培管理，狠抓苗期避蚜、诱蚜、治蚜的综合防治措施；防治重点在油菜苗期。

(1) 选用抗病品种　抗病的品种有：宁油 7 号、宁油 81-23、当油 3 号、甘油 5 号、大仓 8001、新都 42 等。

(2) 加强栽培管理　当地当年 9～10 月份若雨少天旱适当迟播，多雨适当早播。苗床远离十字花科蔬菜地，特别是早播萝卜、甘蓝、大白菜地。及时间苗和移栽并同时拔除病苗。

(3) 苗期治蚜防病　苗床周围种植高秆作物；每公顷油菜田可插 90～120 块黄板诱蚜；或用银灰色塑料薄膜或窗纱，平铺畦面四周以避蚜。喷药治蚜，重点在油菜苗 3～6 叶期，常用药剂有吡虫啉、啶虫脒、苦参碱等。

(4) 药剂防治　可配合喷药治蚜，选用 25％病毒 A 500 倍液、1.5％植病灵乳剂 1000 倍液、0.5％菇类蛋白多糖水剂 300 倍液等喷雾。

四、油菜其他病害

1. 油菜白锈病

叶、茎、角果均可受害。叶片发病，叶面散生浅绿色小点，后变为黄色圆斑，叶背病斑处隆起白色漆状疱状物。花梗染病，顶部肿大弯曲，呈"龙头"状，花瓣肥厚变绿，呈绿叶状，不能结实。茎、枝、花梗、花器、角果等发病部位均可长出白色漆状疱状物，多呈长条形或短条状。病原为鞭毛菌亚门、白锈菌属的白锈菌 [*Albugo candida* (Pers.) O. Kuntze]。除为害油菜外，还可为害十字花科 63 个属 246 种植物。病菌以卵孢子随病残体在土壤中或混在种子中越夏，冬季以菌丝在越冬幼苗或种株上越冬。孢子囊随气流传播。病菌喜冷凉高湿，因此，在油菜抽薹、开花期，雨量大、雨日多时，发病重。三种类型油菜中，芥菜型抗病最强，甘蓝型次之，白菜型感病最重。

选种加拿大 3 号、花叶油菜、亚油 1 号、茨油 1 号等抗病品种；用种子重量 1％的甲霜灵浸种或拌种；在抽薹期或开花初期短柄叶上发病较多时，及时喷药。药剂参考油菜霜霉病。

2. 油菜黑斑病

油菜黑斑病主要为害叶片、叶柄和茎。叶片染病，叶上形成具同心轮纹的褐色圆斑，周围有黄色晕圈。叶柄、叶柄与主茎交接处染病，形成椭圆形至梭形轮纹状病斑，环绕侧枝与主茎一周时，使侧枝或整株枯死。湿度大时病斑处生黑色霉状物。病原为半知菌亚门链格孢属的芸薹链格孢 [*Alternaria brassicae* (Berk.) Sacc.]、芸薹生链格孢 [*A. brassicicola* (Schw.) Wiltshire] 等。两者均能为害多种十字花科蔬菜。病菌以菌丝或分生孢子在病残体和种子内外越夏或越冬。分生孢子随气流传播。油菜品种中白菜型油菜最感病，甘蓝型较抗病。两种病菌都喜高湿，油菜开花期适温多雨易发病。

选用抗病品种，如渝油 18 等；用种子重量 0.2％的敌菌丹拌种，或用 50℃温水浸种 25min；发病初期选用 70％甲基硫菌灵或 50％异菌脲可湿性粉剂 1000 倍液、80％代森锰锌可湿性粉剂 800 倍液、12％松脂酸铜乳油 600 倍液喷雾。

3. 油菜白斑病

油菜白斑病主要危害叶片。叶上形成圆形或近圆形病斑，边缘绿色，中央灰白色，病部微凹变薄，易干裂，高湿时病斑背面产生淡灰色霉状物。病原为半知菌亚门、小尾孢属的芥假小尾孢 [*Pseudocercosporella capsella* (Ell. & Ev.) Deighton]。主要为害十字花科蔬菜。病菌以菌丝体附在病叶上或以分生孢子附在种子上越冬。分生孢子借风雨传播。病菌喜低温，油菜生育后期，气温低、温差大、多雨，发病重。

发病初期用70%甲基硫菌灵可湿性粉剂、或40%多·硫悬浮剂800倍液，65%甲硫·霉威或50%多·霉威可湿性粉剂1000倍液喷雾。

第二节　大豆病害的诊断与防治

一、大豆病毒病

大豆病毒病是由多种病毒单一或复合侵染引起的病害，主要有大豆花叶病、大豆顶枯病。我国各省均有分布。其中大豆花叶病发生普遍，占大豆病毒病的80%以上，感病品种受害后可减产30%～70%。大豆顶枯病（又称芽枯病）在东北发生重，造成的损失一般在25%～100%。

1. 症状

（1）大豆花叶病　典型症状为植株显著矮化，叶片皱缩并呈现黄绿相间的花叶，叶缘后卷，有时沿叶脉两侧有许多泡状突起。高感品种发病后出现顶芽卷缩呈黑褐色坏死，叶片上除斑驳和扭曲外，还产生坏死小点。病株的种子常产生斑驳，颜色与脐色一致，在褐脐豆上形成褐斑、黑脐豆上形成黑斑，斑纹呈放射状或云纹状，俗称花脸豆或褐斑粒（图8-4、彩图26）。

（2）大豆顶枯病　大豆苗期只在叶片上出现少数锈状小点。典型症状出现于开花后，病株茎顶部向下弯曲成钩状，芽和茎变褐干枯，茎髓部成褐色。叶脉坏死或形成坏死斑，有的呈轻花叶或轻微皱缩或沿主脉抽缩。豆荚上有不规则坏死褐斑，病种子也产生斑驳。

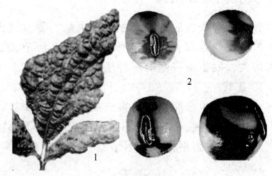

图8-4　大豆花叶病症状
1—病叶；2—病种子

2. 病原

（1）大豆花叶病　病原为大豆花叶病毒（SMV）。病毒粒体线状，钝化温度为55～65℃。稀释终点为10^{-3}～10^{-2}，体外存活期1～4天。此病毒除侵染大豆外，还能侵染细茎豆类，如蚕豆、豌豆、紫云英并显症。在绿豆和某些菜豆品种上隐症带毒。

（2）大豆顶枯病　病原为黄瓜花叶病毒大豆萎缩株系（CMV-S），属黄瓜花叶病毒组。病毒粒体球状，直径28～30nm，钝化温度为50～60℃，稀释终点为10^{-3}～10^{-2}，体外存活期为1～4天。CMV-S能系统侵染的作物有大豆、小豆、豌豆、扁豆、心叶烟、黄瓜、南瓜、西葫芦等，局部侵染苋色藜、豇豆、绿豆、蚕豆、菜豆等。

3. 发病规律

（1）大豆花叶病　病毒在种子内越冬成为第二年的初侵染源，带毒种子长出的病苗为田间传播的毒源，再经大豆蚜、桃蚜、豆蚜等30多种蚜虫以非持久性方式传播，在田间引起多次再侵染。也可通过汁液摩擦传播，病害远距离传播靠带毒的种子。

大豆不同品种抗病性不同，较抗大豆花叶病的品种有湘春豆14号、豫豆26号、齐黄26号、齐黄27号、鲁豆6号、文登青黑豆、莱阳二黑豆、烟青豆1号、铁皮黄豆、丹东金黄豆等。从美国、日本引进的一些品种如十胜长叶、哈尔大豆（Harosoy）、安大豆（Amsoy）、考尔大豆（Corsoy）、克拉克63（Clark63）发病均较重。

生产上使用带毒率高的豆种,且高温干旱年份,介体蚜虫发生早、数量大,植株被侵染早,品种抗病性差,播种晚时,该病易流行。

(2) 大豆顶枯病　该病的初侵染源是种子带毒传病苗,病毒种传率可达80%～100%。造成田间再侵染的传毒蚜虫主要有大豆蚜、豆蚜、桃蚜、马铃薯长管蚜等,汁液摩擦也可传毒。种植带毒的豆种,传毒蚜虫发生数量大,以及品种抗性不高,该病发生重。较抗大豆顶枯病的品种如日本的出羽娘等。

4. 防治方法

(1) 加强检疫　应加强检疫,特别是产地的田间调查和国外引进品种的试种观察。

(2) 选用抗病品种和采用无毒种子　一般地方品种比新育成的品种感病,北方品种在南方种植比当地品种感病,早熟品种比晚熟品种感病;建立无病种子繁殖基地,播种无毒种子;用新高脂膜拌种处理;种植适于当地的抗病品种。

(3) 治蚜防病　苗期用10%吡虫啉或2.5%溴氰菊酯或50%抗蚜威等,与新高脂膜混喷;适当调整播种期,苗期避开蚜虫高峰;铺银灰色薄膜驱蚜。

(4) 改善栽培措施　适期播种,清除田间杂草,及时拔除点片发生的病株。

(5) 喷杀菌剂　发病初期结合治蚜选用20%吗啉胍·乙铜可湿性粉剂500倍液、1.5%植病灵Ⅱ号乳油1000倍液、NS·83增抗剂100倍液等喷雾。

二、大豆胞囊线虫病

大豆胞囊线虫病又称大豆根线虫病、萎黄线虫病,俗称"火龙秧子"。其在我国主要分布于黑龙江、吉林、辽宁、河北、山西、河南、山东、安徽、江苏等地,该病是我国大豆上为害最大、发生最普遍的一种病害,一般减产10%～20%,重者可达30%～50%。

1. 症状

大豆整个生育期均可受害。病株矮小似缺氮状,自下而上叶褪绿变黄,重者整株叶枯黄似火烧状,叶片脱落,结荚少或不结荚。地下部被寄生主根一侧鼓包或破裂,露出白色小颗粒(胞囊),被害根很少或不结瘤。病株根系易腐烂,植株早枯。

2. 病原

病原为大豆胞囊线虫(*Heterodera glycines* Ichinoche),属异皮科胞囊线虫属。其生活史经历卵、幼虫、成虫三个阶段。卵初为蚕茧形,后发育成长圆形,一侧微弯,形成于雌虫体内,贮存于胞囊中。幼虫共4龄,脱皮3次后变为成虫。1龄幼虫在卵内发育;2龄幼虫破卵壳而出,雌雄均为线状;3龄幼虫雄虫线状,雌虫囊状;4龄幼虫形态与成虫相似。成虫雄虫线状,雌虫洋梨形。成熟后胀破寄主表皮,腹部外露,头部藏在寄主组织内,因此肉眼可见。成熟雌虫体壁加厚变褐,成为胞囊。胞囊黄褐色,柠檬形,内部充满卵(图8-5)。在栽培植物中的主要寄主有大豆、小豆、绿豆、豌豆、赤小豆、饭豆以及某些菜豆品种等。

3. 发病规律

大豆胞囊线虫以卵在胞囊内于土壤中越冬,有的黏附于种子或农具上越冬,成为翌年初侵染源。春季温度在16℃以上,卵孵化出2龄雌性幼虫,从根冠侵入寄主,寄生于根的皮层中吸食,雌雄交配后,雌虫体内形成卵粒,膨大为胞囊。胞囊落入土中,卵孵化可再侵染。秋季温度下降,卵不再孵化,以卵在胞囊内越冬。胞囊在土壤中可存活10年以上。胞囊线虫在田间主要通过农事耕作、田间水流或借风携带传播,也可混入未腐熟堆肥或种子携带远距离传播。

胞囊线虫耐干旱不耐高温,发育适温为18～25℃,最适湿度为60%～80%,过湿,线虫易死亡。碱性土、通气良好的沙土和沙壤土、连作地,发病重。

4. 防治方法

（1）加强检疫　禁止病区种子外调，认真进行种子检验，以防止种子中混有带胞囊的泥土传入无病区。

（2）种植抗病品种　病区应种植较抗病的品种，如泗豆11号、豫豆2号、8118、7803等，河南商丘选育的7606，淮阴农科所选育的83-h抗性稳定。

（3）加强栽培管理　与禾谷类作物等非寄主植物实行3年以上轮作，有条件可实行水旱轮作。适当增施有机肥，高温干旱年份注意适当灌水。

（4）药剂防治　防治大豆胞囊线虫可用种衣剂（含呋喃丹等杀线虫剂）拌种，也可用25%DD混剂120~150kg/hm^{2}于播前15~20天处理土壤，或3%克百威（呋喃丹）颗粒剂5~10kg/亩，或10%噻唑膦1~2kg/亩，与细沙混匀后随播种覆土，或98%必速灭（棉隆）5~10kg/亩，于播种前10~15天沟施，或用复合药剂防线1号（13%灭克磷+甲拌磷）及5%甲基异柳磷颗粒剂等，防效都比较显著。

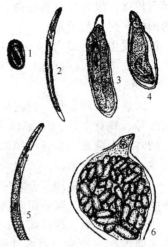

图 8-5　大豆胞囊线虫

1—卵；2—二龄幼虫；3—四龄雄虫；
4—四龄雌虫；5—雄成虫；6—雌成虫

（引自：侯明生等，农业植物病理学，2006）

三、大豆霜霉病

大豆霜霉病在我国各大豆产区均有发生，以气温冷凉的东北和华北地区发生普遍。病害引起叶片早落，种子霉烂，可减产30%~50%。

1. 症状

大豆霜霉病菌可为害幼苗、叶片、豆荚及子粒。带病种子引起幼苗系统感病，当幼苗第一对真叶展开后，子叶不表现症状，第一对真叶沿叶脉两侧出现褪绿斑块，扩大后使全叶变黄而枯死。潮湿时，病斑背面生灰白色霉层（孢囊梗和孢子囊）。成株期叶片表面出现圆形或不规则形的黄绿色病斑，后期病斑变褐色，叶背也生灰白色霉层。豆荚表面无明显症状，其内壁有灰色霉层，病荚内的豆粒表面沾满一层白霉（卵孢子和菌丝）。

2. 病原

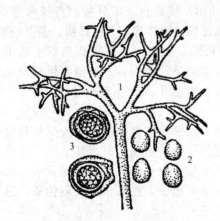

图 8-6　大豆霜霉病菌

1—孢囊梗；2—孢子囊；3—卵孢子

（引自：侯明生等，农业植物病理学，2006）

病原为东北霜霉菌 [*Peronospora manschuica* (Naum.) Syd]，属鞭毛菌亚门、霜霉属。病菌无性世代产生孢子囊，有性世代产生卵孢子。孢囊梗单生或束生，无色，二叉状分枝，末端尖锐，向内弯曲呈钳状，顶生孢子囊。孢子囊椭圆形或倒卵形，无色或略带淡紫色，单胞，多数有乳状突起。卵孢子黄褐色，近球形，壁厚（图8-6）。

3. 发病规律

病菌以卵孢子在种子和病残体中越冬，为翌年的初侵染源。卵孢子随种子发芽而萌发，侵入幼苗，形成系统侵染，病苗成为田间的中心病株。中心病株产生大量孢子囊，借风雨传播，落到寄主叶片上，引起再侵染。病部又形成大量孢子囊，借风雨传播,继续进行再侵染。结荚后,病菌侵染豆荚和豆粒。后期,病粒上或其他病组织内的菌丝产生卵孢子。

该病发生的适温为20～22℃,高于30℃或低于10℃不发病。卵孢子形成适温为15～20℃,因此7～8月份低温、多雨,阴天多,发病重。品种间抗病性也有差异。

4. 防治方法

(1) 选用抗病品种 较抗病的品种有湘春豆14号、齐黄26号、吉农15号、九农9号、九农2号、冀豆7号、辽豆10号、辽豆12号、晋豆20号、菏9206、鲁豆11号等。

(2) 减少菌源 实行3年以上轮作,选用无病种子,在无病田或轻病田留种,播种前剔除病粒,减少初侵染源。

(3) 加强栽培管理 合理密植,提高温度和降低湿度。增施磷肥、钾肥。及时拔除中心病株并深埋或烧毁,减少田间再侵染源。

(4) 药剂防治 播种前用种子重量0.3%的90%乙磷铝或25%瑞毒霉可湿性粉剂拌种。发病初期用75%百菌清可湿性粉剂600倍液、25%瑞毒霉可湿性粉剂1000倍液、72.2%霜霉威水剂1000倍液、64%杀毒矾可湿性粉剂500倍液、72%霜脲·锰锌可湿性粉剂800倍液、64%烯酰·锰锌可湿性粉剂1000倍液喷雾。隔7～15天喷1次,共2～3次。

四、大豆灰斑病

大豆灰斑病又称褐斑病、斑点病或蛙眼病,是我国大豆主产区的重要病害,尤以东北三省为害严重。造成大豆产量降低,品质变劣。

1. 症状

大豆灰斑病能危害植株地上各部位,以叶片发病最重。带菌种子长出幼苗,子叶上现半圆形深褐色凹陷斑,低温多雨时,病害扩展到生长点,病苗枯死。成株叶片染病,形成圆形或椭圆形、中央灰白色、边缘褐色的蛙眼状病斑,病健分界明显,潮湿时病斑背面密生灰色霉层(分生孢子梗和分生孢子);病重时病斑合并,使叶片提早枯死。茎上病斑为椭圆形、中央褐色、边缘红褐色,密布微细黑点。荚上病斑为圆形或椭圆形,略凹陷;种子上病斑与叶斑相似,但病斑上霉层不明显。病轻时仅产生小褐点。

2. 病原

病原为大豆尾孢菌(*Cerospora sojina* Hara),属半知菌亚门、尾孢属的真菌。分生孢子梗成束从寄主气孔伸出,淡褐色,不分枝,有膝状弯曲,孢痕显著。分生孢子圆柱形或倒棒状,无色透明,基部钝圆,顶端尖细,具1～9个横隔(图8-7)。灰斑病菌寄主范围很窄,除为害大豆外,仅能侵染野生大豆。该菌有生理分化现象,我国用6个鉴别寄主鉴定出11个生理小种。

3. 发病规律

病菌以菌丝体在种子或病残体上越冬,成为翌年初侵染源。带菌种子长出幼苗的子叶上出现病斑,其上产生分生孢子或表土层病残体上产生分生孢子侵入寄主引起发病。由初侵染的病斑上产生大量分生孢子,在田间借气流传播,进行再侵染。

适于病害发生的温度为15～30℃。温度适宜,若品种抗性不高,有大量初侵染菌源,重茬或邻作、前作为大豆,花后降雨多,湿气滞留或夜间结露时间长该病易大发生。

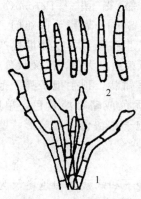

图8-7 大豆灰斑病菌
1—分生孢子梗;2—分生孢子
(引自:陈庆恩等,中国大豆病虫图志,1987)

4. 防治方法

（1）选用抗病品种　我国抗灰斑病的品种有合丰 29 号、合丰 30 号、绥农 10 号等，但抗性不稳定，因此一个抗病品种不能长期种植，应及时更换品种。

（2）加强栽培管理　合理轮作，避免重茬，清除病残体，收获后及时耕翻地，减少越冬菌量。雨后及时排水，合理密植，铲除田间杂草，降低田间湿度。

（3）药剂防治　用 60% 多福合剂按种子重量的 0.4% 拌种。叶部发病初期、结荚盛期各喷药一次。常用的药剂有 50% 多菌灵或 70% 甲基硫菌灵可湿性粉剂 1000 倍液、50% 多·霉威或 65% 甲硫·霉威可湿性粉剂 1000 倍液等。

五、大豆紫斑病

大豆紫斑病发生于我国各大豆产区。病粒除表现紫斑外，有时龟裂、瘪小失去生活能力，感病品种紫斑粒率达 15%～20%，最高可达 50% 以上，严重影响大豆产量和品质。

1. 症状

紫斑病可侵染叶片、茎、荚和豆粒。幼苗子叶发病，形成云纹状近圆形褐斑；成株叶片发病，初生紫红色小圆点，扩展后形成多角形褐色或浅灰色斑；潮湿时，病斑两面密生灰色霉层（分生孢子梗和分生孢子）。茎及叶柄上的病斑呈长条形或梭形，赤褐色，严重时整个茎或叶柄呈紫黑色。豆粒发病轻时，在脐周围形成浅紫色斑纹，严重时，种皮大部分呈深紫色，有龟裂条纹。

2. 病原

病原为菊池尾孢 [*Cercospora kikuchii* (Matsumoto et Tomoyasu) Chupp]，属半知菌亚门、尾孢属。病菌子实体生于叶片正反两面，子座小，分生孢子梗不分枝，暗褐色，多隔膜，孢痕显著；分生孢子无色，鞭状至圆筒形，基部平截，顶端略尖，具隔膜，多的达 20 个以上（图 8-8）。

3. 发病规律

病菌以菌丝体在种皮内或以菌丝和分生孢子在病残体上越冬，成为翌年初侵染源。播种后，病种子及病残体上的菌源引起子叶发病，产生大量分生孢子，随气流和雨水传播，进行再侵染。

大豆开花和结荚期高温多雨，均温 26～28℃，发病重；连作地、地势低洼、植株密度大、田间通风透光差发病重；早熟品种发病重。

4. 防治方法

（1）选用抗病品种　生产上抗病毒病的品种也较抗紫斑病，如黑龙江 41 号、九农 5 号、九农 9 号、牛尾黄等。野生大豆抗性较强。

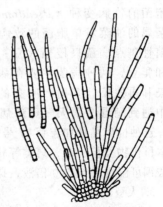

图 8-8　大豆紫斑病菌
（示分生孢子梗和分生孢子）
（引自：陈庆恩等，中国大豆病虫图志，1987）

（2）减少菌源　合理轮作，最好水旱轮作。大豆收获后，及时清除病残体，深翻地，促进病残体腐烂。选用无病种子，减少初侵染源。

（3）加强田间管理　深沟高畦栽培，清沟排渍，雨停不积水。合理密植，及时去除病枝、病叶、病株，并带出田外烧毁。施用充分腐熟的有机肥。

（4）药剂防治　用种子重量 0.3% 的 50% 福美双拌种。开花始期、蕾期、结荚期、嫩荚期各喷药 1 次，选用 30% 碱式硫酸铜悬浮剂 400 倍液、50% 多·霉威可湿性粉剂 1000 倍液、70%甲基硫菌灵可湿性粉剂1000倍液、10%苯醚甲环唑水分散粒剂1500倍液。

六、大豆其他病害

1. 大豆炭疽病

大豆炭疽病主要为害茎及荚，也侵染叶或叶柄。茎部病斑灰褐色、呈不规则形，其上密生小黑点。荚部病斑圆形或不规则形，其上生轮纹状排列的小黑点。苗期子叶上的病斑黑褐色，常出现开裂或凹陷。叶片上的病斑边缘深褐色、内部浅褐色，病斑上生刺毛状小黑点。病原为子囊菌亚门、小丛壳属的大豆小丛壳菌 [*Glomerella glycines* (Hori) Lehman et Wolf]，以及无性态半知菌亚门、炭疽菌属的大豆炭疽菌（*Colletotrichum glycines* Hori）。病菌只侵染大豆。病菌在大豆种子和病残体上越冬，播种带菌种子，幼苗发病，产生的分生孢子借风雨传播，引起再侵染。苗期低温、生长后期高温多雨的年份，发病重。

选用抗病品种，轮作3年以上。用种子重量0.5%的50%异菌脲可湿性粉剂拌种。发病初期用70%代森锰锌可湿性粉剂800倍液、50%咪鲜胺可湿性粉剂或10%苯醚甲环唑水分散粒剂1000倍液喷雾。

2. 大豆细菌性叶斑病

大豆细菌性叶斑病主要有大豆细菌性斑点病和大豆细菌性斑疹病（叶烧病）两种。大豆细菌性斑点病在叶上形成褐色至黑褐色多角形病斑，边缘黄色晕圈明显，湿度大时病斑背面溢出白色菌脓；老病斑中央常撕裂脱落。茎及叶柄染病产生黑褐色、水渍状条斑。荚染病形成不规则黑褐色小斑，多集中于豆荚合缝处。病种子上病斑褐色，上覆一层菌脓。大豆细菌性斑疹病与斑点病的症状相似，主要区别是斑疹病在叶上形成红褐色不规则形病斑，边缘黄色晕圈不明显，病斑中央有小疱疹状凸起，严重时病斑汇合，大片组织变褐枯死，状似火烧。细菌性斑点病的病原为假单胞属的丁香假单胞菌的致病变种（*Pseudomonas syringae* pv. *glycinea*）；细菌性斑疹病的病原为黄单胞菌属的油菜黄单胞菌的致病变种 [*Xanthomonas campestris* pv. *glycines* (Nak) Dye]。细菌性斑点病菌只侵染大豆；细菌性斑疹病菌除为害大豆外，也可为害野生大豆、菜豆和爬豆。两种病菌主要在病种子及病残体上越冬，病部的细菌借风雨传播，进行初侵染和再侵染。多雨、凉爽的气候利于斑点病发生；斑疹病喜高温，在大豆整个生长期中遇到潮湿多雨天气斑疹病均能发生。

选种抗病品种如吉育47号、72号，吉农17号、15号，长农16号、韩国小粒黄等；与禾本科作物及棉、麻、薯类等轮作；发病初期选用20%噻菌铜悬浮剂600倍液、50%琥胶肥酸铜可湿性粉剂500倍液、12%松脂酸铜乳油600倍液，叶面喷雾。

3. 大豆锈病

大豆锈病主要为害叶片、叶柄和茎。叶片两面产生灰褐色或红褐色稍隆起的斑点（夏孢子堆），表皮破裂散出棕褐色粉末（夏孢子）。生育后期，在夏孢子堆周围形成黑褐色多角形稍隆起的斑点（冬孢子堆）。叶柄和茎染病产生症状与叶片相似。病菌为担子菌亚门、层锈菌属的豆薯层锈菌（*Phakopsora pachyrhizi* Sydow），除为害大豆外，尚能侵染35个属的87种豆科植物。该病主要靠夏孢子借气流传播蔓延，冬孢子的作用尚不清楚。雨量大、雨日多的高湿年份病害易流行；品种间抗病性有差异。

选用抗病品种，如中黄2~4号、九丰3号、南雄黄豆等。发病初期选用70%甲基硫菌灵可湿性粉剂1000倍液、43%戊唑醇悬浮剂、25%丙环唑乳油4000倍液、40%氟硅唑乳油10000倍液等喷雾。

第三节　花生病害的诊断与防治

一、花生根结线虫病

花生根结线虫病又称花生根瘤线虫病，俗称地黄病、地落病、黄秧病等，是一种世界性病害。该病在北方花生主产区发病最重，一般减产20%～30%，重者减产70%～80%，甚至绝收。

1. 症状

主要为害植株的地下部。线虫侵入主根尖端，使之膨大形成纺锤形或不规则形虫瘿，虫瘿上再生根毛，根毛上又生虫瘿，使整个根系形成乱丝状的"须根团"，被害主根畸形歪曲，根颈、果柄上形成葡萄穗状的虫瘿。荚果受害，果壳上形成褐色疮痂状突起。注意虫瘿与根瘤的区别，虫瘿长在根端，呈不规则状，表面有许多根毛；根瘤圆形，着生在根的一侧，表面光滑。剖视虫瘿可见乳白色针头大小的雌线虫。被害植株生长不良，叶片黄化瘦小、焦灼，提早脱落。

2. 病原

病原为北方根结线虫（*Meloidogyne hapla* Chitwood）和花生根结线虫［*M. arenaria* (Neal) Chitwood］。在我国大致是黄河以南为花生根结线虫、以北为北方根结线虫。均属侧尾腺口纲、根结线虫属。

成虫雌雄异型。北方根结线虫雌虫梨形或袋形，会阴花纹圆形至扁卵形，背弓低平，侧线不明显，尾端区常有刻点。雄虫线状，头区隆起，与体躯界线明显，侧区有4条侧线，头感器长裂缝状。幼虫体长347～390μm，头端平或呈圆形，排泄孔位于肠前端，尾部向后渐变细。花生根结线虫雌虫梨形，会阴花纹侧线不明显，尾端无刻点，近侧线处有不规则横纹。雄虫线形，头尖尾钝圆，头冠低，头区具环纹，导刺带月牙形。幼虫线形，体长448μm，半月体紧靠排泄孔（图8-9）。

北方根结线虫可侵染花生、大豆、绿豆、冬瓜、南瓜、甜瓜、黄瓜、萝卜、油菜、甘蓝、芝麻、马铃薯等550余种植物；花生根结线虫可侵染小麦、大麦、玉米、番茄、柑橘等330种植物。

3. 发病规律

病原线虫以卵在土壤中的病根、病果壳虫瘤内外越冬，也可混入粪肥越冬。翌年平均地温达11.3℃以上时，卵孵化为幼虫，2龄幼虫从根尖侵入，吸取营养，并引起根组织过度生长形成根结。幼虫在根结内经3次脱皮后变为成虫。雌雄成虫交配后，雌虫产卵于卵囊内，卵囊存在于根结内或一端露于根结外。卵在虫瘿内或土壤中继续孵化进行再侵染。田间主要随土壤、流水、人畜及农具传播；远距离传播靠调运混有病残体的种子。

干旱年份易发病，雨季早、雨水大、植株恢复快发病轻。沙壤土或沙土、瘠薄

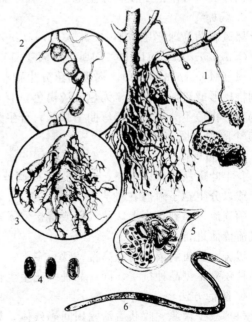

图8-9　花生根结线虫病
1—花生被害状；2—根瘤放大；3—根部虫瘿（放大）；
4—卵；5—雌成虫；6—雄成虫

土壤发病重。连作田、管理粗放、杂草多的花生田易发病。

4. 防治方法

(1) 加强检疫　不从病区调运花生种子，如必须调种时，只调果仁，并在调种前将其干燥到含水量为10%以下。

(2) 减少菌源　病地花生要就地收获，不要带出田外。清除田间的病残体和杂草，集中烧毁，不用未经干燥处理的病株残体作饲料或沤粪，病土深翻曝晒，减少初侵染源。

(3) 加强栽培管理　改良土壤，增施腐熟的有机肥。改善灌溉条件，不要串灌，防止水流传播。与禾本科作物或甘薯轮作2～3年。

(4) 药剂处理土壤　重病田每公顷沟施98%棉隆75～150kg，播种前15～20天进行土壤熏蒸。播种时每公顷用3%氯唑磷颗粒剂90kg，或15%涕灭威颗粒剂18kg，或3%呋喃丹颗粒剂22～26kg，或10%硫线磷颗粒剂22～44kg或10%苯线磷颗粒剂30～60kg，沟施或穴施，药剂施于表层20cm的土壤中，药剂不要直接接触种子，与种子分层施用。

(5) 生物防治　用淡紫拟青霉或厚垣孢子轮枝菌对根结线虫防效较好。

二、花生叶斑病

花生叶斑病包括黑斑病和褐斑病，是花生上常见的两种叶部病害，在田间常同时发生，主要造成叶片枯死、脱落，产量损失一般为10%～20%，严重的高达40%以上。

1. 症状

两种病害均主要为害叶片。褐斑病叶斑圆形或不规则形，深褐色，背面色浅呈褐色或淡褐色，边缘有明显的黄色晕圈，叶正面病斑上散生不明显的小黑点（子座）。黑斑病叶斑圆形，黑褐色，叶斑正面和背面颜色基本相同，边缘黄色晕圈不明显，比褐斑病病斑小，叶背面病斑上有明显的同心轮纹状排列的小黑点（子座）。潮湿时，两种病害在小黑点上均产生灰褐色霉层（分生孢子梗和分生孢子）（见彩图27、彩图28）。

2. 病原

黑斑病菌为球座尾孢菌（*Cercospora personata* Berk. Et Curt.），褐斑病菌为花生尾孢菌（*C. arachidicola* Hori），均属半知菌亚门、尾孢属。两者的有性态均为子囊菌亚门、球腔菌属（*Mycosphaerella*）。褐斑病菌分生孢子梗黄褐色不分枝，上部呈膝状弯曲；分生孢子倒棍棒形或鞭形，细长，无色或淡褐色，有4～14个隔膜（图8-10）。黑斑病菌分生孢子梗褐色，粗短不分枝，上部弯曲呈膝状；分生孢子倒棍棒形或圆筒状形，粗短，橄榄色，有3～5个隔膜（图8-11）。

3. 发病规律

花生叶斑病病菌以子座、分生孢子或菌丝团在病残体上越冬，也可以子囊壳在病残体内，或以分生孢子附着在种壳、种子上越冬。翌年条件适宜时，子座或菌丝团产生分生孢子，随气流传播到花生上，从气孔或直接侵入寄主引起初侵染，然后病斑上产生的分生孢子借气流传播进行再侵染。

黑斑、褐斑病菌喜高温高湿。秋季多雨、气候潮湿、土壤瘠薄、连作田，发病重。直立型品种较蔓生型品种抗病，同一品种中花生生长前期和幼嫩器官较抗病。

4. 防治方法

(1) 减少菌源　收获后清除田间病残体，集中销毁；及时翻耕。

(2) 农业防治　选用抗病品种，如丰花1号、5号、鲁花9号、13号、11号，群育101，P12等品种均较抗病。重病田轮作2年以上。适时播种，合理密植，增施钙镁肥。

(3) 药剂防治　发病初期，用80%代森锰锌可湿性粉剂800倍液、12.5%烯唑醇或

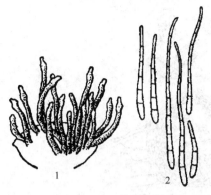
图 8-10　花生褐斑病菌
1—分生孢子梗；2—分生孢子
（引自：侯明生等，农业植物病理学，2006）

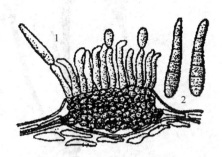
图 8-11　花生黑斑病菌
1—分生孢子梗；2—分生孢子
（引自：浙江农业大学，1982）

70%甲基硫菌灵可湿性粉剂 1000 倍液、25%丙环唑乳油 500～1000 倍液喷雾，10～15 天喷 1 次，连喷 2～3 次。喷药时加入 0.1%助杀剂或害利平展着剂效果更好。

三、花生茎腐病

花生茎腐病又称枯萎病、倒秧病，是花生的常见病害，各花生产区均有发生，以山东、江苏发生最重，一般发病率为 10%～20%，重者达 60%～70%，常引起花生整株枯死。

1. 症状

苗期到成株期均可发病。苗期发病，子叶呈黑褐色干腐状，然后扩展到茎基部第一对侧枝下，产生黄褐色水渍状病斑，后变为黑褐色腐烂，地上部萎蔫枯死。潮湿时病部密生小黑点（分生孢子器）；干燥时病部皮层紧贴茎秆，髓中空。成株期发病，先在主茎和侧枝茎基部产生黄褐色水渍状略凹陷的病斑；病斑向上下扩展，茎基部变黑枯死，纵剖根茎部，髓呈褐色干腐状，潮湿时，病株变黑腐烂，病部密生小黑点。

2. 病原

病原为棉色二孢 [*Diplodia gossypina* (Cooke) M. et C.]，属半知菌亚门、色二孢属。有性态为柑橘囊孢壳 [*Physalospora rhodina* (B. et C.) Looke]，属子囊菌亚门。分生孢子器黑色球形，顶端孔口呈乳状突起。分生孢子梗无色，不分枝。分生孢子初期无色透明，单细胞，椭圆形，成熟时为暗褐色，双细胞（图 8-12）。

病菌除为害花生外，还为害棉花、大豆、甘薯、菜豆、绿豆、甜瓜、苘子、马齿苋等 20 多种植物。

3. 发病规律

病菌在田间的病残体、土壤、果壳、种子和粪肥中越冬，成为次年初侵染源。病株喂牛后排出的粪便及用病残体、病土沤制的粪肥，若不经高温发酵，病菌未完全死亡，仍能引起病害发生。病菌主要从伤口侵入，也可直接侵入，产生的分生孢子借流水、风雨及农事活动传播，远距离传播靠种子调运。田间有两次发病高峰，即团棵开花期和结果期。

直立型的花生品种发病重，龙生型、蔓生型品种发病轻。播种潮湿发霉的种子发病重；连作地、瘠薄地、积水地，以及早播、管理粗放、地下害虫为害重的田块发病重。

4. 防治方法

（1）选用抗病品种　抗病的品种如丰华 5 号、6 号，巨野小花生，农花 26，蓬莱白粒小花生等。

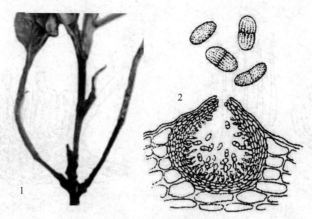

图 8-12　花生茎腐病菌
1—病株；2—分生孢子器及分生孢子
（2 引自：河北省保定农业学校主编，植物病理学，1996）

（2）选用无菌种子和种子消毒　从无病田留种，留种花生选晴天收获、收后晒种子至含水量低于 10%；贮藏期防止种子发霉；播前剔除发霉及受伤的种子。种子消毒用 2.5% 咯菌腈悬浮种衣剂 1∶500（药∶种）或 21% 咯菌腈·甲柳悬浮种衣剂 1∶350（药∶种）包衣，或用种子重量 0.5% 的 70% 甲基硫菌灵可湿性粉剂拌种。

（3）加强栽培管理　收获后及时清除田间病残体，并进行深翻；施足基肥，追施草木灰，勿施用带病残体的土杂肥。病田与非寄主作物轮作 2～3 年。

（4）药剂防治　花生齐苗后、开花前和盛花下针期各喷药 1 次，着重喷淋茎部。可用 70% 甲基硫菌灵可湿性粉剂加 75% 百菌清可湿性粉剂（1∶1）1000 倍液、50% 苯菌灵可湿性粉剂 1500 倍液、40% 甲基立枯磷 600 倍液。

四、花生青枯病

花生青枯病在我国长江流域、山东、江苏等省发病重，河北、安徽、辽宁南部偶有发生。一般发病率为 10%～20%，严重的达 50% 以上。

1. 症状

花生青枯病是典型的维管束病害，从苗期到收获期均可发生，花期最易发病。病菌主要侵染根部，致主根根尖变褐软腐，病菌从根部维管束向上扩展至植株顶端。横切病部呈环状排列的维管束变成深褐色，用手捏压时溢出污白色的细菌脓液。病株上的荚果、果柄呈黑褐色湿腐状。初发病时早晨叶片张开延迟，傍晚提早闭合，主茎顶梢第一、二片叶先萎蔫，侧枝顶叶暗淡萎垂，1～2 天后全株叶片急剧凋萎，但叶片仍呈青绿色，故名"青枯病"。

2. 病原

病原为青枯假单胞菌（*Pseudomonas solanacearum* Smith），属假单胞菌属的细菌。菌体短杆状，两端钝圆，极生鞭毛 1～4 根，无芽孢和荚膜，革兰染色呈阴性（图 8-13），好气性，喜高温，生长最适温度为 28～33℃，致死温度为 52～54℃ 10min，最适生长 pH 为 6.6。该菌寄主包括茄科、蝶形花科、菊科等 200 多种植物。

3. 发病规律

花生青枯病是一种土传病害。病菌主要在土壤中、病残体及未充分腐熟的堆肥中越冬，成为翌年初侵染源。在田间主要借土壤、流水、昆虫、人畜和农具传播，由根部伤口或自然孔口侵入寄主，通过皮层进入维管束，在维管束内繁殖蔓延，堵塞导管，产生萎蔫和青枯状。病菌还可从维管束向四周薄壁细胞组织扩散，分泌果胶酶，消解中胶层，使组织崩解腐烂。腐烂组织上的病菌散布到土中，借土壤流水传播，进行再侵染。病菌在土壤中能存活1～8年，一般3～5年仍具致病力。

病菌喜高温多湿，当气温达到27～32℃，若遇多雨天气，或雨后骤晴，或时晴时雨，易诱发病害；地下害虫多、连作地、瘠薄土壤、沙土发病重；蔓生型品种较抗病。

4. 防治方法

（1）选用抗病品种 如鲁花3号，抗青19号、20号、35号、51号、中花2号、鄂花5号，桂油28，粤油22号等。

（2）加强栽培管理 病田增施有机肥和磷肥，播前施用石灰450～1500kg/hm^2，改善旱坡地灌溉条件，及时排除积水。

（3）减少菌源 水旱轮作或与禾谷类作物轮作，及时拔除病株，收获后清除田间病残体，集中烧毁。

图 8-13 花生青枯病
1—病株；2—病根横切面（示维管束变色）；
3—病原细菌

（4）药剂防治 发病初期用50％琥胶肥酸铜可湿性粉剂400倍液、14％络氨铜水剂300倍液、农用链霉素或新植霉素2500倍液等喷淋根部，每隔7～10天1次，连喷2～3次。

五、花生其他病害

1. 花生根腐病

花生根腐病俗称"鼠尾"、烂根。各生育期均可发病。出苗前染病，引起烂种、烂芽；幼苗受害，主根变褐，植株枯萎。成株受害，主根根颈上出现凹陷长条形褐色病斑，根端湿腐状，皮层变褐腐烂，易脱落，侧根很少，形似"鼠尾"。病株地上部矮小，生长不良，叶片变黄，开花结果少，且多为秕果。病菌为半知菌亚门、镰刀菌属的尖镰孢菌（*Fusarium oxysporum* Schlecht.）、茄类镰孢菌 [*F. solani* (Mart.) Sacc.]、粉红镰孢菌（*F. roseum* Link）、三线镰孢菌 [*F. tricinctum* (Corde) Sacc.] 和串珠镰孢菌（*F. moniliforme* Sheld.）5个菌种。病菌在土壤、病残体和种子上越冬，成为翌年初侵染源。病菌主要借雨水、农事操作传播，可进行多次再侵染。苗期多阴雨、湿度大发病重。连作田、土层浅、沙质地易发病。

防治花生根腐病参考花生茎腐病。

2. 花生白绢病

危害根茎和根系，初期病株茎基部变褐软腐，表皮脱落，叶片枯黄，后植株萎蔫枯死。土壤湿度大时，病部长出白色绢丝状菌丝覆盖病部和四周地面，后期产生油菜籽状小菌核，病茎组织呈纤维状。病菌为半知菌亚门、小核菌属的齐整小核菌（*Sclerotium rolfssi* Sacc.），有性态为担子菌亚门的罗耳阿太菌 [*Athelia rolfsii* (Curzi) Tu. & Kimbrough.]，可侵染花生、烟草、番茄、茄子、马铃薯、甘薯、芝麻、棉花、大豆、西瓜、向日葵等200多种植物。病菌以菌核或菌丝在土壤或病株残体上越冬，翌年菌核或菌丝萌发，从植株根茎基部的表皮或伤口侵入。病菌靠流水、土壤、昆虫传播，种子也能带菌。高温高湿、土壤黏重、排水不良、多雨年份发病重；连作地发病重；珍珠豆型小花生发病重。

与禾本科作物轮作 3 年以上，施用充分腐熟的有机肥，雨后及时排出田中积水，收获后清除田间病残体销毁并深翻土地。药剂灌根用 50％异菌脲、50％腐霉利可湿性粉剂或 20％甲基立枯磷乳油 1000 倍液，40％菌核净、43％戊唑醇可湿性粉剂 1500 倍液。药剂处理种子参考花生茎腐病。

3. 花生锈病

花生锈病主要为害叶片。发病叶上初生针头大小的淡黄色斑点，后扩大成淡红褐色的隆起，表皮破裂露出红褐色粉状物（夏孢子堆），叶上密生夏孢子堆后，很快变黄干枯，似火烧状。病菌为担子菌亚门、柄锈菌属的落花生柄锈菌（*Puccinia arachidis* Speg.），除为害花生外，还能侵染花生属的其他种。该病在南方等四季种植花生地区辗转为害，在自生苗上越冬，翌春为害春花生。北方花生区病菌越冬尚不清楚，夏孢子借风雨传播，进行再侵染。多雨、高湿（多雾或多露）和温度适中（16~26℃）的天气病害易流行；偏施氮肥、过于密植、田中积水发病重；春花生晚播、秋花生早播发病重；普通型、蔓生型及龙生型品种较抗病。

种植抗（耐）病品种如粤油 223、桂花 21、丰花 1 号、丰花 3 号、丰花 5 号、远杂 9102 等，合理调整播种期，多施有机肥及磷钾肥，清除田间自生苗及病残体。药剂防治参考大豆其他病害中的大豆锈病。

第四节 其他油料作物病害的诊断与防治

一、向日葵锈病

向日葵锈病是向日葵的重要病害，世界各地普遍发生，我国主要发生在黑龙江、吉林、辽宁、内蒙古、新疆等向日葵产区。大流行年份减产 40％~80％。

1. 症状

病菌可为害叶、叶柄、茎秆、葵盘，以叶片受害最重。叶片染病，初期叶上出现黄褐斑，其上有褐色小点（性孢子器），不久病斑背面产生黄色小粒（锈孢子器），叶背出现圆形褐色疱状物（夏孢子堆），表皮破裂散出黄褐色粉末（夏孢子），最后在夏孢子堆处，长出黑色小疱，内充满黑褐色粉末（冬孢子）。严重时叶片上布满褐疱，叶片呈铁锈色。

2. 病原

病原为向日葵柄锈菌（*Puccinia helianthi*），属担子菌亚门、柄锈菌属。性孢子器聚生或散生，锈孢子器盘形黄色，夏孢子球形或卵圆形，橙黄色，表面有小刺。冬孢子椭圆形，茶褐色，双胞，表面光滑，隔膜处稍缢缩，顶端钝圆，基部圆形，冬孢子柄无色（图 8-14）。病菌除为害向日葵外，还为害小向日葵、菊芋等向日葵属植物。

3. 发病规律

病菌以冬孢子在病株残体上越冬，翌年萌发产生担孢子侵染幼叶，形成性孢子器和锈孢子器，锈孢子随气流传播，萌发侵入叶片，形成夏孢子堆，其表皮破裂后，夏孢子经气流传播，反复再侵染。向日葵近成熟时在产生夏孢子的地方，出现冬孢子堆。

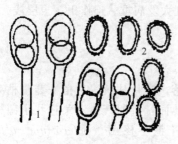

图 8-14 向日葵锈病
1—冬孢子；2—夏孢子
（引自：方中达，中国农业植物病害，1996）

向日葵开花期雨量大、雨日多、湿度大利于锈病流行。食用型品种发病重于油用型；同类型品种中，早熟与晚熟品种发病轻。

4. 防治方法

（1）选用抗病品种　较抗病的品种有新葵 8 号、新葵 14、新引 S40、S606、益民大白花葵、油葵 DK3790 等。

（2）加强栽培管理　实行轮作，合理增施磷肥，勤中耕。收获后清除田间根茬、茎秆和落叶并及时处理，深翻土地，可减少发病。

（3）药剂防治　发病初期选用 70% 甲基硫菌灵可湿性粉剂、25% 戊唑醇乳油 1000 倍液、40% 多·硫悬浮剂 800 倍液、25% 丙环唑乳油 4000 倍液、40% 氟硅唑乳油 10000 倍液喷雾。隔 10 天左右 1 次，连喷 2~3 次。

二、向日葵白粉病

1. 症状

向日葵白粉病在我国各向日葵生产区均有发生。主要为害叶片，叶面上产生一层白色至污白色粉斑（菌丝体和分生孢子），后期在白粉层中产生许多黑色小粒点（闭囊壳）。发病重的，植株较矮，籽粒不饱满。

2. 病原

病原为菊科白粉菌（*Erysiphe cichoracearum* DC）和单囊壳菌 [*Sphaerotheca fuliginea* (Schl.) poll.]，二者分别属子囊菌亚门、白粉菌属和单丝壳属。菊科白粉菌的闭囊壳，附属丝多，菌丝状，每个闭囊壳中有 6~21 个子囊；子囊卵形或短椭圆形，每个子囊中有 2 个椭圆形子囊孢子；分生孢子椭圆形或圆筒形。单囊壳菌的闭囊壳，褐色至暗褐色，球形或近球形，有 3~7 根菌丝状的附属丝，每个闭囊壳中有 1 个子囊；子囊短椭圆形，每个子囊中有 8 个椭圆形子囊孢子。病菌除为害向日葵外，还可侵染南瓜、小豆、亚麻等。

3. 发病规律

病菌以闭囊壳或分生孢子在病残体上越冬。翌春 5~6 月份放出子囊孢子借气流传播，进行初侵染，叶面上的菌丝体在寄主外表皮上不断扩展，产生大量分生孢子进行再侵染。分生孢子萌发最适温度为 16~20℃。气温高、湿度大，种植过密，通风不良或施氮肥过多，有利于此病发生。

4. 防治方法

（1）农业防治　选用抗病品种，实行轮作；选择排水良好的地段栽植，栽植不宜过密，以利通风透光；收获后及时清除病残体，减少初侵染源。

（2）药剂防治　使用的药剂及方法同向日葵锈病。

三、向日葵列当

向日葵列当又称毒根草、兔子拐棍，在我国河北、北京、新疆、山西、内蒙古、黑龙江、辽宁、吉林等地均有分布，是一种危害严重的寄生杂草，株寄生率达 72%~91%。

1. 症状

列当寄生在向日葵须根上，吸收养分，使植株矮小、瘦弱，叶片变黄，花盘变小，瘪粒增多，产量下降，少数植株不能形成花盘。严重受害时，花盘枯萎凋落，甚至全株枯死。

2. 病原

向日葵列当（*Orobanche cernua* Loefling）为一年生草本植物。根退化成吸盘，深入寄主根内吸取营养；茎单生，直立，肉质，有纵棱，淡黄色或紫褐色；地下部为黄白色，高度变化较大，一般在 20cm 左右；叶片退化为鳞片状，无柄、无叶绿素，螺旋状排列于茎秆上；花序排列紧密为穗状，蓝紫色，花冠屈膝状，花萼 5 裂，苞叶狭长披针状，雄蕊 4 枚，2 长 2 短，雌蕊 1 枚；蒴果常 2 纵裂，内含深褐色极小的种子，种子形状为不规则形有纵横网纹（图 8-15）。除危害向日葵外，还危害西瓜、甜瓜、豌豆、蚕豆、萝卜、芹菜、烟草、亚麻、番茄等。

3. 发病规律

向日葵列当以种子在土壤或混在向日葵种子中越冬。当种子接触到寄主植物的根时，即发芽形成细丝侵入寄主根内，产生吸盘吸取营养。列当小苗出土后形成茎而在土内继续不断地形成幼茎，有的可达 100 多根，都寄生在寄主根上。列当种子可随风传播；落入土中的种子在土内可存活 10～13 年。重茬和低温地发病重。

4. 防治方法

（1）严格检疫　严格检疫制度，严禁从病区调运混有列当的向日葵种子。

图 8-15　向日葵列当
1—向日葵列当植株；2—花；3—种子
（引自：侯明生等，农业植物病理学，2006）

（2）选用抗病品种　抗列当的品种如食葵 3 号、辽葵杂 4 号、辽葵 8377、883 等。

（3）加强栽培管理　播种前筛除夹在种子中的蒴果和其他种子。列当出土后结合铲趟切断其幼茎，铲断带花的列当并深埋。重病区或地块，轮作 8～9 年以上。

（4）药剂防治　向日葵播后、列当萌动前进行土壤封闭。选用仲丁灵 1.5kg/hm^2、氟乐灵 2.25kg/hm^2，施药后混土。当向日葵花盘直径达 10cm 时向地表及列当植株喷 2,4-D 乳油 4500～5200mL/hm^2，在向日葵和豆类间作地不能施药，豆类易受药害。也可在播种后、出苗前喷 48% 氟乐灵乳油 10000 倍液于表土，在列当盛花期之前，用 10% 硝氨水灌根。

四、芝麻叶枯病

芝麻叶枯病在我国黑龙江、吉林、山东、河南、湖北、江西、四川、甘肃、广东等芝麻栽培区均有发生，近年来局部地区发病重。

1. 症状

主要为害叶片、叶柄、茎和蒴果。叶上病斑初为紫褐色斑点，后扩展为近圆形、暗褐色病斑，具不明显的轮纹，上生黑色霉层，严重时叶干枯脱落。叶柄、茎染病，病斑梭形，后扩展为红褐色条斑。蒴果染病，病斑圆形，红褐色，稍凹陷。

2. 病原

病菌为芝麻长蠕孢（*Helminthosporium sesami* Miyake），属半知菌亚门、丛梗孢目、长蠕孢属。分生孢子梗褐色，单生不分枝；分生孢子褐色，顶端粗，基部细，呈倒棍棒形，常弯曲，有 5～9 个隔膜。病菌除为害芝麻外，还可为害大豆、豇豆等作物。

3. 发病规律

病菌以菌丝或分生孢子在病残组织内或种子及土壤中越冬。芝麻播种后形成的分生孢子借风雨传播，可进行多次再侵染。平均温度在 25～28℃、田间相对湿度高于 80% 时利于发病；芝麻生育后期，雨日多、降雨量大的年份发病重。

4. 防治方法

（1）加强栽培管理　选用无病种子或用 53℃ 温水浸种 5min，实行轮作，避免枝叶覆盖地面，雨后及时排水，收获后及时清除病残体。

（2）药剂防治　发病初期选用70％甲基硫菌灵可湿性粉剂800倍液、75％百菌清可湿性粉剂1000倍液、50％苯菌灵可湿性粉剂1500倍液、20％噻菌铜悬浮剂或12％松脂酸铜乳油600倍液等喷雾，7～10天1次，连喷2～3次。

复习检测题

1. 影响油菜菌核病发生的因素有哪些？应采取哪些有效措施防治？
2. 如何区别油菜霜霉病和油菜白锈病的症状？
3. 阐述防治油菜病毒病要及早治蚜的原因。
4. 简述大豆胞囊线虫病的发生特点，并制定综合防治措施。
5. 花生黑斑病和褐斑病的症状有何特点？简述其发生规律和防治措施。
6. 花生青枯病的病原有何特性？应如何防治？
7. 花生根结线虫的虫瘿与根瘤怎样区别？试制定防治花生根结线虫病的措施。
8. 简述花生茎腐病的症状特点及影响其发生的因素，并制定有效的防治措施。
9. 向日葵列当有何特征？如何才能有效防治？

实验实训二十　油料作物病害的症状和病原观察

【实训要求】

认识油料作物主要病害的症状和病原特征，学会依据症状和病原特征正确诊断病害。

【材料与用具】

油菜菌核病、霜霉病、病毒病、白锈病，大豆霜霉病、花叶病、紫斑病、灰斑病、胞囊线虫病、锈病，花生黑斑病、褐斑病、根结线虫病、茎腐病、根腐病、青枯病、锈病、芝麻叶枯病，向日葵锈病和白粉病等病害的腊叶标本和病原菌玻片，病害挂图、光盘及幻灯片等。

显微镜、载玻片、盖玻片、贮水滴瓶、挑针、刀片、搪瓷盘、幻灯机、多媒体设备等。

【内容及步骤】

1. 症状观察

观察油菜霜霉病、油菜白锈病、大豆霜霉病、大豆紫斑病和灰斑病、大豆锈病、花生锈病、花生黑斑病和褐斑病、芝麻叶枯病、向日葵锈病和白粉病等标本的病斑主要特征，并注意区别各种病害所表现的病征。

观察油菜菌核病叶部和茎部病斑特征，并剥开病茎秆观察内部的菌核。

观察油菜病毒病和大豆花叶病在病叶、病茎、病荚果上表现的畸形症状特点。

观察花生青枯病病株叶片凋萎现象，并剖视茎秆和根茎部观察维管束颜色。

观察大豆胞囊线虫病和花生根结线虫病，对比病健植株大小、节间长短、叶片颜色、须根多少，注意须根上许多小颗粒的颜色、形状，并与根瘤区别。

观察花生茎腐病和根腐病的根、茎基部腐烂状，注意茎腐病腐烂部位上的小黑点并与根腐病区别。

2. 病原鉴定

（1）油菜菌核病　观察菌核的形状、大小及萌发菌核的子囊盘的形状、颜色，再切开菌核观察内部颜色。镜检子囊盘玻片，注意其上的子囊和侧丝排列情况。

（2）油菜霜霉病和大豆霜霉病　用刀片刮取病斑背面的霉层制片镜检，观察病菌的孢囊梗和孢子囊的形状。挑取大豆病种子上的菌丝体结块状物镜检，观察卵孢子形态。

（3）油菜白锈病　挑取白色病斑内的粉末制片镜检，观察孢囊梗及孢子囊的形态。在"龙头"上或病花器的肥厚组织上刮取病组织制片镜检，观察卵孢子形态。

（4）大豆紫斑病和灰斑病、花生黑斑病和褐斑病、芝麻叶枯病　用刀片刮取病斑上的霉层制片镜检，观察病菌的分生孢子梗和分生孢子的形态并注意区别。

（5）大豆胞囊线虫病和花生根结线虫病　取新鲜标本切开须根上的小颗粒，挑取内容物制片镜检，观察线虫形态。

（6）大豆锈病、花生锈病和向日葵锈病　分别挑取病斑内的褐色和黑褐色粉末制片镜检，观察夏孢子和冬孢子的形态。

（7）向日葵白粉病　挑取病斑上的白色粉末和小黑点制片镜检，观察分生孢子和闭囊壳的形态。

【实训作业】

1. 绘油菜菌核病子囊盘的切面图，示子囊和子囊孢子。
2. 绘油菜白锈病、大豆霜霉病的孢囊梗和孢子囊图。
3. 绘大豆锈病的冬孢子和花生黑斑病的分生孢子梗和分生孢子图。
4. 列表说明所观察油料作物病害的症状特征。

实验实训二十一　油料作物病害田间调查与防治

【实训要求】

了解当地主要油料作物常见病害种类及为害情况，学会油料作物病害调查方法，能对当地主要病害制定综合防治方案并进行防治工作。

【材料与用具】

放大镜、标本采集用具、记录本、铅笔，根据防治内容选定农药和器械、材料等。

【内容及步骤】

根据当地作物情况，选择一种重点油料作物进行调查，并制定综合防治措施进行防治。

1. 油菜病害调查

油菜出苗后或开花结荚始期在田间五点取样，幼苗每点取两行，每行长1m，成株每点取样20~40株，调查病害种类和数量，统计被害率和病情指数。

2. 大豆病害调查

大豆苗期或结荚期用以上方法取样调查当地主要病害种类及为害情况，选择发生严重的病害进行重点调查，统计被害率和病情指数，并了解发病条件。

3. 花生病害调查

花生苗期或开花结荚期用五点取样，每点取20~40株，调查内容和统计项目同大豆病害。

4. 向日葵病害调查

在结实期取样调查，调查方法、内容和统计项目同花生病害。

5. 防治

选择当地的一种主要油料作物，根据调查和统计情况，以主要病害为主制定出综合防治方案，并进行实际操作。

【实训作业】

1. 写出油料作物病害调查结果报告。
2. 结合当地一种油料作物主要病害的防治操作，分析不同防治措施的防病效果。

第九章 经济作物病害的诊断与防治

▶知识目标

了解经济作物病害的病原，熟悉经济作物主要病害的发病规律，掌握经济作物病害的症状特征及防治方法。

▶能力目标

能准确识别经济作物主要病害的症状和病原，并能根据病害的发病规律制定切实可行的综合防治方案。

第一节 棉花病害的诊断与防治

一、棉花苗期病害

棉苗病害在我国各棉区均有发生，由于各地自然条件的不同，棉苗病害的种类和危害程度也有差异，我国北方棉区以立枯病、炭疽病和红腐病为主，南方棉区以炭疽病为主，有些地区立枯病和红腐病也普遍发生，新疆特早熟棉区以立枯病和红腐病为主。

1. 症状

（1）立枯病 俗称棉花黑根病、烂根、腰折病。棉花出苗前感病，形成烂种；发病轻的种子能够萌发，但幼芽呈黄褐色腐烂，形成烂芽；出土后幼苗染病，在近地面的茎基部出现褐色条形凹斑，病斑扩展绕茎一周，病部缢缩变细，形成茎基腐或根腐，病苗萎蔫枯死，但不倒伏。病部及周围常见白色蛛丝状菌丝体，并有褐色的小菌核黏附其上。子叶受害常形成不规则黄褐色病斑，后病部脱落呈穿孔状。

（2）炭疽病 棉苗出土前染病造成烂芽。棉苗出土后常在幼苗茎基部产生红褐色梭形条斑，扩大后变为黑褐色、纵裂、凹陷病斑，四周缢缩，幼苗倒伏死亡。子叶发病，多自叶缘产生褐色半圆形或近圆形病斑。真叶被害，产生圆形或不规则形暗褐色大斑。叶柄受害常造成叶片干枯。潮湿时病部产生黑色小粒点（分生孢子盘）。

（3）红腐病 棉苗出土前感病，幼芽变褐腐烂，造成烂种和烂芽；出土后感病，先由根尖产生黄褐色腐烂，后蔓延到全根和茎基部，病斑不凹陷，土面以下的嫩茎和幼根变粗肿大，后呈黑褐色干腐，俗称"大脚苗"。子叶发病，多在叶边缘产生不规则褐色斑，常破裂，潮湿时病斑上有粉红色霉层（分生孢子）。

（4）轮纹病 主要发生在1~2片真叶期，发病初期子叶上产生红褐色小圆斑，扩大后病斑呈暗褐色圆形或不规则形，且有明显轮纹；真叶上的病斑与子叶上的相似，但病斑周围有紫红色晕圈。湿度大时，病斑上生有黑色霉层。

（5）茎枯病 棉花出苗前可造成烂籽和烂芽；出苗后，叶片发病，形成边缘紫红色、中间淡褐色的近圆形斑，病斑具同心轮纹，后期常破裂穿孔。如遇长期阴雨，叶片出现灰绿色急性病斑，萎蔫下垂，后脱落成光秆。叶柄和茎部发病，病斑褐色梭形，中间凹陷。病部常散生黑色小粒点（分生孢子器）。

（6）角斑病 主要危害叶片和嫩茎。子叶上病斑黑褐色，圆形或不规则形，真叶上病斑受叶脉限制呈多角形，黑褐色（见彩图29）。幼茎发病，病斑凹陷腐烂，呈黑褐色，常使幼苗向一边弯曲。潮湿条件下，病部有黄色菌脓溢出。

2. 病原

(1) 立枯病　病原无性态为立枯丝核菌（*Rhizoctonia solani* Kuhn），属半知菌亚门、丝核菌属；有性态为瓜亡革菌 [*Thanatepephorus cucumeris* （Frank）Donk]，属担子菌门、亡革菌属。菌丝初期无色、较细，近似直角分枝，分枝处缢缩，分枝不远处有一隔膜。老熟菌丝黄褐色，粗壮。菌核不规则形，褐色至暗褐色。自然情况下其有性态少见。在人工诱发时可产生担子和担孢子。担子无色、单胞，圆筒形或长椭圆形，顶生 2~4 个小梗，其上各生一个担孢子。担孢子椭圆形或卵圆形，单胞，无色（图 9-1）。

立枯丝核菌寄主范围极广，可侵染 50 科 200 余种植物。立枯丝核菌在 5~40℃均可生长，20~35℃生长良好。

(2) 炭疽病　病原无性态为棉炭疽菌（*Colletotrichum gossypii* Southw.），属半知菌亚门、炭疽菌属；有性态为棉小丛壳菌 [*Glomerella gossypii*（Southw.）EDg.]，属子囊菌亚门、小丛壳属。无性态产生浅盘状、近圆形的分生孢子盘，盘上有许多单胞、无色、棍棒状的分生孢子梗，分生孢子无色、单胞，着生在分生孢子梗顶端，分生孢子盘周围生有许多暗褐色，且有 2~3 个分隔的刚毛（图 9-2）。自然情况下，有性态不常见。

棉炭疽菌生长最适温度为 25~30℃，分生孢子萌发最适温度为 25~35℃，10℃以下孢子不能萌发。该病菌主要寄生在陆地棉、海岛棉、亚洲棉和非洲棉等棉属植物上。

(3) 红腐病　病原为多种镰刀菌，主要有串珠镰刀菌中间变种（*Fusarium moniliforme* var. *intermedium* Neish et Leggett）、半裸镰刀菌（*F. semitectum* Berk. et Rav.）、禾谷镰刀菌（*F. graminearum* Schwabe）、燕麦镰刀菌 [*F. avenaceum*（Corde ex Fr.）Sacc.]，均属半知菌亚门、镰刀菌属。串珠镰刀菌产生两种类型的分生孢子，大型分生孢子镰刀形，具多个隔膜；小型分生孢子卵形、梭形或椭圆形，无色、单胞，少数有 1 个隔膜，串生于分生孢子梗上（图 9-3）。

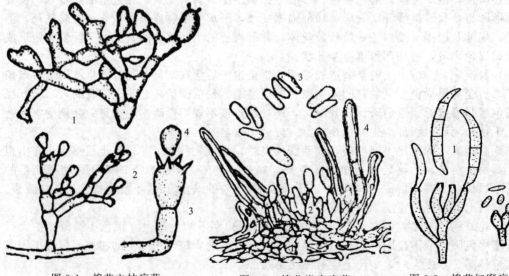

图 9-1　棉花立枯病菌
1—老熟菌丝；2—初生菌丝；
3—担子；4—担孢子
（引自：董金皋，农业植物病理学，2001）

图 9-2　棉花炭疽病菌
1—分生孢子盘；2—分生孢子梗；
3—分生孢子；4—刚毛
（引自：董金皋，农业植物病理学，2001）

图 9-3　棉花红腐病菌
1—大型分生孢子；
2—小型分生孢子
（引自：董金皋，农业植物病理学，2001）

该菌的寄主范围较广，除棉花外，还可危害水稻、麦类、玉米、高粱、甘蔗、甜菜等作物。病菌生长的最适温度为25~30℃。

(4) 轮纹病　病原为大孢链格孢（*Alternaria macrospora* Zimm.）、细极链格孢（*A. tenuissima* Wiltsh）、棉链格孢［*A. gossypina*（Thum.）Hopk］，均属半知菌亚门、链格孢属。分生孢子梗暗褐色，略弯曲，具隔膜；分生孢子倒棍棒形，串生，具纵横隔膜。该菌寄主范围广，据报道有400种左右，寄生性较弱，在棉苗受损伤时易侵入。

(5) 茎枯病　病原为棉壳二孢菌（*Ascochyta gossypii* Syd.），属半知菌亚门、壳二孢属。分生孢子器球形，具孔口，分生孢子无色，卵圆形，初期单细胞，成熟后中间产生一个隔膜。菌丝生长最适温度为21~25℃，发病最适温度为16~25℃。

(6) 角斑病　病原为油菜黄单胞菌锦葵致病变种（*Xanthomonas campestris* pv. *malvacearum* Dye），属薄壁菌门、黄单胞杆菌属。菌体短杆状，两端钝圆，1~3根鞭毛极生，革兰反应阴性。病菌生长适温25~30℃。病菌单独存在时，致死温度为50~51℃ 10min，但在种子内部时须升高温度才能杀死。

3. 发病规律

棉花苗期病害根据病害循环特点，大致可分为两类：土壤传播和种子传播。土壤传播有立枯病和茎枯病等，种子带菌传播有炭疽病、轮纹病、角斑病和红腐病等。立枯病菌是典型的土壤习居菌，能在土壤及病残体上长期存活，土壤中的菌核及其病残体中的菌丝体是主要侵染来源。条件适宜时，菌丝可在土壤中扩展蔓延，反复侵染。种子内部和外部都能带菌。炭疽病菌、红腐病菌和轮纹病菌主要以分生孢子在棉籽的短绒上越冬，或以菌丝体在棉籽内越冬，还能随病残体在土壤中越冬；角斑病菌在棉籽绒毛上及纤维腔内越冬，也可在土壤中的病残体上越冬。播种带菌的种子，病菌侵染幼苗，病苗上产生大量分生孢子，靠风雨和昆虫进行传播再侵染。

棉花播种后一个月内遇持续低温多雨，特别是遇寒流，棉苗病害发生重。土壤温度较长时间处在15℃以下，土壤湿度高，特别是温度骤降，幼苗易受损伤，棉苗病害易大发生。种子质量差、播种过早或过深，棉苗易感病。地势低洼、排水不良、地下水位高、土壤水分过多、土壤温度偏低，棉苗发病重。

4. 防治方法

(1) 加强栽培管理　进行秋耕冬灌，尽量深翻，减少病原；适期播种，一般5cm地温在12℃以上，即可播种。及时中耕，提高地温，降低土壤湿度，抑制病害发生；间苗时剔除病、弱苗；低洼棉田及时排水；与禾本科作物轮作，重病田应进行水旱轮作。

(2) 种子处理　播种前精选棉种，汰除瘪籽、病籽和虫籽，并进行充分曝晒。温汤浸种，棉籽在55~60℃温汤中浸泡30min，捞出晾干，即可拌药播种。药剂拌种，选用种子重量0.8%的40%五氯硝基苯粉剂，或用种子重量0.5%的50%多菌灵可湿性粉剂，或用种子重量0.3%的甲基立枯磷乳油，或用种子重量0.6%的50%甲基硫菌灵可湿性粉剂，或用种子重量0.3%的拌种灵等药剂拌种。拌种时每100kg种子用2~3kg水将药剂稀释，喷拌即可。也可用种衣剂包衣。

(3) 药剂防治　用50%福美双、或50%多菌灵、或70%代森锰锌、或70%甲基硫菌灵可湿性粉剂喷雾，每7天一次，连喷2~3次。角斑病重的地块，可用25%叶枯唑可湿性粉剂500倍液或72%农用链霉素4000倍液喷雾。

二、棉花枯萎病

枯萎病是棉花的重要病害，世界各棉花生产国家和地区均有发生。棉花枯萎病一旦发生，前期大量死苗，中后期叶片、蕾铃脱落，纤维品质变劣，一般减产20%~30%。

1. 症状

苗期至成株期均可发病,现蕾期达到发病高峰。其田间症状因生育期、品种抗病性和气候条件不同而有所不同。常见症状类型有如下几种。

黄色网纹型:被害棉株的子叶或真叶叶脉变黄,而叶肉仍保持绿色,呈黄色网纹状。

青枯型:叶片失水褪色,植株全部或一边的叶片自下而上萎下垂,最后整株青枯死亡。有的会从植株顶端出现枯死,成为"顶枯型"症状。

矮缩型:发病植株节间缩短,植株矮化,叶片皱缩、浓绿、变厚。

黄化型:叶片由叶尖或叶缘开始发病,出现黄色斑块,而后叶片逐渐枯死脱落。

紫红型:叶片局部或全部变紫红色。

枯萎病的共同特征是茎部维管束变为深褐色,多雨潮湿时,发病植株茎秆可产生粉红色霉层。不同类型症状的出现与气候条件有一定的关系,低温或温度不稳定时,常出现紫红型和黄化型症状,夏季暴雨骤晴,往往出现青枯型症状。同一发病植株可表现一种症状,也可表现多种症状。

2. 病原

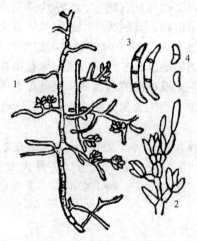

图 9-4 棉花枯萎病菌
1—小型分生孢子梗;2—大型分生孢子梗;
3—大型孢子;4—小型孢子
(引自:董金皋,农业植物病理学,2001)

病原为尖孢镰刀菌萎蔫专化型[*Fusarium oxysporium* Schl. f. sp. *vasinfectum* (Atk) Snyder & Hanson],属于半知菌亚门、镰刀菌属。病菌可产生三种类型的孢子,即大型分生孢子、小型分生孢子和厚垣孢子。大型分生孢子无色,多胞,镰刀形,两端略尖;小型分生孢子无色,单胞,卵圆形或肾形(图9-4);厚垣孢子淡黄色,单胞,圆球形,壁厚。病菌生长最适温度为27~30℃,35℃以上生长受抑制。病菌生长最适pH为3.5~5.3。

该病菌有生理分化现象,国外报道的生理小种有6个,我国除第3号小种外新定7号、8号两个新小种,其中7号小种在我国分布广,致病力强,是优势小种。病菌的寄主范围较广,除侵染棉花外,还能侵染甘薯、小麦、大麦、玉米、高粱、甜菜、大豆、赤豆、豌豆、烟草、西瓜、甜瓜、黄瓜、笋瓜、红花、茄子、辣椒、葵花、芝麻、红麻、番茄和扁豆等40多种植物。

3. 发病规律

病菌主要以菌丝体、分生孢子、厚垣孢子在棉籽、棉籽壳、棉籽饼、病残体、土壤和带菌的土杂肥中越冬,成为来年的初侵染源。种子调运是远距离传播的主要途径,近距离传播主要与农事操作等有关,如耕地、灌水及施用未腐熟的带菌农家肥等。田间病株的枝叶残屑遇湿度大时长出孢子借气流或风雨传播,侵染健株。该菌在种子内外存活5~8个月,在土壤中可腐生存活6~10年,厚垣孢子在土壤中能存活15年,遇条件适宜时即可萌发侵入植株。

枯萎病的发生与品种、温湿度、土壤中线虫的数量等密切相关。不同棉花品种对枯萎病抗性差异明显。一般亚洲棉抗性最强,陆地棉中度感病,海岛棉则高度感病。枯萎病的发生与地温和雨量有关,地温20℃左右开始出现症状,地温上升到25~28℃出现发病高峰,地温高于33℃时,病菌生长发育受抑制出现隐症,进入秋季,地温降至25℃左右时,又出现第二次发病高峰。夏季大雨或暴雨后,地温下降易发病。常年连作、地势低洼、土壤黏重、偏碱、排水不良或偏施过施氮肥或施用了未充分腐熟带菌的有机肥或土壤中根结线虫多的棉田发病重。

4. 防治方法

枯萎病一旦发生，很难根除，目前尚无有效药剂对其进行防治，因此主要采取以减少菌源、种植抗病品种和加强栽培管理为主的综合治理策略。

(1) 减少菌源　保护无病区，应加强植物检疫，严禁从病区调运棉种。对棉种进行消毒，采用下面两种方法：①棉种经硫酸脱绒后，用80%抗菌剂402在55～60℃药液中浸泡30min。②用多菌灵药液在常温条件下浸种14h。及时拔除零星病株，集中烧毁并对病株周围用棉隆或氯化苦进行土壤消毒。

(2) 种植抗病品种　各地因地制宜选种抗病品种。抗病品种有陕5245、川73-27、鲁抗86-1号、晋棉7号、12号、21号、湘棉10号、苏棉1号、冀棉7号、辽棉10号、鲁棉11号、中棉45号、57号、99号、临6661、鲁343等。

(3) 加强栽培管理　与禾本科植物轮作3～4年，有条件的地区，可实行水旱轮作1～2年，防病效果好。合理施肥，增施磷钾肥，适期播种，合理密植，避免大水漫、串灌。棉花苗期喷施1%尿素，提高棉苗抵抗力。

(4) 药剂防治　发病初期可用25%咪鲜胺乳油或70%甲基硫菌灵可湿性粉剂1000倍液、30%苯醚甲环唑·丙环唑乳油1000倍液、12.5%多菌灵·水杨酸悬浮剂250倍液等灌根。

三、棉花黄萎病

棉花黄萎病是棉花生产上危害最严重的病害之一，是我国植物检疫对象。该病造成的损失严重，受害棉株叶片变黄枯萎，蕾铃脱落，棉铃变小，结铃稀少，一般减产20%～60%。

1. 症状

棉花黄萎病出现症状比枯萎病晚，一般到现蕾期后才表现症状，开花结铃期达发病高峰。发病植株主要症状表现有两种类型。

(1) 普通型　发病初期在叶缘叶脉间出现不规则淡黄色斑块，病斑逐渐扩大，靠近主脉处仍保持绿色，呈褐色掌状斑驳，随后病斑焦枯，呈"花西瓜皮"症状（见彩图30），病株症状由下而上扩展。潮湿时，病叶上可产生白色霉层。发病严重植株叶片脱落成光秆。开花结铃时，在降雨或田间灌水后，病株出现掌状斑驳，失水萎蔫，但叶片、蕾铃不脱落或脱落缓慢。

(2) 落叶型　叶片突然失水，卷曲褪绿，呈水渍状，迅速大量脱落，成光秆，几天内叶、蕾铃可落光，而后植株枯死。

不同症状类型的黄萎病的共同特点是，病株根茎维管束变成褐色，但颜色较枯萎病浅。

枯萎病和黄萎病常混合发生，两者的症状区别如下：①枯萎病发病早，苗期即可显症，现蕾期达发病高峰；黄萎病发生晚，现蕾期显症，花铃期达发病高峰。②枯萎病形成"顶枯型"症状，而黄萎病没有。③枯萎病叶脉变黄，呈现黄色网纹；而黄萎病没有叶脉变黄的症状。④枯萎病常造成植株的矮化枯死；黄萎病一般不产生矮化症状。⑤枯萎病维管束变色深；黄萎病维管束变色较浅。⑥潮湿时，枯萎病在病部产生粉红色霉层；黄萎病产生白色霉层。

2. 病原

病原菌为大丽轮枝孢（*Verticilium dahliae* Kleb）和黑白轮枝孢（*Verticilium albo-atrum* Reinke et Berthold），均属半知菌亚门、轮枝孢属。两种轮枝孢的主要区别是：①大

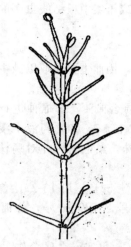

图 9-5 棉花黄萎病菌
(示分生孢子梗与分生孢子)
(引自：董金皋，农业植物病理学，2001)

丽轮枝孢产生黑色微菌核，黑白轮枝孢则形成黑色菌丝。②大丽轮枝孢30℃时能生长，最适pH为5.3~7.2；而黑白轮枝孢30℃时停止生长，最适pH为8.0~8.6。③在寄主组织上大丽轮枝孢分生孢子梗基部透明，黑白轮枝孢分生孢子梗基部暗色。④大丽轮枝孢分生孢子梗轮状分枝，每轮有3~5个小分枝；分生孢子无色，单胞，椭圆形或长椭圆形。黑白轮枝孢较大，有时有一个隔膜。黑白轮枝孢分生孢子梗轮状分枝多为2~4层，每层有1~7个分枝；分生孢子单胞，无色，椭圆形(图9-5)。

大丽轮枝孢生长最适温度为20~25℃，微菌核对不良环境有较强的抵抗力，能耐80℃高温和-30℃低温。微菌核萌发的最适温度是20~30℃，土壤含水量20%时有利于微菌核的形成。

黄萎病菌在不同地区不同品种上致病力有差异。美国加利福尼亚圣金峡谷棉区发现了T-1落叶型菌系和SS-4非落叶型菌系，前者的致病力是后者的10倍。我国棉花黄萎病菌分为3个生理型：生理型1号致病力最强，生理型2号致病力弱，生理型3号致病力中等。

棉花黄萎病菌的寄主范围广泛，可为害600多种植物。除棉花外，还可侵染番茄、茄子、辣椒、烟草、菜豆、绿豆、大豆、西瓜、黄瓜、甜瓜、花生、芝麻、向日葵等作物，但不侵染禾本科植物。

3. 发病规律

棉花黄萎病和枯萎病的发病规律基本相同。棉花黄萎病菌主要在土壤、病残体、棉籽、棉籽饼、棉籽壳和未腐熟的土杂肥中越冬。远距离的传播主要靠棉籽调运，近距离传播主要靠农事操作，如地面的流水和耕地等。病菌以初侵染为主，再侵染作用不大。

发病适温为25~28℃，高于30℃、低于22℃发病缓慢，高于35℃则隐症。在田间温度适宜，雨水多且均匀，月降雨量大于100mm，雨日12天左右，相对湿度80%以上发病重。一般蕾期零星发生，花期进入发病高峰。连作棉田、大水漫灌、地势低洼、排水不良、土壤中线虫数量多、施用未腐熟的带菌有机肥及缺少磷、钾肥的棉田发病重。不同棉种和品种对黄萎病的抗性存在差异，海岛棉的抗(耐)病性较强，陆地棉次之，中棉比较感病。不同品种的陆地棉抗病性也有差异，如辽棉5号、10号、中棉9号、19号、99号、中3723、中8010、晋68-420、86-12、晋棉21号、湘棉16、临66610等抗病性较强。

4. 防治方法

参考棉花枯萎病的防治方法。

四、棉花铃期病害

棉铃可遭受多种病菌的侵染而造成烂铃僵瓣。全世界已报道的棉铃病害有40多种，常见的有10余种。我国棉铃病害发生普遍，严重影响了棉花的产量和品质，在棉铃病害流行年份，产量损失达10%~20%。

1. 症状

(1) 棉铃疫病 主要危害棉株下部的大铃。发病时多是先从棉铃基部、铃缝和铃尖产生暗绿色水渍状病斑，后扩展至整个铃面呈青褐色或黑褐色，不发生软腐。潮湿时，病斑表面产生稀薄的白色至黄白色霉层（游动孢子囊和孢囊梗）（见彩图31）。

（2）炭疽病　被害棉铃铃面初生暗红色小斑点，扩展后呈黑褐色凹陷的病斑，病斑边缘呈暗红色。潮湿时病斑上产生橘红色或红褐色黏质物。严重时全铃腐烂，纤维成黑色僵瓣。

（3）角斑病　棉铃病斑圆形稍凹陷，可扩展至棉铃内部使纤维变黄、溃烂，潮湿时病部有黄色黏液溢出（菌脓），干燥时形成一层灰色菌膜。

（4）红腐病　病害多从铃尖、铃壳裂缝或青铃基部发生，病部初呈墨绿色、水渍状小斑，迅速扩大至全铃，使全铃变黑腐烂。潮湿时病部产生粉白色至粉红色霉层（见彩图32），即病菌的分生孢子。重病铃不裂开，形成僵瓣。

（5）红粉病　发病初期病部产生深绿色斑点，有粉红色霉层，随着病害的扩展，铃面局部或全部布满大量粉红色霉层，比红腐病的疏松而厚。严重时铃内纤维上也产生许多淡红色粉状物，病铃一般不开裂（见彩图33）。

（6）黑果病　被害棉铃僵硬变黑，表面密生许多小黑点（分生孢子器），后期表面布满煤粉状物，病铃内的纤维也僵硬变黑，病铃不开裂。

2. 病原

（1）棉铃疫病　病原为苎麻疫霉（*Phytophthora boehmeriae* Saw.），属鞭毛菌亚门、疫霉属。孢囊梗无色，孢子囊卵圆形或球形，初无色，成熟后浅黄色，顶端有乳头状突起。游动孢子肾脏形，两根鞭毛侧生。藏卵器球形，初无色，老熟后黄褐色。卵孢子球形，无色或浅黄色。厚垣孢子球形，黄褐色，少见。

（2）棉铃炭疽病、红腐病和角斑病　病原菌形态特征分别见棉苗病害。

（3）红粉病　病原为粉红聚端孢［*Trichothecium roseum*（Pull.）Link］，属半知菌亚门、聚端孢属。分生孢子梗无色，直立，顶端略弯，侧生一分生孢子。分生孢子卵圆形，一端有乳头状突起（图9-6）。

（4）黑果病　病原为棉色二孢（*Diplodia gossypina* Cooke），属半知菌亚门、色二孢属。分生孢子器球形或近球形，黑褐色，埋生于寄主表皮下，顶端有孔口。分生孢子卵圆形或椭圆形，初无色、单胞，后变为深褐色、双胞，顶端钝圆，基部平截（图9-7）。

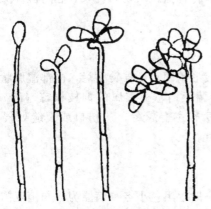

图9-6　棉花红粉病菌
（示分生孢子梗和分生孢子）
（引自：董金皋，农业植物病理学，2001）

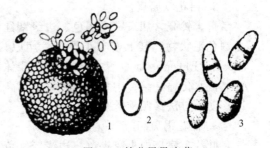

图9-7　棉花黑果病菌
1—分生孢子器；2—前期分生孢子；3—后期分生孢子

3. 发病规律

棉铃病害除炭疽病菌、红腐病菌等可在种子上越冬外，其他多在土壤及其病残体上越冬，所以土壤及病残体是棉铃病害翌年主要的初侵染源。棉铃疫病菌、炭疽病菌和红腐病菌都可在苗期感染幼苗，苗期感染为中后期铃病发生提供菌源。棉铃炭疽病菌、疫病菌可直接侵入,也可由伤口侵入,其他棉铃病害多由伤口或棉铃裂缝等处侵入。发病后,病菌通过风雨和昆虫传播,进行多次再侵染。

棉铃病害的发生与结铃期的气候条件、铃期、栽培措施等关系密切。8~9月份若温度偏低、日照少、雨量大、雨日多,有利于棉铃病害发生。通常平均气温在25~30℃、相对湿度在85%以上时铃病发生重。一般10天内的幼铃很少发病。连作、田间荫蔽、通风透光不良、氮肥施用过量或过迟、大水漫灌、排水不良的棉田发病较重。陆地棉比亚洲棉发病重。

4. 防治方法

(1) 选用抗病品种　一般选用株型紧凑、叶面小、窄卷苞叶,小苞叶或无苞叶、无蜜腺(没有花外蜜腺)以及早熟性好的品种,可减轻铃病发生危害程度。

(2) 加强栽培管理　合理施肥灌水,应施足基肥,早施、轻施苗肥,重施花铃肥,氮、磷、钾配合施用;灌溉时要浅水沟灌,切忌大水漫灌;及时整枝打杈,改善棉田通风透光条件;及时采摘烂铃,并带出田外集中处理;合理密植;使用生长调节剂调节棉株生长,防止棉田郁闭。

(3) 药剂防治　发病初期,及时喷药防治。棉铃疫病防治可用64%杀毒矾或70%代森锰锌可湿性粉剂600倍液喷雾,58%甲霜灵·锰锌或72%霜脲·锰锌可湿性粉剂700倍液喷雾,69%烯酰·锰锌可湿性粉剂1000倍液喷雾。角斑病用72%农用链霉素4000倍液喷雾。其他棉铃病害可用50%多菌灵、50%甲基硫菌灵可湿性粉剂800倍液,70%代森锰锌、70%百菌清可湿性粉剂600倍液等喷雾防治。每7~10天1次,连喷2~3次。

五、棉花其他病害

1. 棉花灰霉病

棉铃表面长有灰绒状霉层,病情严重的造成棉铃干腐。病原为半知菌亚门、葡萄孢属的灰葡萄孢(*Botrytis cinerea* Pers. ex Fr.)。病菌以菌核在土壤中或以菌丝及分生孢子在病残体上越冬。借气流、雨水或露珠及农事操作等进行传播,从伤口侵入,相对湿度大有利于该病的发生和流行。

防治方法参照棉铃病害。

2. 棉花软腐病

危害铃壳,病斑中央褐色、边缘紫红色,梭形稍凹陷,棉铃腐烂,内部湿腐状,病斑上生白色毛状物,其上密布小黑点。病原为接合菌亚门、根霉属的匍枝根霉(*Rhizopus nigrecans* Ehrenb.)。病菌在土壤、病残体、感病寄主上越冬,从伤口或裂缝处侵入,借风雨、流水传播,结铃中后期遇持续低温高湿病重。

防治方法参照棉铃病害。

3. 棉花褐斑病

叶片上病斑中央灰褐色、边缘紫红色,中央散生黑色小点。病原为半知菌亚门、叶点霉属的小叶点霉(*Phyllosticta gossypina* Ell. et Mart)和马尔科夫叶点霉(*P. malkoffii* Bubak.)。病菌以菌丝体在病残体上越冬,以分生孢子进行侵染和传播,低温高湿、苗弱有利于发病。

实行轮作,清洁田园,秋季深耕,加强中耕,药剂防治参照棉铃病害。

4. 棉花曲霉病

棉铃的裂缝处或虫蛀处产生黄绿色粉状物,不能正常吐絮。病原为半知菌亚门、曲霉属(*Aspergillus* spp.)。病菌在病残体和种子上越冬,分生孢子借风雨传播。该病属高温型病害,气温高的年份发病重。

防治方法参照棉铃病害。

第二节 甘薯病害的诊断与防治

一、甘薯黑斑病

甘薯黑斑病又称黑疤病,俗称黑膏药,在我国各甘薯产区均有发生,是甘薯的一种主要病害。此外,病薯中含有毒素,人畜误食可引起中毒,严重的可致死。

1. 症状

甘薯黑斑病在苗床期、大田期和贮藏期均可发生。主要危害薯苗和薯块。薯苗受害,秧苗茎基部形成黑色圆形或梭形病斑,稍凹陷,严重时,病斑围绕薯苗茎基部形成黑脚。湿度大时,病斑上生有黑色刺毛状物或粉状物(子囊壳和厚垣孢子)。病苗定植不久,叶片变黄,植株矮小,最后病株地下部变黑腐烂。薯块受害,病部呈圆形或近圆形凹陷黑膏药状病斑,其上生灰色霉层(分生孢子和厚垣孢子)或黑色毛状物(子囊壳),病斑深入薯肉组织,薯肉变成墨绿色,病薯味苦,病部木质化、坚硬、干腐。贮藏期,甘薯黑斑病可继续扩展蔓延加重危害,引起烂窖。

2. 病原

病原为甘薯长喙壳(*Ceratocystis fimbriata* Ellis et Halsted),属于子囊菌亚门、长喙壳属。无性繁殖产生分生孢子和厚垣孢子。分生孢子无色,单胞,圆筒形、棍棒形或哑铃形,两端平截。厚垣孢子暗褐色,近圆形或椭圆形。有性生殖产生的子囊壳长颈烧瓶状,子囊梨形或卵圆形,内有8个无色、单胞、钢盔形的子囊孢子(图9-8)。

病菌在培养基上生长的最适温度为25~30℃,致死温度为51~53℃,生长的pH范围为3.7~9.2,三种孢子在薯汁、薯苗茎汁、1%蔗糖溶液或薯块伤口处较易萌发,但在水中萌发率很低。病菌在自然条件下主要侵染甘薯。

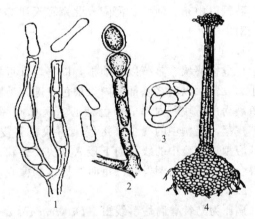

图9-8 甘薯黑斑病菌
1—分生孢子;2—厚垣孢子;
3—子囊和子囊孢子;4—子囊壳
(引自:董金皋,农业植物病理学,2001)

3. 发病规律

病菌以子囊孢子、厚垣孢子和菌丝体在病薯块或土壤和粪肥中的病残体上越冬。带菌的种薯和种苗是主要的初侵染源。在田间7~9cm深的土壤内,病菌能存活2年以上。病菌主要由伤口侵入,也可从自然孔口或表皮直接侵入。病菌主要靠种薯、种苗、土壤、肥料、农事操作、昆虫、田鼠等传播。

甘薯黑斑病的发生与品种抗病性、伤口数量、温湿度条件等密切相关。一般来说,薯块皮厚、薯肉坚实、含水分少、伤口木栓化形成快的品种或产生植物保卫素快而多的品种较抗病。地下害虫为害重、收获贮运过程中伤口多的薯块入窖后发病重。温暖潮湿环境发病重,发病的土温为15~30℃,最适温度为25℃。土壤含水量高、地势低洼、土质黏重、连作地发病重。

4. 防治方法

(1) 减少菌源　无病区应严格禁止从病区调运种薯和种苗。精选种薯，剔除病、伤种薯，并进行种薯消毒。种薯消毒可用温水和药剂两种方法浸种：①温汤浸种。薯块在 40～45℃温水中预浸 1～2min，后移入 50～54℃温水中浸种 10min。浸种后要立即上床排种。②药剂浸种。可用 50% 多菌灵可湿性粉剂浸种 5min，以及 50% 甲基硫菌灵可湿性粉剂 1000 倍液、80% 402 抗菌剂 1500 倍液等药剂浸种 10min。建立无病留种田，培育无病壮苗。加强苗床管理。尽量用新苗床育苗，如用旧苗床应将旧床土全部清除，并用药剂消毒。采用高剪苗并用药剂处理种苗。处理方法同种薯。

(2) 安全贮藏　薯窖在甘薯入窖前，应铲去一层土，并用药剂进行消毒。甘薯收获要及时，种薯单收、单贮，精选入窖，避免损伤。甘薯入窖后将窖温升到 35～37℃ 进行高温处理 4 天，相对湿度 90%，有利于伤口愈合，防止病菌感染。

(3) 选用抗病品种　各甘薯产区可因地制宜地选用抗病品种，对黑斑病抗性较好的品种如济薯 7 号、南京 92、华东 51、烟薯 6 号等。

(4) 加强栽培管理　实行轮作，增施腐熟的有机肥，防治地下害虫和鼠害。

二、甘薯茎线虫病

甘薯茎线虫病又称糠心病、空心病、空梆、糠裂皮等，是甘薯生产上的一种毁灭性病害。我国以山东、河北、河南、北京和天津等省（市）薯区发病较重，该病害已被列为国内检疫对象。

1. 症状

可危害薯块、茎蔓以及须根，以薯块和近地面的秧蔓受害最重。苗期受害，出苗少，苗矮小、发黄，纵剖茎基部，内见褐色空隙，剪断后不流乳液或很少。茎蔓染病，主蔓茎部出现龟裂褐色斑块，内部呈褐色糠心，病株蔓短、叶黄或枯死。薯块受害症状有三种类型：①糠皮型，土壤中的线虫直接侵染薯块，薯皮皮层呈青色至暗紫色，病部稍凹陷或龟裂。②糠心型，茎蔓中的线虫向下侵入薯块，薯块皮层完好，内部糠心，呈褐、白相间的干腐。③混合型，生长后期发病严重时，糠皮和糠心两种症状同时发生呈混合型。

2. 病原

病原为马铃薯腐烂茎线虫（*Ditylenchus destructor* Thorne），属线虫纲、垫刃目、茎线虫属。腐烂茎线虫为迁移型内寄生线虫，包括卵、幼虫、成虫三个时期（图9-9）。雌雄虫均呈线形，虫体细长，两端略尖，雌虫较雄虫略粗大，表面角质膜上有细的环纹，侧带区刻线 6 条。唇区低平，口针粗大如钉，食道属垫刃型。尾圆锥状，稍向腹面弯，尾端钝尖。雄虫具交合伞 1 对，交合伞不包到尾端，约达尾长的 3/4。腐烂茎线虫的寄主植物达 70 多种。除危害甘薯外，还可危害小麦、荞麦、蚕豆、马铃薯、山药、薄荷、胡萝卜、萝卜、蒜和当归等。

图 9-9　甘薯茎线虫
1—雌虫；2—雄虫；3—卵

3. 发病规律

线虫以卵、幼虫或成虫在土壤和粪肥中越冬，也可随病薯在薯窖内越冬，成为来年初侵染源。病薯和病苗是线虫传播的主要途径。用病薯育苗，线虫从薯苗茎部附着点侵入，病秧栽入大田，线虫在蔓内寄生，也可以进入土壤，结薯期，线虫由蔓进入新薯块形成糠心型症状。病土和肥料中的线虫也可从秧苗根部的伤口或小薯块表面直接侵入，在块根上形成糠皮型症状。腐烂茎线虫抗干燥能力强，薯干也可成为线虫的传播媒介。此外，流水、农具及耕畜的携带都可传播线虫。

甘薯茎线虫耐低温但不耐高温，$-2℃$ 条件下一个月可全部存活，$43℃$ 干热 1h 或 $49℃$ 热水处理 10min，则全部死亡。连作、湿润疏松通气及排水好的沙质土发病重，种薯直栽地发病重于秧栽春薯地。春薯发病重于夏薯。

4. 防治方法

（1）减少菌源　对种薯种苗检疫，严禁病区的病薯、病苗、薯干向外调运，或不经消毒直接用于生产；建立无病留种田，严格选种、培育无病壮苗；防止农事操作传播茎线虫，种薯单收、单藏，实行轮作；在春季育苗、夏季移栽和甘薯收获入窖贮藏三个阶段严格清除病薯残屑、病苗、病蔓，集中烧毁或深埋。

（2）种植抗病品种　可因地制宜地选用抗病品种种植，抗病品种有农青 2 号、美国红、79-6-1、32-16、鲁薯 3 号、鲁薯 7 号、济薯 10 号、济薯 11、北京 553、鲁薯 5 号、济薯 2 号、济 73135、济 78268、烟 3、烟 6、海发 5 号、短蔓红心王等。

（3）药剂防治

① 药剂浸种薯或薯苗。用 40% 甲基异硫磷 500 倍液浸种薯 24h 或浸薯苗下中部 10min。

② 土壤处理。每亩用 10% 丙线磷颗粒剂 3～4kg，苗移栽前条施于垄中；或用滴滴混剂和 80% 二溴乙烷熏杀土壤内线虫，或用 5% 涕灭威颗粒剂土施也有很好的效果。

三、甘薯贮藏期病害

在我国，甘薯贮藏期病害有 10 余种。其中，生理性病害主要是冻害；侵染性病害主要有黑斑病、茎线虫病、软腐病、干腐病等。贮藏期病害可造成甘薯烂窖，其损失约占贮藏量的 10%。

1. 冻害

冻害是甘薯贮藏期腐烂的主要原因之一。薯块受冻初期，与健薯无明显区别，薯皮呈现暗色，失去光泽，用手指轻压具弹性，切开冻薯，薯皮附近的薯肉迅速变褐，受冻越严重变褐速度越快。受冻部分水浸状，挤压时有清水渗出。受冻薯块往往形成硬心、硬皮，且发苦。甘薯在 $9℃$ 以下的低温环境贮藏时间较长，就会产生冻害，一般在 $4～5℃$ 时，冻害持续半个月开始腐烂。低温持续的时间越长，遭受冻害越重。甘薯发生冻害有两种情况：一是窖外受冻，因收获过晚，入窖后 15 天左右开始腐烂。二是在贮藏中期和后期，由于窖浅或防寒保暖条件差发生冻害造成腐烂。薯块受冻后，易被弱寄生菌侵染，造成腐烂，所以甘薯贮藏期生理性冻害与侵染性病害密切相关。

2. 甘薯软腐病

俗称水烂，是贮藏期的重要病害。薯块受害，组织软化，呈淡褐色水浸状软腐，破皮后流出黄褐色、有酒味的汁液。病部长出白色棉絮状物，上有灰黑色小粒点（孢子囊）。环境条件适宜时，病情扩展迅速，4～5 天全薯腐烂。病原为匍枝根霉 [*Rhizopus stclonifer* (Ehr. ex. Fr) Vuill.]，属于接合菌亚门、根霉属。病菌从薯块两端或死蔓和毛根相连处的伤口侵入，侵入后病菌产生果胶酶、淀粉酶和纤维素分解酶，分解寄主细胞，使薯块组织溃散而腐烂，病菌以孢子囊随气流传播。病菌除危害甘薯外，还可危害多种作物的果实和贮藏器官。病害的发生与薯块的生活力强弱关系密切，薯块受冻，生理机能衰退，病菌易侵入。薯块伤口多，环境条件不利于伤口愈合等，加重病害发生。

3. 甘薯干腐病

甘薯贮藏期干腐病有两种类型：一类是在薯块上散生圆形或不规则形凹陷的病斑，内部组织呈褐色海绵状，后期干缩变硬，在病薯破裂处常产生白色或粉红色霉层。这类干腐病是由半知菌亚门、镰刀孢属的尖孢镰刀菌 [*Fusarium oxysporum* (Schlecht.) Snyd. & Hans.]、腐皮镰刀菌 [*F. solani* (Sacc.) Mart.] 及串珠镰刀菌 [*F. moniliforme* (Sheldon) Snyd. & Hans.] 的一些株系引起。另一类干腐病多在薯块两端发病，表皮褐色，有纵向皱缩，逐渐变软，薯肉深褐色，后期仅剩柱状残余物，其余部分呈淡褐色，组织坏死，病部表面有黑色瘤状突起，似鲨鱼皮状。这类干腐病的病原为子囊菌亚门、间座壳属的甘薯间座壳菌 (*Diaporthe batatatis* Harter et Field.)。干腐病菌从伤口侵入，贮藏期扩大危害，收获时过冷、过湿、过干都有利于贮藏期干腐病的发生。

4. 甘薯灰霉病

薯块在窖内受冻后易发生。发病初期与软腐病症状相似，但水烂现象较轻，纵切病薯可见许多暗褐色或黑色线条，后期病薯失水干缩形成干硬的僵薯。当窖温在17℃以上时，病部表面生出灰色霉层。病原为半知菌亚门、葡萄孢属的灰葡萄孢 (*Botrytis cinerea* Pers.)。该菌腐生性强，寄主范围广。发病适温为7.5～13.9℃，薯块受冻、受伤时易发病。

5. 甘薯黑痣病

主要危害薯块的表层。初生浅褐色小斑点，扩大后呈黑褐色近圆形至不规则形大斑。病重时，病斑硬化，产生微细龟裂。受害薯失水干缩。潮湿时病部生出灰黑色霉层。病原为半知菌亚门、毛链孢属类的甘薯毛链孢 (*Monilochaetes infuscans* Ell. et Halst. ex Harter)。病菌可直接从表皮侵入，高温有利于发病。甘薯生长期和贮藏期都可受害。

6. 甘薯贮藏期病害的防治方法

(1) 适时收获，安全运藏　甘薯要适期收获，一般在当地旬平均气温14～15℃、降霜之前为宜，避免薯块受冻。甘薯运输和入窖时，应轻拿轻放，避免造成伤口，精心选择健薯，剔除病薯及带伤薯等。薯块收获后最好在35～37℃下处理4天，促进伤口愈合，或用70%甲基硫菌灵浸薯，滴干药液后趁湿入窖。

(2) 精心选窖，旧窖处理　不同区域不同地理条件选用适宜的窖型，大量贮藏鲜薯适于选用大屋窖；丘陵地区则采用窑窖；黄河中下游地区常用井窖。甘薯入窖前，铲去旧窖窖壁的土，上一年发病的旧窖最好进行消毒处理，可用抗菌剂"401"或"402"熏蒸；将硫黄在盆内点燃，置于窖内；或以甲醛喷洒。用药后，封闭2天，打开通气后再使用。

(3) 加强薯窖管理　甘薯入窖后，根据不同窖型掌握好窖内温、湿度及适当的通风换气。入窖初期的15～20天内，薯块水分大，要敞开窖门，通风换气，晚上或雨天应关闭窖门，待窖温稳定在10～14℃时，关闭窖门。冬季注意保温，窖温保持在10～14℃之间，尤以11～13℃为好，最低不能低于9℃，为此应封严窖口，必要时在薯堆上盖麦秸等。春季随气温变化，开门降温通风，闭门保温保湿。

第三节　麻类病害的诊断与防治

一、红麻炭疽病

红麻炭疽病是红麻上发生比较严重的一种病害，在我国各红麻产区均有发生，被列为我国国内植物检疫对象。

1. 症状

苗期、成株期均可受害，尤以苗期受害最重。幼芽染病，胚轴呈黄褐色腐烂，出土后幼茎上病斑逐渐扩展，病部缢缩软化或猝倒而死。子叶染病，初生紫红色水渍状小斑点，扩大后呈中部黄褐色至灰白色、边缘暗红色的近圆形或不规则形病斑。真叶染病，病斑与子叶上的相似，但可沿叶脉扩展，使叶片皱缩变形；叶柄病斑椭圆形或短条状，边缘红褐色，中央稍下陷，易折断。顶芽染病，常变黑腐烂，周围组织略肿胀或抽生侧芽成横枝，俗称"杈头"。茎部染病，产生边缘暗红色、中部黄褐色、近椭圆形略凹病斑。蕾、花染病，常腐烂脱落，蒴果变为畸形。高温高湿时，病部都可产生带橘红色黏质状的小黑点（分生孢子盘和分生孢子）。

2. 病原

病原为木槿胶孢炭疽菌（*Colletotrichum hibisci* Pollacci），属半知菌亚门、炭疽菌属。分生孢子盘一般无刚毛或极少刚毛。分生孢子梗长圆形，无色单胞；分生孢子长椭圆形，两端钝圆，直或略弯曲，无色单胞，内含 1~2 个小油球（图 9-10）。

病菌孢子萌发、菌丝生长温限为 3~35℃，适温为 25℃，最适相对湿度近 100%。此菌具有不同的生理小种，我国已知的有 1 号和 2 号小种，目前 2 号小种在我国分布广泛。在自然条件下，该病原菌只为害红麻和玫瑰红麻，人工接种尚可为害羊角豆。

3. 发病规律

病菌在病残体或种子内外越冬并成为翌年初侵染源。播种带菌种子造成烂种或死苗，病部产生的分生孢子和越冬菌借风雨吹溅或昆虫与人畜田间劳作传播，进行再侵染；远距离传播靠带菌种子，病

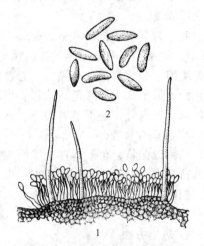

图 9-10 红麻炭疽病病菌
1—分生孢子盘；2—分生孢子（放大）
（引自：中国农作物病虫害，第 2 版）

菌在种子内可存活 21~31 个月，病残组织内可存活几个月至 1 年左右，北方寒冷地区存活时间较长，南方高温潮湿，存活期较短。

春秋雨季适温多雨易发病。南方发病高峰多在 5~6 月份和 9~10 月份，北方春季发病轻，7~9 月雨季易发病。连作、地势低洼或地下水位高、偏施过施氮肥、土壤黏重的麻地发病重。红麻品种间抗病性有明显差异。

4. 防治方法

(1) 严格执行植物检疫 在调种工作中，加强种子检疫，确保种子不带菌，以保护新麻区和无病区，并防止病区间不同生理小种的传播。

(2) 种植抗病品种 繁育无病种子，选择适合当地的优质抗病品种种植，如抗病高产品种有 71-4、71-18、湘红 1 号和 2 号、辽红 55、南选、印度 11、玫瑰茄、古巴 961 和 1087 等品种。

(3) 加强栽培管理 采用稻麻轮作，适时播种，一般土温稳定在 13℃ 以上时播种，播种过早发病重。苗期拔除重病苗及死苗烧毁；增施有机肥，氮、磷、钾配合使用；雨后及时排水，降低田间湿度。

(4) 药剂防治 种子消毒可用 80% 炭疽福美可湿性粉剂 100 倍液，或 50% 甲基硫菌灵可湿性粉剂 1200 倍液，在 18~20℃ 下浸种消毒 24h；或用种子重量 1% 的 80% 炭疽福美拌种，然后密闭 15 天左右。成株期于发病初期可用 25% 咪鲜胺乳油 1500 倍液；80% 炭疽福美可湿性粉剂 500 倍液；50% 甲基硫菌灵可湿性粉剂 1200 倍液；或 10% 苯醚甲环唑水分散

二、红麻、黄麻立枯病

红麻、黄麻立枯病是苗期的主要病害,各麻区均有不同程度发生,病株率达10%以上,可造成缺苗断垄,甚至毁耕重播。

1. 症状

红麻、黄麻的整个生育期均可发病,以苗期为重。种子萌发未出土前发病,造成烂种。幼苗染病,子叶上的病斑不规则、棕褐色,易脱落穿孔;幼苗茎基部呈黑褐腐烂并缢缩,致麻苗枯萎。成株染病,茎基部黑褐色,凹陷,重者病部绕茎一周,皮层腐蚀露出纤维。

2. 病原

病原为立枯丝核菌(*Rhizoctonia solani* Kühn)和禾谷丝核菌(*R. cerealis* Vander Hoeven),均属半知菌亚门、丝核菌属。立枯丝核菌菌丝初期无色、较细,近似直角分枝,分枝处缢缩,分枝不远处有隔膜;老熟菌丝黄褐色,粗壮,纠结形成菌核。禾谷丝核菌菌丝初期色淡,后渐变为深褐色,球状、半球状、片状至不规则状;菌核多有萌发孔。该病菌除危害红麻、黄麻外,还可危害棉花、马铃薯、大豆、花生、茄子、甜菜等200多种植物。

3. 发病规律

病菌以菌核、菌丝体在土壤中或田间病残组织上越冬,通过土壤或灌溉水传播,翌年侵入麻苗为害,并可当年在麻田再侵染。病菌能在土壤及病残体上长期存活。

阴雨连绵、春季低温的年份发病重,黏性土壤、排水不良、多年连作的麻地有利于病害发生。

4. 防治方法

(1) 加强栽培管理　重病地与禾本科作物轮作;适当晚播;清除田间病残体,集中烧毁;田间及时排水,施用草木灰和钾肥,防止过量施用氮肥。

(2) 种子处理　用种子重量0.5%的40%拌种双、或50%退菌特、或20%稻脚青可湿性粉剂拌种。

(3) 药剂防治　发病初期用以上药剂800倍液喷雾或泼浇。隔7天1次,连续2~3次。

三、红麻、黄麻根结线虫病

红麻、黄麻根结线虫病俗称"根瘤线虫病""根线虫病""鸡爪瘤""麻薯"等,是红麻、黄麻上的主要病害。

1. 症状

根结线虫为害麻株的根部,使主侧根、须根形成许多大小不等的根结,根结初为黄白色,后变黄褐色,全根腐烂。剖开根结可见许多淡黄色半透明的小颗粒(雌成虫)。受害麻株植株矮小,叶片自上至下褪绿发黄,叶片卷曲、变小、衰老甚至落叶,麻株提早干枯死亡。

2. 病原

病原有南方根结线虫(*Meloidogyne incognita* Chitwood)1号和2号小种、爪哇根结线虫[*M. javanica* (Treub) Chitwood]、花生根结线虫[*M. arenaria* (Neal) Chitwood]2号小种,均属线形动物门、根结线虫属。其中南方根结线虫占绝大多数。该线虫雌雄异型,幼虫细长呈蠕虫状;雄成虫线状,尾端稍圆,无色透明,大小(1.0~1.5)mm×(0.03~0.04)mm;雌成虫梨形,大小(0.44~1.59)mm×(0.26~0.81)mm。

3. 发病规律

根结线虫主要以卵和2龄幼虫在植物病残体中越冬，病土、病苗及灌溉水是主要传播途径。翌春温湿度条件适宜时卵开始孵化，发育成1龄幼虫，第1次蜕皮后成为2龄幼虫。2龄幼虫破卵壳而出，迁入土壤中，寻找根尖由根冠上方侵入定居在生长锥内，其分泌物刺激根部细胞膨胀，使根形成巨型细胞成根结。发育到4龄时交尾产卵，卵在根结里孵化发育，2龄后离开卵块，进入土中进行再侵染或越冬。南方根结线虫生存最适温度25~30℃，高于40℃、低于5℃都很少活动，55℃经10min致死。

田间土壤湿度是影响线虫孵化和繁殖的重要条件。最适土壤含水量为50%~70%，过干、过湿都不利于线虫发育和侵入。连作田、沙质土壤发病重。一般干旱年份该病发生较重。

4. 防治方法

（1）加强栽培管理　重病田应与非寄主作物轮作，尤其是实行水旱轮作效果更好。种植麻类作物前反复犁耙土壤，把线虫翻至土表，日照风干杀死线虫。勤中耕除草、及时灌水抗旱、增施有机肥，增强植株抗病性。收获后及时清除病残体，集中烧毁。

（2）生物防治　在根结线虫孵化高峰期，施用淡紫拟青霉菌或根结线虫幼虫致病细菌混合液，都可收到较好的防治效果。

（3）化学防治　用10%灭线磷或3%氯唑磷50~100g/株；或10%苯线磷或硫线磷颗粒剂40~80g/株，沿根盘外圈开环沟撒施，盖土，遇干旱时淋水。或用以上药剂拌土制营养杯，防效可达80%~90%。

第四节　烟草病害的诊断与防治

一、烟草黑胫病

烟草黑胫病是烟草生产上最具毁灭性的病害之一，又称烟草疫病。中国各烟产区均有不同程度发生，并多与烟草青枯病混合发生，故危害更严重。

1. 症状

从苗期到成株期都可发病，主要为害根系和茎基部。苗期多从幼苗茎基部湿腐，呈"猝倒"状成片死亡。稍大的烟苗先在茎基部发生凹陷黑斑，向上下扩展后，全株变黑褐或病部干缩而死。高温多雨时，病苗全部腐烂，表面布满白色絮状物，并迅速传染附近苗，造成烟苗成片腐烂死亡。成株期发病，有以下几种症状类型：①黑胫。茎基部受害后出现黑斑，并环绕全茎向上扩展可达70cm。②穿大褂。茎基部受害后向髓部扩展，叶片自下而上依次变黄，渐渐凋萎，故称"穿大褂"。③黑膏药。叶片出现直径达4~5cm的圆形大斑。病斑初期水渍状、暗绿色，扩大后中央黑褐色，形如膏药状。④碟片状。茎部发病后期，剖开病茎，髓部干缩呈"碟片状"，其间生有棉絮状物，潮湿时，病部产生白色绒毛状物（菌丝体和孢子囊）。⑤腰烂。病株茎中部出现黑褐色坏死，俗称"腰烂"。

2. 病原

病原菌为寄生疫霉烟草致病变种［*Phytophthora parasitica* var. *nicotianae* (Breda de Hean) Tucker.］，属鞭毛菌亚门、疫霉属。菌丝无隔透明，产生菌丝状孢囊梗，顶生或侧生孢子囊。孢子囊球形或卵形，乳突明显，可释放无色、侧生双鞭毛的游动孢子。病菌可产生圆形或卵形黄褐色厚垣孢子，厚垣孢子的形态与藏卵器相似（图9-11）。

菌丝生长温度10~36℃，最适温度为28~32℃。孢子囊产生适温24~28℃。病菌在pH3~11都能生长，最适pH为5.5。光线能抑制孢子囊萌发。该病菌根据致病性不同分为0号、1号、2号、3号共4个生理小种，以0号小种分布最广。烟草是该病菌的唯一自然寄

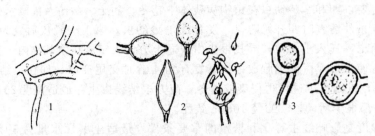

图 9-11 烟草黑胫病病菌
1—菌丝；2—孢囊梗、孢子囊和游动孢子；3—厚垣孢子
（引自：Lucas G B，1975）

主植物。

3. 发病规律

病菌以菌丝体及厚垣孢子随病残体在土壤或粪肥中越冬。病菌在土壤中可存活 3～5 年，主要集中在土表 0～5cm 的土层中。厚垣孢子萌发产生芽管，从寄主伤口或表皮侵入，病部产生的孢子囊及游动孢子，主要通过流水或风雨传播进行再侵染，其次通过人为因素传播。

该病菌喜高温高湿，雨日、雨量多往往造成病害流行。连作、地势低洼、排水不良的黏土壤发病重；土壤中钙、镁离子多，高氮低磷情况下发病较重。烟草不同品种的抗病性差异显著。

4. 防治方法

（1）选用抗病品种 目前较抗病的品种有烤烟 G28、52、Nc13、95、夏烟 1 号、金星 6007、许金 1 号、2 号、粤白 3 号、建白 80、柯克 298、354 等。

（2）加强栽培管理 与禾本科作物轮作 4 年以上或水旱轮作；适时早育苗，及时间苗、定苗、炼苗并适时早栽；深沟高起垄栽培；及时清除病株残体和田间杂草；增施磷肥和有机肥，及时排水。

（3）药剂防治 苗床用 58% 甲霜灵·锰锌可湿性粉剂 $1g/m^2$，拌 12kg 干细土，播种时分层撒施。移栽前 10 天左右用上述药剂 500 倍液喷洒 1 次。大田用 95% 敌克松 350g/亩，拌细土 20kg，于移栽时封窝及起垄培土前各施药 1 次并覆土。发病初期选用 64% 杀毒矾 M-8 可湿性粉剂 400 倍液、58% 甲霜灵·锰锌 800 倍液、72% 霜脲氰·锰锌可湿性粉剂 800 倍液、72.2% 霜霉威水剂 1000 倍液等喷淋或浇灌茎基部，隔 10 天淋灌 1 次，连续 2～3 次。

二、烟草青枯病

烟草青枯病在世界烤烟种植区均有分布，是热带、亚热带地区烟草的重要病害。

1. 症状

烟草青枯病是典型的维管束病害，根、茎、叶均可受害，最典型的症状是植株枯萎。初发病时，病株一侧枯萎，拔出后可见发病的一侧支根变黑腐烂，未显症的一侧根系正常；有的叶片出现黑黄色网状斑，茎上出现黑色条斑。发病后期，病株叶片全部萎蔫，根部及条斑的表皮组织变黑腐烂，茎秆木质部变黑，髓部呈蜂窝状或全部腐烂，茎部中空。横切病茎，可见维管束变为黑色，用力挤压切口，溢出黄白色的菌脓。

2. 病原

病原菌为青枯假单胞杆菌［*Pseudomonas solanacearum* (E. F. Smith) Smith］，属原核生物界、假单胞菌属。菌体杆状，两端钝圆，无荚膜，多极生鞭毛 1～3 根，革兰染色阴性，好气性。生长温度 18～37℃，最适温度 30～35℃，致死温度为 52℃ 10min，最适 pH 为 6.6。

青枯病菌寄主范围广，可侵染烟草、马铃薯、茄子、花生、番茄等 30 余科植物。

3. 发病规律

病菌在土壤中、病残体和堆肥中越冬，也能在各种生长着的寄主体内越冬，种子一般不带菌。病菌在寄主病残体上可存活 7 个月，在土壤或堆肥中可存活 2～3 年，但在干燥条件下则很快死亡。病菌借流水、带菌肥料、病土以及人畜和生产工具带菌传播，主要从烟株的根部伤口侵入。

青枯病菌喜高温高湿，雨量多湿度大或久旱后遇暴风雨或时雨时晴或久雨骤晴的闷热天气，都会加重病害的发生和流行。水田种烟发病较轻，旱地种烟发病较重。土质黏重易板结或含沙量过高的土壤易诱发病害。连作或前作为茄科植物、偏施或迟施氮肥、缺硼肥发病重。品种间的抗病性存在着明显差异。

4. 防治方法

(1) 选用抗病品种　具有较强抗（耐）病性的品种有 K326、K394、G80、G140、C176、云烟 85、K346 等。各地因地制宜选种。

(2) 培育无病苗　首先要选择地势高、土质疏松、排水方便、背风向阳、前作为水稻的地块作苗床，切勿用菜地及旧烟地作苗床。播种前每亩撒施石灰 15～20kg，耙沤 2～3 天，并禁止用带菌肥作基肥。

(3) 加强栽培管理　水田实行烟稻隔年轮作，旱地与禾本科作物轮作 3～5 年。宜选择沙壤土、排灌分开的田块栽烟，高畦种植，深沟排渍，适时早播，施足基肥，避免偏施氮肥，适当增施磷钾肥。缺硼区适当追施硼肥，氮源宜使用硝态氮。及时拔除病株，集中烧毁，并撒施生石灰做病穴消毒。

(4) 药剂防治　发病初期可选用 50% 琥胶肥酸铜可湿性粉剂 500 倍液、77% 可杀得可湿性粉剂 800 倍液、14% 络氨铜水剂 400 倍液、72% 农用链霉素可湿性粉剂 4000 倍液、47% 加瑞农可湿性粉剂 800 倍液灌根，每株用药液 50mL，隔 10 天 1 次，连灌 2～3 次。

三、烟草蛙眼病

烟草蛙眼病又称"蛇眼病"、"白星病"，现已成为世界烤烟上较重要的病害。我国各产烟区都有发生。

1. 症状

主要为害叶片，病斑圆形，中央灰白色，边缘深褐色，形似青蛙眼，故称"蛙眼病"；有的在灰白色的病斑上有浅褐色轮纹。湿度大时，病部生灰色霉层。严重时病斑连片，叶片破裂干枯。若叶片采收前 2～3 天受侵染，烘烤期可形成绿斑或黑斑。

2. 病原

病原菌的无性态为烟草尾孢菌（*Cercospora nicotianae* Ell. et Ev.），属半知菌亚门、尾孢属。未发现有性阶段。病菌分生孢子梗褐色，有分隔、不分枝，膝状弯曲，有 1～3 个隔膜。分生孢子顶生，无色，细长，鞭状，直或略弯曲，基部较粗大，有 5～10 个分隔（图 9-12）。

病菌寄主范围较广，包括茄子、辣椒、菜豆、芹菜、白菜、黄瓜、牵牛花等。

3. 发病规律

病菌以菌丝体和分生孢子随病残体在土壤中越冬。病菌借风雨传播至大田烟株叶片上，萌发芽管，从气孔侵入，引起发病，病部产生的分生孢子通过风雨传播，进行再侵染。

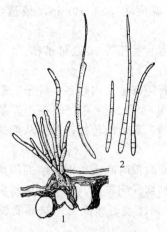

图 9-12　烟草蛙眼病病菌
1—分生孢子梗及分生孢子；
2—分生孢子（放大）及萌发

该病发生温度范围为 10～34℃，最适温度为 30℃。高温高湿、阴雨连绵易引起病害流行。连作、地势低洼、土壤黏重、排水不良、种植过密、偏施氮肥发病重。

4. 防治方法

（1）选用抗（耐）病品种　抗病品种有中烟 98 等，中抗品种有云烟 85、K326、G28、K346、中烟 9203 等。

（2）加强栽培管理　旱地种植烟与玉米、高粱等轮作 2～3 年，以烟、稻轮作最好。合理密植，增施有机肥和钾肥。及时采收烘烤，防止叶片过熟。及时摘除病叶，采后彻底清除病残体深埋。不种植豆、茄子、辣椒等中间寄主，冬季深翻。

（3）药剂防治　发病初期可用 70% 代森锰锌可湿性粉剂 500 倍液、50% 异菌脲可湿性粉剂 1000 倍液、25% 咪鲜胺乳油 1000 倍液喷雾。隔 7 天喷 1 次，连喷 2～3 次。

四、烟草赤星病

1. 症状

主要为害叶片，也可为害茎部。叶片上初现黄褐色小斑点，扩大后为圆形或不规则形、褐色或赤褐色病斑，其上有明显的同心轮纹，周围有黄色晕圈，边缘清晰。干燥时病斑易破裂，严重时病斑融合成片，叶片枯焦脱落。叶片中脉、花梗、蒴果上形成深褐色圆形或长圆形凹陷病斑，高湿时病斑大，干燥时病斑小。潮湿情况下，病斑上产生深褐色至黑褐色的霉层。

赤星病与蛙眼病常同时并发，最主要的区别是：蛙眼病斑边缘隆起，中央灰白色，边缘深褐色，中心有一小黑点像青蛙眼睛。

2. 病原

病原菌的无性态为链格孢菌 [*Alternaria alternata* (Fries) Keissler]，属半知菌亚门、链格孢属。分生孢子梗聚生，褐色，顶端弯曲，有 1～3 个隔膜。分生孢子链状着生，褐色，倒棒槌状或长圆筒形，有纵隔 1～3 个、横隔 3～7 个（图 9-13）。

病菌生长最适温度 25～30℃，20～25℃ 下产孢最好；分生孢子萌发适温 25～32℃，相对湿度大于 75%，pH 5.0～8.0。除侵染烟草外，还可侵染马铃薯、番茄、龙葵等 15 科 30 多种植物。

3. 发病规律

病菌以菌丝体在病株残体上越冬，也可在种子表面越冬。翌年产生分生孢子，借气流传播进行初侵染，种子和移栽苗也能成为田间初侵染源。病菌多从寄主气孔或伤口侵入，病部长出分生孢子进行再侵染。

雨日多、湿度大是病害流行的重要因素，采

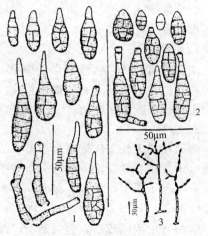

图 9-13　烟草赤星病病菌
1—在自然寄主上的分生孢子梗及分生孢子；
2—在人工培养基上的分生孢子；3—分生孢子链

收期遇雨常致赤星病大流行。移栽迟、晚熟、追肥过晚、施氮过多及暴风雨后发病较重。种植密度大、田间荫蔽、采收不及时发病也重。

4. 防治方法

（1）种植耐病品种　目前我国抗赤星病的烤烟品种有单育2号、革新三号、G80、G28、柯克76、柯克86、Nc95、净叶黄、中烟90、中卫1号、益延1号、厚节巴、铁杆烟等。

（2）种子消毒　可用1‰硫酸铜浸种10~15min，捞出以清水洗净后催芽播种。减少越冬菌源。

（3）改进栽培措施　烟田最好水旱轮作2年以上；适时早栽，配方施肥，适当增加钾肥；及时中耕松土及培土保墒，合理密植，适时打顶；彻底清除烟秆、病叶及烟田已死亡的杂草。

（4）药剂防治　发病初期可选用1.5%多抗霉素150倍液、50%异菌脲或50%腐霉利可湿性粉剂1500倍液、70%甲基托布津可湿性粉剂600倍液、70%代森锰锌可湿性粉剂500倍液，隔10天喷1次，连喷2~3次。

五、烟草花叶病

烟草花叶病包括烟草普通花叶病和黄瓜花叶病，世界各烟区普遍发生。我国南北烟区均有发生，尤其是南方烟区受害较重，田间株发病率一般为5%~20%，重者可达90%以上；早期发病的损失可达50%~70%，甚至绝收。

1. 症状

烟草普通花叶病的症状包括不同程度的褪绿、斑驳、矮化、叶畸形和泡斑等，有时还引起坏死斑点。不同的病毒株系和寄主品种症状有所差异，最常见的症状是嫩叶侧脉及支脉呈"明脉"，叶片出现深绿和浅绿区，深绿区较厚，常隆起成"泡斑"，幼株染病出现矮化，并有轻微叶卷和畸形，重者叶片狭长，呈鼠尾或鞋带状。

黄瓜花叶病的症状随病毒株系不同变化较大。最常见的普通株系侵染烟草后，初期表现"明脉"，几天后形成花叶斑驳状；病叶狭长，叶缘上卷，叶面革质，发暗无光泽，叶尖细长；该病毒也能引起叶面呈黄化斑驳，在中下部叶上常出现褐色坏死斑或闪电纹坏死斑以及叶脉坏死等症状。

2. 病原

烟草花叶病由烟草普通花叶病毒[Tabacco mosaic virus（TMV）]和黄瓜花叶病毒[Cucumbur mosaic virus（CMV）]单独或复合侵染引起。TMV粒体杆状（图9-14）。钝化温度90~93℃经10min，稀释限点10^6倍，体外保毒期72~96h。该病毒有不同株系，我国主要有普通株系、番茄株系、黄斑株系和珠斑等4个株系。TMV可侵染烟草、茄科、葫芦科、菊科等33科236种植物。

CMV粒体球状，致死温度为60~70℃，稀释终点为10^4倍，体外存活期为3~4天。我国从烟草上分离到三个CMV株系，即CMV-C（普通株系）、CMV-YEL（黄化株系）和CMV-TN（烟草坏死株系），其中以普通株系发生最多。TMV的寄主范围较广，除烟草外，还可为害番茄、辣椒和十字花科蔬菜等，人工接种可侵染36科350多种植物。CMV可侵染单子叶和双子叶植物，其天然寄主包括黄瓜、烟草、番茄、辣椒、白菜、萝卜、香蕉等属于67个科的470种植物。

3. 发病规律

TMV和CMV都能通过汁液摩擦传染，嫁接和菟丝子亦可传染。TMV主要借助农事操作中机械接触传播，刺吸式口器昆虫（如蚜虫等）不能传播，被TMV污染的种子也可以

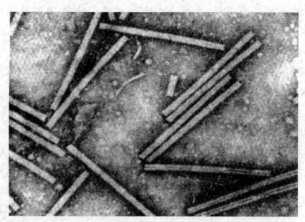

图 9-14 烟草花叶病毒粒体
(引自：吕佩珂等)

传病。而 CMV 主要是通过棉蚜、桃蚜等蚜虫传播。

TMV 在被污染的烟叶（包括遗留在田间的病叶和烤晒后的烟叶、烟末、烟丝等）、烟枝、种皮以及其他带病的寄主植物上越冬，次年通过机械摩擦侵染烟苗。在自然条件下，CMV 不能在干死的叶片内存活，主要在老病烟株及其众多的中间寄主（如十字花科蔬菜及杂草）上越冬，次年由带毒蚜虫传染到新植的烟苗，在田间再通过蚜虫和机械接触反复传播。

高温干旱气候有利于诱发有翅蚜发生和活动，黄瓜花叶病发病较重。连作地或前茬为番茄、辣椒和油菜，土壤肥力差，排水不良的地块，烟株长势弱发病重；打顶抹芽、大风和昆虫为害等造成的伤口，会加速烟草花叶病的传播蔓延。烟草品种间对 TMV 的抗性差异较大，目前抗 TMV 品种，大多数其抗病性来自心叶烟系统，CMV 引起的花叶病，目前还没有找到理想的抗病品种。同一品种不同生育期抗病性不同，一般烟株苗期、大田期至旺长期对 CMV 易感，现蕾后抗病力较强。

4. 防治方法

(1) 选用抗（耐）病品种　选用抗（耐）病品种是防治花叶病的根本途径。抗 TMV 的烟草品种有辽烟 8 号、9 号、10 号、广黄 54 号、GST-2、GAT-4、COKER51、COKER176、NC567、GAT-2、GAT-4 等。

(2) 生物防治　TMV 的弱毒株系对强毒株系有较好的交互保护作用，在苗期给烟株接种 TMV 弱毒株系，可避免烟株在大田期遭受 TMV 强毒株系的侵染。

(3) 防蚜避蚜　进行黄皿药液诱杀蚜虫，或用银灰色地膜避蚜，或者定期用吡虫啉等喷杀传病蚜虫。适当调整播植期，使烟株感病期避开当地蚜虫的发生高峰期。

(4) 加强栽培管理　针对 TMV，应选用无病种子。对可疑病种可用 0.1%~0.2% 硫酸锌或 0.1% 磷酸三钠液浸种 10min，浸种后反复冲洗。不与茄科、葫芦科和十字花科蔬菜轮作，重病地 2~3 年不种烟。早期发现病株及时拔除，农事操作避免接触传染。

(5) 药剂防治　发病初期可选用 0.1% 硫酸锌、1.5% 植病灵 1000 倍液、4% 博联生物菌素 400 倍液、10% 83-增抗剂 100 倍液等喷雾。

第五节　糖料作物病害的诊断与防治

一、甘蔗凤梨病

甘蔗凤梨病在我国蔗区普遍发生，常使大量贮藏蔗种或催芽种腐烂，或种植后不萌发或萌发后生长不良，造成大量缺株，尤以冬、春植蔗发病重。

1. 症状

种蔗或宿根甘蔗染病，初期切口处变红色，有菠萝香味。其后切口处组织变黑色，内部组织变红色。随病程的进展，中心部分变黑色，在切口处长出黑色刺毛状物（子囊壳）。纵剖蔗茎，可见内部组织渐变成红褐色至黑褐色，薄壁组织坏死腐烂，节间内部形成空腔，有发丝状黑色纤维和大量煤黑色粉状物（厚垣孢子）。

2. 病原

病原菌的无性态为奇异根串珠霉菌〔*Thielaviopsis paradoxa* (de Seynes) Scorch.〕，属半知菌亚门、根串珠霉属；有性态为奇异长喙壳〔*Ceratocystis paradoxa* (Dade) Moreau〕，属子囊菌门、长喙壳属。产生小型分生孢子和厚垣孢子。分生孢子短圆筒形或长方形，壁薄，初无色，后变褐色，内生。厚垣孢子球形至椭圆形，壁厚，黄棕色至黑褐色，四周具刺状突起，厚垣孢子排列成链状，产生在较短的孢子梗上。子囊壳聚生，近球形，深褐色，具长喙，喙顶部开口处撕裂。子囊卵形或近棍棒状，内含8个子囊孢子。子囊孢子无色，单胞，椭圆形（图9-15）。病菌两性异株，能在土中腐生。此菌的寄主范围很广，除甘蔗外还能侵染椰子、枣棕、油棕、可可、香蕉、槟榔子、番木瓜、芒果、龙眼、柿、槐、咖啡、菠萝、桃等。

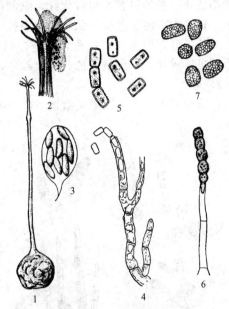

图9-15 甘蔗凤梨病病菌
1—子囊壳；2—子囊壳喙部先端（放大）；
3—子囊和子囊孢子；4—小分生孢子梗和小分生孢子；
5—小分生孢子（放大）；6—大分生孢子梗和大分生孢子；
7—大分生孢子（放大）
（引自：中国农作物病虫害，第2版）

3. 发病规律

病菌以菌丝体或厚垣孢子潜伏在带病的组织里或土壤中越冬。条件适宜时，便从寄主种苗的伤口处侵入，引起初侵染。发病后在切口处产生分生孢子和厚垣孢子。借空气、灌溉水、蔗刀、蝇类昆虫等传播，引起再侵染。种苗在窖藏时通过接触传染。

秋植蔗下种后如遇暴风雨或台风，发病率高达90%以上。土壤低温高湿，地温低于19℃或遇有较长时间阴雨发病严重。土壤过于干旱，种茎蔗芽萌发缓慢，延长病菌侵入时间，有利于发病。土壤黏重板结，蔗田低洼积水，多年连作，虫害、蚁害、鼠害多，发病重。种茎长途运输，堆放时间长，发病也重。不同品种的抗病性不同。

4. 防治方法

（1）选用高糖抗病品种 如新台糖16号、25号、20号、22号，粤糖93/159等，含糖量都在12%～17%之间；此外，还有桂糖11号、农林8号、巴基斯坦6号和台糖108等。这些甘蔗品种宿根性好，萌芽出土快，抗逆性强，成茎率高，高产稳产。

（2）预防烂种和死苗 具体操作如下：①选种苗。选蔗茎中等大小的梢头苗留种，萌发率较高，凤梨病发生较少。②种茎消毒。斩种后的茎段，选用50%多菌灵、50%甲基硫菌灵或50%苯菌灵500～600倍液浸泡3～4min，用3%～4%石灰水浸种8h，用20%石灰水浸种消毒1min，然后播种。

（3）栽培防病　实行 1~2 年的水旱轮作；及时排水，提高播种质量，采用地膜覆盖栽培；常发病区，每亩沟施石灰 75kg，调节土壤酸碱度至中性或微碱性，同时用石灰浆（生石灰 1 份、清水 2 份配成）蘸蔗种切口。合理施肥，N∶P∶K＝1.0∶0.8∶1.7。

二、甘蔗赤腐病

甘蔗赤腐病又称红粉病，在我国各植蔗区均有发生。甘蔗受害后产量降低，糖分减少。

1. 症状

主要为害蔗茎和叶中脉。蔗茎染病，外表初无异常，纵剖病茎可见茎内变红，中间杂有大小不一的长椭圆形白斑，有酸腐味，以后蔗茎组织变褐红色，外皮出现暗红色斑块，被害部凹陷枯死。蔗种被害，切口变红，纵剖种茎红色中有白斑，严重的整段蔗种呈红褐色或褐灰色，髓腔中有暗灰色棉絮状物。叶中脉受害，病斑初期为红色小点，以后沿中脉扩展呈纺锤形或长条形，中央变枯白色，边缘呈暗红色或棕黑色，表面长有小黑点（分生孢子盘）。多个病斑连成片，中央呈黄色、边缘红色。叶鞘上病斑红色。

2. 病原

病原菌的无性态为镰孢炭疽菌（*Colletotrichum falcatum* Went），属半知菌亚门、炭疽菌属；有性态为塔地囊孢壳菌（*Physalospora tucumanensis* Speg.），属子囊菌亚门、囊孢壳属。分生孢子盘黑色；分生孢子梗无色，单胞，椭圆形至长椭圆形，内杂生黑色刚毛。分生孢子半月形，无色，单胞。厚垣孢子墨绿色，圆形或椭圆形，多生在菌丝顶端（图 9-16）。病菌生长最适温度 27~35℃。该菌能侵染甘蔗属的 5 个品种：中国竹蔗种、印度高贵种、细茎野生种、大茎种和细千金子。

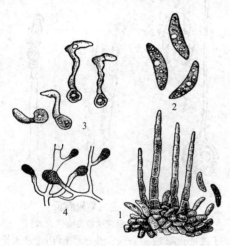

图 9-16　甘蔗赤腐病病菌
1—分生孢子盘；2—分生孢子（放大）；
3—分生孢子萌发；
4—在菌丝上形成的厚垣孢子
（引自：中国农作物病虫害，第 2 版）

3. 发病规律

病菌以菌丝、分生孢子在病部越冬。越冬后的病菌产生的分生孢子，引起初次侵染。病菌借风、雨、雾、昆虫等传播，通过螟害孔、裂伤侵入，引起再次侵染。

高温多湿有利于病害发生。冬春植蔗，气温在 15~20℃ 蔗株生长受抑制，抗病力弱，发病较重。土壤湿度大或天气干旱，甘蔗易受伤，利于病菌侵入，发病也重。螟虫为害重、暴风雨较多的地区，加重病害发生。蔗田积水，土壤过湿或过干，土壤酸度大，使甘蔗生长缓慢，也有利于发病。品种抗病性差异很大，抗病品种和发芽迅速的品种发病轻。

4. 防治方法

（1）选用抗病品种和无病种苗　抗病品种如粤糖 71-359、粤糖 63-237、台糖 108 与 134 等。采种时选择叶鞘无病斑、无虫害种苗和梢部蔗茎作种，砍种时切口现红色者最好不用。

（2）种茎消毒　先将蔗种置于 52℃ 热水中浸 30min，再移入 50% 多菌灵可湿性粉剂 1000 倍液或 50% 甲基硫菌灵可湿性粉剂 800 倍液中浸种 3min，如连续浸种，要适当添加药液并保持一定浓度，浸种消毒后进行催芽。也可在下种前用 1% 的硫酸铜液浸种 2h，并用石灰浆或波尔多液浆涂封两端切口。

(3) 加强田间管理　推广地膜覆盖栽培，促进早发芽，快成苗。及时防治虫、鼠为害，减少伤口，控制病害发生。清除田间病残体，不与甘蔗近缘作物如高粱轮作。

三、甘蔗梢腐病

甘蔗梢腐病几乎遍及所有甘蔗生产国和地区，在我国南方蔗区常有发生。

1. 症状

主要发生在梢头的嫩叶部位，在幼嫩叶片基部出现褪绿黄化斑，在斑上杂有红褐色或褐黑色的小点或波浪形条纹，沿着叶脉扩张后，条纹呈纺锤形裂开，边缘锯齿状。叶片基部略呈扭曲状，并有皱褶，梢头部的叶片常扭缠在一起。梢头部染病，蔗茎外部节间出现黑褐色横向如刀割的楔形裂口，形似梯状，上有淡红色或淡黄色粉状霉层，有时生小黑点，纵剖被害梢头，可见内部组织有褐色条纹。严重时，生长点腐烂，心叶坏死，整株甘蔗枯死。

2. 病原

病原菌的无性态为串珠镰孢菌（*Fusarium moniliforme* Sheldon），属半知菌亚门、镰孢霉属；有性态为藤仓赤霉菌 [*Gibberella fujikuroi* (Saw.) Wolle.]，属子囊菌亚门、赤霉属。分生孢子有大、小两型。大型分生孢子微弯曲，镰刀形。小型分生孢子卵形，无隔膜，偶有双胞，串生。孢子发芽适宜温度 25～30℃，最适相对湿度 92%。除为害甘蔗外，还可侵染玉米、高粱、小麦、蚕豆、凤梨、水稻、香蕉、棉、红麻、甘薯、番茄、柑橘、辣椒、茄子等。

3. 发病规律

初侵染源主要是患病植株和土表上病残株上的病菌。分生孢子由气流传播，侵染幼嫩心叶，病部产生的分生孢子进行再侵染。用带有病痕的蔗茎作种苗也能传播此病。

高温高湿，尤其是在干旱后遇雨或灌水过多的情况下，导致病害流行。氮肥不足，植株长势差，或偏施氮肥，植株生长过旺的蔗田发病重。香蕉与甘蔗轮作的田块，梢腐病特别严重。不同品种的抗病性不同。此外，适当剥叶的蔗田比不剥叶的发病轻。

4. 防治方法

(1) 选用抗病品种　抗病的品种有台糖 108、134，桂糖 57/624，粤糖 63/237 等。

(2) 加强栽培管理　氮、磷、钾适当配合施用，避免偏施氮肥。及时剥去老叶，清除病株。甘蔗收获后，清除留在蔗地的病残体，集中烧毁。及时排除蔗田积水，使甘蔗正常生长，增强抗病力。

(3) 药剂防治　发病初期喷施 50% 苯菌灵（苯来特）或 50% 多菌灵可湿性粉剂 1000 倍液、1∶1∶100 倍式波尔多液、30% 碱式硫酸铜悬浮剂 500 倍液等，每周喷 1 次，连喷 3 次，主要喷心叶。

四、甜菜根腐病

甜菜根腐病是甜菜生产上的重要病害之一，尤其在老甜菜区发生更为严重，一般可造成甜菜减产 10%～40%，个别地块甚至绝产。

1. 症状

甜菜根腐病是甜菜块根生育期间受几种真菌或细菌侵染后引起腐烂的一类根病的总称。主要有以下五种类型。

① 镰刀菌根腐病。又称镰刀菌萎蔫病，主要侵染根体或根尾，病菌从主根或侧根、支根入侵，造成块根变黑褐色干腐，根内出现空腔。发病轻时生长缓慢，叶丛萎蔫，严重的块根溃烂，叶丛干枯或死亡。

② 丝核菌根腐病。又称根颈腐烂病，根尾先发病，逐渐扩展腐烂，凹陷成 0.5~1cm 裂痕，从下向上扩展到根头。病部褐色或黑色，严重时整个根部腐烂，有时病部可见稠密的褐色菌丝。

③ 蛇眼菌黑腐病。根体或根冠处呈黑色云纹状斑，略凹陷，从根内向外腐烂，表皮烂穿后出现裂口，全部变黑。

④ 白绢型根腐病。根头先染病，后向下蔓延，病部变软凹陷，呈水渍状腐烂。外表皮或根冠土表处长出白色绢丝状（菌丝体），后期长出深褐色的小菌核。

⑤ 细菌性尾腐病。细菌从根尾、根梢侵入，病部变暗灰色至铅黑色水浸状软腐，由下向上扩展，全根腐烂，常溢出黏液，散发酸臭味。

2. 病原

镰刀菌根腐病病原为多种镰刀菌（*Fusarium* spp.），属半知菌亚门、镰刀菌属。分生孢子镰刀形，无色，多有 3~5 个隔膜，厚垣孢子间生或顶生。丝核菌根腐病病原为立枯丝核菌（*Rhizoctonia solani* kuhn），属半知菌亚门、丝核菌属。菌丝分枝处近直角，分枝基部缢缩；菌核深褐色，扁圆形，大小不等。蛇眼菌黑腐病病原为甜菜茎点霉（*Phoma betae* Frank），属半知菌亚门、茎点霉属。病菌形态见甜菜蛇眼病。白绢型根腐病病原为罗耳阿太菌 [*Athelia rolfsii* (Curzi) Tu et Kimbrough]，属担子菌亚门、阿太菌属。菌丝有隔，分枝不成直角，菌丝白色。细菌尾腐根腐病病原为胡萝卜欧文菌甜菜亚种（*Erwinia carotovora* subsp. *betavasculorum* Thomson, Hildebrad et Schroth.），属原核生物界、欧文菌属。菌体杆状，单生、双生或链状，无荚膜，无芽孢，周生 2~6 根鞭毛。

3. 发病规律

病菌在土壤、病残体上越冬。翌年借耕作、雨水、灌溉水传播。主要从根部伤口或其他损伤处侵入。

6月中下旬开始发病，7~8月份雨水多、土壤水分过大或土壤过干，易诱发病害。低洼地块，春季土壤温度低，甜菜根系生长缓慢或停滞或损伤，而导致发病。品种间有明显的抗病差异。细菌引起的尾腐根腐病伤口多、雨水多、排水不良地块发病重。

4. 防治方法

（1）选用抗病品种　抗病品种有甜研 301、302、303、304，范育 1 号、2 号等。

（2）加强栽培管理　实行 4 年轮作，采用禾本科作物为前茬，忌用蔬菜为前茬。选择地下水位低、排水良好的平地种植；施足基肥，增施过磷酸钙、骨粉等；注意深耕、深松土、及时中耕，破除土壤板结层；合理灌溉，小水轻浇；清除田间病残体。

（3）药剂防治　育苗移栽时用敌克松或五氯硝基苯进行土壤消毒。播种前用恶霉灵、敌克松或菲醌拌种。

防治细菌引起的根腐病发病后喷洒或浇灌 14% 络氨铜水剂 300 倍液、47% 春雷霉素可湿性粉剂 800 倍液、12% 松脂酸铜乳油 600 倍液。防治真菌性根腐病于发病初期根据病原不同选用适当的药剂喷雾或浇灌。

五、甜菜褐斑病

甜菜褐斑病俗称"叶斑病"、"斑点病"、"火聋秧子"等。我国各甜菜产区均有发生。为害严重，对甜菜产量影响极大。

1. 症状

主要为害叶片、叶柄、花枝和种球。叶片发病，初期出现褐色或紫褐色小圆斑，后期病斑中央呈灰白色、边缘紫红色，病斑中央较薄，易破碎。潮湿时，病斑上产生灰白色霉状物。严重时,病斑连成片,叶片干枯死亡、脱落。再生新叶引起甜菜根头伸长,并形成带有叶痕的根头,状似菠萝。叶柄上病斑褐色长圆形。在甜菜采种株上,病菌除侵染叶片、叶柄外,还能侵染花,使种球带菌。

2. 病原

病菌为甜菜尾孢菌(*Cercospoea beticola* Sacc.),属半知菌亚门、尾孢属。菌丝体表生。分生孢子梗丛生,褐色或橄榄褐色,呈屈膝状,孢子痕明显加厚。分生孢子无色或淡色,透明呈鞭状,稍弯曲,一般有6~10个分隔。

3. 发病规律

病菌以菌丝在种球、堆肥、母根和叶片上越冬。翌年春季当环境条件适宜时,产生分生孢子,借雨水或风传播,引起再侵染。

甜菜褐斑病发病适温是25~28℃,在连续降雨、田间湿度达90%以上孢子大量形成,发病重。不同品种抗病性有很大差异。植株生长15片真叶后易感病,一般从外围老叶开始发病,向中间蔓延,幼龄叶不感病。

4. 防治方法

(1) 选用抗病品种 如甜研302、202、201,双丰8号,范育1号等。

(2) 减少菌源 清除田间病残体烧毁或深埋,实行秋翻加速病残体的分解,与禾本科或豆科植物轮作4年以上,与往年种甜菜田保持50m以上的距离。

(3) 药剂防治 发病初期选用50%甲基硫菌灵、20%三苯基醋酸锡、50%多菌灵可湿性粉剂1000倍液,或50%异菌脲、6%氯苯嘧啶醇可湿性粉剂2000倍液,或75%百菌清可湿性粉剂600倍液,或50%多·霉威可湿性粉剂800倍液,或45%噻菌灵悬乳剂1500倍液喷雾。

六、甜菜蛇眼病

1. 症状

主要为害茎、叶和根。发病幼苗胚茎变褐或变黑,近地面处尤其明显,然后茎基部缢缩、猝倒。发病轻的幼苗尚能恢复,主根死后,能抽生侧根继续生长,但生长不良。叶片受害,病斑圆形、黄褐色,病斑小的直径为2~3mm,大的为1~2cm,有明显的轮纹,其上生小黑点。茎发病后呈褐色至黑色的坏死条斑,后期中心部变灰色,边缘颜色较深,略凹陷,密生小黑点。块根染病,从根头向下腐烂,病斑圆形,凹陷,病部组织变黑,常龟裂,病健分界明显,后期病组织干缩呈海绵状,表面生黑色小粒点。

2. 病原

病原为甜菜茎点霉(*Phoma betae* Frank.),属半知菌亚门、茎点霉属。分生孢子器球形或扁球形,暗褐色。分生孢子梗极短,分生孢子无色,单胞,椭圆形或球形,成熟后,混于胶质物中从顶端的孔口排出,呈卷须状。在自然情况下,可以产生厚垣孢子,厚垣孢子圆形,无色,具厚壁。

3. 发病规律

病菌随病残体在土壤中或在种子上越冬,也可在采种用母根组织内越冬。种子带菌或土壤中的病菌,首先侵害幼苗引起发病。病斑上形成分生孢子器,孢子器内产生大量分生孢子,借风、雨及灌溉水传播引起再侵染。开始仅基部较老的几张叶片发病,以后逐渐由上、下蔓延。收获后侵入根部造成块根腐烂。

温度在20~25℃、相对湿度在90%以上利于发病。苗期土壤缺水发病重,成株期湿度大易发病,贮藏期窖温高于4℃发病重。另外,肥料缺乏,生长衰弱,发病重。

4. 防治方法

（1）选用无病种子和种子处理　从无病田、无病母根留种。种子消毒可以用52℃温汤浸种60min，播种时适当增加播种量。

（2）加强栽培管理　实行2年以上的轮作。每亩施硼砂0.1~0.6kg，施足肥料，增施磷钾肥和有机肥，提高抗病性。

（3）药剂防治　发现中心病株时可选用30%氧氯化铜悬浮剂、47%春雷霉素可湿性粉剂800倍液，30%碱式硫酸铜悬浮剂400倍液，12%松脂酸铜乳油600倍液，40%多·硫悬浮剂500倍液，70%甲基硫菌灵、75%百菌清可湿性粉剂1000倍液喷雾，每10天喷1次，连喷2~3次。

第六节　茶树、桑树病害的诊断与防治

一、茶云纹叶枯病

茶云纹叶枯病又称叶枯病，是茶树叶部常见病害之一，我国各产茶区均有分布。发病严重时叶片呈灰枯状，极易脱落。幼苗受害全株枯死，对树势、生长影响极大。

1. 症状

主要为害叶片，也为害新梢、枝条和果实。叶片发病，主要为害成叶和老叶，初期在叶尖、叶缘出现水渍状黄褐色小斑，扩展后病斑变为半圆形或不规则形，中央为褐色或灰白色相间的云纹状，病健交界处呈黑褐色线纹；有时病部云纹不明显，为灰白色枯焦状。后期病斑正面散生黑色小粒点。枝梢被害形成灰褐色不规则形的病斑。果实上病斑黄褐色、近圆形，以后渐变为灰白色，表面也散生许多黑色小粒点，有时病部开裂。

2. 病原

病原为山茶炭疽菌（*Colletotrichum camelliae* Massee），属半知菌亚门、炭疽菌属。分生孢子盘圆形，成熟后突破表皮而外露；分生孢子盘上长有暗褐色的刚毛，直或弯曲，有1~3个横隔膜。分生孢子梗短线状单生，无色，单胞。分生孢子长椭圆形或长卵形，直或稍弯曲，无色，单胞，内含颗粒状物，有的具一个小油球（图9-17）。

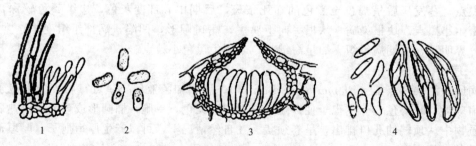

图9-17　茶云纹叶枯病病菌
1—分生孢子盘；2—分生孢子；3—子囊壳；4—子囊和子囊孢子

3. 发病规律

病菌以菌丝体或分生孢子盘在病组织或土表落叶中越冬。翌年春天条件适宜产生分生孢子盘，遇水萌发产生分生孢子，借风雨传播侵入茶树，几天后出现病斑。新病斑上产生的分生孢子随风吹、雨溅传播，进行再次侵染。

该病喜高温高湿，7~9月份当旬平均气温高于28℃、降雨多于40mm、平均相对湿度

在80%以上时易发病。土壤酸碱度过高或过低、茶园地下水位高、过分密植、采摘过度、遭受冻害和虫害均有利于发病。台刈、密植茶园及扦插苗圃发病重。品种间有抗病性差异，一般南方大叶种如云南大叶种等较感病，北方小叶种如龙井等较抗病。

4. 防治方法

（1）选用抗病品种　新建茶园，应选用适宜当地种植的抗病高产品种，如龙井、铁观音、福鼎白毫、藤茶、福鼎、台茶13号、毛蟹、清明早、瑞安白毛茶、梅占等。

（2）加强栽培管理　做好抗旱、防冻、治虫工作。勤除杂草，合理施肥，增施有机肥及磷、钾肥，促进茶树健壮生育，增强抗病力。防止在移苗栽植过程中伤根过多。清除园内病残叶，集中深埋，及时摘除树上病叶销毁。

（3）药剂防治　在6月初夏，气温骤升，叶片出现枯斑时可选用10%多抗霉素、75%百菌清、40%灭菌丹可湿性粉剂800倍液，或70%甲基硫菌灵可湿性粉剂1000倍液喷雾。

二、茶饼病

茶饼病又称"疱状叶枯病"、"叶肿病"，是嫩芽和叶上的重要病害，在我国各茶区都有发生。它不仅影响产量，而且用病芽叶制茶易碎，干茶味苦，致使茶叶品质明显下降。

1. 症状

主要为害嫩叶、新梢。嫩叶发病，初期出现淡黄或棕红色半透明小斑点，以后扩大成圆形斑，病斑正面凹陷、背面凸起呈馒头状疱斑，其上有灰白色或粉红色粉状物，后期粉状物消失，凸起部分萎缩呈淡褐色枯斑，边缘具一圈灰白色，形似饼状。叶中脉发病，病叶常扭曲畸形。叶柄、嫩茎发病肿胀并扭曲，严重时，病部以上新梢枯死。

2. 病原

病原为坏损外担菌（*Exobasidiales vexans*），属担子菌亚门、外担菌属。担子裸生，在寄主表面聚集成子实层。担子棍棒状，顶生2~4个小梗，上生无色、单胞、椭圆形的担孢子。

3. 发病规律

病菌以菌丝体在病叶活组织中越冬或越夏。春季当平均温度在15~20℃、相对湿度高于80%时，形成担孢子，担孢子借风传播到嫩叶或新梢上，产生新病斑。病斑上出现白色粉状物（担孢子），继续随风飞散，进行再侵染。远距离传播靠种苗调运。

担孢子怕光照及高温，当气温高于31℃，并连续4h光照时，病害发生受抑制。因此，在雾露多、日照少、湿度大情况下发病重。偏施氮肥，杂草丛生，采摘、修剪和遮阴等措施不合理的茶园发病重。品种间抗性有差异。一般叶片角质层和叶肉厚的品种较抗病。

4. 防治方法

（1）加强苗木检疫　从病区调运苗木必须严格检验，发现病苗及时处理，防止病害传入新区。

（2）加强栽培管理　勤除杂草，避免遮阴，配方施肥，增施磷钾肥，增强树势。及时分批采茶，适时修剪和台刈，使新梢抽生时，尽量避过发病盛期，减少侵染机会。

（3）药剂防治　在病害发生期，连续5天中，如有3天上午的平均日照时数等于或小于3h，或5天中降雨量在2.5~5mm以上时，应立即喷药防治。可选用10%多抗霉素可湿性粉剂600倍液、25%三唑酮可湿性粉剂3500倍液、70%甲基硫菌灵可湿性粉剂1000倍液喷雾，隔10天喷1次，连喷2~3次。

三、茶轮斑病

茶轮斑病又称茶梢枯死病，是茶树常见病害之一，在我国各产茶区均有发生。发生严重时,可引起大量落叶,致使茶叶减产,扦插苗发病后常呈现枯梢现象,造成成片死亡。

1. 症状

主要为害成叶、老叶,也可为害嫩叶和新梢。叶片发病先从叶尖或叶缘产生黄绿色小斑点,后扩大为圆形、椭圆形或不规则形的大斑。病斑褐色,有明显的同心轮纹;后期病斑中央变灰白色,其上轮生或散生煤污状小黑点(分生孢子盘)。嫩叶上的病斑无轮纹,病斑常相互连合,使叶片大部分呈褐色枯斑。嫩梢发病变黑枯死,并向下发展,引起枝枯。

2. 病原

病原菌为茶拟盘多毛孢[*Pestalotiopsis theae* (Sawada) Steyaert],属半知菌亚门、盘多毛孢属。分生孢子盘初期埋生,后突破表皮外露。分生孢子梗丛生,圆柱形。分生孢子纺锤形,多具4个隔膜,孢子顶部细胞具3根附属丝,基部粗,向上渐细,顶端结状膨大。该病菌只为害茶树(图9-18)。

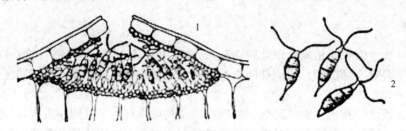

图9-18 茶轮斑病病菌
1—分生孢子盘及分生孢子;2—分生孢子(放大)

3. 发病规律

病菌以菌丝体或分生孢子盘在病叶、病梢内越冬。翌年环境适宜时,形成分生孢子,从茶树叶片的伤口处侵入。1~2周后,产生新病斑,病斑上形成子实体,分生孢子成熟后,随雨水传播,进行再侵染。

该病喜高温高湿,气温在25~28℃、相对湿度在85%~87%利于发病,一般夏、秋季发病较多。机采、修剪、捋采和虫害严重的茶园发病重。排水不良的茶园、密植和扦插苗圃发病也重。不同品种间抗病性有差异。龙井长叶、藤茶、毛蟹等中叶种较为抗病。

4. 防治方法

(1) 选用抗病品种 各地因地制宜地选用龙井长叶、藤茶、茵香茶、毛蟹等较抗病或耐病品种。

(2) 加强茶园管理 防止捋采或强采,尽量减少伤口。机采、修剪、发现害虫后及时喷洒杀菌剂和杀虫剂预防病菌入侵。雨后及时排水,配方施肥,适当增施磷钾肥,提高抗病力。及时摘除病叶,清除园间病残体。

(3) 药剂防治 发病初期可选用25%溴菌腈、10%多抗霉素、75%百菌清可湿性粉剂800倍液,50%咪酰胺1500倍液,50%甲基硫菌灵可湿性粉剂1000倍液喷雾。

四、桑萎缩病

1. 症状

桑萎缩病的症状分为黄化型萎缩病、萎缩型萎缩病和花叶型萎缩病三种。

(1) 黄化型萎缩病 发病初期只有少数枝梢嫩叶皱缩、发黄,向背面卷曲。严重时腋芽萌发,侧枝细弱,叶形瘦小,节间短。以后蔓延到全株。病株一经夏伐,生出猫耳状瘦小叶,新枝弱小丛生,逐渐枯死。

(2) 萎缩型萎缩病　多在桑树夏伐后发生。发病初期，病叶缩小，叶面皱缩，枝条细短，节间缩短。发病中期，枝条顶部或中部腋芽早发，生出较多侧枝，叶黄化，质粗硬，秋叶早落，春芽早发。发病后期，枝条生长明显不良，叶片更小，重病桑枝如扫帚状。

(3) 花叶型萎缩病　初期叶片呈现不相连的淡绿色斑块，以后逐渐扩大，相互连接，而叶脉附近仍保持绿色，形成黄绿相间的花叶。严重时，叶缘向上卷曲，叶片皱缩，叶背的叶脉上有明显的小瘤状突起，枝条细短，腋芽早发。

2. 病原

黄化型萎缩病和萎缩型萎缩病病原均属类菌原体（Mycoplasma like organism），简称MLO；花叶型萎缩病病原为线状病毒。

3. 发病规律

病菌主要在病桑树体内越冬，通过嫁接传播，黄化型和萎缩型萎缩病亦可通过菱纹叶蝉传染。黄化型萎缩病潜育期为1~10个月，最多不超过18个月。

黄化型萎缩病在30℃以上最为适宜发病，20℃以下转为隐症，因此黄化型萎缩病的发病期在6~10月份，7~9月份为盛期。花叶型萎缩病在25℃以下适宜发病，30℃以上转为隐症，发病期多在春末夏初，盛夏较少。采伐过度、偏施氮肥的桑园，发病重。不同桑树品种抗病性存在差异。黄化型萎缩病在幼树、壮龄树上发生多，老树发病少，而花叶型萎缩病在衰老的桑树上发生重。

4. 防治方法

(1) 严格实施苗木检疫　病区的苗木、接穗应严禁外运。

(2) 选种抗病品种　荷叶白、睦州青、早青桑等品种抗花叶型萎缩病；荷叶桑、桐乡青、湖桑197抗萎缩型萎缩病；团头荷叶白、湖桑7号、湖桑199抗黄化型萎缩病。

(3) 加强桑园管理　增施有机肥，氮磷钾配合施用，低洼桑园要开沟排水；适期进行夏伐，切勿过迟，秋叶适当留养，防止过早、过度采摘，以增强桑树抗病力；定期检查桑园，发现病株，立即挖除烧毁。

(4) 药剂防治　控制媒介昆虫菱纹叶蝉是防病的重要措施。根据菱纹叶蝉的发生规律，做好春、夏、秋三季的药剂治虫和冬季重剪梢工作。冬季剪去枝条全长1/4~1/3的梢端及细小枝条，可剪去大部分菱纹叶蝉卵，降低翌春虫口密度。在叶蝉发生期用马拉硫磷、吡虫啉、毒死蜱等药液喷雾。

五、桑里白粉病

桑里白粉病又称白粉病、白背病。在我国各植桑区均有分布。多发生于枝条中下部将硬化的或老叶片背面，枝梢嫩叶受害较轻。

1. 症状

发病初期叶背出现圆形白粉状小霉斑，后扩大连片，严重时白粉布满叶背，叶面与病斑对应处可见淡黄褐斑，后期在白色霉层上出现黄色小粒状物，当小粒状物由黄转橙红再变褐，最后变为黑色小粒点时，白粉消失。

2. 病原

病原为桑生球针壳菌［*Phyllactinia moricola* (P. Henn.) Homma］，属子囊菌亚门、球针壳属。分生孢子梗无色，具3~4个隔膜，顶端膨大成分生孢子。分生孢子单生，无色，棍棒状。闭囊壳扁球形，周边具针状附属丝5~18根，基部膨大如球形。闭囊壳内具子囊9~14个。子囊无色，圆形，基部有短柄，内有子囊孢子2~3个。子囊孢子无色，单胞，椭圆形（图9-19）。

3. 发病规律

病菌以闭囊壳在树枝干或病叶上越冬。翌年条件适宜时散出子囊孢子，随风雨传播到桑叶上，引起初次侵染，病斑每隔3～5小时产生一批分生孢子，在田间引起再次侵染。到深秋产生闭囊壳越冬。

病害发生的最适温度是22～24℃，最适湿度是70%～80%，但在相对湿度30%及干燥条件下或在相对湿度100%及潮湿的环境中，只要温度适宜，孢子也能萌发，引起病害。桑树硬化早、种植过密、通风透光差或缺钾的桑地发病较重。

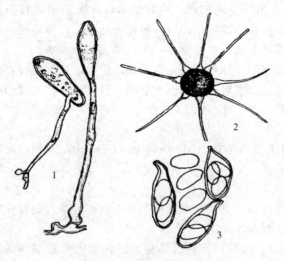

图9-19　桑里白粉病病菌
1—分生孢子发芽状；2—闭囊壳；3—子囊及子囊孢子

4. 防治方法

（1）选种抗病品种　以种植叶片硬化迟的品种为宜，如伦104、伦6301、湖桑7号、湖桑38号、弯条桑、花桑、梨叶大桑、新疆白桑等。

（2）加强栽培管理　秋季摘叶时自下而上，分批采摘。注意通风透光，施足夏肥，早施追肥，配施钾肥，久旱不雨，应及时浇水。秋冬季清理地面落叶、残叶用于沤制堆肥。

（3）药剂防治　夏、秋季发病初期可选用40%多·硫胶悬剂800倍液，70%甲基硫菌灵可湿性粉剂1500倍液，40%氟硅唑乳油8000倍液喷雾，隔10天喷1次，连喷2～3次。冬季用2～4波美度的石硫合剂喷树干、枝条。可用2%硫酸钾或5%多硫化钡液喷叶背。

六、桑紫纹羽病

桑紫纹羽病俗称"霉根"、"泥龙"、"烂蒲头"等，是桑树根部的重要病害。病株长势衰弱，芽叶易枯死。

1. 症状

主要为害根部。病根初为黄褐色，后变黑褐色，严重时皮层腐烂变黑，被害根表面有丝缕状紫褐色的菌丝，菌丝纠结形成根状菌索和紫红色的菌核；后期树干基部及附近地面形成一层紫红色绒状菌膜，病害扩展到较粗的支根及主根上。桑根受害后，树势衰弱，生长缓慢，叶小、色黄，下部叶提早脱落，枝梢先端或细小枝枯死，最后整株死亡。

2. 病原

病原为桑卷担子菌（*Helicobasidium mompa* Tanaka），属担子菌亚门、卷担子菌属。菌丝有两种：一种是营养菌丝，侵入皮层；另一种是生殖菌丝，寄附于根表面。营养菌丝黄褐色，粗细不一；生殖菌丝紫褐色。菌索呈不规则网状，外松内紧；菌核半球形。担子果平伏，松软而平滑。担子圆柱形，向一方弯曲，有隔膜，小梗着生在担子的一侧。担孢子长卵形，无色单胞。病菌生长温度是8～35℃，最适温度为27℃。

3. 发病规律

病菌以菌索、菌核在病根和土壤中越冬、越夏，长期存活，当环境条件适宜时便产生营养菌丝，主要借病根接触、水流、农具传播侵入桑根，引起发病，很少由担孢子飞散传播。带病桑苗是远距离传播的主要途径。

连作地或桑园间作甘薯、马铃薯等易感病作物发病重。在土壤积水或酸性、沙砾土质的桑园易发病。

4. 防治方法

（1）加强检疫　禁止从病区调运桑苗。

（2）苗木消毒　可用45℃温水、或25%多菌灵可湿性粉剂500倍液、或0.3%漂白粉浸种苗30min；也可用1%的硫酸铜液浸种苗1h。

（3）加强桑园施肥管理　发病重的桑田、苗圃可与禾本科作物进行4～5年轮作。桑园不要间作番薯、马铃薯、豆类等寄主作物。低洼桑园雨季及时排水。酸性较重的桑园可用石灰调节，用量为125～150kg/亩。施腐熟的有机肥，增加土壤肥力。及时挖除病株，连同残根一起烧毁。同时要挖一条深1m、宽30cm的隔离沟，防止蔓延，挖出的带菌病土堆在病区，可用40%福尔马林50倍液喷洒，密闭15天消毒。

（4）土壤处理　发病桑园土壤处理可用氯化苦熏蒸消毒或氨水灌浇消毒。也可用50%多菌灵可湿性粉剂5kg/亩拌土撒匀翻入土中。

复习检测题

1. 影响棉苗病害发生的条件有哪些？应采取哪些有效防治措施？
2. 如何区别棉花枯萎病和棉花黄萎病的症状？
3. 阐述棉花枯黄萎病的发生规律，并制定综合防治措施。
4. 简述棉铃病害的发生特点，并制定综合防治措施。
5. 甘薯黑斑病症状有何特点？简述其发生规律和防治措施。
6. 简述甘薯茎线虫病的发病规律，试制定其综合防治措施。
7. 简述甘薯贮藏期病害的发生因素，并制定有效的防治措施。
8. 影响红麻炭疽病发生的条件有哪些？应采取哪些有效措施防治？
9. 如何区别烟草青枯病和烟草黑胫病的症状？
10. 阐述防治烟草病毒病要及早治蚜的原因。
11. 简述甘蔗凤梨病的发生特点，并制定综合防治措施。
12. 茶饼病和茶轮斑病的症状有何特点？简述其发生规律和防治措施。
13. 简述桑紫纹羽病的主要症状特点和发病规律。

实验实训二十二　棉花病害的症状和病原观察

【实训要求】

认识棉花主要病害的症状和病原特征，并根据症状、病原能正确诊断病害。

【材料与用具】

棉花枯萎病、黄萎病、立枯病、炭疽病、红腐病、疫病、角斑病、茎枯病、红粉病、黑果病、曲霉病、软腐病、褐斑病、轮纹斑病等病害的腊叶标本和病原菌玻片，以及病害挂图、光盘及幻灯片等。

显微镜、载玻片、盖玻片、贮水滴瓶、挑针、刀片、搪瓷盘、幻灯机、多媒体设备等。

【内容及步骤】

1. 症状观察

观察棉花枯萎病、黄萎病、炭疽病、角斑病、褐斑病、轮纹斑病等标本的叶片上病斑主要特征，并注意区别各种病害所表现的病征。

观察棉花枯萎病和黄萎病维管束组织颜色及与健株的区别。

观察棉花立枯病、红腐病、炭疽病等苗期病害的症状特征，注意观察立枯病蛛丝状的菌丝，红腐病的粉红色霉层，炭疽病有无红色黏质状物。

观察棉铃病害疫病、炭疽病、黑果病、红腐病、红粉病等的主要特征。

2. 病原鉴定

（1）棉花立枯病　观察菌丝形态及颜色，菌丝有隔，初无色，后变为褐色。近直角分枝，分枝处稍缢缩。常形成黑褐色菌核。

（2）棉花炭疽病　挑取病部的小黑点制片镜检，观察分生孢子盘和分生孢子形态，分生孢子盘有无刚毛，及分生孢子的形态和大小。

（3）棉花红腐病　用解剖刀刮取病部少许霉层制片镜检，观察分生孢子的大小、分隔数以及色泽等特征。

（4）棉花疫病　用挑针挑取病苗或病铃上霉层制片镜检，观察孢子囊的形状、大小、有无乳状突起等特点。

（5）棉花轮纹病　用解剖刀自病叶斑点上刮取黑色霉层少许，制片镜检，着重观察分生孢子形状、颜色、纵横隔膜等特点。

（6）棉花角斑病　用解剖刀切取病叶，将菌脓涂在载玻片上经固定、革兰染色后镜检。注意病原是否为短杆状革兰阴性病菌。

（7）棉花茎枯病　取茎枯病带有黑色颗粒的病斑组织，以徒手切片法制片镜检。观察分生孢子器的形状，分生孢子的形状、大小、颜色以及分隔数。

（8）棉花红粉病　挑取病铃上霉层制片镜检。观察分生孢子梗的形态、颜色、有无分枝等特点，分生孢子梗顶端着生的分生孢子数量，以及分生孢子的形态。

（9）棉花黑果病　以徒手切片法制片镜检。观察分生孢子器的形状、大小、颜色等特点，分生孢子的形状、大小以及分隔数。

（10）棉花枯萎病　挑取病斑上霉状物制片镜检，观察大型分生孢子的分隔，小型分生孢子的形状，有无厚垣孢子。

（11）棉花黄萎病　用挑针从病组织上挑取少量霉状物制片镜检。观察分生孢子梗的形态特点，分枝在主梗上如何排列，分生孢子的形态特征。

（12）棉花褐斑病　取病叶上带有小颗粒的病组织，做徒手切片后镜检。观察分生孢子器的形态、大小、颜色等特征，分生孢子形态及有无分隔。

【实训作业】

1. 绘制棉花枯萎病菌和棉花黄萎病菌形态图。
2. 列表比较各种棉苗病害的症状区别。
3. 比较棉铃病害的症状区别。
4. 列表比较棉花枯萎病和棉花黄萎病的症状区别和病原特征。

实验实训二十三　棉花病害田间调查与防治

【实训要求】

了解当地棉花常见病害种类及为害情况，熟悉病害的调查方法。进行当地主要棉花病害的防治工作，加强实际操作技能训练。

【材料与用具】

放大镜、标本采集用具、记录本、铅笔，根据防治内容选定农药和器械、材料等。

【内容及步骤】

1. 调查内容

结合当地具体情况，分别对棉花作物病害的发生种类、分布特点、为害程度以及发病条件等基本情况进行普查，从而为制定棉花病害防治规划提供依据。

2. 调查时间

棉花病害的普查，应分别于苗期、蕾铃期（成株期）、生长后期进行3次调查，以有利于掌握棉花病害发生的全面情况。

3. 调查方法

结合地块情况及病害在田间分布的特点，可采用5点取样、随机取样等方法，每点取100株（叶、棉铃等），统计各种病害的发病率和病情指数。

4. 防治

根据调查和统计情况，以主要病害为主制定出综合防治方案，并进行实际操作。

【实训作业】

1. 写出棉花病害调查结果报告。
2. 采集并制作当地常见棉花病害标本。
3. 结合当地棉花主要病害的防治操作，分析不同防治措施的防病效果。

实验实训二十四　甘薯病害的症状和病原观察

【实训要求】

认识甘薯主要病害的症状和病原特征，并根据症状、病原能正确地诊断病害。

【材料与用具】

甘薯黑斑病、茎线虫病、冻害、软腐病、干腐病、灰霉病等病害的标本和病原菌玻片，以及病害挂图、光盘及幻灯片等。

显微镜、载玻片、盖玻片、贮水滴瓶、挑针、刀片、搪瓷盘、幻灯机、多媒体设备等。

【内容及步骤】

1. 症状观察

观察甘薯黑斑病病斑形状、颜色，薯肉的颜色及病征。

观察甘薯茎线虫病薯皮的质地与健薯的区别，病组织内部褐白相间的糠心型症状。

观察受冻害的病薯薯肉颜色与健薯的区别。

观察甘薯软腐病的病症，病部有无棉絮状的灰色菌丝层，及与甘薯灰霉病的区别。

2. 病原鉴定

（1）甘薯黑斑病　观察子囊壳的形态及子囊孢子、分生孢子和厚垣孢子形态。

（2）甘薯茎线虫病　观察病原线虫形态，注意雌虫阴门的位置和雄虫交合伞及交合刺的形状。

（3）甘薯软腐病　挑取病薯上的霉层，制片观察病菌的孢囊梗和孢子囊，及有无假根和匍匐丝。

（4）甘薯干腐病　挑取病薯上少量霉层制片观察，注意分生孢子和厚垣孢子形态。

（5）甘薯灰霉病　从病薯上挑取少量霉层制片观察，注意分生孢子梗和分生孢子的形态。

【实训作业】

1. 绘甘薯黑斑病菌和甘薯软腐病菌形态图。
2. 列表比较甘薯贮藏期的几种主要病害症状。

实验实训二十五　麻类、烟草、糖料作物病害症状与病原观察

【实训要求】

认识当地麻类、烟草、糖料作物主要病害的症状和病原特征，并根据症状和病原特征能正确地诊断病害。

【材料与用具】

红麻炭疽病，红麻、黄麻根结线虫病，烟草黑胫病、青枯病、蛙眼病、赤星病、花叶病，甘蔗凤梨病、赤腐病、梢腐病，甜菜根腐病、褐斑病、蛇眼病等病害的标本和病原菌玻片，以及病害挂图、光盘及幻灯片等。

显微镜、载玻片、盖玻片、贮水滴瓶、挑针、刀片、搪瓷盘、幻灯机、多媒体设备等。

【内容及步骤】

1. 观察红麻炭疽病标本，注意病斑的形状、大小及颜色。再做徒手切片，镜检分生孢子盘及分生孢子梗的形态，分生孢子的形状、大小、颜色。

2. 取红麻、黄麻根结线虫病标本，注意观察病根根结特点。用挑针挑取根结内的内容物制片（或永久玻片），观察虫体形状和结构。

3. 取烟草黑胫病标本，观察病斑特点，并剖开病茎，观察内部碟片状特征。显微镜观察孢囊梗和游动孢子等。

4. 取烟草花叶病标本，注意观察病叶褪绿、斑驳、畸形、泡斑、明脉特点，以及病株是否矮化。电镜观察病毒粒体形态。

5. 观察烟草青枯病病株症状特点，用刀片剖视病茎维管束特征，斜切病茎，切口蘸入盛有清水的杯中，片刻可见切口处有白色雾状菌脓溢出。

6. 观察甘蔗凤梨病、甘蔗赤腐病的标本，注意蔗茎内部的颜色、味道和病征。刮取黑色粉状物制片观察甘蔗凤梨病菌的厚垣孢子、分生孢子的形态，挑取黑色刺毛状物制片观察甘蔗凤梨病菌的子囊壳、子囊和子囊孢子；切片（或永久玻片）观察甘蔗赤腐病菌的分生孢子盘、分生孢子及刚毛的形态。

7. 观察甜菜褐斑病、甜菜蛇眼病的标本，注意发病部位、病斑颜色、形状和病征。刮取病部霉状物制片，观察甜菜褐斑病菌的分生孢子梗及分生孢子，注意形状、颜色和隔膜数。切片观察甜菜蛇眼病菌的分生孢子器及分生孢子的形态。

8. 观察麻类、烟草、糖料作物其他病害的症状和病原特征。

【实训作业】

1. 绘甘蔗凤梨病子囊壳的切面图，示子囊和子囊孢子。
2. 绘红麻、甘蔗赤腐病的分生孢子盘和分生孢子形态图。
3. 列表比较烟草黑胫病和烟草青枯病症状异同点。

实验实训二十六　茶、桑病害症状与病原观察

【实训要求】

认识茶、桑主要病害种类，掌握茶、桑主要病害的症状和病原特征，并根据症状和病原特征能正确地诊断病害。

【材料与用具】

茶饼病、茶云纹叶枯病、茶轮斑病、桑里白粉病、桑紫纹羽病、桑萎缩病及茶、桑其他

病害等病害的标本和病原菌玻片,以及病害挂图、光盘及幻灯片等。

显微镜、放大镜、镊子、挑针、载玻片、盖玻片、贮水滴瓶、幻灯机、多媒体设备等。

【内容及步骤】

1. 取茶饼病标本,注意观察叶片正、背面病斑形态,病部是否长出灰白色或粉红色粉末。制片观察病菌担子及担孢子。

2. 取茶云纹叶枯病标本,注意观察病斑有无轮纹和小黑点,以及小黑点如何排列。徒手切片(或永久玻片标本)观察茶云纹叶枯病菌分生孢子盘、分生孢子梗、分生孢子的形态,注意分生孢子形状、颜色、细胞个数,以及有无油球和分生孢子盘上的刚毛。

3. 取茶轮斑病标本,注意观察病斑颜色、形状,其上是否有许多小黑粒点,病健分界是否明显,病斑是否有轮纹。徒手切片(或永久玻片标本)观察茶轮斑病菌分生孢子盘、分生孢子梗以及分生孢子的形态。

4. 观察桑里白粉病症状,注意白色霉层长在叶片正面还是背面。制片镜检闭囊壳、附属丝及子囊个数等。

5. 观察桑紫纹羽病症状特点,注意观察病部是否有菌索、菌核。

6. 观察桑萎缩病三种(黄花型、萎缩型、花叶型)症状特点。

7. 观察茶、桑其他病害症状及病原形态。

【实训作业】

1. 绘茶饼病、茶轮斑病、茶炭疽病、桑里白粉病、桑紫纹羽病的病原菌形态图。

2. 列表描述茶饼病、茶云纹叶枯病、茶轮斑病、桑里白粉病、桑紫纹羽病以及桑萎缩病的症状和病原特征。

实验实训二十七 麻类、烟草、甘蔗、茶树病害田间调查与防治

【实训要求】

了解当地栽培的麻类、烟草、甘蔗、茶树常见病害种类及为害情况,熟悉病害的调查方法。进行当地主要病害的防治工作,加强实际操作技能训练。

【材料与用具】

放大镜、标本采集用具、记录本、铅笔,根据防治内容选定农药和器械、材料等。

【内容及步骤】

根据当地作物情况,选择麻类、烟草、甘蔗、茶发病地块进行病害调查,并制定综合防治措施进行防治。

1. 红麻病害调查

红麻成株期或开花始期在田间五点取样,幼苗每点取两行,每行长 1m,成株每点取样 20~40 株,调查病害种类和数量,统计被害率和病情指数。

2. 烟草病害调查

烟草成株期或采收期用以上方法取样调查当地主要病害种类及为害情况,选择发生严重的病害进行重点调查,统计被害率和病情指数,并了解发病条件。

3. 甘蔗病害调查

甘蔗出苗前或出苗初期用五点取样,每点取 20~40 株,选择凤梨病发生严重的病害进行重点调查,统计被害率和病情指数,并了解发病条件。

4. 茶树病害调查

在春梢期取样调查,每点取样 20~40 株,调查病害种类和数量,统计被害率和病情

指数。

  5. 防治

  选择当地栽培的麻类、烟草、甘蔗、茶树中的一种主要病害，根据调查和统计情况，以主要病害为主制定出综合防治方案，并进行实际防治操作。

【实训作业】

  1. 写出当地栽培的麻类、烟草、甘蔗、茶树中的主要病害调查结果报告。

  2. 采集并制作当地栽培的麻类、烟草、甘蔗、茶树中的主要病害标本。

  3. 结合当地栽培的麻类、烟草、甘蔗、茶树中主要病害的防治操作，分析不同防治措施的田间防病效果。

第十章 蔬菜病害的诊断与防治

➤知识目标

了解常见蔬菜病害的病原,熟悉蔬菜主要病害的发病规律,掌握蔬菜病害的症状特征及防治方法。

➤能力目标

能正确识别常见蔬菜病害的症状,会制定常见蔬菜病害的综合防治措施,并能实施防治。

第一节 十字花科蔬菜病害的诊断与防治

一、大白菜软腐病

大白菜软腐病又称水烂、烂疙瘩、腐烂病、烂蒲头等,在我国大白菜栽培区均有发生。个别年份可造成大白菜减产50%以上,甚至导致成片绝收。

1. 症状

白菜发病多由包心期开始,主要表现症状有基腐型、心腐型和外腐型。

① 基腐型。植株外围叶片的叶柄基部初期呈水渍状,在烈日下叶片萎蔫,早晚恢复,持续几天,病叶瘫倒露出叶球,俗称"脱帮子"。发病重时,叶柄基部和根茎处心髓组织完全腐烂,充满灰褐色黏稠物,并发出恶臭,触之即倒。

② 心腐型。从菜心基部开始发病,外叶正常,心叶渐渐向外腐烂,充满黄色黏液,病株一踢就倒,一拎即起,俗称"烂疙瘩",腐烂并臭气四溢。

③ 外腐型。从外叶边缘或心叶顶端开始向下扩展,或从叶片虫伤处向四周蔓延,最后造成整个菜头腐烂。腐烂病叶在晴暖干燥环境下失水变成透明薄纸状(见彩图34)。

2. 病原

病原为胡萝卜软腐欧氏杆菌胡萝卜亚种(*Erwinia carotovora* subsp. *carotovora*),属原核生物界、欧氏杆菌属。菌体短杆状,周生鞭毛2~8根(图10-1),无荚膜,不产生芽孢,革兰染色反应阴性,兼性嫌气。培养基上菌落为灰白色圆形或不定形,稍带荧光边缘明晰。

该菌在4~36℃之间均能生长发育,最适温度为25~30℃,致死温度为50℃ 10min;对氧气要求不严格;在pH5.3~9.2间均能生长,以pH7.2为最适。病菌不耐干燥和日光,在室温干燥条件下2min即死亡;

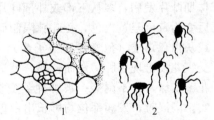

图10-1 白菜软腐病菌
1—被害组织;2—病原细菌
(引自:董金皋,农业植物病理学,2001)

在培养皿上晒2h,大部分细菌死亡;病菌脱离寄主单独存在于土壤中只能存活15天左右。牲畜食用后,病菌经消化道后全部死亡。该病菌除为害十字花科蔬菜外,还能为害马铃薯、番茄、辣椒、莴苣、芹菜、胡萝卜、大葱等。

3. 发病规律

我国北方菜区，病菌主要在病株、窖藏菜株和病残体中越冬。春天带病采种株、菜窖附近的病残体、带有病残体的堆肥及土壤，均带有大量病菌，为主要的初侵染源。在南方温暖菜区，终年交替存在着多种蔬菜寄主，软腐病菌没有明显的越冬间隔期。病菌通过雨水、灌溉水、带菌肥料和昆虫等传播，从伤口、自然孔口处侵入。病菌的寄主范围广，能从春季到秋季在田间多种蔬菜上传播为害，最后传播到白菜、甘蓝、萝卜等秋菜上。

白菜包心后，气温降低（15～20℃）或久旱遇雨易发病；白菜播种早，连作地、平畦栽培易积水，自然裂口多，虫伤多，贮藏期窖温偏高、湿度大发病重。白菜不同品种间抗病性有差异，直筒型、青帮型品种较抗病。

4. 防治方法

（1）选种抗病品种 不同白菜品种抗病性差异很大，各地可因地制宜选用抗病品种。

（2）加强栽培管理 与非寄主作物如麦类、豆类、韭菜等轮作2年以上，采用高畦栽培或垄作，秋白菜适当晚播，施足基肥，及时追肥，有机肥要充分腐熟，避免大水漫灌，雨后及时清沟排渍。

（3）减少菌源 及时拔除病株，并在穴内撒石灰消毒，白菜收获后，清除病残体。

（4）及时治虫 如菜青虫、甘蓝夜蛾等。用50％辛硫磷乳油或90％敌百虫晶体1000倍液灌根，防治地下害虫；用4.5％高效氯氰菊酯或苏云金杆菌喷雾防治菜青虫、甜菜夜蛾、小菜蛾等。

（5）药剂防治 发病初期可选用抗菌剂"401"500倍液、新植霉素4000倍液、72％农用硫酸链霉素可溶性粉剂3000倍液、25％络氨铜水剂500倍液等喷雾。着重喷发病株及周围植株，喷药时兼顾茎基部和近地表的叶柄。10天左右一次，连喷2～3次。

二、十字花科蔬菜霜霉病

霜霉病在白菜、花椰菜、油菜、甘蓝、萝卜等十字花科蔬菜上普遍发生，是十字花科蔬菜重要病害之一，我国各地均有发生。

1. 症状

霜霉病在十字花科蔬菜整个生育期均可为害，主要为害叶片，其次是茎、花梗、种荚。

白菜幼苗受害，叶片正面症状不明显，叶背出现白色霜霉，病重时，幼苗变黄枯死。成株期叶片发病，多从下部或外部叶片开始。发病初期叶正面产生淡绿色水浸状小斑点，扩大后变为黄色至黄褐色，受叶脉限制而成多角形或不规则形病斑，高湿时，叶片背面出现白色或灰白色霉层（孢囊梗和孢子囊）。采种株发病，叶片、花梗、花器及种荚均可呈现症状，受害花梗出现肥肿、弯曲畸形、丛聚而生，龙头拐状，俗称"老龙头"；花器被害畸形肥大，花瓣变绿，久不凋落；被害种荚变淡黄色，细小弯曲，结实不良，常未成熟先开裂或不结实，潮湿时，发病部位均可长出白色霉层。

花椰菜和甘蓝发病，幼苗被害后变黄枯死，病部产生霜状霉层。成株期叶片发病，正面产生凹陷黑色多角形病斑、背面长出灰紫色霜霉。花椰菜花球受害，顶端变黑，重者延及全花球。

萝卜、芜菁发病，叶部症状与白菜相似，根部产生黄褐色病斑。

其他十字花科蔬菜如油菜、芥菜、菜薹和榨菜上的发病症状均与白菜相似。

2. 病原

病原为寄生霜霉[*Peronospora parasitica*(Pers.)Fries]，属于鞭毛菌亚门、霜霉属。孢

囊梗由菌丝产生，无隔无色，顶端具4~8回二叉状分枝，分枝顶端的小梗细而尖锐，向内弯曲，略呈钳状，各着生一个孢子囊。孢子囊长圆形至卵圆形，单胞，无色。卵孢子黄色至黄褐色，近球形，壁厚，表面光滑或略有皱纹，通常形成于发病后期的病组织内，萌发产生芽管(图10-2)。

病菌生长发育要求高湿低温，菌丝发育适温为20~24℃，孢子囊形成的适温为8~12℃，萌发适温为7~13℃，病菌侵染的最适温度为16℃。孢子囊的形成、萌发和侵入在水滴中最好，相对湿度低于90%时不能萌发。卵孢子形成的适温为10~15℃，萌发需要充足的水分。

霜霉菌为专性寄生菌，有明显的生理分化现象，国内分为三个变种：芸薹属变种、萝卜属变种和荠菜属变种。芸薹属变种对芸薹属蔬菜侵染力强，对萝卜侵染力弱，不侵染荠菜。在芸薹属变种中，根据致病力差异，分为三种致病类型：芥菜类型，对芥菜侵染力强，对甘蓝侵染力弱，有的菌株可侵染白菜、油菜和芜菁；甘蓝类型，对甘蓝、苤蓝、花椰菜致病力强，对大白菜、油菜、芜菁、芥菜致病力弱；白菜类型，侵染白菜、油菜、芜菁、芥菜能力强，侵染甘蓝能力弱。萝卜属变种对芸薹属蔬菜侵染力极弱，对萝卜侵染力强，不侵染荠菜。荠菜属变种只侵染荠菜。

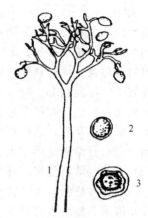

图10-2　十字花科霜霉病菌
1—孢囊梗；2—孢子囊；3—卵孢子
(引自：侯明生等，农业植物病理学，2006)

3. 发病规律

十字花科霜霉病主要在春秋两季发生。北方地区，病菌主要以卵孢子随病残体在土壤中或附着在种子上越冬，也能以菌丝体在菜种株内越冬。条件适宜时，卵孢子经过1~2个月的休眠即可萌发侵染。南方地区，田间终年种植十字花科蔬菜，霜霉病菌不断产生的孢子囊在田间辗转为害，无越冬现象。长江中下游地区，病菌以卵孢子或菌丝体随病残体在土壤中越冬，春季条件适宜时萌发侵染春菜，越冬后的菌丝体可以形成孢囊梗和孢子囊，侵染寄主植物。卵孢子和孢子囊主要靠气流和雨水传播，萌发后从气孔或表皮直接侵入。发病后可产生大量的孢子囊，进行多次再侵染。

霜霉病的发生和流行主要与气候条件、栽培措施和品种抗病性有关。昼夜温差大、雾大露重、阴雨连绵、日照不足、田间郁闭、通风不良易诱发病害的发生和流行。十字花科蔬菜连作、播种密度大、秋季早播、地势低洼、基肥不足、追肥不及时或偏施氮肥均有利于病害发生。疏心直筒型、青帮型品种较抗病。

4. 防治方法

(1) 选用抗病品种　各地可因地制宜地选用适合本地种植的抗病品种。较抗病的品种有天津绿、北京小青口、大麻叶、绿保等，近年来还推出一批杂交种(杂交一代)，如青杂系列(青杂3号、5号)、增白系列、丰抗系列等。

(2) 加强栽培管理　合理轮作，与非十字花科蔬菜实行2年以上轮作，水旱轮作防病效果更好。秋白菜适期晚播，高垄栽培，合理密植，及时间苗，及时排除积水。施足基肥，增施磷、钾肥，合理追肥，大白菜包心后不可缺水缺肥。

(3) 减少菌源　选择无病株留种。播种前筛选壮粒种子，并结合药剂拌种对种子进行消毒。常用药剂有瑞毒霉、甲霜灵、百菌清等。收获后清洁田园，进行秋季深翻，压埋病原。

(4) 化学防治　发现中心病株及时喷药。可选用的药剂参考第八章第一节中的油菜霜霉病防治。

三、十字花科蔬菜病毒病

十字花科蔬菜病毒病,又称为孤丁病、抽疯病,我国各地菜区普遍发生,危害严重。一般地块发病率为 3%～30%,严重地块可达 80% 以上。

1. 症状

症状因病毒种类、蔬菜类别以及环境条件的不同而有所差异。

(1) 白菜　苗期受害,心叶叶脉透明,沿叶脉褪绿呈浓淡相间的花叶,叶皱缩、扭曲畸形,有时叶脉上产生褐色坏死斑点。成株期发病,轻病株内部叶片产生灰色坏死斑点,重病株明显矮缩,不能包心,叶片僵硬扭曲、皱缩成团,俗称"抽疯"或"孤丁",根系不发达,病根切面呈黄褐色,叶脉上亦有褐色坏死条斑或裂痕。感病留种株次年栽植后,叶片小而僵硬,新叶明脉、花叶,老叶产生坏死斑点或主脉坏死;重者花茎未抽出即死亡,轻者花茎虽能抽出,但短且弯曲畸形,上有纵横裂口;花瓣色浅,果荚瘦小扭曲。

(2) 甘蓝　幼苗受害,叶片上产生褪绿圆斑,迎光观察非常明显。后期叶片上呈现浓淡相间的斑驳花叶症状,老叶背面产生黑色坏死斑。病株生长缓慢,结球迟且疏松。

(3) 榨菜　整个生育期均可受害。症状有两种类型:①皱缩型。心叶自下而上沿叶脉褪绿呈明脉,而后叶片产生深浅相间的花叶,皱缩、叶肉凹凸不平,严重时叶片向一边扭曲卷缩,叶脉上产生褐色坏死斑,叶脉开裂,植株卷缩畸形或矮化,心叶扭成一团,菜头发褐、筋多皮厚。部分病株根部变褐坏死,主根短、须根少。②花叶型。一般从心叶开始,叶片呈现明脉,继而出现浓淡相间的花叶斑驳,叶片呈现轻微的凹凸不平,皱缩不明显。植株茎瘤不能膨大呈棒状。根茎部病变同皱缩型相似。以上两种症状可出现在同一植株上。

(4) 油菜、芜菁、芥菜、萝卜、小白菜等其他十字花科蔬菜上的症状与白菜基本相同。

2. 病原

我国十字花科蔬菜病毒病的毒源主要为芜菁花叶病毒(turnip mosaic virus, TuMV),其次为黄瓜花叶病毒(cucumber mosaic virus, CMV),此外,东北报道有萝卜花叶病毒(radish mosaic virus, RMV)和烟草环斑病毒(tobacco ringspot virus, TRSV),西安有白菜沿脉坏死病毒(cabbage vein necrosis virus, CVNV),新疆有花椰菜花叶病毒(cauliflower mosaic virus, CaMV),湖南有苜蓿花叶病毒(alfalfa mosaic virus, AMV)和烟草花叶病毒(tobacco mosaic virus, TMV)等。

TuMV 属马铃薯 Y 病毒组。病毒粒体线状,病组织细胞质内含风轮状的内含体。病毒钝化温度为 55～65℃,稀释限点为 10^{-4}～10^{-3},体外保毒期为 1～7 天。

TuMV 具有株系分化。我国根据 TuMV 在鉴别寄主(鲁白 2 号、太白 1 号、C_2、渝 8748 甘蓝、山东菜籽芜菁及法国花椰菜等)上的症状反应,将 TuMV 划分为 7 个株系,即普通株系 Tu_1、小白菜株系 Tu_2、海洋白菜株系 Tu_3、大陆白菜株系 Tu_4、甘蓝株系 Tu_5、花椰菜株系 Tu_6、芜菁株系 Tu_7。TuMV 除侵染白菜、甘蓝、油菜、榨菜、萝卜、花椰菜、芜菁、芥菜等十字花科蔬菜外,还能侵染菠菜、茼蒿、车前草等。

3. 发病规律

在我国南方地区,因终年栽培十字花科蔬菜,病毒不需越冬,可从病株传到健株完成周年循环。而在华北、东北和西北地区,病毒主要是在窖内贮藏的大白菜、甘蓝、萝卜等的留种株上越冬,也可在田间多年生宿根植物(如菠菜、芥菜)或田边杂草上越冬。春季蚜虫将病毒从越冬场所传播到田间的十字花科蔬菜上引起发病,再经夏季的甘蓝、白菜等传给秋季的秋白菜和萝卜。

TuMV 和 CMV 均可由蚜虫和汁液接触传染。在田间的主要传毒介体是蚜虫,各地的传毒蚜虫不尽相同，多数地区以桃蚜和菜缢管蚜为主；新疆则以甘蓝蚜为主。蚜虫为非持久性传毒，蚜虫保持传毒时间仅25～30min。

病毒病的发生和流行主要与气候条件、品种抗病性和栽培管理措施有关。高温干旱不利于菜苗生长发育，有利于蚜虫繁殖和迁飞，所以易造成病毒病流行。十字花科蔬菜实行间作、混作或连作，秋菜早播，苗期肥水不足，病害发生重。不同品种抗病性有明显差异。大白菜杂交品种比常规品种抗病，青帮品种比白帮品种抗病。油菜中，甘蓝型抗病力高于芥菜型，芥菜型高于白菜型。白菜和油菜不同生育期抗病性不同，苗期尤其是7叶期前易感病，7叶后危害明显减轻；开花后期不感病。

4. 防治方法

（1）选用抗病品种　各蔬菜产区因地制宜种植抗病品种。大白菜抗病品种有北京大青口、北京新1号、冀3号、青杂5号、辽白1号、包头青、塘沽青麻叶等。油菜有陇油系统、丰收4号、天津青帮、上海四月蔓、秦油2号、九二油菜等较抗病。

（2）防治传毒蚜虫　播种前消灭毒源植物上的蚜虫，从而减少其密度和传毒机会。苗床期利用蚜虫的驱避性材料避蚜防病，主要方法有：①铝箔纸避蚜。播种后用50cm宽的铝箔纸覆盖18～20天。②白色聚乙烯塑料带避蚜。在菜地内间隔60cm，挂高20～50cm、宽5cm的白色聚乙烯塑料带，驱蚜防病。③塑料薄膜网眼育苗。播种后在苗床上搭建高50cm的小拱棚，间隔30cm做一次纵横覆盖薄膜，使其成30cm见方的网孔，覆盖18天左右具有控制蚜虫危害的作用。在种株入窖前和出窖后均用药剂治蚜；在出苗后每周喷一次药治蚜。

（3）加强栽培管理　调整蔬菜种植布局，合理间作、套作、轮作；清除田边杂草和其他十字花科蔬菜残株；深翻起垄栽培，施足底肥，增施磷钾肥，苗期要勤灌水以降温保根；农事操作时，手和工具要消毒，避免人为传播毒源；适期播种，使苗期避开高温干旱和蚜虫高峰。

（4）药剂防治　发病初期可选用25%病毒A 500倍液、1.5%植病灵乳剂1000倍液、10%宁南霉素可溶性粉剂1000倍液、4%嘧肽霉素300倍液等喷雾。10天左右喷一次，共喷2～3次。

四、十字花科蔬菜黑腐病

黑腐病可危害多种十字花科蔬菜，尤以甘蓝、花椰菜、萝卜受害较重。该病在各地菜区均有发生，不同年份间危害程度有差异，重病区或重病年份可造成严重损失，而且贮藏期可继续危害，加重损失，是蔬菜生产中的主要病害之一。

1. 症状

苗期和成株期均可发病，主要在成株期受害。典型症状为维管束坏死变黑。为害白菜类，幼苗发病，子叶水浸状，根髓部变黑，或蔓延至真叶，使真叶叶脉上出现黑色斑点或黑色条纹，幼苗枯死。成株期发病，叶片从叶缘开始向内扩展成"V"字形黄褐色病斑，边缘淡黄色，叶脉变黑呈网状（见彩图35）。叶柄发病，病菌沿维管束向上扩展，使部分菜帮变成淡褐色干腐状，叶片倒向一侧，半边叶片或整个植株发黄，部分外叶干枯、脱落，甚至倒瘫，俗称"半边瘫"。湿度大时，病部产生油浸状湿腐，溢出黄褐色菌脓，病株无臭味。

萝卜受害，叶片上的症状与白菜类相似，也产生"V"字形褐色斑。块根被害，维管束变黑，内部组织黑色干腐状，重者形成空心。

2. 病原

病原为野油菜黄单胞杆菌野油菜黑腐病致病变种[*Xanthomonas campestris* pv. *campestris*(Pammel) Dowson]，属薄壁菌门、黄单胞菌属。菌体呈短杆状，单鞭毛极生，不产生芽孢，无荚膜，菌体单生或链生，革兰染色阴性。培养基上菌落近圆形，黄色，具光泽，凸起，边缘整齐。病菌生长温度5～39℃，适温25～30℃，致死温度为51℃10min，最适pH为6.4。

3. 发病规律

病菌随种子和病残体在土壤中或在采种株上越冬。种子带菌是主要的初侵染源，播种后病菌从幼苗子叶叶缘的水孔和气孔侵入，引起发病。病菌在病残体上可存活1年以上，通过雨水、灌溉水、农事操作及昆虫等传播到叶片上，从叶缘的水孔或叶面的伤口侵入，先侵染少数薄壁细胞，而后进入维管束组织，上下扩展，造成系统性侵染。带病采种株栽植后，病菌可从果柄维管束进入种荚使种子表面带菌，也可从种脐侵入使种皮带菌。病菌在种子上可存活28个月，是病害远距离传播的主要途径。

病菌喜高温高湿的条件。25～30℃利于病菌生长发育；多雨高湿、叶面结露、叶缘吐水，均利于发病。播种过早，与十字花科蔬菜连作，施用未腐熟的带菌粪肥，地势低洼，排水不良，浇水过多，中耕伤根，害虫较多的地块，发病重。

4. 防治方法

（1）减少菌源　从无病田和无病株上采种，进行种子消毒。

① 温汤浸种　种子先用冷水预浸10min，再用50℃温水浸30min。

② 药剂消毒　72%农用链霉素浸种2h；45%代森铵水剂浸种20min；50%福美双按种子重量的0.4%拌种。清洁田园，及时清除病残，秋后深翻。

（2）加强栽培管理　与非十字花科蔬菜轮作2～3年，适时晚播，合理密植，适期蹲苗；合理施肥浇水，施用腐熟肥料，雨后及时排水；及时防虫，减少伤口。

（3）药剂防治　发病初期及时喷药防治，可选药剂参考大白菜软腐病。

五、十字花科蔬菜其他病害

1. 十字花科蔬菜白锈病

为害白菜、萝卜、甘蓝、辣根、芥菜等。受害叶片正面产生黄绿色病斑，背面产生白色近圆形隆起疱斑，具光泽，成熟后散出白色粉状物。茎、花梗和花器受害，弯曲肿胀呈"龙头"状，其上有白色隆起疱斑。病原为鞭毛菌亚门、白锈菌属的白锈菌[$Albugo\ candida$ (Pers.)kuntze]。病菌以菌丝体、卵孢子随留种株、病残体越冬，孢子囊经风雨传播进行再侵染。

防治方法参照十字花科霜霉病。

2. 十字花科蔬菜根肿病

为害多种十字花科蔬菜。受害植株发育不良、矮化、叶片发黄、萎蔫，重者全株枯死，根部形成不规则形及大小不一的肿瘤，后期肿瘤龟裂，病部易被软腐细菌等侵染而腐烂，散发臭气。病原为鞭毛菌亚门、根肿菌属的芸薹根肿菌（$Plasmodiophora\ brassicae$ Wornin）。在寒冷地区，病菌以菌丝体在留种株或病残组织中或以卵孢子随同病残体在土壤中越冬。在温暖地区，寄主全年存在，无明显越冬期，病菌以孢子囊借气流传播。酸性土、土温高、土温在19～25℃、雨水多或雨天移植、地势低洼发病重。

实行轮作，加强栽培管理，及时排除积水，拔除病株并携出田外烧毁，在病穴四周撒消石灰；用五氯硝基苯灌根或用五氯硝基苯拌细土，开沟施于定植穴后再定植蔬菜。

3. 十字花科蔬菜炭疽病

主要为害白菜、萝卜、芜菁等。叶片上产生中央白色、边缘褐色的近圆形凹陷病斑，易穿孔。叶柄和叶脉上病斑梭形、凹陷、较小、淡褐色。潮湿时，病部产生橘黄色黏稠物。病原为半知菌亚门、炭疽菌属的芸薹炭疽菌(*Colletotrichum higginsiamum* Sacc)。病菌以菌丝体随病残体越冬或潜伏在种皮内或以分生孢子附着在种子表面越冬，靠雨水飞溅或气流传播。

选用抗病品种；种子处理，轮作，及时清除病残体。发病初期可选用80%炭疽福美800倍液、50%甲基硫菌灵600倍液、25%溴菌腈1000倍液等喷雾。

第二节 茄科蔬菜病害的诊断与防治

一、茄科蔬菜苗期病害

茄科蔬菜苗期发生普遍且危害严重的病害主要有猝倒病、立枯病、白绢病，我国各菜区均有分布。苗期病害发生时，轻者引起缺苗断垄，严重者引起大量死苗。

1. 症状

(1) 猝倒病　在幼苗出土前或出土后均能发生。未出土的幼苗，发病后，胚茎和子叶变褐腐烂常不能出土。幼苗出土后发病，近地面的茎基部初期呈水渍状，后病部变为黄褐色，缢缩成线状，在1~2天内即倒伏，子叶仍为绿色，故称为"猝倒"。低温高湿时，倒伏苗周围及附近的土壤上，长出一层白色棉絮状菌丝。

(2) 立枯病　多发生在育苗的中后期。幼苗茎基部产生暗褐色、椭圆形凹陷病斑，病斑扩大绕茎一周，最后病部缢缩，植株不倒伏，直立而枯死，故称为"立枯"。土壤潮湿时，病部常有淡褐色、稀疏的蛛丝状霉层。

(3) 白绢病　主要危害茎基部和根部。发病植株茎基部出现暗褐色、湿润状、不定形的病斑，稍凹陷，潮湿时病部长出白色丝绢状的菌丝，呈辐射状扩展。病斑纵横扩展绕茎一周，使叶片变黄，严重时全株枯死。后期病部可形成茶褐色、油菜籽状的菌核。根部发病，皮层变褐腐烂，病部表面及周围土壤中都可长出白色菌丝及褐色菌核。果实染病变褐腐烂，表面亦长出绢状白色菌丝及褐色菌核。

2. 病原

(1) 猝倒病　病原为瓜果腐霉菌[*Pythium aphanidermatum*(Eds.)Fitzp]，属于鞭毛菌亚门、腐霉属。菌丝无色无隔。孢子囊为不规则圆筒形或姜瓣状，与菌丝相连处有隔膜，孢子囊成熟后长出排孢管，逐渐伸长，管顶膨大形成球形泡囊，泡囊内可形成若干游动孢子。游动孢子肾形，侧生两根鞭毛，游动30min后休止，鞭毛消失变为球形。卵孢子光滑，球形。

(2) 立枯病　病原为茄丝核菌(*Rhizoctonia solani* Kuhn)，属于半知菌亚门、丝核菌属。菌丝有隔膜，初无色、较细，老熟时浅褐色，多呈直角分枝，分枝处有缢缩且具隔膜，菌丝交织成菌核，菌核无定形，似菜籽或米粒大小，多为褐色至深褐色。

(3) 白绢病　病原为齐整小核菌(*Sclerotium rolfsii* Sacc)，属于半知菌亚门、小核菌属。一般不产生有性阶段，也不产生无性孢子，菌丝白色，具分隔。老熟菌丝颜色加深集结成圆球形的菌核。

3. 发病规律

(1) 猝倒病　病菌的腐生性很强，可在土壤中长期存活。主要以卵孢子或菌丝体在土壤中或病残体上越冬。条件适宜时，卵孢子萌发产生游动孢子或直接萌发产生芽管侵入寄主。病菌主要借雨水、灌溉水、带菌肥料和农具携带传播。可不断产生子孢子囊，进行多次再侵染。

(2) 立枯病　病菌的腐生性较强，可在土壤中存活2~3年。以菌丝体和菌核在土壤中或病残体上越冬。菌丝可直接侵入寄主。病菌随雨水、灌溉水、农具及粪肥等传播蔓延。

(3) 白绢病　病菌以菌丝体和菌核在病残体或土壤中越冬。田间通过灌溉水、雨水或农具耕作传播。菌核萌发进行初侵染，新生的菌丝可蔓延到邻近的植株进行再侵染。

茄科蔬菜苗期病害的发生与流行主要与苗床温湿度、栽培条件和寄主的生育期有关。苗床低温高湿，光照不足，长期阴雨或下雪，苗床不透光，保温性能不好，苗床易发生猝倒病。苗床温度较高，湿度大时，立枯病、白绢病发生重。苗床地势低洼、土壤黏重、播种过密、浇水过量、偏施氮肥，均有利于病害发生。从播种到出苗期间，是最易感病的时期。

4. 防治方法

(1) 加强栽培管理　选择地势高、易排水、光照好及无病新土块作苗床。播种前整平苗床，浇透水；播种不宜过密，盖土不要过厚；苗床要做好保温、通风换气和透光工作，防止温度忽高忽低。苗床阴雨天不要浇水，以晴天上午浇水最好。及时间苗，剔除病苗。

(2) 减少菌源

① 苗床土消毒　用 70% 五氯硝基苯与 50% 福美双等量混合均匀，或 70% 五氯硝基苯与 65% 代森铵等量混合均匀进行土壤消毒。按 $9g/m^2$ 拌细土 10~30kg 混匀，然后取 1/3 药土铺底，播种后将余下的 2/3 盖种。处理后，苗床土表保持湿润，以防发生药害。也可在播种前 2~3 周，将床土耙松，每 $33cm^2$ 床土用福尔马林 50mL 加适量水浇于床面，用塑料薄膜覆盖 4~5 天，然后揭去薄膜，两周后待药剂充分挥发后再播种。

② 种子处理　可用 40% 拌种双或拌种灵、80% 敌菌丹、50% 苯莱特等拌种。

(3) 药剂防治　发现病苗应及时拔除，并喷药或浇灌。常用药剂有 72% 霜霉威水剂 400 倍液、15% 恶霉灵水剂 500 倍液、30% 多·福可湿性粉剂 800 倍液等。苗床喷药或浇灌后，可撒草木灰或细干土降低湿度。

二、茄科蔬菜青枯病

青枯病又称细菌性枯萎病，是世界范围的一种重大病害，番茄受害最重。该病除为害番茄外，还可为害马铃薯、茄子、辣椒等茄科蔬菜。

1. 症状

青枯病是一种维管束病害。苗期一般不表现症状，植株高约 30cm 后才开始显症。先是顶部叶片萎蔫下垂，后下部叶片凋萎，中部叶片凋萎最迟。起初叶片凋萎后，傍晚尚能恢复，若土壤干燥，气温高于 30℃，2~3 天后病株即枯死，叶片仍保持绿色，故称青枯病。病茎下端常粗糙不平，生出长短不一的不定根，潮湿时病株茎上出现 1~2cm 大小的褐色斑，病茎木质部变褐色，横切病茎用手挤压，有污白色菌脓溢出。

2. 病原

病原物为茄科劳尔菌 [*Ralstonia solanacearum* (Smith) Yabuuchi et al.]，属劳尔菌属的细菌。菌体短杆状，两端圆，极生鞭毛 1~3 根（图 10-3）。在琼脂培养基上形成污白色、褐色至黑褐色的圆形或不规则形菌落，平滑有光泽。革兰染色反应阴性。生长最适温度为 30~37℃，致死温度为 52℃ 10min。最适 pH 为 6.6。

青枯病细菌分布广，寄主种类多，可侵染近 33 个科的 200 多种植物。根据寄主范围将其分为 3 个生理小种：1 号小种的寄主范围较广，主要危害茄科植物；2 号小种仅危害三倍体香蕉和海里康属的某些种；3 号小种则主要危害马铃薯和番茄。

3. 发病规律

病菌随病残体在土壤中越冬。在田间，病菌主要是随雨水和灌溉水传播，农具、家畜和田间农事操作也能传播病菌。病菌可从植株根、茎部伤口侵入，直接进入导管系统，引起发病。也可从没有受伤的次生根的根冠部位侵入。

该病喜高温高湿,所以,雨水多、土壤湿度大是病害发生的重要条件。重茬连作、地注土黏、田间积水、土壤偏酸、偏施氮肥等易发病。品种间抗病性有差异。

4. 防治方法

(1) 种植抗病品种　各地因地制宜地选用抗青枯病的品种。我国已选育出番茄抗病品种,如抗青1号、抗青19号、粤红玉、粤宝、粤星、杂交1号、杂交3号等。

(2) 加强栽培管理　与非寄主作物轮作,水旱轮作效果更好;选无病田育苗,早育苗,早移栽;采用高畦栽培,低注地应及时排水;及早拔除

图 10-3　番茄青枯病
1—病原细菌；2—病株萎蔫状
(引自:陈利锋等,农业植物病理学,2001)

病株并集中烧毁,病穴撒石灰处理,增施有机肥,粪肥应腐熟后使用;土壤中撒施适量石灰,调节土壤酸度;用抗病砧木嫁接防病。浙江、上海等地用番茄抗病野生砧木嫁接当地主要栽培品种,防治青枯病效果高达100%,且具有明显的增产作用。

(3) 生物防治　国内外已有利用拮抗微生物如荧光假单胞菌、芽孢杆菌、哈茨木霉、青枯菌无致病力产细菌素菌株、噬菌体等的成功报道。利用不同的方法措施改变土壤微生物区系,促进拮抗微生物繁殖,控制或减轻青枯病的发生。

(4) 药剂防治　发现病株应及时拔除,并对病穴灌2%福尔马林液或20%石灰水消毒,也可对病穴撒石灰粉。发病初期,可选用50%琥胶肥酸铜可湿性粉剂500倍液、或77%可杀得可湿性粉剂600～800倍液、或14%络氨铜水剂300～400倍液、或72%农用链霉素可湿性粉剂4000倍液灌根,7～10天一次,连灌2～3次。

三、番茄早疫病

番茄早疫病又称轮纹病,是番茄的一种常见病害。我国各番茄产区均有发生。发病重时,引起落叶、落果和断枝,一般可减产20%～30%。

1. 症状

苗期、成株期均可发病,主要危害叶片、茎秆和果实。叶片受害,初呈深褐色或黑色、圆形至椭圆形小斑点,扩大后成边缘深褐色、中央灰褐色、有同心轮纹的圆形病斑。常从植株下部叶片开始发生,逐渐向上蔓延,严重时,植株下部叶片完全枯死。茎部发病,多在分枝处产生椭圆形、灰褐色、稍凹陷、有同心轮纹的病斑,严重时,病枝折断。果实上病斑多发生在蒂部附近和裂缝处,圆形或近圆形,黑褐色,稍凹陷,具同心轮纹病果易脱落。潮湿时,发病部位均可产生黑色霉层(分生孢子梗及分生孢子)。幼苗常在茎基部发病,病斑黑褐色,称为"黑脚苗"。

2. 病原

病原为茄链格孢[*Alternaria solani*(Ell. et Mart)Jones et Grout.],属半知菌亚门、链格孢属。分生孢子梗圆筒形或短棒形,暗褐色,具1～7个分隔。分生孢子顶生,倒棍棒形,

顶端有细长的嘴胞，黄褐色，具纵横隔膜（图10-4）。

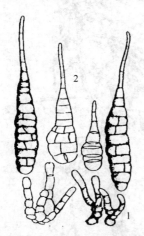

图10-4 番茄早疫病菌
1—分生孢子梗；2—分生孢子
（引自：董金皋，农业植物病理学，2001）

病菌生长和分生孢子萌发的适温为26～28℃；分生孢子在相对湿度31%～96%内均可萌发。温度适宜时，分生孢子在水滴中经1～2h即可萌发。病菌发育最适pH为5.0～7.0。此病菌除侵染番茄外，还可为害马铃薯、茄子和辣椒等。

3. 发病规律

病菌主要以菌丝体和分生孢子在病残体或土壤中越冬，也可以分生孢子附在种子外或菌丝潜伏在种皮内越冬。翌年产生的分生孢子借雨水、气流和农事操作传播，一般从气孔或伤口侵入，也能从表皮直接侵入。在适宜环境条件下，病菌侵入寄主后形成的病斑上产生大量分生孢子进行再侵染。

该病菌喜高温高湿，在20～25℃、阴雨连绵、田间湿度大时，病情发展迅速。保护地栽培，连作茄科蔬菜，利于发病；露地栽培重茬地，地势低洼，排灌不良，栽植过密，贪青徒长，通风不良发病较重。病害多在结果初期开始发生，结果盛期进入发病高峰。

4. 防治方法

（1）种植抗病品种　选用茄抗5号、奥胜、奇果、矮立红、密植红、荷兰5号、强丰、强力米寿、苏抗5号、满丝、毛粉802、粤胜等抗、耐病品种；此外，番茄抗早疫病品系NC EBR1和NC EBR2可用作抗病亲本，选育抗病品种。

（2）减少菌源　从无病植株上采收种子；对种子进行处理，可用52℃温汤浸种30min，或用多菌灵药液浸种处理。及时清除病残枝叶和病果，搞好田园卫生。

（3）加强栽培管理　保护地番茄重点抓生态防治，控制温湿度；露地番茄和马铃薯注意雨后及时排水。重病田与非茄科作物轮作2～3年。施足基肥，适时追肥，增施磷钾肥，做到盛果期不脱肥。合理密植，番茄及时绑架、整枝和打底叶，促进通风透光。

（4）药剂防治　发病初期可选用75%百菌清或70%代森锰锌或50%多·霉威可湿性粉剂600倍液，10%苯醚甲环唑水分散粒剂或40%嘧霉胺悬浮剂或50%异菌脲可湿性粉剂1500倍液等进行茎叶喷雾。隔7天1次，连喷2～3次。保护地栽培，可用45%百菌清烟剂或10%腐霉利烟剂250g/亩在傍晚熏蒸。

四、番茄晚疫病

番茄晚疫病在我国各菜区露地和保护地番茄上普遍发生。该病流行性很强，破坏性大，常造成20%～30%的减产。

1. 症状

主要为害叶片、茎秆和果实，以叶片和青果受害最重。叶片发病，多从叶尖或叶缘开始，初为暗绿色或灰绿色水浸状不规则病斑，病斑很快蔓延至半叶或全叶，扩大后病斑褐色。湿度大时，叶背病健交界处长出白色霉层，整叶腐烂。干燥时病部干枯，呈青白色，脆而易破。茎及叶柄发病，病斑呈现暗褐色或黑褐色腐败状，绕茎及叶柄一周，易折断，病斑纵向发展形成"黑秆"；潮湿时病部有白色稀疏霉层。果实发病，主要危害青果，病斑呈不规则形的灰绿色水浸状硬斑块，后变成暗褐色至棕褐色云纹状，边缘不明显，质地较硬。湿度大时长出少量白霉。

2. 病原

病原为致病疫霉[*Phytophthora infestans*(Mont.) de Bary]，属鞭毛菌亚门、疫霉属。菌丝无色无隔，有分枝。孢囊梗无色，单根或多根成束从气孔长出，具3～4个分枝，无限生长。孢子囊顶生或侧生，单胞无色，卵圆形，顶端有乳状突起。孢子囊内的游动孢子肾形、双鞭，水中游动片刻后静止，鞭毛收缩，变为球形休止孢。卵孢子不常见（图10-5）。

菌丝生长温度为10～25℃，最适温度为20～23℃。孢子囊形成温度为7～25℃，最适温度为18～22℃。孢子囊萌发产生游动孢子的温度为6～15℃，最适温度为10～13℃。相对湿度达97%以上时易产生孢子囊，孢子囊及游动孢子都需要在水滴或水膜中才能萌发。

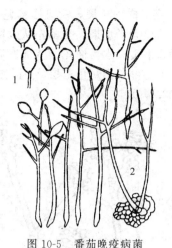

图10-5 番茄晚疫病菌
1—孢子囊；2—孢囊梗
（引自：侯明生等，农业植物病理学，2006）

病菌可危害番茄和马铃薯等多种茄科植物。

3. 发病规律

致病疫霉是一种专性寄生菌，主要以菌丝体在马铃薯块茎中越冬，或在保护地冬季栽培的番茄上危害并越冬，成为主要的初侵染源。双季作薯区可在病残体或自生薯苗上越冬或越夏，有时也可以厚垣孢子在病残体上越冬，成为翌年发病的初侵染源。病部产生的孢子囊从气孔或表皮直接侵入，在田间形成中心病株，病株病部长出菌丝和孢子囊，借气流或雨水传播，进行多次再侵染。

低温高湿是该病发生和流行的主要因素。在番茄生育期内，病害能否流行与相对湿度密切相关。在相对湿度95%～100%且有水滴或水膜条件下，病害易流行，因此，多雨年份，天气暖湿而阴沉，早晚雾大、露重，或经常阴雨利于病害发生。番茄与马铃薯连作或邻茬、地势低洼、排水不畅、植株过密、偏施氮肥、植株徒长地块发病重。番茄品种间抗病性有差异。

4. 防治方法

（1）选用抗病品种 中蔬4号、5号，佳粉10号，中杂4号，荷兰5号、6号等番茄品种对晚疫病有不同程度的抗性，可因地制宜地选用。

（2）加强栽培管理 实行轮作，重病田与非茄科作物实行2～3年以上轮作；合理密植，及时整枝打杈和绑架，适当摘除底部老叶、病叶，及时摘除发病中心株深埋或烧毁；合理施肥，氮、磷、钾配合使用；忌大水漫灌，雨季及时排水；保护地番茄从苗期要严格控制生态条件，防止棚室出现高湿。

（3）药剂防治 田间发现中心病株及时喷药，可选用40%乙磷铝可湿性粉剂200倍液、64%杀毒矾可湿性粉剂500倍液、72.2%霜霉威水剂800倍液、68%精甲霜·锰锌或72%霜脲·锰锌可湿性粉剂800倍液等喷雾。隔7～10天喷1次，连喷4～5次。保护地采用烟雾剂熏蒸，所用药剂同番茄早疫病。

五、番茄灰霉病

番茄灰霉病是番茄上危害较重且常见的病害之一，各菜区都有发生。除危害番茄外，还可危害茄子、辣椒、黄瓜、瓠瓜等20多种作物。

1. 症状

灰霉病在番茄的整个生育期均可发生，主要危害花、果实、叶片及茎秆。苗期发病，叶片、叶柄或幼茎上呈水浸状，变褐腐烂，常自病部折断枯死。叶片发病，多从叶尖叶缘呈"V"字形向内扩展，病斑浅褐色，边缘不规则，具深浅相间的轮纹。果实发病，青果受害重，造成大量烂果。病菌先从残留的柱头或花瓣侵染，后向果面或果柄扩展，呈灰白色软化腐烂，果实失水后僵化。茎部发病，由水浸状小点扩展为长椭圆形或长条形斑。湿度大时，病斑上均可长出灰色霉层(分生孢子梗和分生孢子)(见彩图36、彩图37)。

2. 病原

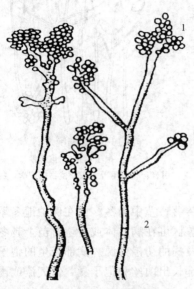

图10-6 番茄灰霉病菌
1—分生孢子；2—分生孢子梗
(引自：董金皋，农业植物病理学，2001)

病原为灰葡萄孢菌(*Botrytis cinerea* Pers.)，属半知菌亚门、葡萄孢属。分生孢子梗较长，丛生，直立，褐色，有隔，顶端具1~2次分枝；分枝顶端膨大呈头状，其上密生小柄产生大量分生孢子，分生孢子球形至卵球形，无色、单胞，表面光滑。后期病部可形成黑色、片状或不规则形的小型菌核(图10-6)。

3. 发病规律

病菌主要以菌核在土壤中或以菌丝块及分生孢子随病残体在土壤中越冬。翌春条件适宜时，菌丝体和分生孢子借气流、雨水及农事操作进行传播。分生孢子萌发产生芽管，从寄主伤口或衰老的器官及枯死的组织上侵入。发病后，病部又可产生大量分生孢子，借气流传播进行再侵染。

灰霉病菌为弱寄生菌，可在有机质上腐生。低温高湿、光照不足发病重。密度过大，通风不良，管理粗放，氮肥过多，土壤黏重，均有利于病害发生。

4. 防治方法

(1) 控制棚内温湿度　加强通风管理，实施变温管理法。即晴天上午晚放风，使棚温迅速升高，当棚温升至33℃时开始放顶风，使棚温保持在20~25℃；棚温降至20℃关闭通风口以减缓夜间棚温下降，夜间棚温保持在15~17℃。

(2) 加强栽培管理　定植时施足底肥，适时排灌，及时摘除病果、病叶和侧枝，集中烧毁和深埋；摘除残留花瓣和柱头。

(3) 药剂防治　发病初期选用50%异菌脲可湿性粉剂500倍液、40%嘧霉胺可湿性粉剂800倍液、50%腐霉利可湿性粉剂1000倍液、50%乙烯菌核利可湿性粉剂1000倍液、45%噻菌灵悬浮剂3000倍液喷雾，每7~10天喷1次，连喷2~3次。保护地每亩可选用5%百菌清粉尘剂、10%氟吗啉粉尘剂、6.5%甲霜灵粉尘剂1kg。

六、番茄病毒病

番茄病毒病在我国分布广泛，是番茄生产上发生普遍、危害较重的病害之一。番茄因病毒病每年减产20%~30%，流行年份高达50%~70%，局部田块甚至绝收。

1. 症状

番茄病毒病在田间的症状有多种，常见的有花叶型、条斑型、蕨叶型三种。

(1) 花叶型　苗期和成株期均可发生，多发生在嫩叶上，常见两种类型：①轻花叶。幼嫩叶片上出现深绿与浅绿相间的斑驳状花叶，叶片平展、大小正常，植株不矮化。②重花叶。嫩叶上花叶症状明显，叶片变小、凸凹不平、扭曲畸形，植株矮化，果小质劣，呈花脸状。

(2) 条斑型　茎、叶和果实均可发病。叶片发病，有时上部叶片呈深绿和浅绿相间的花叶状，叶脉、叶柄上散生油浸状黑褐色坏死条斑；茎秆发病，先在中部初生暗绿色凹陷的短条纹，后变为油浸状深褐色坏死条斑；果实受害，产生不规则、油渍状、凹陷的褐色坏死斑，病果畸形。条斑型危害最重。

(3) 蕨叶型　新叶叶肉组织退化，叶片细长呈披针形，有时仅剩主脉；病株矮化簇生，中下部叶片叶缘上卷呈筒状(见彩图38)。

以上症状可以单独出现，也可以混合发生，在同一植株上有时会出现两种以上的症状。

2. 病原

引起番茄病毒病的毒源，我国报道的主要有7种：番茄花叶病毒(tomato mosaic virus, ToMV)、黄瓜花叶病毒(cucumber mosaic virus, CMV)、马铃薯X病毒(potato virus X, PVX)、马铃薯Y病毒(potato virus Y, PVY)、烟草蚀纹病毒(tobacco etch virus, TEV)、苜蓿花叶病毒(alfalfa mosaic virus, AMV)，其中以ToMV和CMV为主。

ToMV属于烟草花叶病毒组，病毒粒体杆状，大小280nm×15nm，在寄主细胞内能形成不定形的内含体（X-体）。钝化温度为92~96℃，稀释限点10^{-7}~10^{-6}，体外保毒期60天左右，在干燥病组织上可存活30年以上。传播方式为汁液传播，蚜虫不传毒。ToMV存在明显的株系分化。我国鉴定出4个株系。其中0株系分离频率最高，分布最广，是优势株系。

CMV病毒粒体球状，直径28~38nm。钝化温度50~60℃，稀释限点为10^{-4}~10^{-2}，体外保毒期2~8天，不耐干燥。传毒方式为汁液传播和蚜虫传播，我国传毒蚜虫种类是桃蚜、萝卜蚜、棉蚜和甘蓝蚜等。CMV存在明显的株系分化现象。目前国内CMV株系鉴定，是采用传统的血清学和鉴别寄主相结合法，因没有统一的鉴别寄主和方法，所以各地划分的株系没有可比性。

3. 发病规律

ToMV和CMV两种病毒寄主范围广。在蔬菜产区，植物种类多，茬口复杂重叠，病毒病终年发生。病毒可在一些多年生植物和宿根性杂草上越冬成为田间发病的侵染源。ToMV还可附着于种子表面果肉残屑上，有时也可侵入种皮和胚乳中越冬。病毒通过汁液传播，故在移栽、整枝、打杈、中耕、除草等农事操作中都会增加病毒传播机会，蚜虫不传播ToMV。CMV除了以汁液传播外，还可通过蚜虫传播。蚜虫传播方式为非持久性传毒，传毒效率高。

适宜发病温度为20~25℃，而且高温低湿有利于蚜虫的迁飞和传毒，因此高温干旱年份病毒病发生重。春番茄定植前出现低温、连续阴雨，定植期推迟，使感病生育期和病害流行期吻合时间长，致使病害流行。番茄品种对ToMV、CMV存在明显抗病性差异。我国已培育出一批高抗ToMV-0株系、中抗CMV的番茄品种，主要有中蔬4号、5号、6号，中杂4号，佳红，佳粉10号、15号，早丰等。番茄不同生育期抗病性存在明显差异，苗期到第四层花结束是感病阶段，第四层花结束后的时期，即坐果期是抗病阶段。露地栽培病毒病重于保护地；春季植株定植晚、田间管理粗放、杂草多、蚜虫多的地块发病重。土壤瘠薄、排水不良、不及时追肥，过多施用氮肥，磷钾肥不足，发病重。

4. 防治方法

(1) 选用抗病品种　目前国内先后培育出了许多抗耐ToMV和CMV的品种，各地可因地制宜选用。

(2) 加强栽培管理　应尽可能选用新苗床或换用大田土育苗，春番茄应适当早播。定植前7～10天可用矮壮素灌根。定植后适当蹲苗，促进根系发育，施足底肥，增施磷钾肥，实施根外追肥，提高植株抗病性。农事操作时，用肥皂水或10％磷酸三钠溶液消毒接触过病株的用具。花叶病在发病初期用1％过磷酸钙或1％硝酸钾作根外追肥，减轻发病。秋冬深翻，避免与茄科蔬菜连作。苗期、缓苗后和坐果初期，喷增产灵或NS-83增抗剂。

(3) 生物防治　利用弱毒株系N11和N14及CMV卫星RNA S51、S52等。

(4) 治蚜防病　用银灰膜全畦或畦埂覆盖，或用银灰膜做成8～10cm的银灰条拉在大棚架上驱避蚜虫，或用黄板诱蚜。从苗床期开始，应及时喷药治蚜，以减少CMV的侵染。

(5) 化学防治　种子处理用10％的磷酸三钠溶液浸种20～30min，清水冲洗干净后，催芽播种。发病初期喷施20％琥铜·吗啉胍可湿性粉剂500倍液、2％氨基寡糖素水剂400倍液、1.5％植病灵1000倍液、10％宁南霉素可溶性粉剂1000倍液、20％病毒A 300～500倍液以及NS-83增抗剂等，每隔10天喷1次，连喷3次。

七、辣椒病毒病

病毒病是辣（甜）椒上的主要病害。该病害分布广泛，发病率高，蔓延迅速。一般年份可减产30％左右，严重的可达60％以上，甚至绝产。

1. 症状

辣（甜）椒病毒病从苗期至成株期均可发生，常引起花叶、黄化、坏死和畸形等症状。

(1) 花叶型　常见的有轻花叶和重花叶。轻花叶病叶初期为明脉和轻微褪绿，后呈现浓淡绿色相间的斑驳，病株无明显畸形和矮化；重型花叶除产生褪绿斑驳外，叶面多凹凸不平，叶片皱缩畸形，或形成线状，植株矮化。

(2) 黄化型　病叶变黄明显，出现落叶现象。

(3) 坏死型　叶片出现褐色坏死环斑，叶脉呈褐色或黑色坏死，沿叶柄、果柄扩展至侧枝、主茎及生长点，出现坏死条斑，维管束变褐，造成落叶、落花、落果，严重时整株枯死。

(4) 畸形。幼叶狭窄或呈线状，植株矮化，枝叶丛生。病果表面有深绿、浅绿相间的花斑和疱状突起。

有时几种症状同时或先后在同一植株上出现。

2. 病原

辣椒病毒病毒源目前世界上已发现38种，常见的有TMV、CMV、PVX、PVY、TEV、AMV、ToMV。而CMV是辣（甜）椒病毒病的主要毒源，占55％，可引起辣（甜）椒系统花叶、畸形、蕨叶、矮化等，有时产生叶片枯斑或茎部条斑。TMV占26％，主要在前期危害，常引起急性型坏死枯斑或落叶，后心叶呈系统花叶，或叶脉坏死，或顶梢坏死。引起辣（甜）椒病毒病毒源CMV的性状参考番茄病毒病。

3. 发病规律

辣椒各种病毒都能在寄主体内越冬，而TMV具有极强的抗逆力，在干燥的烟叶和尚未腐烂分解的根部组织内仍有传染能力。TMV主要是汁液摩擦传播，CMV由昆虫或汁液接触传染，PVX通过汁液接触传染，其他病毒大多通过昆虫介体传染。

气温与病毒病的发生关系密切，温度不仅对传毒昆虫介体有影响，而且直接影响病毒侵入寄主后的显症。高温干旱天气，可促进蚜虫传毒，降低寄主的抗病性。氮肥施用过多或过少，追肥不及时，缺少磷钾等可使病情加重。中耕除草、整枝打杈等农事操作都会增加

TMV 的接触传染机会。连作、定植晚、低洼易引起该病流行。不同品种抗病性有明显差异,辣椒比甜椒抗病,尖椒比泡椒抗病。叶色浓绿、叶片细长的比叶色浅、叶圆而大的品种抗病,果实长而尖的线椒、羊角椒比牛角椒、灯笼椒抗病。

4. 防治方法

(1) 选用抗病品种　辣椒中湘研系列、汴椒系列、中椒系列、以色列彩椒等对病毒有较好的抗病性,各地可因地制宜选用抗病品种。

(2) 减少菌源　用 10%磷酸三钠浸种 20～30min,用清水洗净、催芽播种。尽早消灭蚜虫,切断传毒介体。

(3) 加强栽培管理　实行轮作,与非茄科植物实行 3 年以上轮作。合理密植,清除杂草,施足底肥,增施磷钾肥。农事操作,及时消毒,避免病毒的传播。

(4) 生物防治　利用 TMV 的弱毒株系 N14 和 CMV 卫星 RNA S51、S52、S514 等进行苗期接种,防治效果很好。

(5) 化学防治　参照番茄病毒病。

八、辣椒炭疽病

炭疽病是辣(甜)椒上的一种主要病害,我国各菜区均有发生。根据其症状表现可分为黑色炭疽病、黑点炭疽病和红色炭疽病三种类型。黑色炭疽病在我国东北、华北、华东、华南、西南等地区都有发生,一般病果率在 5%左右,严重时可达 20%～30%;黑点炭疽病主要发生在浙江、江苏、贵州等地;红色炭疽病发生较少。炭疽病可造成落叶和烂果,对辣椒的生产造成严重威胁。

1. 症状

黑色炭疽病主要为害近成熟的果实和老叶,也可为害果梗。叶片病斑褐色,中间灰白色,圆形,上面轮生小黑点(分生孢子盘和分生孢子)。果实病斑长圆形或不规则形,褐色凹陷,有隆起的同心轮纹,其上密生轮纹状排列的黑色小粒点。病斑周缘有湿润的变色圈,干燥时病斑常干缩破裂。茎和果梗上的病斑褐色凹陷,呈不规则形,干燥时易开裂。黑点炭疽病主要危害成熟果实,病斑很像黑色炭疽病,但小黑点较大,色更深,潮湿时溢出黏质物。红色炭疽病幼果和成熟果均可受害,病斑圆形或椭圆形,黄褐色,稍凹陷,其上密生橙红色小点粒,略呈同心环状排列,潮湿时溢出淡红色黏质物。

2. 病原

辣椒黑色炭疽和红色炭疽病菌为 *Colletotrichum gloeosporioides*,黑点炭疽病菌为 *C. capsici*,均属半知菌亚门、炭疽菌属。黑色炭疽病菌分生孢子盘周生褐色刚毛,分生孢子椭圆形;红色炭疽病菌分生孢子盘无刚毛,分生孢子椭圆形;黑点炭疽病菌分生孢子盘黑色、盘状或垫状,刚毛黑褐色,分生孢子长新月形,无色,单胞(图 10-7)。病菌发育适温为 12～33℃,分生孢子萌发适温为 25～30℃,相对湿度在 95%以上。病菌除为害辣(甜)椒外,也能侵染茄子和番茄等。

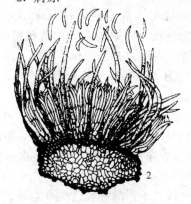

图 10-7　辣椒炭疽病菌
1—分生孢子;2—分生孢子盘
(引自:董金皋,农业植物病理学,2001)

3. 发病规律

病菌以分生孢子附着在种子表面或以菌丝潜伏在种子内越冬。也能以分生孢子盘和菌丝体随病残体在土壤中越冬，成为翌年的初侵染源。病菌多从伤口侵入，也可从寄主表皮直接侵入，发病后病斑上产生的分生孢子，通过风雨、昆虫、农事操作传播，进行再侵染。

炭疽病的发生与温湿度关系密切。一般温暖多雨的年份和地区有利于病害发生。此外，菜地潮湿、通风透光差、排水不良、种植密度大、肥料不足或偏施氮肥、果实受损伤或因落叶而造成果实日灼伤等，均易加重病害发生。辣椒品种间抗病性有差异，通常尖椒比圆椒抗病，辣味浓的品种比较抗病。

4. 防治方法

(1) 选用抗病品种　各地因地制宜选用抗病品种，如杭州鸡爪椒、长丰、吉林3号、保椒、茄椒1号、铁皮青等较抗病。

(2) 减少菌源　建立无病留种田或从无病植株或无病果留种。若种子带菌，用55℃温水浸种10min或用50℃温水浸种30min，清水冲洗后，催芽播种。或用浓度1000mg/kg的70%代森锰锌或50%多菌灵药液浸种2h。也可冷水浸种10~12h，再用1%硫酸铜溶液浸5min，捞出后用少量草木灰或生石灰中和酸性。清除田间病残体，菜地深耕，减少侵染源。

(3) 加强栽培管理　实行与瓜类或豆类蔬菜轮作2~3年。施足有机肥，增施磷钾肥。合理密植，避免低洼地种植，及时排灌。预防果实日灼。

(4) 化学防治　发病初期可选用10%苯醚甲环唑水分散剂1000倍液，或25%嘧菌酯1500倍液，或70%甲基硫菌灵800倍液，或25%咪鲜胺乳油1000倍液，或80%炭疽福美可湿性粉剂500倍液等喷雾，隔7~10天喷1次，连喷2~3次。

九、辣椒疮痂病

辣椒疮痂病是辣椒的一种主要病害。全国各地均有分布，常引起大量落叶、落花、落果，对产量影响较大，一般病田发病率在20%左右，严重时达80%。

1. 症状

苗期和成株期均可发病。主要危害叶片、茎秆和果实。苗期发病，子叶上产生银白色水渍状小斑，后变为暗色凹陷病斑，严重时全株落叶死亡。成株期，叶片染病，形成圆形或不规则形、暗褐色、边缘隆起、中央凹陷的病斑，粗糙呈疮痂状，数斑汇合成片。严重时早期脱叶。茎部和果梗发病，形成褐色短条斑，病斑木栓化隆起，纵裂呈溃疡状疮痂斑。果实发病，形成圆形或长圆形的黑色疮痂斑。潮湿时，病斑上均可溢出菌脓。

2. 病原

病原为野油菜黄单胞杆菌疮痂致病变种 [*Xanthomonas campestris* pv. *vesicatoria* (Doidge.)Dowson]，属薄壁菌门、黄单胞杆菌属。菌体短杆状，两端钝圆，单鞭毛极生，菌体排列成链状，有荚膜、无芽孢。革兰染色阴性，好气性。在培养基上菌落呈圆形，浅黄色，半透明。病菌只侵染番茄和辣椒。病菌发育温度范围为5~40℃，最适温度为27~30℃，致死温度为59℃ 10min。

3. 发病规律

病菌在种子表面或随病残体在土壤中越冬，成为翌年初侵染源。种子带菌是病害远距离传播的重要途径。条件适宜时，病斑上菌脓借雨水、昆虫及农事操作传播，引起多次再侵染。病原细菌从气孔或水孔侵入。

高温多雨，伤口多，氮肥过量，磷钾肥不足，病害发生重。不同品种抗病性有差异。

4. 防治方法

(1) 选用抗病品种　一般辣椒较甜椒抗病；选留无病种子和种子消毒，从无病株或无病果采种。种子消毒可采用55℃温水浸种10min或用500万单位的农用链霉素500倍液浸种30min。

（2）加强栽培管理　可与非茄科蔬菜实行2~3年轮作。菜田深耕，及时清除病残体，合理施肥，适时排灌。

（3）药剂防治　发病初期可选用72%农用链霉素可溶性粉剂4000倍液，或新植霉素4000倍液，或2%多抗霉素800倍液，或60%琥铜·乙铝·锌可湿性粉剂500倍液，或"401"抗菌剂500倍液等喷雾。

十、茄子褐纹病

茄子褐纹病又称"褐腐病"、"干腐病"，是茄子重要病害之一，我国各地均有发生。在我国北方地区，褐纹病与绵疫病、黄萎病被称为茄子三大病害，常造成较大损失。

1. 症状

苗期至成株期均可发病，主要危害果实，也可侵染叶片和茎秆。苗期发病，茎基部产生褐色、凹陷病斑，病苗猝倒或立枯。成株期，病叶先出现水渍状白色小斑点，后扩大呈不规则形病斑，边缘暗褐色、中央灰白色至淡褐色，其上轮生小黑点，病部易穿孔。茎秆发病，在茎基部产生褐色、梭形、稍凹陷、干腐状的溃疡斑，轮生许多小黑点，后期病部皮层脱落露出木质部，遇大风易从病部折断。果实发病，表面产生圆形或近圆形凹陷斑，淡褐色至暗褐色，多斑愈合可达半个果实，其上布满同心轮纹状排列的小黑点，后期果实腐烂、脱落或挂在枝上形成僵果。

2. 病原

病原无性态为茄褐纹拟茎点霉[*Phomopsis vexans*(Sacc. et Syd.)Harter.]，属半知菌亚门、拟茎点霉属；有性态为茄间座壳菌[*Diaporthe vexans*(Sacc. et Syd.)Gratz]，为子囊菌亚门、间座壳属，自然条件下很少发生。分生孢子器球形或扁球形，具孔口。分生孢子器内可产生两种分生孢子，一种为椭圆形，另一种为丝状一端弯曲成钩状，两种分生孢子均为无色、单胞（图10-8）。

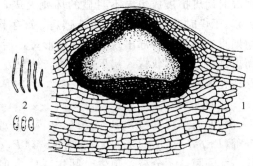

图10-8　茄子褐纹病菌
1—分生孢子器；2—两种类型的分生孢子
（引自：董金皋，农业植物病理学，2001）

病菌发育适温为28~30℃，分生孢子器形成的适温为30℃，分生孢子萌发适温为28℃。病菌在各种培养基上均能生长，但以查伯克（Czapek）组合培养基生长良好，可产生大量的分生孢子器。自然条件下，病菌可侵染茄子和辣椒，以侵染茄子为主。

3. 发病规律

病菌主要以菌丝体、分生孢子器随病残体在土表或在种子内外越冬，成为第二年的初侵染源。病菌在种子内可存活2年，在土壤病残体上可存活2年以上。分生孢子借风雨、昆虫及田间农事操作等途径传播，而种子带菌可造成病害远距离传播。分生孢子萌发后可直接从表皮侵入，也可通过伤口侵入。病部产生的分生孢子可引起再侵染。

该病菌喜高温（28~30℃）高湿（相对湿度80%以上）。南方地区6~8月、北方地区7~9月高温多雨，病害易流行。连作、地势低洼、排水不良、栽植过迟、氮肥过多等因素，能加重病害发生。茄子品种间抗病性有差异，长茄类较圆茄类抗病，白皮茄较紫皮茄和黑皮茄抗病。

4. 防治方法

(1) 选用抗病品种　主要抗病品种有北京线茄、吉林羊角茄、天津二捃、紫茄等。

(2) 加强栽培管理　实行轮作，重病田与非茄科作物轮作 3~5 年。施足底肥，宽行密植，适期早定植，加强中耕，适度蹲苗促根系发育。及时排灌，茄子生育后期，采取小水勤灌。

(3) 减少菌源　建立无病留种田或从无病株上采种。种子播前进行消毒，可用 55℃ 温水浸种 15min；也可用 40％ 福尔马林 100 倍液浸种 30min，洗净催芽播种。及时清除病残体。

(4) 药剂防治　苗期或发病初期，可用 75％ 百菌清可湿性粉剂 500 倍液，或 70％ 代森锰锌可湿性粉剂 500 倍液，或 47％ 春雷霉素可湿性粉剂 600 倍液，或 60％ 吡唑醚菌酯·代森联水分散粒剂 1500 倍液等喷雾，隔 7~10 天喷 1 次，连喷 2~3 次。喷药以中下部茄果为主。

十一、茄子绵疫病

茄子绵疫病在我国各菜区普遍发生。一般年份病果率达 20％~30％，若遇多雨年份，常造成果实大量腐烂，严重影响产量。

1. 症状

果实、茎、叶均可受害，棚室茄子幼苗也易受害。苗期发病，幼苗茎部呈水渍状，腐烂猝倒死亡。叶片发病，多从叶尖叶缘开始，呈水渍状、不规则形褐色病斑，有明显的轮纹。潮湿时病斑扩展成边缘不明显的坏死大斑，斑面出现稀疏白色霉层（菌丝体、孢囊梗和孢子囊），干燥时叶片易破裂。嫩枝感病，产生褐色病斑易折断，上部叶片萎蔫枯死。果实发病，初期果实腰部或脐部出现水渍状圆形斑，后病斑扩大呈黄褐色，稍凹陷，湿度大时，病部表面出现白色棉絮状霉。病果易脱落。幼果发病，果实呈软腐状，表面布满白色霉层，后干缩悬挂在植株上。

2. 病原

病原为茄疫霉（*Phytophthora melongenae* Saw.），属鞭毛菌亚门、疫霉属，异名有寄生疫霉（*P. parasitica* Dast.）和辣椒疫霉（*P. capsici* Leon.）。菌丝白色，无隔膜。孢囊梗细长、无隔膜、不分枝，顶生、间生或侧生孢子囊。孢子囊球形或卵圆形，顶端有乳头状突起。游动孢子卵圆形，双鞭毛。有性态产生卵孢子，圆形，无色至黄褐色，壁厚，表面光滑。病菌发育温度为 8~38℃，最适温度为 30℃，相对湿度在 95％ 以上时，菌丝生长良好。相对湿度在 85％ 左右时，孢子囊才能形成。此病菌除危害茄子外，还可侵染番茄、辣椒、马铃薯、黄瓜等多种蔬菜。

3. 发病规律

病菌以卵孢子随病残体在土壤中越冬。卵孢子萌发产生芽管从寄主表皮直接侵入，引起初侵染，后在病斑上长出孢子囊，通过雨水飞溅到靠近地面的果实上传播，孢子囊萌发时产生游动孢子或直接产生芽管，进行再侵染。

绵疫病的发生与流行与温湿度、土壤及栽培管理措施有关。高温高湿有利于病害发生。茄子盛果期 7~8 月间，降雨早，次数多，雨量大，且连续阴雨，则发病早而重；反之，则发病晚而轻。重茬地、栽植密度大、偏施氮肥、地势低洼、排水不良、土壤黏重地发病重。茄子品种间抗病性有差异，一般长茄比圆茄感病，含水分高的比含水分低的品种发病重。

4. 防治方法

(1) 选用抗病品种　一般圆茄系品种较抗病，如北京九叶茄、兴城紫圆茄、天津红灯笼等。

（2）加强栽培管理　实行轮作，避免与番茄、辣椒等茄科、葫芦科蔬菜连作。选地势高的地块高畦种植。施用充分腐熟的农家肥，增施磷钾肥。合理密植，摘除下部老叶、黄叶、病虫叶以及果等，增强通风透光。

（3）药剂防治　发病初期喷药，喷药时着重喷洒下部茄果。选用药剂同番茄晚疫病。

十二、马铃薯病毒病

马铃薯病毒病是马铃薯生产中的一种重要病害，在我国大部分地区均严重发生，一般年份可减产 20%～50%，严重时可达 80% 以上。

1. 症状

不同病毒侵染不同品种，症状表现也不尽相同。

（1）普通花叶　植株株高正常，叶片平展，叶肉色泽深浅不一，呈现黄绿相间的轻花叶。某些品种在高温和低温时可隐症。块茎外观通常不表现症状，但薯块比健株少。

（2）重花叶　初期顶部叶片产生斑驳花叶或枯斑，以后叶片两面均可形成明显的黑色坏死斑，坏死斑可由叶脉蔓延到叶柄、主茎，最后叶片干枯，植株萎蔫。一些品种症状表现为植株矮小、节间缩短、叶片花叶、叶茎变脆等。严重时，病株皱缩、花叶，叶尖向下弯曲；叶脉、叶柄及茎秆上产生黑褐色坏死斑，病组织变脆。薯块较小，亦有坏死斑。

（3）卷叶型　典型症状是叶缘向上卷曲，病重时呈圆筒状。病叶小、色淡、叶背呈红色或紫红色，叶片肥厚质脆，叶脉硬。病株矮化，有时提早死亡。茎的横切面常见黑点，茎基部及节部更为明显。受害块茎剖面韧皮部可见黑色网状坏死斑纹。

（4）纺锤块茎病　植株分枝少且直立，叶片上举，脆而小，卷曲。植株生长迟缓，节间缩短，叶片色浅，块茎呈纺锤形，芽眼增多，周围褐色，表皮光滑。

2. 病原

马铃薯病毒病的毒源主要有马铃薯 X 病毒（potato virus X，PVX）、马铃薯 Y 病毒（potato virus Y，PVY）、马铃薯卷叶病毒（potato leafroll virus，PLRV）、马铃薯 S 病毒（potato virus S，PVS）、马铃薯 A 病毒（potato virus A，PVA）、马铃薯 M 病毒（potato virus M，PVM）、马铃薯奥古巴花叶病毒（potato aucuba mosaic virus，PAMV）、马铃薯纺锤块茎类病毒（potato spindle tuber viroid，PSTVd）等。

（1）PVX　病毒粒体线状，大小为 520nm×（10～12）nm，钝化温度 60℃，稀释限点 10^{-5}，体外保毒期 2～3 个月。寄主范围很广，除马铃薯外，还可侵染辣椒、茄子、番茄、曼陀罗、龙葵等。病毒由汁液传染，还可借助马铃薯癌肿病菌的游动孢子传播，昆虫不传毒。

（2）PVY　病毒粒体线状，大小 730nm×10.5nm，钝化温度 52℃，稀释限点 10^{-3}，体外保毒期 24～36h。病毒主要分为 3 个株系。PVY 可侵染茄科等植物。病毒由汁液和蚜虫传播。

（3）PLRV　病毒粒体球状，直径 24nm。钝化温度 70～80℃，稀释限点 10^{-5}，体外存活期 3～5 天。PLRV 具有株系分化。病毒寄主范围广，可侵染茄科等多种植物。病毒主要由蚜虫传播，汁液接触不能传播。

（4）PSTVd　属类病毒。PSTVd 只有核酸，无外壳蛋白，RNA 呈环状。钝化温度 70～80℃，稀释限点 10^{-3}～10^{-2}，体外存活期 3～5 天。寄主范围广，除侵染茄科植物外，还可侵染苋科、沙参科、菊科、旋花科、石竹科等植物。

3. 发病规律

PVX、PVY、PLRV、PSTVd 的初侵染来源主要是带毒种薯。PVX、PVY 等病毒，由于寄主范围很广，在南方菜区，寄主植物茬口复杂重叠，病毒病可终年发生，不存在越冬现象。北方地区，病毒可在多年生植物和宿根性杂草上越冬，成为田间发病的初侵染源。PVX 经汁液接触传播，田间管理如移栽、整枝、打杈、绑蔓、中耕、锄草等农事操作均可传播病毒，导致病害扩展蔓延。PVY 和 PLRV 等均可由蚜虫传播，其中以桃蚜为主。植物在春季发芽后蚜虫随即发生，通过蚜虫的取食迁飞，将病毒传播到茄科蔬菜上。PSTVd 主要由切刀和嫁接传播，咀嚼式口器昆虫如马铃薯甲虫也可传毒。

病毒病的发生与气候条件密切相关。高温干旱利于蚜虫的繁殖、迁飞和传毒，也有利于病毒的增殖和症状表现，发病重。管理粗放、田间杂草多、蚜虫多的田块发病重。种薯带毒率高、带毒量大，发病重。

4. 防治方法

（1）选用抗（耐）病品种　各地因地制宜选用马铃薯抗病品种，如内薯 7 号、大西洋、中薯 2 号、中薯 5 号、中薯 6 号、陇薯 4 号、陇薯 6 号、宁薯 8 号、宁薯 9 号、青薯 2 号、青薯 16 号、晋薯 14 号、底西瑞等。此外，白头翁、东农 303、克新 1 号、克新 2 号、克新 3 号、北京黄、和平等较抗皱缩花叶病，马尔卓、燕子、阿奎拉、渭会 4 号、抗疫 1 号等较抗卷叶病。

（2）减少菌源

① 马铃薯种薯经 35℃处理 56 天或 36℃处理 39 天；或芽眼切块后变温处理（每天 40℃ 4h，或 16~20℃ 20h，共处理 56 天），可除去卷叶病毒。

② 生产和选用无毒种薯。利用抗病杂交组合的种子生产实生苗种薯，利用茎尖组织脱毒培养出无毒植株，生产无毒种薯。

③ 北方一季作地区，可采用夏播留种（6 月下旬至 7 月上中旬播种）；南方两季作地区，可秋播马铃薯作种用，这样南北两地的种薯形成都在低温季节，既有利于马铃薯生长，又可控制病毒增殖速度。

（3）加强栽培管理　选用新苗床育苗，施净肥，适时播种，高畦栽培，合理施肥，拔除病株，中耕培土，改良土壤，培育壮苗。促进马铃薯早熟，避免在高温下结薯。及早治蚜，消灭传毒介体。

（4）药剂防治　发病初期喷药，选用药剂参照番茄病毒病。

十三、茄科蔬菜其他病害

1. 番茄叶霉病

叶片正面出现不规则形或椭圆形、浅黄色褪绿斑，边缘不明显，潮湿时叶背病斑上有灰紫色绒毯状霉层（见彩图 39）；发病重时，叶片卷曲干枯。嫩茎及果柄上可产生与上述相似的病斑。果实受害，蒂部及果面产生近圆形、黑色硬化凹陷病斑。病原为褐孢霉[*Fulvia fulva*(Cooke)Ciferri]，属半知菌亚门、褐孢霉属。病菌以菌丝体随病残体在土壤中或种子上越冬，成为翌年的初侵染源。分生孢子通过气流传播，从气孔侵入。高温高湿、保护地番茄受害发病重。

因地制宜选用抗病品种。无病株上留种，或温水浸种或药剂浸种、拌种；实行 3 年以上轮作，注意通风降湿。生长期药剂喷粉或喷雾，可用 5%百菌清粉剂每亩 1kg 喷粉，或用 50%异菌脲悬浮剂 1000 倍液、10%苯醚甲环唑 1500 倍液、40%氟硅唑 8000 倍液、10%多抗霉素 800 倍液等喷雾。

2. 番茄枯萎病

病叶自下而上变黄、变褐，最后全株叶片萎蔫枯死，维管束变褐色。潮湿时，病茎上产生粉红色霉层。病原为番茄尖镰孢菌番茄专化型[*Fusarium oxysporum* f. sp. *lycopersici* (Sacc.)Snyder et Hansen]，属半知菌亚门、镰刀菌属。病菌以菌丝体或厚垣孢子随病残体在土中或混入堆肥中越冬，也可潜伏在种子中越冬。连作、低洼潮湿、土壤黏重、移栽或中耕伤根多易发病。春播早番茄病轻，晚播病重。

因地制宜地选育和选用抗（耐）病高产良种；实行3年以上轮作。种子消毒用0.1%硫酸铜浸种5min。药剂灌根可用青枯立克500倍液、或10%双效灵水剂200倍液、或50%甲基硫菌灵可湿性粉剂500倍液。每株灌药液500g，7~10天灌1次，连灌2~3次。

3. 茄子黄萎病

一般在门茄坐果后发生。叶片从下而上或从一边向全株发展，初期叶脉间或叶缘变黄，后期病叶由黄变褐，叶缘上卷，萎蔫下垂脱落，数日后整株枯死。剖视病茎维管束呈褐色。病原为大丽花轮枝孢(*Verticilium dahliae* Kelb.)，属半知菌亚门、轮枝孢属。病菌以菌丝、厚垣孢子或微菌核随病残体在土壤中或种子上越冬，通过土壤、肥料、种子、雨水、灌溉水、农事操作等传播。温暖高湿、连作地、偏施氮肥、种植过密等，病害发生重。

选用抗病品种；种子消毒用55℃温水浸种15min，待水温降至30℃时浸种6~8h，晾干后催芽播种；实行轮作，清洁田园，培育壮苗，合理密植，及时排灌，增施磷钾肥；保护地要加强放风。治虫防病。喷施化学药剂防治钻蛀性害虫。药剂防治参照瓜类枯萎病。

4. 辣椒软腐病

主要为害果实，病果初生水浸状暗绿色病斑，后变褐软腐，具恶臭味，内部果肉腐烂，果皮变白，整个果实失水干缩，挂在枝蔓上，易脱落。病原为胡萝卜软腐欧氏菌胡萝卜软腐致病型[*Erwinia carotovora* subsp. *carotovora* (Jones)Bergey et al.]，属细菌。病菌随病残体在土壤中越冬，田间通过灌溉水或雨水飞溅传播，病菌从伤口侵入，可多次再侵染。田间低洼、钻蛀性害虫多或阴雨连绵、湿度大易发病。

轮作；清洁田园；培育壮苗，合理密植；及时排灌，增施磷钾肥；保护地栽培要加强放风。防治钻蛀性害虫。药剂防治可参照辣椒疮痂病。

5. 马铃薯环腐病

地上部染病分枯斑和萎蔫两种类型。枯斑型的植株病叶由下往上扩展，病叶的叶尖、叶缘及叶脉呈绿色，叶肉为黄绿或灰绿色斑驳状，且叶尖干枯，向内纵卷，全株枯死；萎蔫型初期从顶端复叶开始萎蔫，似缺水状，病情向下扩展，全株叶片褪绿，内卷下垂，植株倒伏枯死。块茎发病，薯皮颜色变暗，芽眼变黑，表面龟裂，切开病薯可见维管束为黄色至黄褐色，用手挤压有乳黄色菌脓流出。病株的根、茎部维管束均变为褐色。病原为密歇根棒形杆菌马铃薯环腐致病变种[*Clavibacter michiganensis* pv. *sepedonicum* (Spieck et Kott.)Skapt. et Burkh.]，属细菌。病菌在种薯中越冬。种薯带菌、切刀传染是发病的主要原因，病菌从伤口侵入。病菌发育适温为20~30℃，土温超过31℃，病害受抑制。抗病品种病薯率低。

选种抗病品种，如东农303、郑薯4号、宁紫7号、庐山白皮、乌盟601、克新1号、丰定22、铁筒1号、阿奎拉、长薯4号、高原3号、同薯8号等。播前汰除病薯；切过病种薯的切刀应及时放入煮沸的水中或浸在5%石炭酸液中消毒。及时拔除田间病株，种薯收获后单收单藏，减少传病。

第三节 葫芦科蔬菜病害的诊断与防治

一、黄瓜霜霉病

黄瓜霜霉病是黄瓜上发生最普遍、危害最严重的病害之一，世界各黄瓜产区都有不同程度的发生。我国北方地区受害重，该病流行速度快，1~2周内可使整株叶片枯死，减产30%~50%，菜农称之为"跑马干"，严重威胁着黄瓜生产。

1. 症状

苗期和成株期均可发病。主要为害叶片，也可为害茎蔓、卷须和花梗。苗期发病，子叶正面出现褪绿黄斑，后变黄干枯，潮湿时，病斑背面产生灰黑色霉层（孢囊梗和孢子囊）。成株期发病多在植株进入开花结果期以后，从下部老叶开始。初期叶片正面出现淡黄色病斑，背面呈水渍状受叶脉限制的多角形病斑（见彩图40），随着病害的发展，叶片正面的病斑变成褐色多角形，潮湿时叶背病斑处产生灰黑色霉层。严重时多个病斑汇合，使叶片干枯死亡。

2. 病原

病原为古巴假霜霉菌[*Pseudoperonospora cubensis* (Berk. et Curt.) Rostv.]，为鞭毛菌亚门、假霜霉属。菌丝无隔，无色。孢囊梗由气孔伸出，单生或丛生，无色，主干上有3~5次二杈状锐角分枝，分枝末端尖细，顶生孢子囊。孢子囊淡褐色，椭圆形或卵圆形，顶端具乳突。游动孢子无色，圆形或卵形，双鞭毛，在水中游动30~60min后形成休止孢，萌发产生芽管，从寄主气孔侵入（图10-9）。黄瓜霜霉病菌属于专性寄生菌，国外报道有生理分化现象。病菌除危害黄瓜外，还可危害甜瓜、丝瓜、冬瓜、南瓜、西葫芦等葫芦科植物。

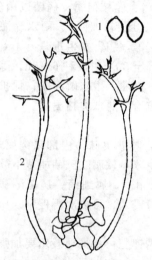

图10-9 黄瓜霜霉病菌
1—孢子囊；2—孢囊梗
（引自：董金皋，农业植物病理学，2001）

3. 发病规律

在我国南方地区，霜霉病菌可终年传播为害。在北方保护地黄瓜亦能不断产生孢子囊，使保护地和露地黄瓜霜霉病周年传播。高寒地区，病菌孢子是借季风从南向北传播而来。病菌主要经气流和雨水传播。从气孔侵入或直接侵入表皮。病斑上产生的孢子囊可进行多次再侵染。

黄瓜霜霉病最适发病温度为16~24℃，低于10℃或高于28℃，较难发病。在适温下，高湿是发病的重要条件，孢子囊的萌发需要有水滴或水膜存在，因此，多雨、多雾、多露、昼夜温差大、阴晴交替等气候条件有利于病害的发生和流行。灌水过多、植株徒长、地势低洼、栽培过密、通风透光不良发病重。保护地温湿度控制不当，不及时通风换气，湿度过高，昼夜温差大，夜间易结露，病害发生重。品种间的抗性有差异，一般晚熟品种比早熟品种抗病。不同叶位的叶片抗病性有差异，成熟的中、下层叶片发病重。

4. 防治方法

（1）选用抗病品种　各地因地制宜选种抗病品种，如津杂1号、2号、3号、津研4号、6号、7号、夏丰1号、早丰1号、中农5号、碧春等。

（2）加强栽培管理　露地黄瓜选择地势较高、排水良好、离温室或大棚较远的地块栽种。培育和选用壮苗，大田移栽前，要施足基肥，增施磷、钾肥，定植后在生长前期适当控制浇水，适时中耕，避免大水漫灌。及时摘除下部老叶，增强通风透光。

（3）生态防治　保护地黄瓜可采用生态防治来控制霜霉病。具体方法是：上午日出后使棚温迅速升至25~30℃，湿度降到75%左右；实现温湿度双控制，下午放风使温度下降到20~25℃，湿度降到70%左右，实现温度单控制；傍晚放风使上半夜温度降至15~20℃，湿度保持在70%左右,控制湿度,不利于发病;下半夜温度降至12~13℃,当夜间温度高于12℃时,即可整夜通风,实现温湿度双控制。

(4) 药剂防治 发病初期及时用药剂防治。保护地尽量使用粉尘剂或烟剂,每亩可选用45%百菌清烟剂250g闭棚烟熏,或用10%百菌清复合粉剂、7%防霉灵粉尘剂1kg粉。大田可选用25%嘧菌酯悬浮剂1500倍液、60%吡唑醚菌酯·代森联水分散粒剂1500倍液、72.2%霜霉威水剂800倍液、72%霜脲·锰锌可湿性粉剂800倍液、25%甲霜灵·锰锌600倍液、64%杀毒矾可湿性粉剂400倍液、75%百菌清可湿性粉剂700倍液等喷雾,每7~10天喷1次,连喷2~3次。

二、瓜类枯萎病

瓜类枯萎病又称蔓割病,是瓜类作物上的主要病害之一,我国各地均有不同程度的发生,尤以黄瓜、冬瓜、西瓜受害最重,其他瓜类也时有发生。

1. 症状

从幼苗至成株期均可发生,结瓜期为发病盛期。幼苗受害,子叶枯黄萎蔫下垂,茎基部变褐、缢缩而猝倒。成株期发病,植株生长缓慢,叶片自下而上逐渐萎蔫,中午发病明显,早晚恢复,数日后整株叶片枯萎下垂枯死。茎蔓基部稍缢缩,多纵裂,病部溢出琥珀色胶质物。病株根部发育不良,褐色腐烂,茎基部维管束呈褐色。潮湿时,病茎基部产生白色至粉白色霉层(分生孢子梗和分生孢子)。

2. 病原

病原为尖镰孢菌(*Fusarium oxysporum*),属半知菌亚门、镰刀菌属。在PDA培养基上,菌丝白色,绒毛状,培养基底部呈淡黄或淡紫色。病菌产生两种类型的分生孢子和厚垣孢子。小型分生孢子无色,椭圆至长椭圆形,单胞或偶有1个隔膜,产生快、数量多;大型分生孢子纺锤形或镰刀形,1~5个隔膜,多为3个,顶端细胞长而尖,产生慢、数量少。厚垣孢子淡黄色,单胞,圆球形(图10-10)。尖镰孢菌可分化为多个专化型,其中危害瓜类的主要有4个专化型,即黄瓜专化型、西瓜专化型、甜瓜专化型和丝瓜专化型,不同专化型病菌形态上基本一致。

3. 发病规律

病菌主要以菌丝体、厚垣孢子和菌核在土壤中、病残体、种子及未腐熟的肥料中越冬,成为来年的初侵染源。病菌在土壤中能存活5~6年,厚垣孢子与菌核经牲畜消化道后仍保持生活力。病菌通过根部伤口和根毛顶端细胞侵入。枯萎病具有潜伏现象,有些植株幼苗期被感染但不表现症状,直到开花结瓜期才显症。病菌主要借灌溉水、土壤的耕作、地下害虫和土壤中线虫的活动传播。

瓜类枯萎病是一种土壤传播的积年流行病害,病害的发生与危害程度和土壤性质及耕作栽培措施等关系密切。连作、土壤偏酸、土质黏重、地势低洼、排水不良、偏施氮肥、浇水过多、平畦种植均有利于病害发生。施用未腐熟的粪肥、地下害虫或线虫多,会加重发病。不同品种抗病性有差异,南瓜高抗枯萎病,在黄瓜和西瓜品种中,尚未发现免疫或高抗的品种。

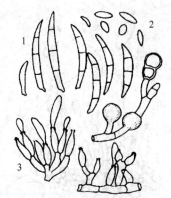

图10-10 瓜类枯萎病菌(尖镰刀菌)
1—大型分生孢子;2—小型分生孢子;3—厚垣孢子
(引自:董金皋,农业植物病理学,2001)

4. 防治方法

(1) 选用抗病品种　黄瓜品种中津研5号、6号、7号，津杂1号、2号、3号、4号，津春4号，西农58号，甘丰3号等比较抗病。西瓜品种有克伦生，京欣1号，京抗1号、2号、3号，郑抗1号、2号、3号等。各地因地制宜地选用抗病良种。

(2) 加强栽培管理　与非瓜类作物轮作3～4年。地块深中耕，及时施肥，增施腐熟的有机肥。选用无病壮苗，定植后，前期适当控制浇水，切忌大水漫灌。结瓜后适当增加浇水次数，保持土壤半干半湿状态。

(3) 嫁接防病　嫁接是防治枯萎病的有效措施。嫁接黄瓜以黑籽南瓜或南砧2号作砧木；嫁接西瓜除以黑籽南瓜作砧木外，还可以葫芦、瓠子、日本干瓠作砧木。

(4) 减少菌源　种子消毒，可选用40％福尔马林150倍液或50％多菌灵可湿性粉剂500倍液浸种30min，冲洗后催芽。用无病土育苗，营养钵分苗，培育子叶肥大、叶色浓绿、茎粗节短、根系集中的无病壮苗。田间发现病株及时拔除，及时清除病残体。

(5) 化学防治　播前重病地或苗床地要进行药剂处理，用50％多菌灵或70％甲基硫菌灵可湿性粉剂和细土（1∶100）混匀成药土，每公顷用药土15～23kg，定植前穴施或沟施。发病前或发病初期可选用30％恶霉灵水剂1000倍液、60％吡唑醚菌酯·代森联水分散粒剂1500倍液、60％琥铜·乙铝·锌可湿性粉剂500倍液、50％甲基硫菌灵可湿性粉剂500倍液、2％农抗120水剂200倍液等灌根。每7～10天灌1次，连灌2～3次。

三、瓜类炭疽病

瓜类炭疽病是瓜类作物上的重要病害，全国各地均有发生。主要危害西瓜、甜瓜和黄瓜、冬瓜、瓠瓜、苦瓜等，而南瓜、西葫芦、丝瓜较抗病。

1. 症状

炭疽病在苗期和成株期均可受害，通常在植株生长中、后期受害较重。幼苗发病，子叶边缘产生褐色圆斑，茎基部呈黑褐色缢缩，幼苗猝倒。不同瓜类症状略有差异。

西瓜：叶片发病，初期呈水渍状圆形或不规则形病斑，很快变黑干枯，病斑上有同心轮纹，周围有紫黑色圈，潮湿时病斑正面产生粉红色黏质物，后变为黑色小颗粒（分生孢子盘和分生孢子），干燥时病叶易破碎穿孔。茎蔓和叶柄病斑黑色长圆形、略凹陷，病斑绕茎或叶柄一周，使茎蔓或叶片萎蔫枯死。果实病斑褐色圆形，略凹陷，凹陷处常龟裂，果实开裂、畸形，潮湿时生出粉红色黏稠物。

黄瓜和甜瓜受害症状与西瓜相似。但黄瓜叶片上病斑呈红褐色，有黄色晕圈；果实上病斑圆形，黄褐色，稍凹陷，病瓜弯曲变形。甜瓜果实受害，病斑较大，显著凹陷，开裂处产生粉红色黏稠物。

2. 病原

病原物有性态为小丛壳圆形变种[*Glomerella lagenarium*(Pass.)]，属子囊菌亚门、小丛壳属；无性态为瓜类炭疽菌（*Colletotrichum orbiculare*），属半知菌亚门、炭疽菌属。分生孢子盘生于寄主表皮下，上生暗褐色、粗壮的刚毛。分生孢子梗无色至褐色，具分隔；分生孢子单胞、无色、长圆形或圆柱形，聚集成堆后呈粉红色（图10-11）。病菌生长温度为10～30℃，最适温度为24℃，分生孢子萌发适温为22～27℃，低于4℃不能萌发，萌发时除要求有高湿外，还要有充足的

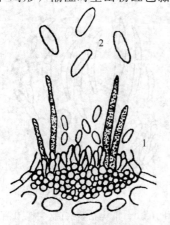

图10-11　瓜类炭疽病菌
1—分生孢子盘；2—分生孢子
（引自：董金皋，农业植物病理学，2001）

氧气。

3. 发病规律

病菌以菌丝体和拟菌核（未发育成熟的分生孢子盘）随病残体或附在种子表面越冬。病菌也能在棚室内的木制架材上营腐生生活。越冬后的病菌形成分生孢子盘，产生大量分生孢子进行初侵染。分生孢子借雨水、灌溉水、昆虫及人畜传播，直接侵入寄主表皮。病部形成的分生孢子可进行再侵染。种子表面附带的菌丝体可直接侵入子叶引起幼苗发病。瓜类采摘时，果实表面携带的分生孢子，在贮藏运输中也能引起其他果实发病。

在适宜温度下，湿度是发病的关键因素。相对湿度在87%～95%时，潜育期仅为3天，当相对湿度降至54%以下时，病害不发生。温度高于28℃发病也较轻。降雨频繁、连作田、地势低洼、排水不良、氮肥过多、栽植过密、通风不好、植株衰弱的田块发病重。不同品种抗病性存在差异。

4. 防治方法

（1）选用抗病品种　黄瓜抗病品种有津研4号、7号，早青2号，中农1101，夏丰1号等。西瓜较抗病品种有密桂、克新、新红宝等。

（2）减少菌源　从无病株、无病果上采种子。播种前用55℃温水浸种15min，也可用40%福尔马林150倍液浸种30min，或50%多菌灵可湿性粉剂500倍液浸种60min，捞出洗净后播种。及时摘除病、老叶，收获后及时清除病残体。

（3）加强栽培管理　有条件的地区与非瓜类作物进行3年以上的轮作。苗床应远离生产地。选择排水良好、土质肥沃的沙壤土栽植。覆膜栽培、施足基肥、增施有机肥和磷钾肥。

（4）化学防治　发病初期可选用75%百菌清可湿性粉剂600倍液、50%多菌灵可湿性粉剂800倍液、80%炭疽福美可湿性粉剂500倍液、25%嘧菌酯悬浮剂2000倍液、25%咪鲜胺乳油1000倍液喷雾。每7～10天喷1次，连喷3～4次。在棚室保护地内，可选用45%百菌清烟剂或10%百菌清粉尘剂防治炭疽病。

四、瓜类白粉病

瓜类白粉病是葫芦科蔬菜上分布广、危害重的一种病害，俗称"挂白灰"、"白毛"，在我国各瓜类蔬菜区均有发生。此病主要危害黄瓜、西葫芦、南瓜、冬瓜、西瓜和甜瓜等。

1. 症状

苗期至收获期均可发生，主要危害叶片，茎和叶柄也可受害。叶片发病，初期叶正、反面均可产生近圆形的小白粉斑，扩大后连接成片，使整个叶片布满白粉状物（菌丝、分生孢子梗和分生孢子）。后期病斑上散生许多黑色小粒点（闭囊壳）（见彩图41）。叶柄和嫩茎受害，症状与叶片相似，只是病斑较小，粉状物较少。

2. 病原

瓜类白粉病病原为葫芦科白粉菌（*Erysiphe cucurbitacearum* Zheng et Chen）和瓜类单囊壳[*Sphaerotheca cucurbitae*（Jacz.）Z. Y. Zhao]两种。分别属于子囊菌亚门、白粉菌属和单囊壳属。两者的无性态均为半知菌亚门、粉孢属。

两种病菌的无性态相似。分生孢子梗圆柱形，不分枝，无色；分生孢子椭圆形，无色，成串产生于分生孢子梗顶端。闭囊壳扁球形，暗褐色，附属丝丝状。子囊卵圆形或椭圆形，子囊孢子单胞、无色、椭圆形。两菌的主要区别在于瓜类单囊壳闭囊壳内只生1个子囊，内生8个子囊孢子；葫芦科白粉菌闭囊壳内产生多个（一般为10～15个）子囊，每个子囊内产生2个子囊孢子（图10-12）。

病菌分生孢子萌发温度范围为10～30℃，适温为20～25℃。分生孢子萌发要求的湿度范围较大，相对湿度25%以上即可萌发，叶面上有水膜时不利于萌发。

两种白粉菌的寄主范围都很广泛，除葫芦科作物外，还可侵染向日葵、黄麻、玫瑰、蔷薇、车前草、蒲公英、月季等多种植物。

3. 发病规律

北方低温干燥地区，病菌以闭囊壳随病残体越冬；在有保护地栽培或冬季温暖的南方地区，病菌可周年为害传播。越冬后的闭囊壳释放子囊孢子或菌丝上产生分生孢子，条件适宜时萌发产生菌丝，以吸器伸入寄主细胞内吸取营养和水分。病部产生的分生孢子，借气流和雨水飞溅传播，进行多次再侵染。植物生长后期，受害部位形成闭囊壳越冬。

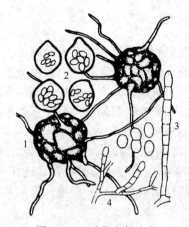

图10-12 瓜类白粉病菌
1—闭囊壳；2—子囊；3—分生孢子；4—分生孢子梗
(引自：董金皋，农业植物病理学，2001)

温度在20~24℃时，湿度大则易发病。保护地瓜类白粉病的发生重于露地。不同瓜类对白粉病的抗性有一定差异。冬瓜和西瓜发病较轻，丝瓜抗病性较强。同一品种不同叶龄的叶片对白粉病抗病能力也不相同，嫩叶和老叶较抗病。栽培管理粗放、灌水过多、排水不良、湿度过大、光照不足以及偏施氮肥，有利于病害发生。

4. 防治方法

(1) 加强栽培管理　重病地和非寄主植物进行2年以上轮作；瓜田前期控制浇水，结瓜期防止大水漫灌，保护地注意通风降湿；收获后及时清除病残体。

(2) 药剂防治　保护地瓜类定植前，每立方米保护地用硫黄粉0.25g，加锯末0.5kg，点燃密闭熏蒸一夜。发病初期可用15%三唑酮可湿性粉剂1500倍液、40%氟硅唑乳油8000倍液、25%丙环唑乳油5000倍液、12.5%腈菌唑乳油4000倍液喷雾。保护地发病初期用百菌清烟剂熏蒸(方法同黄瓜霜霉病)。

五、瓜类病毒病

瓜类病毒病又名花叶病，是瓜类作物生产上的一种重要病害，在全国各地普遍发生，危害严重。病毒病不仅影响瓜果的产量，而且严重影响瓜果的品质，病瓜无甜味和果香味，失去食用价值。

1. 症状

瓜类病毒病引起全株发病。典型症状为花叶、皱缩、畸形。叶片上出现黄绿相间的斑驳花叶(见彩图42)，严重的叶片出现皱缩畸形，有些瓜类呈现蕨叶症状。病株矮化，节间缩短，一般不结瓜，如有果实，果实小而畸形。

2. 病原

瓜类病毒病的主要毒源有：黄瓜花叶病毒(cucumber mosaic virus, CMV)、甜瓜花叶病毒(muskmelon mosaic virus, MMV)、西瓜花叶病毒2号(watermelon mosaic virus-2, WMV-2)、南瓜花叶病毒(squash mosaic virus, SqMV)。

(1) CMV　病毒粒体球状，直径28~30nm，钝化温度为60~70℃10min。稀释限点为10^{-4}~10^{-3}，体外保毒期为3~7天。通过蚜虫以非持久性方式传毒，也可以汁液摩擦传毒。寄主范围广，可侵染十多个科的植物。

(2) MMV　寄主范围较窄，只侵染葫芦科植物。钝化温度为60~62℃，稀释限点为

$2.5 \times 10^{-3} \sim 3 \times 10^{-3}$，体外保毒期为 3~11 天。主要以蚜虫作介体进行汁液传播。

(3) WMV-2　寄主范围窄，只侵染葫芦科、豆科植物。病毒粒体线状，长约 750nm，稀释限点为 2.5×10^{-3}，钝化温度为 60~65℃，体外保毒期为 74~250h。种子带毒率低。

(4) SqMV　病毒粒体球形，直径 30nm。钝化温度 70~80℃。可侵染葫芦科、豆科、芹菜属植物。

3. 发病规律

病毒在田间杂草上越冬，成为翌年的初侵染源。蚜虫的活动和迁飞，是病毒传播的主要媒介。

土壤贫瘠，植株生长弱，抗病力下降，病害发生重。高温干旱、管理粗放、杂草丛生，有利于蚜虫的迁飞和繁殖，发病重；与带毒寄主植物邻作发病亦重。

4. 防治方法

(1) 加强栽培管理　避免重茬，适时早播，培育壮苗。清洁田园，病残株应集中烧毁或深埋；加强肥水管理，及时浇灌水，增加湿度。及时治蚜，减少传病机会。

(2) 减少菌源　选无病瓜留种，种子消毒可用 10% 磷酸三钠浸种 20min 后洗净催芽，或种子经干热处理，即 70℃ 恒温处理 72h。

(3) 化学防治　开花后喷施药剂，可选用药剂参照番茄病毒病。

六、黄瓜黑星病

黄瓜黑星病是一种世界性的病害。自 20 世纪 70 年代末在我国辽宁省发现以来，目前已成为我国北方黄瓜生产上的常发性病害，减产可达 50% 以上，甚至绝收。

1. 症状

整个生育期均可发病，幼苗、叶片、茎秆、卷须及果实均可受害。苗期发病，子叶上产生黄白色近圆形斑，病斑扩展导致全叶干枯；茎秆上初期呈水渍状暗绿色梭形斑，后变为暗色，凹陷龟裂，潮湿时病斑上长出灰黑色霉层（分生孢子梗和分生孢子）。成株期发病，叶片上产生褪绿的圆斑，后变为黄白色，病斑易穿孔，穿孔后的病斑边缘呈星芒状；叶柄、瓜蔓被害，形成疮痂状凹陷病斑，表面有灰黑色霉层；生长点发病，经两三天烂成秃桩；卷须变褐色腐烂；病瓜上产生圆形至不规则形污褐色病斑，病斑上溢出琥珀色胶状物，潮湿时，病部长出灰黑色霉层，病斑表面呈疮痂状，果实弯曲畸形。

2. 病原

病原为瓜疮痂枝孢菌（*Cladosporium cucumerinum* Ellis. et Arth.），属半知菌亚门、枝孢属。菌丝白色至灰色，有分隔；分生孢子梗细长，丛生，褐色或淡褐色，具分枝；分生孢子椭圆形、纺锤形或长梭形，串生，单胞、双胞、偶有三胞，褐色至淡褐色（图 10-13）。病菌生长发育的最适温度为 20~22℃，分生孢子形成适温为 18~24℃；分生孢子萌发需要水滴，孢子萌发的最适温度为 20℃，最适 pH 为 6.0。

病菌除侵染黄瓜外，还可侵染西瓜、南瓜、甜瓜、西葫芦、冬瓜、节瓜、佛手瓜等多种瓜类作物。

3. 发病规律

病菌以菌丝体或分生孢子在病残体内或土壤中越冬，也可以菌丝体潜伏于种子内越冬。越冬病菌产生

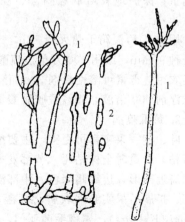

图 10-13　黄瓜黑星病菌
1—分生孢子梗；2—分生孢子
（引自：董金皋，农业植物病理学，2001）

的分生孢子可借气流、水滴飞溅传播，萌发后产生芽管从表皮直接侵入，也可从气孔、伤口侵入。发病部位产生的分生孢子可反复多次再侵染。

低温、高湿和弱光照是引起发病的主要因素，气温在17～20℃、相对湿度在90%以上时病害易流行。植株郁闭，浇水过多，通风不良，湿度过大易发病。不同黄瓜品种抗病性存在差异。北方一般以中农13、中农11抗病性强。

4. 防治方法

（1）减少菌源　以无病株留种，播种前汰除秕种、病种，种子消毒：用55～60℃温水浸种15min，或用50%多菌灵可湿性粉剂浸种或拌种。

（2）加强栽培管理　与非瓜类作物进行2年以上轮作；地膜覆盖或采用滴灌、渗灌、膜下暗灌等灌溉技术；保护地黄瓜，合理控温降湿；合理施肥，适时排灌，及时摘除下部老叶，清除病残体，可减轻病害发生。

（3）药剂防治　发病初期大田可用75%百菌清600倍液、50%多菌灵800倍液、43%戊唑醇4000倍液、40%氟硅唑8000倍液、10%苯醚甲环唑1500倍液等药剂喷雾；保护地黄瓜每亩可用45%百菌清烟剂200g熏烟。

七、瓜类其他病害

1. 黄瓜细菌性角斑病

可侵染多种瓜类植物，主要危害叶片、叶柄、卷须和果实。叶片上初生针头大小水浸状斑点，扩大后形成受叶脉限制的多角形、黄褐色病斑，湿度大时，叶背病斑上溢出乳白色黏液（菌脓），干后形成白色菌膜，或白色粉末状物，后期病斑中央干枯、脱落、穿孔。茎、叶柄及幼瓜条上病斑初为水浸状，后呈黄褐色、短条状，潮湿时病部溢出菌脓，病斑常开裂。果实上的病斑初为水渍状小斑点，扩展后病斑连片，病部溢出乳白色菌脓，病瓜后期腐烂，有臭味；严重时病菌向内扩展至种子，使种子带菌。幼瓜感病后腐烂、脱落。病原为丁香假单胞杆菌黄瓜角斑病致病型[*Pseudomonas syringae* pv. *lachrymans* (Smith) Young, Dye et Wilkie]，属原核生物界、假单胞杆菌属。病菌在种子内或随病株残体在土壤中越冬。主要靠雨水传播，也可通过昆虫、农事操作等途径传播，并能进行多次再侵染。温暖、多雨或高湿发病较重；连作、种植密度大、地势低洼、排水不良、通风透光差、肥水施用过多的田块发病重；保护地栽培低温高湿、浇水后放风不及时、棚室封闭时间长，均有利于病害的发生。

用70℃恒温箱干热灭菌72h，或用50℃温水浸种20min；还可用40%福尔马林150倍液浸种90min，或用100万单位硫酸链霉素500倍液浸种2h，洗净后催芽播种。发病初期用72%农用链霉素可溶性粉剂3000倍液、新植霉素4000倍液、3%中生菌素粉剂、20%噻菌铜悬浮剂600倍液、50%琥胶肥酸铜可湿性粉剂、77%氢氧化铜可湿性粉剂500倍液喷雾。

2. 黄瓜疫病

叶、茎、果实都可受害，主要危害茎基部。茎基部病斑初为暗绿色水渍状，后缢缩，叶片青枯，严重时全株枯死。节部发病，形成水渍状腐烂，节部缢缩折断，上部枝叶青枯。叶片病斑近圆形，边缘暗绿色、中部淡褐色，病重时全叶腐烂。果实上病斑水渍状、暗绿色略凹陷，扩展后果实皱缩软腐，潮湿时病斑上有稀疏的白霉。病原为瓜疫霉（*Phytophthora melonis* Kalsura），属鞭毛菌亚门、疫霉属。病菌以菌丝、卵孢子或厚垣孢子随病残体在土壤中越冬，孢子囊借气流和雨水传播后进行再侵染。降雨多、雨量大，发病重；连作、地势低洼、排水不良、施肥不足、平畦栽培等均有利于发病。

采用高畦栽培，选择地势高、排水良好、肥沃的地块种植黄瓜；实行轮作；嫁接防病。

用25%甲霜灵可湿性粉剂800倍液浸种30min后催芽播种。苗床土壤消毒,每亩苗床用25%甲霜灵可湿性粉剂8g与土拌匀撒在苗床上;保护地栽培时于定植前用25%甲霜灵可湿性粉剂750倍液喷淋地面;露地黄瓜在雨季到来前一周开始喷药或灌根,可用64%杀毒矾可湿性粉剂600倍液,58%甲霜·锰锌可湿性粉剂500倍液,69%烯酰锰锌可湿性粉剂、72%霜脲·锰锌可湿性粉剂700倍液,每7天1次,连续3次。

第四节 豆科及其他蔬菜病害的诊断与防治

一、豆科蔬菜锈病

豆科蔬菜锈病是菜豆、豇豆、扁豆、小豆、豌豆和蚕豆等蔬菜上的重要病害。我国南方地区,菜豆锈病主要在春季流行,北方地区则在秋菜豆上发病重,使植株早衰,结荚量降低,造成减产。

1. 症状

豆科蔬菜锈病主要危害叶片,也可危害叶柄、茎蔓和豆荚。叶片发病,初生黄白色至黄褐色小斑点,略凸起,逐渐扩大成黄褐色夏孢子堆(见彩图43)。夏孢子堆表皮破裂散出红褐色粉状物(夏孢子)。生长后期,病叶上产生黑褐色疱斑,表皮破裂散出黑褐色粉末(冬孢子)(见彩图44)。严重时,病斑汇合使叶片干枯脱落。叶柄、茎蔓和豆荚发病,症状与叶片相似,病荚籽粒干瘪,品质变劣。

2. 病原

菜豆、扁豆和绿豆锈病病原为疣顶单胞锈菌[*Uromyces appendiculatus* (Pers.) Ung.],豇豆锈病病原为豇豆单胞锈菌(*U. vignae* Barcl.),豌豆锈病病原为豌豆单胞锈菌[*U. pisi* (Pers.) Schrot],蚕豆锈病病原为蚕豆单胞锈菌[*U. fabae* (Pers.) de Bary],均属担子菌亚门、单胞锈菌属。夏孢子单胞,黄褐色,椭圆形或卵圆形,表面有细刺。冬孢子单胞,栗褐色,近圆形,壁平滑,顶端有浅褐色的乳状突起,基部有柄,无色透明(图10-14)。豆类锈菌多为单主寄生的全型锈菌,在田间常见到的是夏孢子和冬孢子,性孢子和锈孢子不常见。豌豆单胞锈菌有转主寄生现象,在大戟属观赏植物上产生性孢子和锈孢子。

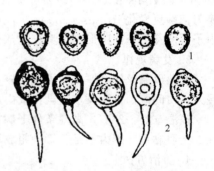

图10-14 菜豆锈病病菌
1—夏孢子;2—冬孢子
(引自:董金皋,农业植物病理学,2001)

3. 发病规律

在我国北方地区,豆类锈菌主要以冬孢子随病残体在土壤中以及附着在架材表面越冬,在南方地区,主要以夏孢子越冬或一年四季侵染危害。病菌从气孔侵入,产生夏孢子堆,通过气流传播进行再侵染。植物生长后期在寄主病部产生冬孢子堆和冬孢子。

豆类锈病的发生主要与温湿度有关。夏季高温高湿(温度17～27℃,相对湿度95%以上)锈病发生重;早晚露重、阴雨连绵、多雾易诱发锈病。连作地、土壤黏重、地势低洼积水、种植密度过大、通风不良、施氮肥过多发病重。不同豆类品种间抗病性表现存在明显差异。在菜豆蔓生种中,细花种比较抗病,而大花、中花品种则易感病。

4. 防治方法

(1) 选用抗病品种 各地应因地制宜选用抗耐病品种。菜豆抗病品种有:穗圆8号,缙芸豆，包罗豆，兰溪花皮青豆、中黄2号、4号、九丰3号、长农7号等；豇豆抗病品种有：粤夏2号，红嘴金山，大叶青等；蚕豆抗病品种有：启豆2号，2N34等。

（2）加强栽培管理　与禾本科作物轮作；春播和秋播注意隔离，减少病菌传播；加强肥水管理，施用腐熟的有机肥；及时清除病残体，并集中烧毁。棚室栽培时采用生态环境调控，降低相对湿度。

（3）药剂防治　发病初期可用15%三唑酮可湿性粉剂、12.5%烯唑醇可湿性粉剂、10%苯醚甲环唑水分散剂1500倍液，40%氟硅唑8000倍液，25%丙环唑乳油4000倍液喷雾。隔10天喷1次，连喷2～3次。

二、豆科蔬菜枯萎病

枯萎病是豆类作物上发生较为严重的病害。一般病田病株率达30%～50%，个别田块病株率可达90%以上。

1. 症状

植株从下部叶片开始发病，逐渐向上部叶片扩展，病叶变黄，似缺肥状，严重时可导致整株萎蔫变黄枯死。植株根部发病，呈现深褐色腐烂，剖开茎部可见维管束组织变为黄褐色。病株结荚明显减少，进入花期后病株大量死亡。

2. 病原

病原主要有以下4个种：尖孢镰刀菌菜豆专化型（*Fusarium oxysporum* f. sp. *phaseoli* Kendrick et Snyder）、尖孢镰刀菌豆类专化型 [*F. oxysporum* f. sp. *tracheiphilum* (Smith) Snyder et Hansen]、尖孢镰刀菌蚕豆专化型（*F. oxysporum* f. sp. *fabae* Yu et Fang）、尖孢镰刀菌豌豆专化型 [*Fusarium oxysporum* f. sp. *pisi* (van Hall) Snyder et Hansen]。小型分生孢子长椭圆形至卵圆形；大型分生孢子镰刀形。

3. 发病规律

病菌以菌丝体、厚垣孢子或菌核在病残体、土壤和带菌肥料中越冬，主要通过根部伤口侵入，田间病菌借灌溉水、昆虫或雨水飞溅传播。

高温（24～28℃）高湿条件下病害发生重。连作、地势低洼、根系发育不良、土壤偏酸性、土质黏重、肥力不足、管理粗放田块发病重。品种间抗病性存在明显差异。

4. 防治方法

（1）选用抗病品种　各地因地制宜选用抗病品种。菜豆抗病品种有：秋抗19，春丰1号、2号，锦州双季豆，青岛豆等；豇豆抗病品种有：猪肠豆，珠燕，西园，揭土1号和长德豆角等。

（2）加强栽培管理　重病地与禾本科作物轮作3年以上，最好实行水旱轮作。采用高垄栽培，合理排灌，施腐熟有机肥，追施磷钾肥。

（3）减少菌源　用种子重量0.5%的50%多菌灵拌种或用40%甲醛100倍液浸种15min。及时清除病残体，深埋或销毁。

（4）化学防治　发病初期用50%咪鲜胺锰盐可湿性粉剂、70%甲基硫菌灵可湿性粉剂500倍液，20%甲基立枯磷乳油200倍液，10%苯醚甲环唑水分散粒剂1500倍液，50%多菌灵可湿性粉剂500倍液，10%双效灵水剂250倍液灌根，每株灌250mL，隔10天1次，连灌2～3次。

三、豇豆煤霉病

豇豆煤霉病又称为叶霉病，是豇豆上的一种严重病害。我国各地均有发生，发病重时叶片干枯、脱落，常造成较大的产量损失。

1. 症状

发病叶片正反两面初生赤褐色小点，后扩大成直径为1~2cm、近圆形或多角形的褐色病斑，病健边缘不明显。潮湿时，病斑背面密生灰黑色霉层（分生孢子梗和分生孢子）。严重时，病斑相互连片，引起早期落叶，仅留顶端嫩叶（见彩图45）。

2. 病原

病菌为豆类煤污尾孢（*Cercospora cruenta* Saccardo），属半知菌亚门、尾孢属。分生孢子梗直立不分枝，丛生，具1~4个隔膜，褐色；分生孢子鞭状，淡褐色，具3~17个隔膜。病菌发育的温度范围为7~35℃，最适温度为30℃。病菌除侵染豇豆外，还可侵染菜豆、蚕豆、豌豆和大豆等豆科作物。

3. 发病规律

豇豆煤霉病以菌丝体随病残体在田间越冬。条件适宜时，在菌丝体上产生分生孢子，通过风雨传播进行初侵染，引起发病。病部产生的分生孢子可进行多次再侵染。

高温高湿或多雨是发病的重要条件，温度25~30℃，相对湿度85%以上，或遇高湿多雨，或保护地高温高湿、通气不良则发病重。连作地或播种过晚发病重。

4. 防治方法

（1）加强栽培管理　实行轮作，施足腐熟有机肥，采用配方施肥；合理密植，使田间通风透光。保护地要通风、透气、排湿、降温。

（2）减少菌源　及时摘除病叶，收获后清除病残体，集中烧毁或深埋。

（3）药剂防治　发病初期选用70%甲基硫菌灵可湿性粉剂1000倍液、50%多菌灵可湿性粉剂600倍液、75%百菌清可湿性粉剂600倍液、30%联苯三唑醇乳油1500倍液喷雾。隔10天左右1次，连喷2~3次。

四、姜腐烂病

姜腐烂病又名姜瘟，是生姜的一种重要土传病害。北方姜产区均有发生。危害损失率达20%~30%，严重的达70%以上。

1. 症状

主要发生在地下的根茎部分，多在近地面的茎基部和根茎上半部先发病，初呈水渍状，黄褐色，逐渐软化腐烂，仅残存外皮，被害姜内部灰白色，并有恶臭汁液。病株叶片黄褐色，叶片萎蔫下垂，造成病叶早落。

2. 病原

病原为青枯假单胞杆菌［*Pseudomonas solanacarum*（Smith）Smith］，属细菌。菌体短杆状，两头钝圆，1~4根鞭毛极生，革兰染色阴性，不形成荚膜和芽孢。病菌发育适温为31~35℃，适宜的酸碱度是pH5.5~8.0，最适pH为6.5~7.3。

3. 发病规律

病菌主要在根茎和土壤中越冬，可在土壤中存活2年以上，翌年由病种姜传播。也可由土壤、带菌的肥料、雨水、灌溉水传播，由伤口侵入。病菌发育的适温是26~31℃，温度越高，发病越快。高温多雨是病害流行的主要条件。此外，地下害虫造成伤口、土壤黏重、缺肥、积水、植株生长不良、连作等因素均可加重病害发生。

4. 防治方法

（1）加强栽培管理　与十字花科、葱蒜类或禾本科作物轮作3~4年以上；选择地势高燥、排水良好的地块种植；合理施肥，及时排灌。发现田间病株，立即拔除，并拔除相邻的无病植株,然后在病穴内撒石灰粉或漂白粉消毒。

(2) 减少菌源　建立无病留种田;收获前在田间选健壮无病株留种;播前严格挑选姜种;种植前,把切开的姜块放在 1∶1∶100 的波尔多液中浸泡 20min,可消灭种子上的病菌。

(3) 药剂防治　发病初期可用 72% 农用硫酸链霉素可溶性粉剂 4000 倍液、抗菌剂 401 水剂 1000 倍液、30% 氧氯化铜 800 倍液、50% 琥胶肥酸铜可湿性粉剂 500 倍液、50% 氯溴异氰尿酸水溶性粉剂 1500 倍液、30% 王铜悬浮剂 1000 倍液喷淋或灌根,每 7 天 1 次,连喷或灌 2~3 次。

五、葱紫斑病

葱紫斑病是葱类的一种主要病害,我国各地均有分布,可危害大葱、洋葱、大蒜、韭菜等蔬菜。

1. 症状

主要为害叶和花梗,收获后贮藏期也可侵染鳞茎。叶片和花梗发病,初呈水渍状白色小斑点,多靠近叶尖或位于花梗中部,稍显凹陷,病斑扩大后呈椭圆形、紫褐色,周围有黄色晕圈,有明显的同心轮纹,潮湿时病斑上产生黑褐色霉层(分生孢子梗和分生孢子)(见彩图46)。病斑可愈合成大斑,叶或花梗常从病斑处折断。鳞茎发病,呈半湿状腐烂,整个鳞茎收缩,组织变红色或黄色,渐转成暗褐色,并提前抽芽。

2. 病原

病原为葱链格孢[*Alternaria porri* (Ell.) Ciferri],属半知菌亚门、链格孢属。分生孢子梗单生或簇生,淡褐色,有 2~3 个隔膜,不分枝或不规则稀疏分枝,其上着生一个分生孢子。分生孢子褐色,常单生,直或略弯,倒棍棒状,分生孢子具横隔膜 5~15 个、纵隔膜 1~6 个,喙部直或弯曲,具隔膜 0~7 个。菌丝发育适温为 22~30℃,分生孢子萌发适温为 24~26℃,分生孢子的产生和萌发均需要水滴。

3. 发病规律

我国北方地区,病菌在寄主体内或随病残体在土壤中越冬。条件适宜时,分生孢子借气流或雨水传播。分生孢子萌发后可通过气孔或伤口侵入,也可以直接侵入。病部产生的分生孢子可引起多次再侵染。高湿多雨,昼夜温差大易诱发病害。温暖、阴雨、潮湿、土地贫瘠、生长势弱有利于发病。保护地重于露地。寄主品种间抗病性有差异,红皮洋葱较黄皮洋葱和白皮洋葱抗病。

4. 防治方法

(1) 减少菌源　种子消毒可用 40% 的甲醛 300 倍液浸种 3h,水洗后播种;收获后清除田间病残体,深耕翻土;生长季节,及时拔除病株、摘除病叶和病花梗,集中销毁。

(2) 加强栽培管理　重病地实行 2 年以上的轮作;多施有机肥,增施磷钾肥;适时收获,低温(0~3℃)低湿(相对湿度低于 65%)贮藏,收获后晾晒,待鳞茎外部干燥后再入窖。

(3) 药剂防治　发病初期用 50% 多菌灵可湿性粉剂 800 倍液、50% 异菌脲可湿性粉剂 1000 倍液、12.5% 腈菌唑乳油 4000 倍液、75% 百菌清可湿性粉剂、80% 代森锰锌可湿性粉剂 600 倍液、10% 苯醚甲环唑水分散粒剂 5000 倍液喷雾。隔 10 天喷 1 次,连喷 2~3 次。

六、大蒜白腐病

1. 症状

主要为害叶片、叶鞘和鳞茎。发病初期外部叶片由叶尖开始变黄，后扩展到叶鞘及内叶，植株生长衰弱，整株变黄矮化或枯死；病株鳞茎呈白色腐烂，上生白色菌丝层，后期产生黑色菌核，茎基变软，鳞茎变黑腐烂。

2. 病原

病原为白腐小核菌（*Sclerotium cepivorum* Berk.），属半知菌亚门、小核菌属。菌核黑色，球形或扁球形，条件适宜时，菌核萌发形成菌丝。

3. 发病规律

病菌以菌核在地面越冬，借雨水或灌溉水传播，从根部或近地面处侵入，引起发病，病部产生菌丝，菌丝纠集在一起形成菌核。低温高湿，有利于病害发生，当气温低于20℃、湿度大、持续时间长易流行。早春生长瘦弱的蒜田易发病。

4. 防治方法

（1）减少菌源　及时挖除病株，最好掌握在菌核形成前进行；播种前用蒜重1%的50%甲基硫菌灵或多菌灵可湿性粉剂给蒜种包衣后再播种。

（2）加强栽培管理　发病重的田块，与非葱蒜类作物实行3～4年以上轮作；早春追肥提苗、松土、排涝降渍，增强蒜株抗病力。

（3）药剂防治　发病初期用50%多菌灵可湿性粉剂500倍液，50%甲基硫菌灵可湿性粉剂600倍液，50%异菌脲可湿性粉剂、20%甲基立枯磷乳油1000倍液灌淋根茎。隔10天灌1次，灌淋1～2次。

七、大蒜细菌性软腐病

1. 症状

主要危害鳞茎，也可危害叶片。叶片发病先从叶缘或中脉发病，沿叶缘或中脉形成黄白色条斑，可贯穿整个叶片。湿度大时，病部呈黄褐色软腐，鳞茎基部腐烂，严重时全株枯黄腐烂，有臭味。

2. 病原

病原为胡萝卜软腐欧氏杆菌胡萝卜软腐致病型[*Erwinia carotovora* subsp. *carotovora* (Jones) Bergey et al.]，属原核生物界、欧氏杆菌属。菌体短杆状，周生鞭毛。病菌生长适温为4～39℃，最适温度为25～30℃，致死温度为50℃10min。

3. 发病规律

病菌随病残体在土壤中越冬，翌春经风雨、昆虫或流水传播，从植株伤口或气孔、皮孔侵入。高温多雨季节、地势低洼、土壤板结易发病，在植株伤口多和偏施氮肥的情况下发病重。

4. 防治方法

（1）加强栽培管理　施用腐熟的有机肥，避免滋生地下害虫。防治害虫，减少虫伤。及时排灌。

（2）药剂防治　发病初期选用72%农用硫酸链霉素可溶性粉剂或新植霉素4000倍液，77%氢氧化铜可湿性粉剂600倍液等喷雾或灌根。

八、芹菜斑枯病

芹菜斑枯病又称晚疫病、叶枯病，俗称"火龙"。全国各地都有分布，保护地芹菜发病重于露地，是冬春保护地芹菜的重要病害，严重影响芹菜的产量和质量。

1. 症状

主要危害叶片,也可危害茎和叶柄。症状有大斑型和小斑型,大斑型多发生于南方地区,小斑型多发生于北方地区。叶片发病,初生淡褐色油浸状小斑点,扩大后中心呈褐色坏死。后期出现两型,大斑型病斑可扩大到3~10mm,边缘清晰呈深红褐色、中央褐色并散生少量小黑点;小斑型病斑为0.5~2mm,常数斑联合、中央黄白色、边缘清晰呈黄褐色,外周有黄色晕圈,病斑中央密生小黑点(分生孢子器)(见彩图47)。叶柄和茎上两型病斑相似均为长圆形,稍凹陷,色稍深,散生小黑点。

2. 病原

病原为芹菜壳针孢(*Septoria apiicola* Speg.),属半知菌亚门、壳针孢属。分生孢子器球形,分生孢子无色透明,丝状,直或稍弯曲,具有0~7个横隔膜(图10-15)。病菌发育最适温度为20~27℃,分生孢子萌发温度范围是9~28℃,种子上病菌的菌丝体和分生孢子的致死温度为48~49℃ 30min。

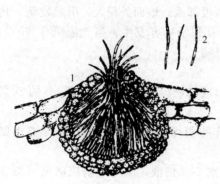

图10-15 芹菜斑枯病菌
1—分生孢子器;2—分生孢子
(引自:董金皋,农业植物病理学,2001)

3. 发病规律

病菌主要以菌丝体在种皮内或随病残体越冬,靠风雨、农事活动传播,带菌种子可进行远距离传播。分生孢子萌发产生芽管从气孔或直接侵入寄主表皮,病部产生的分生孢子,可进行再侵染。低温多雨有利于病害的发生和流行,一般温度在20~25℃和高湿条件下发病重。保护地栽培的芹菜如放风排湿不及时,昼夜温差大,结露过多,斑枯病发生重。

4. 防治方法

(1) 减少菌源 从无病株上采种。种子消毒,用48~49℃恒温水浸种30min后用冷水降温,晾干播种。发病初期及时摘除病、老叶,及时清除病残体,进行深翻。

(2) 加强栽培管理 重病地实行2~3年轮作;加强肥水管理,及时追肥,忌大水漫灌,及时排除积水。保护地栽培应注意通风排湿,缩小昼夜温差,减少结露。

(3) 药剂防治 发病初期选用10%苯醚甲环唑水分散剂2000倍液,12.5%腈菌唑乳油3000倍液,47%春雷霉素可湿性粉剂500倍液,75%百菌清可湿性粉剂600倍液等喷雾。保护地用45%百菌清烟剂3kg/hm² 熏烟或5%百菌清粉尘剂15kg/hm² 喷粉。

九、芦笋茎枯病

1. 症状

主要为害茎、枝。茎部病斑纺锤形或短线形,暗褐色,周缘水渍状。扩大后中心凹陷,赤褐色,其上散生许多小黑点(分生孢子器)。病斑绕茎或枝一周后,茎、枝便枯死,似火烧状。

2. 病原

病原为天门冬拟茎点霉[*Phomopsis asparagi*(Sacc.)Bubak],属半知菌亚门、拟茎点霉属。分生孢子器扁球形至近三角形,黑色,孔口突出。分生孢子角乳白色,a型分生孢子长椭圆形至梭形,无色,单胞,两端各具1油球,此外,还有b型和中间型的分生孢子。生长适温10~30℃,菌丝生长和孢子萌发最适温度为25℃,最适pH为7。光照能诱导分生孢子器的产生。

3. 发病规律

病菌以分生孢子器或分生孢子在病残体上越冬。分生孢子随气流和雨水飞溅传播。病菌可进行多次再侵染。该病多在梅雨或秋雨连绵的季节发生和流行，均温 19.8～28.5℃进入盛发期，连续阴雨或暴雨后病情加剧；施用氮肥过多或缺乏、土壤湿度大发病重。品种间抗病性差异明显。

4. 防治方法

（1）加强栽培管理　配方施肥，适当增施磷钾肥，早春先采收绿芦笋，留母茎的时间适当向后推迟，提高寄主抗病力。收获后彻底清除病残体和杂草。适时灌水，及时排水。

（2）药剂防治　在春、夏季采笋期或割除老株留母茎后，对重病田在根盘表面和嫩茎及嫩枝抽蔓期进行喷药保护。药剂可用 50％异菌脲可湿性粉剂 1500 倍液，70％代森锰锌可湿性粉剂 800 倍液，40％多·硫悬浮剂 400 倍液，64％杀毒矾 500 倍液，40％氟硅唑乳油 8000 倍液，25％腈菌唑乳油 6000 倍液等，10 天左右 1 次，连喷 3～4 次。

复习检测题

1. 十字花科蔬菜三大病害在发生流行上各有何特点？相互间有何影响和联系？
2. 十字花科蔬菜三大病害的病害循环各有何特点？有哪些综合防治措施？
3. 茄科蔬菜苗期的主要病害及其诊断要点是什么？
4. 如何识别番茄的病毒病？不同毒源引起的病毒病的症状及病害传播有何差异？
5. 茄子黄萎病的发生和流行有何特点？为什么该病的防治应以农业措施为主？
6. 保护地番茄灰霉病的综合防治要点有哪些？
7. 黄瓜霜霉病的发生规律如何？怎样预测病害的发生与流行？
8. 黄瓜黑星病的发生危害有何特点？实践中应如何综合防治？
9. 近年来瓜类枯萎病发生趋势加重的原因有哪些？生产中应如何解决？

实验实训二十八　十字花科蔬菜病害的症状及病原观察

【实训要求】

熟悉十字花科三大病害和黑腐病、白锈病、根肿病等主要病害的症状特点；掌握十字花科蔬菜主要病害病原物的形态特征，为病害田间诊断和防治提供科学依据。

【材料与用具】

十字花科主要病害（软腐病、霜霉病、病毒病、黑腐病、根肿病、菌核病、白斑病、黑斑病、炭疽病等）的标本、新鲜材料、挂图、瓶装浸渍标本、病原菌玻片。多媒体教学课件（含幻灯片、录像带、光盘等影像资料）。

载玻片、盖玻片、挑针、纱布、蒸馏水、滴瓶、刀片、酒精灯、镜头纸、革兰染色液一套、香柏油、二甲苯等，显微镜、幻灯机、投影仪、计算机及多媒体教学设备等。

【内容及步骤】

1. 观察白菜软腐病病株受害特点、腐烂起始部位和状态、颜色、是否有臭味？制片观察细菌溢菌现象；从新鲜腐烂处挑取病菌进行革兰染色，镜检病菌是否为短杆状革兰阴性。

2. 观察白菜病毒病症状特点，注意植株是否矮化畸形，叶片颜色、形状变化，叶脉上有无坏死斑和明脉现象，根部发育是否正常。病毒粒体是否线状。

3. 取白菜霜霉病病叶标本，观察病斑发生部位、形状、颜色等特点，病斑背面霉状物有何特点。挑取病叶背面霉层制片，镜检孢囊梗和孢子囊形态，注意孢囊梗分枝特点，孢子囊是否具乳头状突起。取干枯病叶用乳酚油透明后，镜检组织内卵孢子是否为球形、壁厚及黄褐色，表面是否略带皱纹。

4. 取十字花科蔬菜黑腐病病株标本，观察病斑形状、颜色等特点，是否呈"V"字形。病斑的菌脓有何特点？于病健交界处切取 2mm×2mm 病叶组织，观察细菌溢。

5. 观察十字花科蔬菜白锈病、根肿病、菌核病，白菜黑斑病、白斑病等病害的症状特点和病菌形态特征。

【实训作业】

1. 绘白菜的霜霉病和黑斑病病原菌形态图。
2. 比较白菜软腐病和黑腐病的症状区别。
3. 列表比较白菜霜霉病、病毒病、黑腐病、黑斑病、白斑病的症状特点。

实验实训二十九　十字花科蔬菜病害的调查与防治

【实训要求】

了解十字花科蔬菜病害发生的种类，掌握主要病害的调查方法、病原物的接种方法与药剂防治技术，并通过试验筛选有效的防治药剂。

【材料与用具】

感病白菜无病幼苗若干株、采集的霜霉病菌；放大镜、记录本、标本采集用具及其他调查用品和用具、量杯、喷雾器、水桶、保湿设备、显微镜、血球计数器、玻棒、接种针等；药剂有：58%甲霜灵锰锌可湿性粉剂、64%杀毒矾可湿性粉剂、75%百菌清可湿性粉剂。

【内容及步骤】

1. 十字花科蔬菜病害的普查

（1）调查内容　结合当地十字花科蔬菜生产情况，分别对不同十字花科蔬菜病害的发生种类、分布地点、危害程度以及发病条件等进行普查，为制定各种十字花科蔬菜病害的防治规划提供依据。

（2）调查时间　十字花科蔬菜病害的普查可分别在苗期、成株期和生育后期进行。

（3）调查方法　结合不同蔬菜的布局、地块情况及田间病害发生的特点，可采用5点取样、随机取样或其他取样方法，每点取样100株（叶或果实等），统计各种病害的发病率，记入表10-1。

表 10-1　十字花科蔬菜病害普查表

调查地点：　　　　　调查日期：　　　　　调查人：

蔬菜名称	病害种类	地块号	地势	土质	水肥条件	品种	种子来源	生育时期	发病率/%	为害程度	备注

2. 白菜霜霉病调查

（1）主要任务　调查当地白菜霜霉病发生危害程度以及发病条件等基本情况，从而为当年和翌年病害的防治工作提供依据。

（2）调查方法　选代表性田块5~10块，分别在苗期、成株期和生育后期各调查1次，每田查5点，每点50叶。将调查结果相应记入表10-2。

白菜霜霉病病害严重度分级标准为：

0级　无病斑；

1级　病斑面积占整个叶面积的5%以下；

2级　病斑面积占整个叶面积的6%～10%；
3级　病斑面积占整个叶面积的11%～25%；
4级　病斑面积占整个叶面积的26%～50%；
5级　病斑面积占整个叶面积的50%以上。

表10-2　白菜霜霉病病情调查记载表

调查日期：　　　　　　　　　调查人：

调查地点	地块号	调查株数	各级病株数						病株率/%	病情指数	备注
			0级	1级	2级	3级	4级	5级			

3. 病害防治

(1) 病原菌接种　多采用孢子悬浮液喷雾接种法，将白菜霜霉病菌配制成10^6/mL的孢子稀释液，用喷雾器对植株叶片均匀喷雾接种即可。接种一般在施药前2～3天进行，接种后田间应保持较高的湿度以利于诱发病害。

(2) 施药方法

① 根据使用药剂的特性，设置不同施药浓度，多采用常规的喷雾方法施药。通常设置3次重复，并设有清水对照。

② 根据试验作物植株大小、数量等具体情况确定喷药量，通常每处理各重复用20～30株为宜；一般施药1次，必要时可施药2～3次。

(3) 调查记载　在施药前应调查病情基数，每次施药1周后调查各处理发病情况，统计病株率、病叶率和病情指数，并计算防治效果。将调查结果填入表10-3。

表10-3　药剂防治白菜霜霉病效果统计表

调查地点：　　　　　　　调查时间：　　　　　　调查人：

处理	重复	调查株数	各级病株数						发病率/%	病情指数	防治效果/%	备注
			0级	1级	2级	3级	4级	5级				

【实训作业】

1. 根据调查，列表记载当地十字花科蔬菜病害的种类及为害情况。
2. 采集当地十字花科蔬菜病害标本。
3. 结合当地蔬菜病害的具体防治操作，分析所用措施的防治效果。
4. 将防治白菜霜霉病的调查结果整理后写出实验报告，比较不同处理的防治效果，并就实验结果进行分析。

实验实训三十　茄科蔬菜病害的症状及病原观察

【实训要求】

掌握生产上常见的茄科蔬菜病害的症状特点和病原菌形态特征，为病害的正确诊断、田间调查以及指导生产提供科学依据。

【材料与用具】

茄科蔬菜主要病害［番茄病毒病、早疫病、晚疫病、叶霉病、灰霉病；茄子褐纹病、绵疫病、黄萎病等（可参见彩图48）；辣椒炭疽病、疮痂病；马铃薯病毒病、环腐病等]的标本，新鲜材料、挂图、病原菌玻片、相应的多媒体教学课件(含幻灯片、录像带、光盘等影像资料)。

载玻片、盖玻片、解剖刀、解剖针、移植针、清水滴瓶、刀片、酒精灯、革兰染色液一套、香柏油、二甲苯等，显微镜、幻灯机、投影仪、计算机及多媒体教学设备等。

【内容及步骤】

1. 观察番茄病毒病病害标本，注意叶、茎和果实受害的特点；掌握花叶型、条斑型、蕨叶型的区别和识别要点。

2. 观察番茄早疫病病害标本，注意各部位病斑形状、颜色等有何区别。注意病斑同心轮纹的特点。从病部霉层或培养基上挑取病菌，制片镜检分生孢子梗和分生孢子的形态，注意孢子大小、颜色、形状和分隔情况；以及纵横分隔是否明显？

3. 观察番茄晚疫病病害标本，注意叶片、茎秆和果实上的为害特点；颜色是否为青褐色转深褐色，叶片病健交界处有无霜状霉轮，茎秆上病斑是否为条形黑杆状，果实上是否呈边缘不清晰、棕褐色、较硬的病斑。从病部挑取病菌，制片镜检孢囊梗和孢子囊的形状、颜色等特点，注意孢囊梗的膨大结节状特点。

4. 取番茄叶霉病病害标本，观察病斑形态、颜色及病菌表现状态；病斑正、反面的特点有何不同，病斑上的霉层是否有多种颜色。从病部挑取病菌制片，镜检分生孢子梗及分生孢子颜色、形态等特点，注意孢子着生状态以及孢子细胞数目。

5. 取茄子褐纹病病害标本，观察各部位病斑的形状及颜色，是否有小黑点，病斑上的小黑点是否均排列成同心轮纹状。取茄子褐纹病果皮(带小颗粒的)，做徒手切片，镜检分生孢子器和分生孢子形态，注意茎秆及果实上的分生孢子器中多产生哪种孢子，以哪种孢子为多。

6. 观察茄子绵疫病病果上病斑大小、颜色、形状、腐烂特点和表生的白色绵霉状物。从病部挑取病菌，制片镜检孢子囊及卵孢子各自的形状、颜色等特点。

7. 观察辣椒炭疽病病叶和病果上病斑形状、颜色、腐烂特点，中央是否凹陷，其上是否轮生小黑点。取辣椒炭疽病带小黑点的病果皮做徒手切片，镜检分生孢子盘及分生孢子梗的形态，以及分生孢子的形状、大小、颜色；注意分生孢子盘周缘是否生有较粗壮、具分隔、暗褐色的刚毛。

8. 取辣椒疮痂病病叶标本，和炭疽病比较，观察病斑的颜色、形状等特点；病斑是否呈疮痂状隆起，注意病果上病斑的颜色、形状等特点。用刀片切取病叶标本，观察细菌溢菌现象，并进行革兰染色，镜检病菌是否为革兰阴性细菌。

9. 观察马铃薯环腐病病害标本，剖视病块茎，注意块茎维管束变色腐烂情况。用手挤压有无污白色菌脓溢出。观察病原菌形态及革兰染色情况。

【实训作业】

1. 绘番茄晚疫病、茄子褐纹病和辣椒炭疽病病原菌形态图。
2. 列表比较番茄早疫病、晚疫病为害叶片和果实的症状特点。
3. 归纳比较茄子几种病害的症状区别。

实验实训三十一　茄科蔬菜病害的调查与防治

【实训要求】

了解茄科蔬菜病害发生的种类，掌握主要病害的调查方法、病原物的接种方法和药剂防治技术，并通过试验筛选有效的防治药剂。

【材料与用具】

感病番茄无病幼苗若干株、采集的晚疫病菌。放大镜、记录本、标本采集用具及其他调查用品和用具、量杯、喷雾器、水桶、保湿设备、显微镜、血球计数器、玻璃棒、接种针等；药剂有：58%甲霜灵锰锌可湿性粉剂、64%杀毒矾可湿性粉剂、75%百菌清可湿性粉剂。

【内容及步骤】

1. 茄科蔬菜病害的普查

（1）调查内容　结合当地茄科蔬菜生产情况，分别对不同茄科蔬菜病害的发生种类、分布地点、为害程度以及发病条件等基本情况进行普查，以便为制定各种茄科蔬菜病害的防治措施提供依据。

（2）调查时间　茄科蔬菜病害的普查可分别在苗期、成株期和生育后期进行，以便了解和掌握茄科蔬菜病害发生的全面情况。

（3）调查方法　结合不同蔬菜的布局、地块情况及田间病害发生的特点，可采用5点取样、随机取样或其他取样方法，每点取样100株（叶或果实等），统计各种病害的发病率，相应记入表10-4。

表10-4　茄科蔬菜病害普查表

调查地点：　　　　调查日期：　　　　调查人：

蔬菜名称	病害种类	地块号	地势	土质	水肥条件	品种	种子来源	生育时期	发病率/%	危害程度	备注

2. 番茄晚疫病调查

（1）主要任务　调查当地番茄晚疫病发生危害程度以及发病条件等基本情况，为病害的防治工作提供依据。

（2）调查方法　选代表性田块5～10块，分别在苗期、成株期和生育后期各调查1次，每田调查5点，每点50叶。将调查结果相应记入表10-5。

番茄晚疫病病害严重度分级标准为：

0级　无病斑。

1级　个别叶片有病斑。

2级　1/3以下叶片有病斑。

3级　1/3～1/2叶片有病斑。

4级　几乎所有叶片有病斑。

5级　全部叶片霉烂，几乎无绿色部分。

表10-5　番茄晚疫病病情调查记载表

调查日期：　　　　调查人：

调查地点	地块号	调查株数	各级病株数						发病率/%	病情指数	备注
			0级	1级	2级	3级	4级	5级			

3. 其他主要茄科蔬菜病害的调查

(1) 主要任务　学习掌握主要茄科蔬菜病害发生率和为害程度调查的基本方法；必要时，了解不同品种或不同防病措施的病害发生差异。

(2) 调查方法　根据不同蔬菜种类以及病害种类，于病害盛发期进行，可采用 5 点取样、随机取样或其他取样方法，每点取样 100 株（叶或果实等），统计发病率、病情指数。将调查结果填入表 10-6。

表 10-6　茄科蔬菜主要病害病情调查表

调查地点：　　　　　调查时间：　　　　　调查人：

处理或品种	调查总株数	各级病株数						病株率/%	病情指数	备注
		0级	1级	2级	3级	4级	5级			

4. 病害防治

(1) 病原菌接种　多采用孢子悬浮液喷雾接种法，将番茄晚疫病菌配制成 $10^6/mL$ 的孢子稀释液，用喷雾器对植株叶片均匀喷雾接种即可。接种一般在施药前 2~3 天进行，接种后田间应保持较高湿度以利于诱发病害。

(2) 施药方法

① 根据使用药剂的特性，设置不同施药浓度，多采用常规的喷雾方法施药。通常设置 3 次重复，并设有清水对照。

② 根据试验作物植株大小、数量等具体情况确定喷药量，通常每处理各重复用 20~30 株为宜；一般施药 1 次，必要时可施药 2~3 次。

(3) 调查记载　在施药前应调查病情基数，每次施药 1 周后调查各处理各重复发病情况，统计病株率、病叶率和病情指数，并计算防治效果。将调查结果填入表 10-7。

表 10-7　药剂防治晚疫病效果统计表

调查地点：　　　　　调查时间：　　　　　调查人：

处理	重复	调查株数	各级病株数						发病率/%	病情指数	防治效果/%	备注
			0级	1级	2级	3级	4级	5级				

【实训作业】

1. 根据调查，列表记载当地茄科蔬菜病害的种类及为害情况。
2. 采集当地茄科蔬菜病害标本。
3. 结合当地蔬菜病害的具体防治操作，分析所用措施的防治效果。
4. 将防治番茄晚疫病的调查结果整理后写出实验报告，比较不同处理的防治效果，并就实验结果进行分析。

实验实训三十二　葫芦科蔬菜病害的症状及病原观察

【实训要求】

掌握葫芦科蔬菜常见病害的症状和病原物的形态特点，认识次要病害的症状，为病害的正确诊断、田间调查以及指导防治提供科学依据。

【材料与用具】

瓜类主要病害（霜霉病、枯萎病、细菌性角斑病、黑星病、白粉病、炭疽病、疫病、病毒病等）的标本、新鲜材料、挂图、病原菌制备片，相应的多媒体教学课件（含幻灯片、录像带、光盘等影像资料）。部分可参见彩图49～彩图51。

载玻片、盖玻片、解剖刀、解剖针、移植针、清水滴瓶、刀片、酒精灯、镜头纸、革兰染色液一套、香柏油、二甲苯等，显微镜、幻灯机、投影仪、计算机及多媒体教学设备等。

【内容及步骤】

1. 观察黄瓜霜霉病病斑形状、颜色以及病斑背面霉状物的特点。刮取病叶标本上的灰色霉层制片镜检，注意病菌孢囊梗的分枝、孢子囊的形态特征，孢子囊有无乳头状突起。

2. 观察瓜类枯萎病病株，注意其全株性萎蔫和枯死、茎蔓病部外表皮层组织撕裂的特点，剖视病部维管束，注意内部是否变褐色。挑取病茎上霉层制片，镜检其大、小两种类型分生孢子及厚垣孢子的形态、颜色、分隔等特点。

3. 取瓜类炭疽病标本，注意比较幼茎、叶片、茎蔓和瓜条上为害的异同之处；观察病斑形态、颜色、凹陷、胶质物溢出等特点。徒手切片制片，镜检分生孢子盘及分生孢子梗的形态；分生孢子的形状、大小、颜色；分生孢子盘上刚毛的形态和颜色等特点。

4. 观察瓜类白粉病病叶标本，注意病害症状主要发生在叶部的哪一面，病斑边缘是否明显，病部有无白粉状物和间杂的小黑点。挑取病部菌体，制片镜检分生孢子梗、分生孢子、闭囊壳以及附属丝的颜色和形态等特点；轻压盖片，挤破闭囊壳，观察子囊的形状和数目。

5. 观察瓜类病毒病病株标本，注意各部位症状特点。观察各种病毒电镜照片，注意其粒体形态差异。

6. 观察黄瓜黑星病病斑形态、颜色及其上病菌表现状态；病部是否呈星形放射状开裂，后期病斑穿孔与否，病果上病斑形状、颜色如何？有无橘黄色胶质物溢出。从病果上或培养的病菌上挑取霉层制片，镜检其分生孢子梗及分生孢子颜色、形态等特点，注意孢子着生状态、细胞数目、呈何颜色。

7. 观察黄瓜细菌性角斑病病斑形状、颜色等特点，病斑的菌脓有何特点，注意和霜霉病的区别特点有哪些。用刀片切取病叶标本，观察细菌溢菌现象，进行革兰染色，镜检病菌是否为短杆状革兰阴性细菌。

8. 根据当地情况，观察葫芦科蔬菜其他重要病害的症状特点和病原菌形态特征。

【实训作业】

1. 绘黄瓜霜霉病菌、枯萎病菌和炭疽病病菌形态图。
2. 列表比较黄瓜霜霉病和黄瓜细菌性角斑病的症状特点。

实验实训三十三　豆科及其他蔬菜病害症状及病原观察

【实训要求】

认识豆科和其他蔬菜主要病害的症状和病原特点，掌握病害的诊断特征。

【材料与用具】

豆科和其他蔬菜主要病害（如菜豆锈病、炭疽病、细菌性疫病、枯萎病，芹菜斑枯病和早疫病，葱紫斑病和霜霉病，姜腐烂病，大蒜白腐病等）的症状标本、新鲜材料、切片、挂图、照片、幻灯片、多媒体课件等。部分可参见彩图52。

显微镜、幻灯机、投影机、计算机、载玻片、盖片、解剖刀、拨针、软化液、棉蓝、切片、培养皿、蒸馏水、擦镜纸、徒手切片夹持物等。

【内容及步骤】

1. 取菜豆锈病病叶标本，注意观察夏孢子堆发生的部位、形状、色泽；夏孢子堆和冬孢子堆的区别。制片镜检夏孢子、冬孢子的形状、大小、色泽。

2. 观察菜豆枯萎病病株发病部位，是否为系统侵染，病斑特点如何，有无霉层产生。维管束是否变色。制片镜检大、小分生孢子和厚垣孢子的形状、颜色和分隔等特点。

3. 观察芹菜斑枯病为害部位、病斑颜色、形状等特征，是否产生小黑点？徒手切片，镜检分生孢子器形状和分生孢子的形状、颜色、分隔等。

4. 观察姜腐烂病为害部位，病部颜色、形状有何变化。观察病菌玻片和培养菌落，注意病菌形态和培养性状。

5. 观察葱紫斑病病斑颜色、形状等特点，有无霉层产生。刮片观察或直接观察病菌玻片，注意分生孢子形状、颜色和分隔等特点。

6. 取大蒜白腐病标本，观察鳞茎表皮是否变黑腐烂，有无白色菌丝层。观察菌核特点。

7. 根据当地情况，观察其他重要病害的症状特点和病原菌形态特征。

【实训作业】

1. 列表比较菜豆几种叶部病害症状特点。
2. 绘芹菜斑枯病和葱紫斑病的病原菌图。

第十一章 果树病害的诊断与防治

➤知识目标

通过学习症状、病原、防治原理和防治方法，使学生了解果树病害的主要种类、发生原因，认识不同种类病害的主要症状和病原区别，掌握病害的主要防治方法。

➤能力目标

果树发病后，能通过室外观察和调查、室内症状比较以及病原鉴定，诊断病害发生的原因和种类；并能根据病害的发生情况制定出一套防治办法。

第一节 仁果类果树病害的诊断与防治

我国仁果类果树主要有苹果、梨和山楂等，苹果病害有100余种、梨树病害有近90种、山楂病害有20余种。

一、苹果树腐烂病

苹果树腐烂病俗名烂皮病，我国东北、华北、西北等地区均有分布。苹果树腐烂病造成树皮腐烂坏死，发病重的果园，病株率高达80%以上，树干上疤痕累累，枝干残缺不全，甚至整株枯死。该病除为害苹果外，还可为害沙果、海棠、山定子等。

1. 症状

主要为害结果树，幼树和苗木发病较轻。症状有溃疡型和枝枯型两种。

（1）溃疡型　主干、大枝上发病多为溃疡型症状，春季是发病盛期。发病初期，病部红褐色，水渍状，稍隆起，形状不规则，常流出褐色汁液。病皮松软，容易剥离，多烂到木质部，有酒糟味。剥开病皮，呈鲜红褐色。木质部浅层也变成红褐色，有时在木质部上有黑褐色的"菌线"。发病30天左右，病部表面产生黑色小粒点，即子座，内有病菌的分生孢子器，在雨后或空气潮湿时，孢子器涌出橘黄色丝状孢子角。苹果进入旺长后，病斑扩展减慢，干缩凹陷。夏秋季病菌主要在落皮层上，有少数病菌可扩展到健皮上形成坏死点或小病斑，甚至可继续扩展形成溃疡斑。多数表面溃疡出现不久，即可停止扩展，变干，稍凹陷，呈暗红色，并产生子实体。晚秋和初冬，落皮层和溃疡斑中的菌丝在一处或多处形成白色菌丝团，穿透落皮层周皮，向白色健树皮上扩展，形成红褐色坏死斑，至翌年春季，坏死斑进一步扩展融合，溃疡腐烂加快，造成大片树皮腐烂，成为典型的溃疡型病斑。

（2）枝枯型　春季发生于2~5年生小枝以及剪口、干枯桩、果台等部位。病斑形状不规则，边缘不明显，不呈水渍状，扩展很快，绕枝一周后，病部以上枝条枯死。随病害扩展，可导致生长衰弱的大枝发生溃疡型病斑腐烂。后期也长出黑色小颗粒状子座。

在特殊条件下苹果树腐烂病也能为害果实。常在果实受雹伤后，从伤口处发病。病斑近圆形或不规则形腐烂，暗红褐色。

2. 病原

病菌有性态 *Valsa mali* Miyabe et Yamada 属子囊菌亚门、黑腐皮壳属无性态 *Cytospo-*

ra mandshurica Miura 属半知菌亚门、壳囊孢属。菌丝初期无色，后转为墨绿色，有分隔。菌丝在病部发育 10~15 天后，在表皮层下形成外子座，外子座圆锥形，每个外子座内只生一个分生孢子器。分生孢子器黑色，起初只有一个腔室，后变为多个腔室，各室相通，有一个共同孔口。器内壁密生分生孢子梗。分生孢子梗无色，单胞，不分枝或分枝。分生孢子香蕉形，无色，单胞，两端钝圆，埋于胶质中，潮湿时涌出孢子角，孢子角遇水即消解。秋季在外子座的下面或旁边生成内子座。一个内子座中生有 3~14 个子囊壳，通常为 4~9 个。子囊壳烧瓶形，具长颈，子囊壳基部密生子囊。子囊无色，长椭圆形或棍棒形，内生 8 个子囊孢子，多排成双列。子囊孢子单胞，无色，香蕉形（图 11-1）。

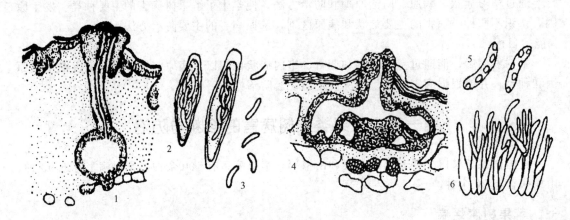

图 11-1 苹果树腐烂病菌
1—子囊壳；2—子囊；3—子囊孢子；4—分生孢子器；5—分生孢子；6—分生孢子梗

3. 发生规律

病菌以菌丝、分生孢子器和子囊壳在病树皮及砍伐、修剪的枯枝、残桩的皮层中越冬。翌年春降雨时，分生孢子器吸水膨胀产生孢子角。分生孢子借雨水飞溅传播，也可通过昆虫传播。病菌孢子从剪口、冻伤等伤口侵入或通过落皮层侵入健康树皮，也可从果柄痕、叶柄痕、皮孔等部位侵入。腐烂病菌 3~11 月均能侵染，其中侵染盛期在 3~5 月。苹果树皮本身常带有大量病菌，病菌侵染后一般以菌丝状态潜伏在死组织中，不立即扩展发病，当树体或其局部组织衰弱时，潜伏病菌便会转为致病状态。病菌先产生有毒物质，杀死周围的活细胞，再向外扩展，如此不断向纵深发展，使皮层组织呈腐烂状。当条件不利时，病菌便停止扩展。

春季树体经过一个冬季养分消耗，加之受冻，抗病力减弱，最易发病。夏季树体抗病力增强，但病菌在下雨时传播蔓延。病菌先在鳞片状自然落皮层扩展，逐步使落皮层发生病变，形成表皮溃疡斑。10 月下旬至 11 月间，苹果树渐入休眠期，生活力减弱，菌丝穿过下部的周皮，侵入健康组织，形成坏死点。坏死点及春季潜存下来的干病斑，向纵深扩展为害，腐烂病发生出现一个小高峰。11 月至翌年 1 月，内部发病数量激增，由于深冬病菌扩展缓慢，症状不明显。早春 3~4 月再形成新的发病高峰。

栽培管理粗放、土壤有机质少、土壤板结、根系发育不良、结果过多，其他病虫防治不好、造成早期落叶，以及树龄老化等均降低树势，发病重。伤口为病菌侵入创造了条件，树体冻伤、剪锯口伤、蛀干害虫造成的伤口、枝干向阳面发生的日灼伤等，均会诱发腐烂病。枝条含水量正常及饱和（80%~100%）时，愈伤组织形成快，病斑扩展缓慢；树体失水，含水量降低至 67% 以下时，愈伤组织形成慢，病斑扩展迅速。高温高湿利于愈伤。一般年份 6 月上旬至 7 月下旬愈伤快，病斑扩展慢。园中死树、枯枝、树上树下的枯死老树皮、刮治不及时不彻底，使果园内病菌积累多，病害发生重。

4. 防治方法

防治必须采取加强栽培管理，增强树势、提高树体抗病力，清除病残体，及时处理病斑以及合理用药等综合措施，才能有效地控制腐烂病的发生和为害。

（1）加强栽培管理　改善果树立地条件，深翻改土，促进根系发育。增施有机肥或压绿肥。秋季施足肥料，生长期适期追肥，氮、磷、钾肥配合使用；改善灌水条件，防止早春干旱和雨季积水；从幼树开始培养良好的树体和树形，因地制宜合理修剪，调整树势；合理调节树体挂果量，克服大小年现象；树体涂白防寒，减少冻伤，剪锯口及其他伤口用煤焦油或油漆封闭，减少病菌侵染途径；加强对叶斑病、枝干害虫、叶部害虫的防治，保持树势。

（2）减少菌源　生长季发现病斑及时刮除；剪枝过程中，一并清除病枝、残桩、病果台；剪锯下的病枝条、病死树，及时烧毁。

（3）药剂预防　果树发芽前喷一遍药，可选用药剂有 3~5°Bé 石硫合剂、腐必清乳剂 50~70 倍液、菌毒清 300 倍液、康菌灵 300 倍液、苹腐速克灵 200 倍液等。重病园或重病树，在夏季（6~7 月）落皮层开始产生时，对树干、主枝、大枝等易发病部位涂刷上述药剂。也可在 11 月上中旬对主枝干再喷一次上述药剂。

（4）及时治疗　早春发病盛期，要加强检查，及时治疗。

① 刮治　将病斑坏死组织彻底刮除，周围刮去 0.5~1cm 的好皮。病斑刮成梭形，其边缘切成立茬。刮后涂药消毒保护，常用的药剂有腐烂敌 40 倍液、S-921 抗生素 30 倍液、腐必清乳剂 2 倍液、菌毒清 50 倍液、843 康复剂原液、康菌灵 30 倍液、梧宁霉素发酵液 50 倍液等。隔 1 周后，再涂药 1 次。

② 划道涂治　用利刀在病斑上纵横划道，道间距 1cm，深达木质部，划至病斑边缘向外 0.5~1cm 处，然后选用菌毒清 50 倍液、腐必清原液或苹腐速克灵 3~5 倍液涂抹。

（5）重刮皮　5~7 月果树生长期，对树体主干、主枝等进行全面刮皮，深度约为 1mm，直至露出白绿或黄白色皮层为止。刮时注意，皮层内若有坏死斑点，应彻底刮除；若有大块腐烂病斑，则按上述病斑治疗方法处理。重刮皮部位，几年内不产生自然落皮层，从而具有多年的防病作用。注意刮皮后不要涂药，刮皮时不要刮至木质部，以免破坏形成层。

（6）桥接脚接　对有较大病疤的主干、主枝，进行桥接或脚接，辅助恢复树势，以增强树体抗病力。

二、苹果炭疽病

苹果炭疽病又名苦腐病，在全国各苹果产区均有发生。主要为害果实，也能侵害枝干和果台等，感病品种的病果率可达 20%~30%。除为害苹果外，还能为害梨、葡萄、樱桃、核桃等多种果树。

1. 症状

果实染病，最初在果面上生成褐色圆形病斑，后逐渐扩大、凹陷，几天后病斑上着生小黑点即分生孢子盘，呈同心轮纹状排列；剖开病果，腐烂部分表皮至果心呈圆锥形，有苦味。天气潮湿时，从孢子盘上产生粉红色的黏液。条件适宜时病斑可扩展到果面的 1/3~1/2。病果失水后变成僵果落地或挂在树上。衰弱的枝条、果台上可以带菌，但无明显的症状。

2. 病原

苹果炭疽病菌[*Glomerella cingulata*(Stonem.)Spauld. & Schrenk]属子囊菌亚门、小丛

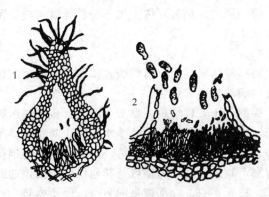

图 11-2　苹果炭疽病菌
1—子囊壳；2—分生孢子盘及分生孢子

壳菌属；无性态 [*Collectotrichum gloeosporioides* (Penz.) & Sacc] 属半知菌亚门、炭疽菌属。分生孢子盘初埋生，后突破表皮。分生孢子梗单胞，无色，栅状排列。分生孢子单胞，无色，长椭圆形或长卵圆形，内含油球（图 11-2）。有性时期在自然情况下很少发现。

3. 发生规律

病菌以菌丝在病枯枝、僵果、死果台及潜皮蛾等为害枝上越冬，也可在果园周围刺槐等防风林上越冬。翌年产生分生孢子，主要是雨水和昆虫传播，经皮孔或直接侵入幼嫩组织。苹果坐果后病菌开始侵染，果实迅速膨大期为侵染盛期。苹果幼果很少发病，病菌处于潜伏状态，在果实生长后期才发病，7～8 月份为发病盛期。发病较早的病果，在田间产生分生孢子，可进行再次侵染。

高温多雨是病害发生和流行的重要条件，果实生长前期温度较高，雨水多，空气湿度大，利于病菌孢子的形成、传播和侵入。7～8 月份高温多雨利于病斑的扩展和病菌的再侵染。株行距小，树冠大而密闭，偏施速效氮肥，或肥水不足，树势衰弱，地势低洼，土壤黏重，发病较重。用刺槐作防风林的苹果园，炭疽病发病重。红玉、鸡冠、倭锦、国光、大国光、秦冠等品种发病较重；红星、元帅、金冠、伏花皮、祝光、藤牧 1 号及目前主栽红富士、嘎拉等品种发病轻或很少发病；美国 8 号等品种抗病性较强。

4. 防治方法

(1) 减少菌源　冬春季清除树上的病僵果、死果台、病枯枝、爆皮枝等。生长季节及时摘除病果，避免用刺槐作防风林，减少菌源。

(2) 加强栽培管理　深翻改土，增施有机肥，控制结果量，合理修剪，改善通风透光条件，及时排水和中耕除草，以降低果园湿度，加强其他病虫害的防治，以增强树势，提高抗病力。

(3) 药剂防治　苹果落花后 1 周左右开始，每隔 15～20 天喷药一次，用药次数根据降雨和品种抗病性等情况确定，常用药剂有：1∶(2～3)∶200 波尔多液、80% 碱式硫酸铜可湿性粉剂 800 倍液、70% 代森锰锌可湿性粉剂 600 倍液、80% 大富丹可湿性粉剂 1000 倍液、50% 醚菌酯悬浮剂 4000～6000 倍液、50% 多菌灵可湿性粉剂 500～600 倍液、80% 炭疽福美可湿性粉剂 700～800 倍液、75% 百菌清可湿性粉剂 600～800 倍液喷雾。用药时可加入 0.03% 的皮胶，或 0.1% 的 "6501" 展着剂。

(4) 果实套袋　花后 50 天或生理落果后开始套袋。果实套袋前要喷一次内吸性杀菌剂。

三、苹果轮纹病

苹果轮纹病又名粗皮病，在我国各苹果产区均有发生，黄河故道和渤海湾苹果产区发生尤为严重，可削弱树势，甚至造成枝干枯死；造成大量烂果，严重的病果率可达 70%～80%，影响产量和质量。并且贮藏期果实可继续发病。轮纹病菌除苹果外，还可为害梨、海棠、花红、桃、李、栗、枣等多种果树。

1. 症状

轮纹病主要为害枝干和果实，叶片受害比较少见。

枝干受害，以皮孔为中心，产生红褐色近圆形或不整形病斑，直径3~20mm。病斑中心隆起呈瘤状，周缘凹陷，颜色变深，质地坚硬。翌年，病斑的凹陷部散生许多突起的小粒点即分生孢子器。随着枝干的生长，病健交界处产生环状裂缝，逐渐翘起、剥落。枝干轮纹病发生严重时许多病斑密集排列，树皮极为粗糙，故有粗皮病之称（见彩图53）。

果实受害，多在近成熟期或贮藏期发病。发病初期以皮孔为中心，产生水渍状近圆形褐色斑点，以后很快扩大，有明显的深褐色与浅褐色相间的同心轮纹，中心表皮下散生黑色粒点；病部果肉呈黄褐色软腐，几天内即可使全果腐烂，腐烂果肉具明显酒糟味，常流出茶褐色黏液，失水干缩后成为黑色僵果（见彩图54）。

2. 病原

病菌为 *Physalospora piricola* Nose，属子囊菌亚门、囊孢壳属；无性阶段为 *Macrophoma kuwatsukai* Hara，属半知菌亚门、大茎菌属。分生孢子器扁圆形，具有乳头状孔口，内壁密生分生孢子梗。分生孢子梗棍棒状，单胞，顶端着生分生孢子。分生孢子单胞，无色，纺锤形或长椭圆形。子囊壳在寄主表皮下产生，黑褐色，球形或扁球形，具孔口，内有许多子囊藏于侧丝之间。子囊长棍棒状，无色，顶端膨大，壁厚透明，基部较窄，内生8个子囊孢子。子囊孢子单胞，无色，椭圆形（图11-3）。

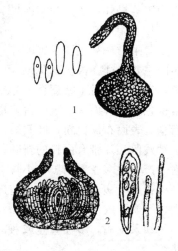

图11-3 苹果轮纹病菌
1—分生孢子器及分生孢子；
2—子囊壳及子囊

3. 发生规律

病菌以菌丝、分生孢子器及子囊壳在病枝干上越冬。菌丝在枝干病组织中可存活4~5年，第2~3年能形成大量的分生孢子器和分生孢子，第4年产生孢子能力减弱。北方在4~6月间产生孢子，7~8月孢子散放较多。孢子随风雨传播，经皮孔侵入果实和枝干。整个果实生育期病菌均能侵染，其中以谢花后的幼果期最容易侵染。幼果受侵染不立即发病，病菌侵入后处于潜伏状态，果实近成熟期才发病。果实采收期和果实贮藏期为发病高峰期。枝条受侵染时期为4~9月份，6~7月份最多。侵入新梢的病菌，在8月开始以皮孔为中心形成新病斑，当年不产生子实体。

在高温多雨地区，或降雨早、频繁的年份发病重。树势衰弱和老弱枝干等容易发病；果园管理粗放，挂果过多，以及施肥不当等，发病重。苹果品种间抗病性也有差异，红富士、金冠、元帅、新红星、新乔纳金、金矮生、王林等发病重；国光、红玉、祝光、甜黄魁等发病轻。

4. 防治方法

（1）减少菌源　及时剪除病枝，摘除病果，修剪下来的病残枝干等集中烧毁。重病果园，于早春刮除枝干上的病瘤，剪除病枯枝。结合防治苹果树腐烂病，实行重刮皮。果树发芽前全树喷1~3°Bé石硫合剂、或腐必清乳剂100倍液、或5%菌毒清水剂50~100倍液等。

（2）加强栽培管理　合理修剪，调节树体负载量，控制大小年发生；多施有机肥，注意氮、磷、钾肥配合施用，避免偏施氮肥，增强树势，提高树体抗病能力。

（3）药剂防治　在果树落花后至8月上旬期间，每隔15~20天喷一次保护剂或内吸杀菌剂，保护果实和枝干。可选用下列药剂：50%苯菌灵可湿性粉剂800~1000倍液；70%代森锰锌可湿性粉剂600~800倍液；40%噻菌灵可湿性粉剂1000~1500倍液；50%醚菌酯悬浮剂 4000~6000 倍液；50%异菌脲可湿性粉剂 1000~1500 倍液；40%氟硅唑乳油 7000~10000 倍液；50%多菌灵可湿性粉剂 600 倍液混加 90%乙磷铝可溶性粉剂 600 倍液；40%氟硅唑乳油 8000~10000 倍液混加 90%乙磷铝可溶性粉剂 600 倍液等喷雾。

（4）果实套袋　果实套袋原则上以早为好，防止病菌侵入。生产上一般在疏果、定果后，即花后 50 天或生理落果后开始套袋，因此，套袋前仍需喷药保护。

四、苹果白粉病

苹果白粉病在我国各苹果产区均有发生，近年来有加重的趋势。感病品种的新梢发病率高达 80%以上，可造成早期落叶、顶芽枯死、花芽不能正常形成，树势衰弱，降低产量。除为害苹果外，还能为害沙果、海棠、槟子和山定子等。

1. 症状

苹果白粉病主要为害叶片、新梢、花、幼果和芽。病部表面覆盖一层白色粉状物，是该病的主要特征。被害的休眠芽，外形瘦瘪，顶端尖细，鳞片松散。病芽茸毛稀少，呈灰褐色，发病严重时干枯死亡。春季病芽萌发较晚，新叶抽发缓慢，不易展开，皱缩变形，略带紫褐色，叶背面有稀疏的白粉层。随着枝叶生长，白粉层扩展到叶片正反面。从病芽抽发的新梢，表面布满白粉，叶间短、细弱，叶片狭长。后期病梢上的叶片大部分干枯脱落，仅在顶端残留几片带有白粉的新叶。初夏以后，白粉层脱落，在病梢的叶腋、叶柄和叶背面主脉附近产生很多密集的黑色小粒点（闭囊壳）。

花芽染病，花梗和萼片畸形，花瓣狭长，布满白粉，不能坐果。被害严重的花芽干枯死亡，不能开放。

幼果发病，多在萼洼或梗洼出现白粉斑。病果长大后白粉脱落，果面布满铁锈色网状纹。

2. 病原

苹果白粉病菌[*Podosphaera leucotricha*（Ell. et Ev.）Salm]属子囊菌亚门、叉丝单囊壳属；无性阶段（*Oidium sp.*）属半知菌亚门、粉孢属。菌丝无色透明，多分枝，有隔膜。分生孢子梗棍棒形，顶端串生分生孢子。分生孢子无色单胞，椭圆形。闭囊壳球形或扁球形，黄褐色至黑色，其上着生两种附属丝，一种产生在闭囊壳顶端，有 3~10 枝，长而坚硬，上部有二叉状分枝，亦有的不分叉；另一种产生在闭囊壳基部，短而粗。闭囊壳中只有 1 个子囊，球形或椭圆形，内含 8 个子囊孢子。子囊孢子单胞无色，椭圆形（图 11-4）。

3. 发生规律

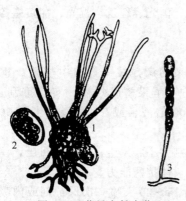

图 11-4　苹果白粉病菌
1—闭囊壳；2—子囊；3—分生孢子盘

病菌以菌丝潜伏在病芽鳞片间或鳞片内越冬。顶芽带菌率高于侧芽，第一侧芽又高于第二侧芽，第四侧芽以下基本不带菌。短果枝、中果枝及发育枝顶芽的带菌率依次递减，秋梢的带菌率高于春梢。春季萌芽时，越冬菌丝开始活动，造成发病，大量产生分生孢子，随风传播蔓延，进行再侵染。病害的潜育期为 3~6 天。4~6 月份为发病盛期，7~8 月份高温季节病情停滞，8 月底在秋梢再度蔓延为害，9 月以后又逐渐衰退。一年中病害发生的两个高峰期完全与苹果树的新梢生长期相吻合。

春季温暖干旱的年份利于病害的前期流行；夏季凉爽，秋季晴朗，则有利于后期发病。果园栽植密度大，偏施氮肥，树冠郁闭，枝条纤细，生长衰弱的树发病重。轻剪、枝条长留、长放、越冬菌源多发病重。不同品种感病性差异很大，倭锦、红玉、祝光最易感病，国光、富士次之，金冠、元帅较轻。

4. 防治方法

（1）减少菌源　结合修剪，剪除病梢和病芽，把病梢的顶芽及其以下的3～4个芽尽量剪除，减少越冬菌源。苹果展叶至开花期，及时剪除新病梢、病叶丛、病花丛，集中烧毁或深埋。

（2）加强栽培管理　增施有机肥和磷、钾肥，避免偏施氮肥；合理密植，控制灌水；疏剪过密枝条，使树冠通风透光。

（3）药剂防治　发芽前喷5°Bé石硫合剂，开花前至开花后连续喷2～3次0.3～0.5°Bé石硫合剂，可取得良好防效。也可在发病初期用25％三唑酮1500倍液、6％氯苯嘧啶醇（乐必耕）1200～1500倍液、40％氟硅唑乳油8000～10000倍液、50％醚菌酯6000～10000倍液、25％嘧菌酯1500～2000倍液、25％苯醚甲环唑12000～15000倍液喷雾防治。

五、苹果斑点落叶病

苹果斑点落叶病是20世纪80年代初期开始，在山东、辽宁、河北、北京和江苏、安徽等地相继发生的一种病害。发病严重的果园，造成早期落叶、落果，二次发芽、开花，严重削弱树势，降低产量和品质。

1. 症状

主要为害叶片，也能为害嫩梢和果实。叶片发病初期病斑褐色圆形，直径2～3mm，后渐扩大，病斑红褐色，边缘紫褐色，有的病斑中央有一深褐色小斑点，外围有一深褐色环纹，状如鸟眼。潮湿时，病部正反面长出黑绿色霉状物即分生孢子梗和分生孢子。发病中、后期，病斑常被其他真菌二次寄生，中央呈灰白色，并长出小黑点，有的病斑脱落，形成穿孔。秋季嫩叶发病严重时，1个叶片上可产生几十个大小不等的病斑，使叶尖干枯，叶片扭曲变形，破裂穿孔，提早脱落。叶柄受害，产生圆形至长椭圆形病斑，直径3～5mm，褐色，稍凹陷，造成落叶。

果实从幼果至成熟期均能感病。幼果受害在果面上形成褐色圆形斑点，直径1～3mm，有的可达5mm以上。7～8月份染病时，以果点为中心形成灰褐色至黑褐色斑点，后变为疮痂状，病斑边缘龟裂，病部表皮稍陷。近成熟期果实被害，多为黑点褐变型，如被其他病菌寄生，可使果实腐烂。

2. 病原

病菌属半知菌亚门、链格孢属（*Alternaria mali* Roberts）。分生孢子黄褐色至暗褐色，倒棍棒形或椭圆形，有1～7个横隔、0～5个纵隔，喙胞很短，通常5～8个链生；大小差异很大；分生孢子梗有隔（图11-5）。

3. 发生规律

病菌以菌丝在病叶、病枝等残体上越冬。翌春苹果展叶期产生分生孢子，随气流传播，进行初侵染。病菌由叶片气孔或角质层直接侵入，潜育期短，条件适宜时仅有几个小时。花后开始发病，春、秋梢旺长期，出现两次发病高峰，严重时6～7月便可造成大量落叶。

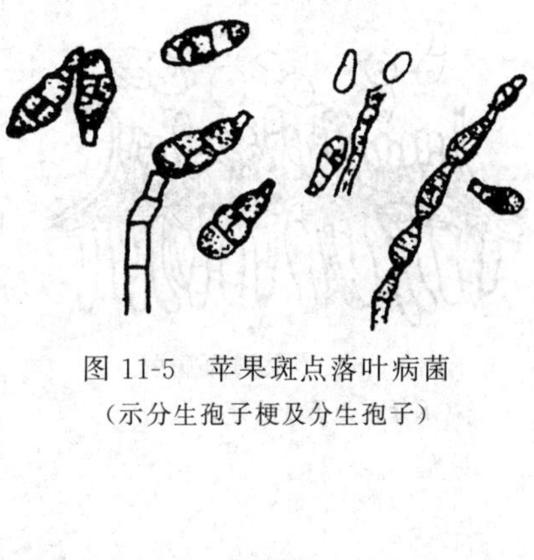

图11-5　苹果斑点落叶病菌
（示分生孢子梗及分生孢子）

病害的发生和流行与叶龄、空气相对湿度及品种关系密切。嫩叶易感病，展叶 20 天后一般不再被侵染。春季苹果展叶后，雨水多，降雨早，空气相对湿度在 70% 以上，则田间发病早，病叶率增长快。杂草多、湿度大、通风不良的果园发病重。不同品种抗病性不同，元帅、红星、新红星、印度、青香蕉等为高感品种，金冠、国光、富士等为中度感病。

4. 防治方法

（1）减少菌源　苹果落叶后，清扫落叶，剪除病枯枝，集中烧毁或深埋。

（2）加强栽培管理　合理施肥，增施有机肥。及时中耕除草，剪除徒长枝，降低果园内空气相对湿度。

（3）药剂防治　春梢生长期施药两次，第一次在5月上旬，苹果花后 5～10 天，间隔 15～20 天施第二次药。秋季 6 月底至 7 月初，在秋梢生长初期施药一次。药剂可选用 1：(2.5～3)：200 波尔多液、50% 扑海因可湿性粉剂 1000～1500 倍液、10% 多氧霉素 1000～1500 倍液、50% 醚菌酯悬浮剂 4000～6000 倍液、80% 代森锰锌可湿性粉剂 800～1000 倍液、40% 双胍辛烷苯基磺酸盐可湿性粉剂 800～1000 倍液、10% 苯醚甲环唑水分散粒剂 2000～3000 倍液等喷雾。

六、苹果褐斑病

苹果褐斑病又名绿缘褐斑病，在各苹果产区均有发生，中部黄河故道和西南云贵川果区发生尤为严重。在多雨地区或年份，如防治不及时，常常造成早期大量落叶，削弱树势，影响产量和花芽分化。除为害苹果外，还为害海棠、沙果、花红、山定子等苹果属果树。

1. 症状

主要为害叶片和果实。叶片发病初期，在背面出现褐色至深褐色小斑点，直径 2～5mm，边缘整齐，病斑外缘有绿色晕圈，故称绿缘褐斑病。病斑有以下三种类型。

（1）同心轮纹型　叶正面病斑圆形，暗褐色，直径 10～25mm，病斑表面产生许多小黑点，呈同心轮纹状排列。叶背为暗褐色，四周浅褐色，无明显边缘。

（2）针芒型　病斑小，无一定形状，深褐至黑褐色，病斑内黑色菌索成针芒状向外扩展，病斑常遍布全叶。

（3）混合型　病斑较大，暗褐色，近圆形或不规则形，边缘有针芒状黑色菌索，病斑上散生许多黑色小点，后期中心灰白色。

果实染病，病斑圆形或不整形，褐色，凹陷，表面有黑色小粒点即分生孢子盘。病部果肉褐色坏死，呈海绵状干腐。

2. 病原

病原属半知菌亚门、盘二孢属 [*Marssonina coronaria* (Ell. Et Davis) Davis]。分生孢子梗单胞，无色，不分枝，棍棒状。分生孢子顶生，无色，双胞，葫芦形，上胞较大而圆，下胞较窄而尖，内含 2～4 个油球（图 11-6）。

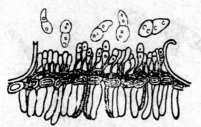

图 11-6　苹果褐斑病菌
（示分生孢子盘及分生孢子）

3. 发生规律

病菌以菌丝和分生孢子盘在病叶上越冬，翌春降雨后开始产生分生孢子，随风雨传播，由叶片正面或背面侵入。潜育期一般为 6～12 天，最长可达 45 天。一般 5～6 月开始发病，7～8 月为发病盛期。

病害的发生与湿度、品种、树龄、树势关系密切。降雨早而多的年份发病早而重；雨季来临晚或少雨年份，发病晚而轻。红玉、金冠、红星等品种易感病，富士、国光、祝光等发病轻。结果树发病重；树势弱发病重。树冠内膛叶片比外围的重。

4. 防治方法

（1）减少菌源　秋冬季节彻底清扫落叶、清除病果，集中烧毁或深埋。

（2）加强栽培管理　增施有机肥，避免偏施氮肥，及时排水，增强树势。合理修剪，保持树冠内膛有良好的通风透光条件。

（3）药剂防治　根据下雨早晚和果园情况，5～6月历年发病始期开始喷药，每隔15～20天喷1次，根据降雨量和田间病情，共用药2～4次。药剂可选用1∶2∶（200～240）波尔多液、50％甲基托布津可湿性粉剂800倍液、50％百菌清可湿性粉剂700～800倍液等。用药要细致周到，特别注意内膛枝的叶片。

七、苹果病毒和类病毒病害

主要有苹果锈果病、苹果花叶病和苹果衰退病。

苹果锈果病和花叶病在我国主要苹果产区均有发生，并有扩展蔓延趋势。苹果花叶病除为害苹果外，还可为害海棠、花红、沙果、梨、桃、李、杏、樱桃、山楂等果树。

苹果衰退病又名高接病，世界各地广泛分布，带毒株率一般在60％～80％，有些品种高达100％。其为害性因使用的砧木种类不同而有差异，砧木耐病时，病树症状不明显，形成慢性为害，树势生长不良，产量降低；砧木不耐病时，病毒就转为急性为害，病树很快死亡。

1. 症状

（1）苹果锈果病　主要在果实上表现症状，有以下三种类型。

① 锈果型　国光、富士、白龙、印度等晚熟品种在落花后1个月，先从果顶部出现淡绿色水渍状病斑，沿着果面向果梗发展，不久，即形成相当规则的5条纵纹，纵纹与心室顶部相对。病斑渐变为铁锈色、木栓化，并出现龟裂。病果小，重时变为畸形，食用价值降低或不堪食用。

② 花脸型　海棠、沙果、槟子和祝光、倭锦、富士等果实着色后出现很多近圆形的黄绿色斑块，成熟时斑块也不着色，使果面呈现红色和黄绿色相间的"花脸"状。病果着色部分稍突起，不着色部分稍凹陷。病果小，品质变劣。

③ 锈果花脸复合型　元帅、红星、新红星等中熟品种着色前多在果顶部出现锈斑，或在果面散生零星锈斑。着色后在未发生锈斑的部分或锈斑周围，出现不着色的斑块，果面红绿相间，成为既有锈斑又有花脸斑的复合症状。

在国光、鸡冠等品种的幼苗或成龄树生长旺盛的徒长枝，7月上旬上部叶片向背面反卷，从侧面看叶片呈弧形，甚至圆圈状，叶片小，叶柄短，质地硬脆，易脱落。

（2）苹果花叶病　在叶片上形成各种类型的黄白色病斑，因品种、病毒株系及病势轻重不同，症状变化很大，主要有以下三种类型。

① 叶脉黄化型　病叶沿叶脉变黄白色，形成黄白色网纹，发生较迟，极少落叶。

② 轻型花叶型　叶片黄白色相间形成花叶，但很少落叶。

③ 重型花叶型　叶片黄白色相间形成花叶。发生早而且普遍，易造成落叶。自然条件下，各种症状还有许多变化，形成一些中间型，因而常出现症状的多种组合。

（3）苹果衰退病　初发病时，部分细根坏死，其后是支根和侧根，最终全部根系相继枯死。剖开病根检查，在木质部表面有凹陷斑或纵向条沟。根系开始死亡之后，地上部新梢生长量减少，叶片小而硬，色淡绿，落叶早；病树开花多，坐果少；果实小，果肉坚硬。病树在3～5年后衰退枯死。

2. 病原及发病规律

(1) 苹果锈果病　病原一般认为是类病毒。除由病穗、病砧木（包括病树的根蘖砧）通过嫁接传染外，病健树根部的自然接触也能传染，还可通过在病树上用过的刀、剪、锯等工具接触传染。梨树是此病的带毒寄主，与梨树混栽或靠近梨树的苹果树发病较多。

(2) 苹果花叶病　病原为病毒，病毒粒体为圆球形。主要靠嫁接传染，为系统侵染病害。病害的盛发期与苹果新梢生长期吻合。较凉爽的气温（10～20℃）、较强的阳光、较干旱的条件以及树势衰弱有利于发病。

(3) 苹果衰退病　由苹果褪绿叶斑病毒、苹果茎痘病毒和苹果茎沟病毒单独或复合侵染引起，三种病毒统称潜隐病毒。

苹果潜隐病毒都是通过嫁接传染，随苗木、接穗、砧木传播。病树种子，昆虫不传染，用种子繁殖的实生砧木不带毒。

3. 防治方法

苹果病毒和类病毒病害防治重点是培育和利用无病毒繁殖材料。用种子繁殖砧木，杜绝根生苗。对于采接穗树及国外引种材料，要按照 GB/T 12943—2007《苹果无病毒母本树和苗木检疫规程》进行病毒检验。

在病毒病害的防治中，利用弱毒株系对强毒株系的干扰作用，控制为害，已在生产上成功地应用。

八、苹果、梨锈病

苹果、梨锈病又名赤星病、羊毛疔，是苹果树、梨树的重要病害之一。近几年绿化中，龙柏等柏树种植越来越多，苹果树、梨树锈病也随之加重。除为害苹果和梨外，还为害木瓜、山楂、棠梨、贴梗海棠等。

1. 症状

苹果、梨锈病症状相似，主要为害叶片、新梢和幼果。叶片受害，初期正面产生黄色圆斑，直径 4～8mm，表面密生橙黄色小点，即病菌的性孢子器。天气潮湿时，其上分泌的淡黄色黏液内含大量的性孢子。黏液干燥后小粒点逐渐变黑，病斑组织变肥厚，叶片正面微凹陷、背面逐渐隆起，产生数条灰黄色毛状物即锈孢子器（见彩图 55）。幼果发病，初期病斑与叶片上的大体相似，后期在病斑周围也产生毛状物，病果生长停滞，往往畸形早落。新梢、果梗和叶柄受害，症状与果实受害相似，长有毛状物，最后病部龟裂。叶柄、果梗受害引起落叶、落果。

转主寄主龙柏等受害后，在针叶、叶腋或小枝上出现淡黄色斑点，后稍隆起。第 2 年 3 月间，逐渐突破表皮露出红褐色或咖啡色的圆锥形角状物，单生或多个聚生，为病菌的冬孢子角。春雨后，冬孢子角吸水膨胀，成为橙黄色舌状胶质块。

2. 病原

梨锈菌（*Gymnosporangium asiaticum* Miyabe et Yamada）、苹果锈菌（*G. yamadae* Miyabe）均属担子菌亚门、胶锈菌属。两种病菌形态相似，生活史和发生规律基本相同，但不能相互侵染。性孢子器烧瓶形，性孢子椭圆形。锈孢子器丛生于叶片背面病斑处，长 5～6mm，锈孢子球形或近球形。冬孢子生于龙柏等多种柏树上，冬孢子角红褐色，圆锥形。冬孢子纺锤形或长椭圆形，双胞，黄褐色，柄细长，遇水易胶化（图 11-7）。

3. 发生规律

病菌以多年生菌丝体在龙柏等转主寄主上越冬，3 月份开始出现冬孢子角。春季降雨时，冬孢子角吸水膨胀，成为胶质块。冬孢子萌发产生担子、担孢子，借气流传播到苹果树或梨树，侵染嫩叶、幼果和新梢，引起发病。展叶25天后很少再受侵染。

苹果树或梨树发病首先产生性孢子器，性孢子器内的性孢子经昆虫等传播至性孢子器的受精丝上，性孢子与受精丝结合，形成双核菌丝体。双核菌丝体向叶的背面发展，形成锈孢子器。在锈孢子器中产生锈孢子，锈孢子侵染龙柏等转主寄主，并在其上越夏和越冬，翌年春再形成冬孢子角。

锈孢子不能侵染苹果、梨等主要寄主，只侵染龙柏等转主寄主的嫩叶、新梢等幼嫩部位；冬孢子角上的冬孢子萌发产生担孢子，不能侵染龙柏等转主寄主，只能侵染苹果、梨等主要寄主；梨锈菌和苹果锈菌这两种病菌无夏孢子阶段，不发生再侵染。转主寄主有龙柏、桧柏、欧洲刺柏、南欧柏、高塔柏、圆柏、翠柏等，不侵染侧柏。

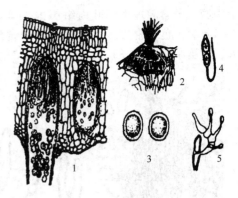

图11-7 梨锈病菌
1—锈孢子器；2—性孢子器；3—锈孢子；
4—冬孢子；5—冬孢子萌发

苹果、梨是否发生锈病和发病轻重取决于龙柏等转主寄主的有无、多少和距离的远近。苹果、梨展叶期遇雨，冬孢子角才能胶化，有利于冬孢子萌发产生担孢子，锈病发病重。梨品种间抗病性有差异，中国梨感病，日本梨次之，西洋梨抗病。

4. 防治方法

（1）减少菌源　在苹果和梨园集中的非绿化区，可以砍除5km以内的转主寄主。在不能砍除转主寄主的绿化区，可以在3月中旬，用3～5°Bé的石硫合剂或20%三唑酮1000倍液喷周围转主寄主等，以减少菌源。

（2）药剂防治　在苹果树、梨树展叶后，如有降雨，及时观察龙柏等转主寄主上是否出现冬孢子角，出现后用药防治2～3次。常用药剂有1∶2∶（160～200）波尔多液、20%三唑酮乳油1500倍液、12.5%烯唑醇可湿性粉剂3000倍液、40%氟硅唑乳油8000倍液、65%代森锌可湿性粉剂500倍液、80%代森锰锌可湿性粉剂500倍液。注意：波尔多液在一些敏感的品种上不能使用。

九、梨黑星病

梨黑星病又名疮痂病，在全国各梨树产区均有发生，北方果区发生较重。主要引起落叶、落果，影响树势。

1. 症状

主要为害叶片、果实，也可为害新梢、幼芽及花。叶片受害，在叶片背面产生圆形或不规则形病斑。病斑淡黄色，沿叶脉扩展，产生黑色霉层，造成早期落叶（见彩图56）。果实从直径1cm大小就可受害，病斑圆形，稍凹陷，逐渐扩大，病斑病部停止生长，以后木栓化，变硬，随着果实的生长形成龟裂，造成畸形，并呈疮痂状，病部生有黑霉（见彩图57）。春季由病芽抽出的新梢在基部四周产生黑霉，鳞片松散，经久不落，顶部叶片发红。生长期新梢受害，多发生在当年生徒长枝或秋梢的幼嫩组织上，病斑椭圆形，病部黑褐色，有黑色霉层。芽、花受害，长有黑色霉。

2. 病原

梨黑星病菌（*Venturia pirina* Aderh）属子囊菌亚门、黑星菌属；无性阶段［*Fusicladium pirimum*（Lib.）Fuckel］属半知菌亚门、黑星孢属。分生孢子梗暗褐色，<u>丛生</u>，粗短，直立或稍弯曲，有明显的孢子痕。分生孢子淡褐色，卵形或纺锤形，单胞，少数在萌发时产生一个隔膜。子囊腔埋生于叶肉组织内，呈球形或扁球形，黑褐色，颈部肥短，孔口边缘有刚毛。子囊无色，棍棒形，内含8个子囊孢子。子囊孢子淡黄褐色，鞋底形，双细胞，上胞大、下胞小（图11-8）。

3. 发生规律

病菌主要以分生孢子和菌丝在芽鳞内或落叶中越冬。秋、冬季雨水多，湿度大可产生较多的子囊腔，也可以未成熟的子囊腔在落叶中越冬。第2年产生分生孢子、子囊孢子，借风雨传播。发病后产生大量的分生孢子，进行多次再侵染。

雨日多、雨量大、过于密植、通风不良以及病残体多发病重。品种间抗病性有差异，中国梨最易感病，日本梨次之，西洋梨很少发病。发病重的品种有鸭梨、秋白梨、京白梨、黄梨

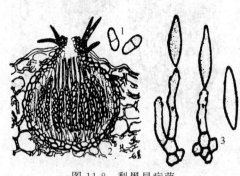

图 11-8 梨黑星病菌
1—子囊孢子；2—子囊腔及子囊；
3—分生孢子梗及分生孢子

等，其次为砀山白酥梨、莱阳茌梨、严州雪梨，而玻梨、蜜梨、香水梨、巴梨等较抗病。

4. 防治方法

（1）减少菌源　冬季剪除病梢、病芽，清除病叶，发芽前用硫酸铵或硝酸铵、尿素10～20倍液喷树体和地面，以减少菌源。

（2）加强果园管理　增施有机肥，合理修剪，及时排水，适时防治其他病虫害，增强树势，提高抗病力。

（3）药剂防治　5～8月份每20～30天喷药1次。常用药剂有1∶2∶240波尔多液、40%氟硅唑乳油10000倍液、15%酰胺唑3000倍液、12.5%烯唑醇3000倍液、50%异菌脲1500倍液、60%多福500倍液、40%灭菌丹500倍液、6%氯苯嘧啶醇1200～1500倍液、70%甲基硫菌灵500倍液、50%多菌灵500倍液、80%代森锰锌500倍液、80%碱式硫酸铜600～800倍液。注意某些品种用波尔多液易产生药害，应避免使用。酥梨类品种在幼果期对氟硅唑敏感，应谨慎用药。

十、梨黑斑病

梨黑斑病是一种常见病。多雨年份发病重，造成大量裂果和落果。

1. 症状

主要为害叶片、果实和新梢。嫩叶发病，病斑呈圆形或不规则形，直径约1cm，中心灰白色、边缘黑褐色，有的稍有轮纹，潮湿时产生黑色霉层。幼果受害，病斑呈圆形、黑色、稍凹陷，表面有黑色霉层。随着果实的生长，果实龟裂，深度可达果心，裂缝里长出黑色霉。长成的果实，病斑较大，呈黑褐色，略有同心轮纹。新梢被害，病斑呈椭圆形、凹陷、淡褐色，病健交界处产生裂纹。

2. 病原

梨黑斑病菌（*Alternaria kikuchiana* Tanaka）属半知菌亚门、链格孢属。分生孢子梗丛生，褐色，一般不分枝，分生孢子2～4个串生，倒棍棒状、椭圆形或卵圆形，淡褐色至深褐色，有横隔膜4～11个，纵隔膜0～9个，喙孢色淡，0～2个横隔膜（图11-9）。

3. 发生规律

病菌以菌丝或分生孢子在病叶、病果及病枝上越冬，翌年春季，越冬病组织上的分生孢子通过气流传播，孢子萌发后经自然孔口或直接侵入引起初侵染，以后病部产生的分生孢子

可进行多次再侵染。

从展叶至果实采收均可引起发病。雨季发病最重，地势低洼、排水不良、通风不好发病重。树龄较长，管理粗放，树势衰弱发病重。品种间抗病性有明显差异，日本梨发病重，二十世纪最感病，西洋梨次之，中国梨比较抗病。

4. 防治方法

（1）减少菌源　彻底清扫落叶，结合修剪，剪除病枝。

（2）加强果园管理　合理施肥，增施有机肥，合理修剪，通风透光，及时排水，防治其他病虫害。

（3）药剂防治　梨树发芽前，用5°Bé石硫合剂喷洒树体，铲除越冬病菌。生长季节，发病重的果园，根据历年发病情况，可以从发芽至7月份，每15天喷一次药，常用药剂有50%异菌脲1500倍液、1∶2∶(160～200)波尔多液、10%多氧霉素1500倍液、80%敌菌丹1000倍液、50%多菌灵或甲基硫菌灵800倍液。除波尔多液外，药液中可加入0.03%皮胶。

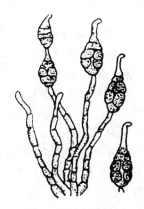

图 11-9　梨黑斑病菌
（示分生孢子梗及分生孢子）

十一、仁果类果树其他病害

1. 苹果圆斑根腐病

主要危害植株的根部，多从须根开始发病，后扩展到大根，围绕须根基部形成红褐色圆斑，后病斑互相连接，深入木质部，使根变黑枯死。病根反复产生愈合组织和再生根，因此形成病健组织交错，病部凹凸不平。主要有以下5种症状类型。

① 萎蔫型　病株在萌芽后整株或部分枝条生长衰弱，叶簇萎蔫，叶片向上卷缩，形小而色淡，新梢抽生困难。

② 叶片青干型　叶片突然失水青干，多数从叶缘向内发展，在青干与健全组织分界处有明显的红褐色晕带，重者叶片脱落。

③ 叶缘焦枯型　病株叶片的尖端或边缘枯焦，而中间部分保持正常，叶片不会很快脱落。

④ 枝枯型　病株上与烂根相对应的少数骨干枝发生坏死，病部变褐下陷，并沿枝干向下蔓延。发病后期，坏死皮层极易剥离，这是部分大根腐烂呈现的特殊症状。

⑤ 新梢封顶型　发芽后绝大多数新梢封顶不再生长。病原主要有尖孢镰刀菌（*Fusarium oxysporum* Bolley）、腐皮镰刀菌［*F. solani*（Burkh.）Snyder et Hansen］、弯角镰刀菌（*F. camptoceras* Wollenw. et. Reink.），均属半知菌亚门、镰刀菌属。病菌可在土壤中长期营腐生存活，主要是流水传播。果树环剥或环割、果园管理粗放、缺少有机肥、结果过多、土壤黏重板结、地势低洼易积水、树势衰弱的发病较重。

增施有机肥，避免偏施氮肥，增施钾肥。改良土壤通透性，合理修剪，控制结果量，加强枝干病害和落叶性病虫害的防治，增强树势，减轻发病。发现病株，在病株周围挖1m以上的深沟，加以封锁，防止病菌向邻近健株传播蔓延。春、秋季扒开土，晾7～10天的根，可晾至大根，刮治病部或切除病根，然后用药剂灌根，晾根期间避免树穴内灌水或遭雨淋。

药剂灌根，苹果树萌芽前和夏末进行两次。灌根时以根茎为中心，开挖3～5条放射沟，长到树冠外围，沟宽30～45cm、深50～70cm，视根系深浅而定。常选用药剂有：70%甲基托布津可湿性粉剂1000倍液、75%五氯硝基苯可湿性粉剂800倍液、50%多菌灵可湿性粉剂800倍液、50%代森铵水剂400倍液、2%农抗120水剂200倍液、10%双效灵水剂200

倍液。

2. 苹果霉心病

苹果霉心病又名心腐病。病果外观症状不明显，果心变褐，充满灰绿色或粉红色霉状物，从心室逐渐向外霉烂，果肉有苦味。幼果受害，可致早期脱落。

病原有链格孢菌（*Alternaria alternata*）、粉红聚端孢菌（*Trichothecium roseum*）、镰刀菌（*Fusarium* sp.）、棒盘孢菌（*Corynem* sp.）、头孢霉菌（*Cephalosporium* sp.），均属半知菌亚门的真菌。

病菌在病僵果内或潜藏在树体坏死处、芽的鳞片里越冬，病菌来源十分广泛，翌年分生孢子借气流传播，开花期，病菌通过花进入心室，导致果实发病。病害的发生与品种关系最密切，红星、富士、元帅系的品种发病重。凡果实萼口开放，萼筒长与果心相连的均感病。

选种抗病品种；秋冬季节，搜集落果，剪去树上各种僵果、枯枝集中销毁；秋季翻耕土壤，减少菌源。花前、花后及幼果期每隔 10～15 天喷 1 次药，可选用 50% 异菌脲可湿性粉剂 1000 倍液、70% 甲基硫菌灵可湿性粉剂 1000 倍液、50% 多菌灵·乙霉威可湿性粉剂 1000 倍液、5% 菌毒清水剂 200～300 倍液、70% 代森锰锌可湿性粉剂 600～800 倍液＋10% 多氧霉素可湿性粉剂 1000～1500 倍液、15% 三唑酮可湿性粉剂 1500 倍液等喷雾。生物防治从苹果树萌动后开始，喷苹果益微 1000 倍液，15～20 天 1 次，喷 4～5 次。

第二节　葡萄病害的诊断与防治

一、葡萄白腐病

葡萄白腐病又名烂穗、水烂，是葡萄的重要病害之一。在我国东北、华北、华东等地均有发生。一般年份果实损失在 15%～20%，流行年份果实损失率可达 60% 以上。

1. 症状

主要为害果穗，也为害叶片、新梢。果穗发病，多从近成熟期开始，个别果梗首先发病，向穗轴、其他果梗和果粒蔓延，果梗和穗轴上病部水渍状、褐色；果粒发病变褐软腐，以后形成许多灰白色的小粒点，果实脱落。部分果实在干燥时失水较快，形成多棱角的僵果，悬挂枝头。叶片发病，多从叶尖或叶缘开始，病斑较大，红褐色，有轮纹，潮湿时产生灰白色小粒点。新梢发病，病斑褐色、凹陷，密生灰白色小粒点。病斑环绕一周时，上部枯死。后期病皮纵裂成乱麻状，易与木质部分离。

2. 病原

葡萄白腐病菌[*Coniothyrium diplodiella*（Speq.）Sacc]属半知菌亚门、盾壳霉属。分生孢子器球形或扁球形，壁较厚，灰褐色至暗褐色，分生孢子器底部凸起，呈丘形。分生孢子卵形至梨形，初期无色，以后逐步变为淡褐色，内含 1～2 个油球（图 11-10）。

3. 发生规律

病菌主要以分生孢子器、菌丝体随病果、病枝及病叶遗留于地面和土壤中越冬。越冬病菌在第二年初夏，天气温暖、湿度较大时产生分生孢子，主要靠雨水飞溅传播，通过伤口侵入，引起初侵染。发病后产生的分生孢子可以进行再侵染。

发病轻重主要与果穗离地高度、雨水和品种有关。离地越近，土壤中的病菌越易通过雨水飞溅传至果上，也越易发病。暴风雨不仅可以传播病菌，还可以造成大量伤口，有利于孢子的萌发和侵入，因而多雨有利于发病。巨峰及黑虎香、紫玫瑰等品种较抗病。

4. 防治方法

(1) 减少菌源 生长季节及时摘除病果、病枝、病叶。秋季采收后清扫落叶、落果。剪除病枝。

(2) 加强果园管理 增施有机肥；适当提高结果部位；及时摘心、绑蔓，注意中耕锄草和雨后排水。

(3) 药剂防治 地面消毒可用 2～5°Bé石硫合剂，或用 1∶1∶2 福美双、硫黄粉、碳酸钙混合粉喷地面。生长期可从发病期开始喷药保护，每半月一次，常用药剂有 50%福美双 1000 倍液、50%甲基托布津 800 倍液、50%多菌灵 800 倍液、75%百菌清 600 倍液、1∶0.5∶200 波尔多液、20%三唑酮 1000 倍液。除波尔多液外，还要加入 0.03%皮胶。

图 11-10 葡萄白腐病菌
(示分生孢子器及分生孢子)

二、葡萄霜霉病

葡萄霜霉病在我国许多葡萄产区均有发生，为葡萄的重要病害。病害流行年份，造成病叶焦枯早落，影响树势和产量。

1. 症状

葡萄霜霉病主要为害叶片，也可侵染新梢、花穗、幼果等幼嫩组织。最初在叶正面出现不规则浅绿色至浅黄色斑块，边缘不明显。以后病斑呈多角形，背面出现白色霜状霉层（孢囊梗和孢子囊）。后期，病斑变为黄褐色或褐色干枯，边缘界限明显，病叶常干枯早落（见彩图 58、彩图 59）。幼嫩新梢、花穗、卷须等发病后，病斑黄绿色至褐色微凹陷，表面生白色霜状霉层，病梢生长停滞、扭曲，严重时枯死。幼果受害，产生褪绿的病斑，也产生白色霜状霉层，易干枯脱落。较大的果粒受害呈褐色软腐状，易脱落。着色的果实不再受害。

2. 病原

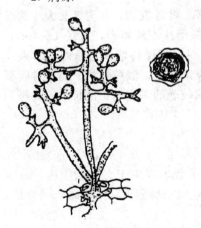

图 11-11 葡萄霜霉病菌
(示孢囊梗、孢子囊及卵孢子)

葡萄霜霉病菌 [*Plasmopara viticola* (Berk et Curtis) Berl. et de Toni] 属鞭毛菌亚门、单轴霉属。孢囊梗自气孔生出，多为 4～6 枝丛生。孢囊梗无色，单轴分枝，分枝处近直角，分枝末端有 2～3 个小梗，圆锥形，顶端生孢子囊，孢子囊单胞、无色、卵形，顶端有乳头状突起。在适宜的条件下孢子囊萌发产生游动孢子。发病后期在病叶组织内产生卵孢子，卵孢子球形、褐色、厚壁（图 11-11）。

3. 发生规律

病菌以卵孢子随病叶等病残组织在土壤中越冬，温暖地区该菌也可以菌丝体潜伏在枝条、幼芽中越冬。翌年环境条件适宜时，卵孢子长出芽管，芽管顶端长出芽孢子囊，再由芽孢子囊产生游动孢子。游动孢子借风雨传播到寄主叶片上，从气孔侵入，为初侵染。发病以后产生孢子囊可进行多次再侵染。卵孢子寿命很长，在土壤中能存活 2 年以上。

孢子囊形成的温度为 5～27℃，最适温度为 15℃。孢子囊萌发的温度为 12～30℃，最适温度为 18～24℃。孢子囊形成和萌发必须在水滴或重雾中进行。当气温达 11℃时，卵孢子可在水中或潮湿的土壤中萌发，最适发芽温度为 20℃。

少风、多雨、多雾或多露有利于孢子囊的产生和游动孢子的萌发、侵入，夜间低温也有利于孢子囊萌发和侵入。果园地势低洼、土壤潮湿、植株密度过大、棚架过低、架下有杂草、通风透光不良、树势衰弱、氮肥过多等有利于病害的发生和流行。肥水过多，阴雨连绵，寄主植物产生的叶片和新梢等幼嫩组织易发病。不同品种抗病性不同，一般美洲系统品种较抗病，欧洲系统栽培品种较感病。原产于我国的葡萄属植物抗病的差异较大，但无免疫的品种。抗病品种主要有：尼加拉、北醇、红香蜜、矢富罗莎（粉红亚都蜜）、仙人指等；感病品种有：新玫瑰香、甲州、甲斐、粉红玫瑰、里查玛特以及我国的山葡萄等；感病轻的品种有：红伊豆、奥林匹亚、山东早红、森田尼、早玛瑙及巨峰、先锋、早生高墨、龙宝、红富士、黑奥林、高尾等巨峰系列品种。

4. 防治方法

（1）**减少菌源** 及时收集并销毁带病残体，特别是在晚秋彻底清扫落叶，烧毁或深埋。

（2）**加强果园管理** 合理修剪，及时摘心、绑蔓和中耕除草，提高结果部位，改善通风透光条件。增施有机肥和磷钾肥。雨季及时排水。

（3）**药剂防治** 从发病始期开始，每10~15天用一次药，可选用1∶0.7∶200的波尔多液、86.2%氧化亚铜可湿性粉剂800~1200倍液、80%碱式硫酸铜可湿性粉剂600~800倍液、70%代森锰锌可湿性粉剂500倍液、70%丙森锌可湿性粉剂400~600倍液、90%乙磷铝可湿性粉剂600倍液、58%甲霜·锰锌500倍液、60%氟吗·锰锌可湿性粉剂1000~2000倍液、64%噁霜·锰锌可湿性粉剂400~500倍液、72%霜脲·锰锌可湿性粉剂600倍液、69%烯酰·锰锌可湿性粉剂1500倍液喷雾。

三、葡萄黑痘病

葡萄黑痘病又名葡萄疮痂病，是葡萄的重要病害之一，在我国东北、华北、华中、华南、华东等地都有发生。在春、夏两季多雨潮湿的地区发病严重，受害果实失去食用价值，常造成巨大损失。

1. 症状

主要为害葡萄的绿色幼嫩部位，如叶片、果实和新梢等。叶片发病，初为针头大小的红褐色至黑褐色斑点，周围有黄色晕圈。后期病斑扩大，呈圆形或不规则形，直径1~4mm，中央灰白色、边缘紫褐色，病斑中央常破碎穿孔，但病斑周围仍保持紫褐色晕圈。幼果发病，病斑圆形，直径2~5mm，中央凹陷，呈灰白色，边缘紫褐色，似鸟眼状，潮湿时病斑上可产生乳白色黏液。受害果实坚硬，畸形，味极酸。发病较晚的果实，仍能长大，病斑凹陷不明显。其他绿色部位发病，病斑凹陷，边缘紫褐色。

2. 病原

葡萄黑痘病菌（*Sphaceloma ampelinum* de Bary）属半知菌亚门、痂圆孢属。分生孢子盘半埋生于寄主组织内，分生孢子梗短，单胞，无色。分生孢子椭圆形或卵圆形，稍弯曲，两端各有一个油球（图11-12）。

3. 发生规律

病菌在病枝、病果、病叶及病叶痕内越冬。病菌在病组织内可存活3~5年，第二年4~5月间产生分生孢子，借风雨传播。该病菌主要为害绿色幼嫩部位，幼果、新梢易发病。侵入后的病菌主要在表皮下蔓延，以后在病部产生分生孢子盘和分生孢子，通过雨水传播进行再侵染。

图11-12 葡萄黑痘病菌
（示分生孢子盘及分生孢子）

多雨有利于分生孢子的形成、传播，同时葡萄生长快、幼嫩部位多，发病重。密植、通风不良，有利于发病。品种间抗病性不同，东方品种、地方品种易感病，个别西方品种也易感病，感病重的品种主要有季米亚特、羊奶、龙眼、无核白、保尔加尔，中感品种有葡萄园皇后、玫瑰香、新玫瑰、意大利、小红玫瑰等，抗病品种有巨峰、黑奥林、红富士、仙索、白香蕉、巴柯、赛必尔 2003、水晶、黑虎香等。

4. 防治方法

（1）减少菌源　结合修剪，彻底清除树上的病残体。发芽前，揭除主蔓的老皮结合喷洒 3°Bé 石硫合剂，或 10％～15％硫酸铵溶液、5％硫酸亚铁溶液。

（2）加强果园管理　多施有机肥，增施磷钾肥，避免偏施氮肥。及时摘心、绑蔓，改善通风透光条件。

（3）药剂防治　自展叶至果实着色，每 10～15 天喷一次药，常用药剂有 80％代森锰锌可湿性粉剂 500 倍液、40％氟硅唑乳油 8000 倍液、50％多菌灵可湿性粉剂 800 倍液、5％亚胺唑可湿性粉剂 800～1000 倍液、10％苯醚甲环唑水分散粒剂 2000～2500 倍液、75％百菌清 600 倍液以及 1∶0.7∶(200～240) 波尔多液。

（4）苗木消毒　新进苗木或插条怀疑带有葡萄黑痘病菌可进行消毒，方法是用 10％～15％硫酸铵溶液，或 3°Bé 的石硫合剂浸泡 3～5min。注意不要浸泡根部。

四、葡萄炭疽病

葡萄炭疽病又名晚腐病，是果实上的重要病害之一。我国多数葡萄产区均有发生。发病严重的年份造成果实大量腐烂，对产量的影响很大。除为害葡萄外，还可为害苹果、梨等多种果树。

1. 症状

主要为害果实，也可为害穗轴、叶片和卷须等。绿果受害，形成圆形或不规则形黑色小斑。果实近成熟期，部分病斑迅速扩大，形成水渍状、圆形、紫褐色、稍凹陷的病斑。病斑上产生许多小黑点呈同心轮纹状排列。潮湿时分泌粉红色黏液。一个果实可以产生多个病斑，导致果实软腐。其他部位发病，产生长椭圆形稍凹陷的病斑，也产生小黑点（见彩图60）。

2. 病原

葡萄炭疽病菌 [*Collectotrichum gloeosporioides* (Penz.) & Sacc*]* 属半知菌亚门、炭疽菌属。病斑上的黑色颗粒状物即为分生孢子盘，盘上聚生分生孢子梗，分生孢子梗单胞、无色，圆筒形或棍棒形。分生孢子单胞、无色，圆筒形或椭圆形（图 11-13）。

3. 发生规律

病菌以菌丝在病枝、病果上越冬。一年生枝蔓具有潜伏带菌的现象，外观症状不明显，但往往带有大量病菌。第二年 5～6 月开始，雨后产生大量的分生孢子。

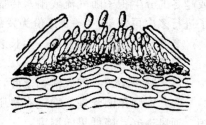

图 11-13　葡萄炭疽病菌
（示分生孢子盘及分生孢子）

据试验，病菌从落花半个月开始侵染，初期症状不明显，部分在病果表面产生一小黑点，果实近成熟期病斑扩大表现明显的症状，7～8 月份高温雨季达发病高峰。

葡萄炭疽病菌孢子的形成、萌发、侵入均要求较高的湿度，雨水是孢子传播的主要途径，因而降雨与发病和流行关系很大，雨日多发病重，通风透光不良发病重。品种与发病有一定的关系，巨峰、玫瑰香、龙眼、吉姆沙、季米亚特、无核白等品种发病重，赛必尔

2007、赛必尔 2003 比较抗病。

4. 防治方法

（1）减少菌源　结合修剪清除留在树上的副梢、穗梗、卷须、僵果，连同地上的病残体一同烧毁。春季发芽后，结合绑蔓，揭除一年生枝上的树皮（注意不要碰掉幼枝芽）。

（2）加强果园管理　生长期及时摘心、绑蔓。注意中耕锄草、雨季排水。增施有机肥、磷钾肥，避免偏施氮肥。

（3）药剂防治　从落花后半个月开始至葡萄采收前每 15 天喷一次药。可选用 1∶0.7∶200 波尔多液、80% 炭疽福美可湿性粉剂 600 倍液、10% 苯醚甲环唑水分散粒剂 2500 倍液、25% 丙环唑乳油 1000 倍液、50% 咪鲜胺锰盐 2000 倍液、75% 百菌清可湿性粉剂 600 倍液、50% 甲基托布津或多菌灵可湿性粉剂 800 倍液喷雾。除波尔多液外，还要加入 0.03% 皮胶。

五、葡萄褐斑病

葡萄褐斑病是葡萄叶片的重要病害，可造成叶片早落影响树势。

1. 症状

葡萄褐斑病包括葡萄大褐斑病和小褐斑病两种。

大褐斑病病斑直径 3～10mm，症状因品种而不同。一般病斑为圆形，中部暗褐色，边缘红褐色，最外为黄绿色晕圈，潮湿时产生黑色霉状物（分生孢子梗和分生孢子）。有些品种病斑上有轮纹。

小褐斑病病斑直径 2～3mm，深褐色，中部色浅。后期病部背面产生黑色霉层。

2. 病原

大褐斑病病菌[*Phaeoisariopsis vitis*（Lev.）Sawada]属半知菌亚门、褐柱丝孢属。分生孢子梗细长，有 1～5 个分隔，暗褐色，顶端有 1～2 个孢子痕，10～20 根集结成束，分生孢子棍棒形，暗褐色，稍弯曲，基部大、顶端小，有 7～12 个隔膜。

小褐斑病病菌（*Phaeoramularia dissiliens*）异名 *Cercospora reosleri*（Catt.）Sacc，属半知菌亚门、色链格孢属。分生孢子梗较短，丛生，不成束，淡褐色，分生孢子长圆柱形，褐色，3～5 个分隔，直或稍弯曲。

3. 发生规律

病菌主要以菌丝体和分生孢子在落叶中越冬。翌年初夏病组织中的菌丝体产生分生孢子或越冬的分生孢子随气流或雨水传播，进行初侵染。一般 6 月份开始发病，以后产生分生孢子进行多次再侵染，7～9 月份为发病盛期。

老叶易发病，土壤贫瘠、生长衰弱抗病性降低，多雨潮湿的年份发病重。

4. 防治方法

（1）减少菌源　彻底清扫落叶，集中烧毁或深埋。

（2）加强果园管理　增施有机肥、磷钾肥，合理载果量，增强树势。合理修剪，剪除副梢，通风透光，降低果园湿度。

（3）药剂防治　结合葡萄白腐病和葡萄黑痘病防治。

六、葡萄其他病害

1. 葡萄房枯病

葡萄房枯病又名穗枯病、粒枯病，主要为害果粒、果梗及穗轴，也能为害叶片。果梗发病，病斑淡褐色逐渐变为褐色，扩大蔓延到果粒与穗轴，使穗轴萎缩干枯；果粒发病，先以果蒂为中心形成淡褐色同心轮纹状病斑，有时轮纹不明显，后病斑扩展，果蒂失水皱缩，果粒腐烂变褐色，病斑表面散生黑色小点粒，后果粒干缩成灰褐色僵果。病果穗挂在树蔓上可经久不落。叶片发病，病斑边缘呈褐色、中心灰白色，后期病斑中央散生黑色小点粒。病原为半知菌亚门、大茎点霉属[*Macrophoma faocida* (Viala et Ravag) Cav.]，病菌在病果粒、病穗轴等病残体上越冬。在露地栽培条件下，翌年 5~6 月间病菌分生孢子借风雨传播到果穗上，进行初次侵染。发病最适温度为 24~28℃。葡萄果穗一般在 7 月份开始发病，果实近成熟期发病较重，高温多雨天气利于该病发生。欧亚种葡萄较易感病，美洲系统葡萄发病较轻。设施栽培葡萄较少发病。

清除病残果穗、落叶等病残体，进行深埋或烧毁；发芽前喷洒 3~5°Bé 石硫合剂铲除越冬病菌。增施有机肥料、磷肥、钾肥与微量元素。合理密植，科学修剪，适量留枝，合理负载，维持健壮长势，改善田间光照条件，降低小气候的空气湿度。注意排水防涝。有条件的果穗套袋。生长季节可以选用 1∶0.7∶200 的波尔多液、50% 代森锰锌可湿性粉剂 500 倍液、80% 甲基硫菌灵可湿性粉剂 1000 倍液、70% 克露可湿性粉剂 700~800 倍液、75% 百菌清可湿性粉剂 600~800 倍液、80% 炭疽福美可湿性粉剂 600 倍液、12.5% 氟环唑悬浮剂 1500 倍液、68.75% 噁唑菌酮·锰锌水分散剂 1000 倍液、2% 丙烷脒水剂 1000 倍液、40% 腈菌唑水分散剂 4000 倍液喷雾，每 15~20 天一次。

2. 葡萄毛毡病

葡萄毛毡病主要为害叶片，也为害嫩梢、幼果及花梗。叶片受害，最初叶背面产生许多不规则的白色病斑，逐渐扩大，其叶表隆起呈泡状，背面病斑凹陷处密生一层毛毡状白色绒毛，绒毛逐渐加厚，并由白色变为茶褐色，最后变成暗褐色，病斑大小不等，病斑边缘常被较大的叶脉限制呈不规则形，严重时，病叶皱缩、变硬，表面凹凸不平。枝蔓受害，常肿胀成瘤状，表皮龟裂。

病原是一种锈壁虱，属节肢门、蛛形纲、壁虱目。虫体圆锥形，体长 0.1~0.3mm，体具很多环节，近头部有两对软足，腹部细长，尾部两侧各生一根细长的刚毛。以成虫在芽鳞或被害叶片上越冬。翌年春天随着芽的萌动，壁虱由芽内移动到幼嫩叶背绒毛内潜伏为害，吸食汁液，刺激叶片产生毛毡状绒毛，以保护虫体进行为害。

冬季修剪后彻底清洁田园，剥除枝蔓上的老粗皮，把病残体收集起来烧毁。发病初期及时摘除病叶并且深埋，防止扩大蔓延。不从病区引苗，必须引苗时必须用温汤消毒。方法是把苗木先放入 30~40℃ 温水中浸 3~5min，再移入 50℃ 温水中浸 5~7min，即可杀死潜伏的锈壁虱。芽开始萌动时，喷 1 次 3~5°Bé 石硫合剂，以杀死越冬壁虱。历年发生重的果园，发芽后可选用 0.3~0.4°Bé 石硫合剂或 25% 亚胺硫磷乳油 1000 倍液、25% 三唑锡可湿性粉剂 1500 倍液、48% 毒死蜱乳油 1000 倍液再喷 1 次。

3. 葡萄白粉病

果实受害，先在果粒表面产生一层灰白色粉状霉，擦去白粉，表皮呈现褐色花纹，最后表皮细胞变为暗褐色，受害幼果容易开裂。叶片受害，在叶表面产生一层灰白色粉霉，逐渐蔓延到整个叶片，严重时病叶卷缩枯萎。新枝蔓受害，初呈现灰白色小斑，后扩展蔓延使全蔓发病，病蔓由灰白色变成暗灰色，最后变为黑色。病原属子囊菌亚门、钩丝壳属[*Uncinula necator* (Schw.) Burr]。病菌以菌丝体在被害组织上或芽鳞片内越冬，来年春季产生分生孢子，借风力传播，生长季节可进行多次再侵染。葡萄白粉病一般在 6 月中下旬开始发病，7 月中旬渐入发病盛期。夏季干旱或闷热多云的天气有利于病害发生。葡萄栽植过密，枝叶过多，通风不良时利于发病。

秋后剪除病梢，清除病残，集中烧毁。及时摘心绑蔓，剪除副梢及卷须，保持通风透光良好。雨季及时排水防涝，增施有机肥、磷钾肥，增强树势，提高抗病力。在葡萄芽膨大而未发芽前喷 3～5°Bé 石硫合剂或 45％晶体石硫合剂 40～50 倍液，从发病初期选用 1∶0.7∶200 波尔多液、3×10^{8}cfu/g 哈茨木霉菌可湿性粉剂 300 倍液、10％氟硅唑 1500 倍液、70％甲基硫菌灵可湿性粉剂 1000 倍液、40％多·硫悬浮剂 600 倍液、50％硫悬浮剂 200～300 倍液、20％三唑酮乳油 1500 倍液、56％嘧菌酯百菌清 600 倍液，每 15 天喷 1 次。

第三节　柑橘病害的诊断与防治

一、柑橘黄龙病

柑橘黄龙病又称"黄梢病"、"黄枯病"，是我国的植物检疫对象。在我国南部柑橘产区普遍发生，常造成全株枯死或丧失结果能力。

1. 症状

春梢、夏秋梢都可发病。初发病时，在个别或部分新梢的叶片中掺有少量黄梢，春梢叶片能正常转绿，但夏、秋梢叶片在转绿中出现黄化，即"黄梢"。叶片黄化有的在叶片转绿后从叶脉附近、叶片基部或边缘开始，并扩散形成黄绿相间的"斑驳"，最后全叶均匀黄化；有的在嫩叶期不转绿而均匀黄化；有的在中脉、侧脉附近保持绿色而叶肉黄化，类似缺锌、缺锰症状。病叶在晚秋易脱落，落叶枝有的枯死。病枝上抽发的新梢，梢短、叶小。病树植株矮化，树冠稀疏，开花早而多，花小畸形易早落。果小皮厚，无光泽或畸形，味酸。病树后期新根少，须根腐烂，有的大根亦腐烂，木质部变黑，根皮脱落，最终导致全株枯死。

2. 病原

病原为亚洲韧皮杆菌（*Liberobacter asianticum*），属薄壁菌门、韧皮部杆菌属。菌体多呈圆形和椭圆形，少数为长杆状或不规则形；革兰染色阴性。

病菌生长发育的适温为 15～25℃；用 49℃湿热空气处理病接穗或病苗 50min，可杀死病菌；用盐酸四环素、盐酸土霉素或青霉素 G 钾盐 1000 mg/kg 溶液浸泡接穗 2h，亦可消除病菌。该菌主要为害芸香科的柑橘属、金柑属和枳属三个属的植物。

3. 发病规律

柑橘黄龙病的初侵染源主要是田间病株、带菌接穗和苗木。在田间病害通过柑橘木虱终生带菌传播，嫁接也可传病。该病不能通过汁液摩擦、土壤和流水传播。种子能否传病目前尚未明确。

田间发病程度与田间病原存在和传病昆虫柑橘木虱的发生密度关系密切。田间病树多，柑橘木虱又大发生时，黄龙病亦大发生。老龄树较抗病，幼龄树抗病性弱。不同种类和品种的柑橘树在感病后的衰退速度有差异。椪柑、蕉柑、大红柑和福橘等品种较感病，温州蜜柑、甜橙和柚类较抗（耐）病。

4. 防治方法

防治该病应采取以杜绝或消灭病原和扑灭传病媒介柑橘木虱为中心的综合防治措施。

（1）严格实行植物检疫制度　严禁病区苗木和接穗流入无病区和新区。

（2）建立无病苗圃，培育无病苗木　无病苗圃可选在没有柑橘木虱发生的非病区，也可用塑料网棚封闭式育苗。无病苗圃选用的砧木种子和接穗等必须采自无病区或隔离较好的无病柑园的柑橘树，并经过消毒处理后方可使用。

① 砧木种子消毒　用 50～52℃热水预浸 5min 后，取出放入 55～60℃的热水中浸泡 50min，浸泡时不断搅拌，使种子受热均匀，然后将种子取出经凉水降温，捞出摊开晾干即可播种。

② 接穗消毒 有以下几种方法。

　　a. 热水间歇处理：先将接穗浸入 44℃ 温热水中预浸 5min，然后移入 47℃ 热水中预浸 8～10min，取出用湿布包好，24h 后重复处理 1 次，重复处理 3 次。

　　b. 药剂处理：先把接穗浸在 1000mg/kg 盐酸四环素或青霉素 G 钾盐溶液中 2～3h，然后在 1% 洗衣粉液中用软毛刷逐一从芽条基部顺向顶部洗刷芽条，再用 50% 多菌灵或甲基硫菌灵 800 倍液浸泡 30min，最后将接穗浸在 700mg/kg 硫酸链霉素（加 1% 酒精）中 30min，取出晾干，即可嫁接或贮藏。上述工作应一气呵成。

③ 茎尖嫁接脱毒 采集健康母树的枝梢，用常规茎尖嫁接脱毒方法培育成茎尖嫁接苗繁殖苗木。

(3) 隔离种植防病 在病区，应避免在已发病的柑园附近建立新柑园，新柑园距离病柑园至少 2km 以上。也可用非芸香科植物种植防护林带，阻隔虫媒迁移。

(4) 防虫控病 及时防治传病介体柑橘木虱，要抓好两个时期：一是春芽萌动前，结合冬季清园，喷杀虫剂防除；二是每次新梢抽发期，连喷 1～2 次杀虫剂。可用吡虫啉、扑虱灵或氧化乐果等药剂喷雾。

(5) 及时挖除病树 加强检查，发现病树及时挖除。挖除病树的空穴可在补种无病苗前用石灰消毒。

二、柑橘溃疡病

柑橘溃疡病是柑橘的重要病害，在我国柑橘种植区普遍发生，为国内外植物检疫对象。

1. 症状

主要为害叶片、枝梢和果实，其典型症状为木栓化隆起的溃疡坏死斑。叶片受害，初为黄色或暗黄绿色针头大小的水浸状，后扩大呈圆形斑点，斑点稍隆起，表面粗糙，灰褐色，中央凹陷呈火山口状开裂，病斑周围呈水渍状，病部中心的周围有黄色晕环。枝梢、果实受害病斑和叶片相似，枝梢受害主要发生在嫩梢上，果实上病斑较大，突起明显，坚硬粗糙，病部中央的火山口开裂更明显，周围无黄色晕环。

2. 病原

病原为地毯草黄单胞杆菌柑橘致病变种 [*Xanthomonas axonopodis* pv. *citri* (Hasse) Vauterin]，属薄壁菌门、黄单胞杆菌属。菌体短杆状，两端圆，极生单鞭毛，能游动，有荚膜，无芽孢。

病菌发育最适温度 25～30℃，致死温度 49～65℃，pH 6.1～8.8，最适 pH 为 6.6。耐干燥，在室内玻片上能存活 121 天，日光下晒 2h 死亡；耐低温，冷冻 24h 不影响其生活力；但不耐高温高湿，在 30℃、饱和湿度下，24h 后全部死亡。田间病叶上的病菌可存活半年以上，枝干上的病菌可长期保持活力。该病菌主要为害芸香科的柑橘属、金柑属和枳壳属植物。

3. 发病规律

病菌主要在病叶、病枝梢和病果中越冬。翌年春，在条件适宜时细菌从病部溢出，借风雨、昆虫、人和工具传播，经寄主气孔、水孔、皮孔及伤口侵入。远距离传播主要靠带病苗木、接穗和果实。

当温度在 20～36℃ 时，寄主表面有水膜 20min 以上，病菌可成功侵入。高温高湿、多雨有利于病害流行。柑橘品种间抗病性有差异，甜橙最感病，橘和柑较抗病。栽培管理不当，施肥不足，偏施氮肥，徒长枝增多，发病重。幼树、幼苗较成年树、老龄树发病重。

蕉柑、椪柑、瓯柑、温州蜜柑、茶枝柑、福橘、年橘、早橘、橙橘、乳橘、本地早、朱红和香橼等感病较轻；金柑、漳州红橘、南丰蜜橘和川橘等抗病性最强。

4. 防治方法

（1）严格实行检疫　严格实施产地检疫，严禁从病区引进带病的苗木、接穗和果实。对外来的芸香科植物，都要经过检疫、消毒和试种。

（2）种子、苗木消毒

① 种子消毒　有热水消毒和药液消毒两种方法。热水消毒，参阅柑橘黄龙病防治。药液消毒可用5%高锰酸钾溶液浸种15min；或用1%福尔马林溶液浸种10min，然后用清水洗净，晾干播种。

② 苗木消毒　未抽芽的接穗或苗木可用49℃湿热空气分别处理50min和60min后立即用冷水降温。已抽芽的苗木或接穗，剪除病枝叶后用700mg/kg硫酸链霉素（加1%酒精）浸泡30~60min。

（3）加强栽培管理　新区和新建果园要注意品种区域化。通过施肥管理和冬春修剪清园，做好抹芽控梢，防止徒长，保持梢期一致，减少发病。防治潜叶蛾、凤蝶等害虫，减少病菌从伤口侵入。

（4）喷药保护　药剂可用30%氢氧化铜悬浮剂、80%碱式硫酸铜可湿性粉剂、50%春雷霉素可湿性粉剂800倍液、14%络氨酮水剂300倍液、20%喹菌铜可湿性粉剂600倍液、50%琥胶肥酸铜可湿性粉剂700倍液等喷雾。

三、柑橘疮痂病

柑橘疮痂病俗称"癞头疤"、"疥疮疤"，在我国柑橘产区均有分布，尤以亚热带柑橘产区发病严重。柑橘苗木和幼树的新梢、嫩叶受害后，生长发育受阻，幼果受害后容易脱落或发育不良、品质低劣。

1. 症状

主要为害柑橘新梢、嫩叶和幼果。叶片受害，初期为黄色水渍状小斑点，扩大后病斑变为蜡黄色，木栓化隆起成圆锥形疮痂，多是叶背隆起、叶面凹陷。严重时，病斑愈合、叶片畸形扭曲。幼嫩叶片可形成穿孔。幼小果实受害，腐败落果。稍大果实受害，果面遍生疮痂，早期引起落果，或成为果形小、皮厚、汁少、表面粗糙、味酸的畸形果。潮湿时，病斑表面长出粉红色的霉状物。

2. 病原

病原菌无性态为柑橘痂圆孢（*Sphaceloma fawcettii* Jenkins），属半知菌亚门、痂圆孢属。分生孢子盘盘状或垫状，蜡质。分生孢子梗密集，梗短，不分枝，无色或淡灰色，一般无隔膜，偶生1~2个隔膜。分生孢子顶生，无色，单胞，长卵形或椭圆形，两端各有一个油点（图11-14）。有性态为柑橘痂囊腔菌（*Elsinoe fawcettii* Bitanc. et Jenk.），属子囊菌亚门、痂囊腔菌属，在我国尚未发现。

3. 发病规律

病菌以菌丝体在病组织内越冬。翌年春季，当阴雨多湿、气温回升到15℃以上时，越冬菌丝体产生分生孢子，借风雨传播到新梢和嫩叶上，萌发后侵入。经过10天左右，新病斑上又产生分生孢子进行再侵染。病菌可借助带病苗木、接穗和果实的调运进行远距离传播。

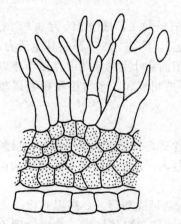

图11-14　柑橘疮痂病病菌
（示分生孢子盘和分生孢子）

病害发生的温度范围是15~24℃，最适温度为20~21℃，温度超过24℃就停止发生。湿度决定着病害发生的早迟和为害程度。在春梢和秋梢抽发期，若遇阴雨或雾多露多的天气，发病就重。不同柑橘种类和品种抗病性有显著差异。橘类最感病如红橘、温州蜜柑，柑类次之如早柑、甜橙，橙类较抗病如脐橙、金柑。苗木和幼树发病较重，壮年树次之，15年生以上的树很少发病。

4. 防治方法

防治柑橘疮痂病以药剂保护为主、加强栽培管理为辅。

（1）加强栽培管理　结合修剪，剪除病枝、病叶及过密枝条，使树干通风透光好，清除枯枝落叶，集中烧毁。水田柑橘园应起畦种植，注意排水。加强肥水管理，避免偏施氮肥。

（2）培育无病苗木　在无病区或新区应种植无病苗木。培育无病苗木的方法与溃疡病基本相同，但接穗消毒改用25%咪鲜胺乳油1000倍液浸30min。

（3）药剂防治　在春芽萌动时喷药保护春梢，谢花2/3喷药保护幼果。药剂可选用25%嘧菌酯悬浮剂、或50%咪鲜胺锰盐、或70%甲基硫菌灵可湿性粉剂1000倍液，10%苯醚甲环唑水分散粒剂2000倍液，40%多硫悬浮剂500倍液，30%氧氯化铜悬浮剂600倍液。

四、柑橘炭疽病

柑橘炭疽病是一种世界性的柑橘病害，在我国各柑橘产区发生普遍并且为害较重，可引起落叶、落果，枝梢枯死及果实腐烂，影响产量和品质。

1. 症状

主要为害叶片、枝梢和果实。

叶片受害症状有两种类型：①叶斑型（慢性型）。病斑多发生在叶缘或叶尖处，呈圆形或半圆形，中央浅褐色或灰白色、边缘褐色，病健分界明显。病斑上散生或轮纹状排列黑色小粒点，病叶脱落较慢。②叶枯型（急性型）。常从叶尖处开始，初期为暗绿色水渍状，后变为黄色或黄褐色，病健分界不明显。整个病斑呈"V"字形，其上产生朱红色黏性液点，病叶易脱落。

枝梢受害，多从叶柄基部或受伤处开始，病斑初为淡褐色椭圆形，后发展成长梭形，严重时，枝梢枯死。潮湿时，斑面亦生朱红色黏性液点，干旱时，则散生小黑点。

幼果受害，初为暗绿色油渍状、不规则稍凹陷的病斑，后扩展至全果，病果腐烂，失水干缩成黑色僵果，不脱落。潮湿时，病果出现白色霉层及淡红色小粒点。贮藏期果实发病，病斑近圆形，褐色、革质、凹陷，病部密生黑色小粒点。潮湿时，病斑迅速扩展，引起果实腐烂。

2. 病原

病原的无性态为胶孢炭疽菌[*Colletotrichum gloeosporioides*(Penz.)Sacc.]，属半知菌亚门、炭疽菌属；有性态为围小丛壳[*Glomerella cingulata*(Stonem.)Spauld. et al.]，属子囊菌亚门、小丛壳属。分生孢子盘初埋生，后突破寄主表皮外露，有时生有褐色、具分隔的刚毛。分生孢子梗无色，单胞，圆柱形。分生孢子无色，单胞，长椭圆形或新月形，内含1~2个油球（图11-15）。病菌生长最适温度21~28℃；致死温度65~66℃。分生孢子萌发适温22~27℃。

该病菌可为害芸香科柑橘亚科的甜橙、柑、橘、柚、香橼、柠檬、佛手、金柑等所有的种和品种。

3. 发病规律

病菌主要以菌丝和分生孢子在病梢、病叶和病果上越冬。翌年春，环境条件适宜时，病

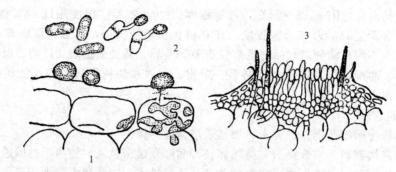

图 11-15　柑橘胶孢炭疽菌
1—叶面病菌附着胞萌发侵入寄主表皮细胞；2—分生孢子萌发形成附着胞；3—生孢子盘
(引自：中国农作物病虫害，第 2 版)

部产生分生孢子，通过风雨、昆虫传播，直接侵入或从自然孔口、伤口侵入寄主，引起发病。在果园内，引起初次侵染的病源主要是枯死的枝梢和病果梗，少数是病叶。枯死的枝梢几乎全年都可产生分生孢子。

该病菌喜高温高湿，凡降雨次数多、持续时间长发病重。夏秋季高温多雨或冬季冻害重，春季气温低和阴雨多的年份和地区，易发病。栽培管理粗放，树势衰弱，偏施氮肥，少施磷钾肥，晚秋梢抽生过多，常遭遇冬季冻害，加重发病。土壤有机质含量低，地下水位高，排水不良，修剪不合理的果树发病重。在同一品种中，树势弱的发病重。甜橙、芦柑、温州蜜柑及柠檬等发病较重。

4. 防治方法

(1) 加强栽培管理　对果园实施扩穴、深翻、增施有机肥和磷、钾肥；及时剪除病枝叶和病果，集中烧毁；做好防虫工作；冬季清园后，喷 1 次 0.8～1°Bé 的石硫合剂。

(2) 药剂防治　在春、夏、秋梢嫩叶期以及幼果期和 8～9 月份 (防止采收前落果和贮藏期腐烂)，各喷 1 次药。可选用 50% 甲基硫菌灵可湿性粉剂 500 倍液、25% 咪鲜胺乳油 1000 倍液、10% 腈菌唑水分散粒剂 2500 倍液、77% 氢氧化铜干悬浮剂 1000 倍液、12% 松脂酸铜乳剂 800 倍液、10% 苯醚甲环唑水分散粒剂 2000 倍液。

五、柑橘贮运期病害

柑橘果实采收后，在运输、贮藏过程中可发生多种侵染性病害，主要有青 (绿) 霉病、炭疽病、蒂腐病、黑腐病等。常引起果实腐烂，腐烂率可达 10%～20%，损失严重。

1. 症状

(1) 青霉病和绿霉病　这两种病害的症状基本相似。感病果实初期出现褐色水渍状圆形病斑，组织软化，以手指轻压果皮易破裂；病部很快长出白色霉层，后变为青色 (青霉病) 或绿色 (绿霉病) 的霉层。两种病害的症状区别是：青霉病是蓝色，白色霉层带窄，腐烂速度较慢，有发霉气味；绿霉病是蓝绿色，白色霉层带较宽，腐烂速度较快，有芳香气味。

(2) 黑腐病　主要为害果实。有黑腐症和黑心症两种症状。黑腐症病菌从伤口侵入，初期呈水渍状淡褐色病斑，扩大后病部稍凹陷，长出墨绿色霉层，病部腐烂，果肉味苦，不能食用。黑心症是果实外部无明显症状，内部发生腐烂，腐烂果心也长出墨绿色霉层。

(3) 黑色蒂腐病　初期果蒂周围出现水渍状淡褐色软腐病斑，后迅速向外扩展，变为暗紫色软腐，边缘波浪状，果皮以指轻压易破裂，常溢出褐色汁液。病部很快从果蒂蔓延至脐部，造成"穿心烂"。

（4）褐色蒂腐病　该病症状与黑色蒂腐病相似。但病部果皮较坚韧，用手指轻压不破有韧性。很快从果蒂向果心蔓延，直达脐部，造成"穿心烂"。病果肉和种子呈红褐色，易与中心柱脱离，种子黏附在中心柱上，病部常散生许多小黑点（病菌的分生孢子器），病果味较苦。

2. 病原

（1）青霉病菌和绿霉病菌　青霉病病原为意大利青霉（*Penicilium italicum* Wehmer），绿霉病病原为指状青霉（*P. digitatum* Sacc.），均属半知菌亚门、青霉属。青霉属分生孢子梗无色，顶端多次分枝呈扫帚状，最上层分枝瓶状，顶端串生分生孢子（瓶梗孢子）；分生孢子单胞，无色，近球形。青霉病菌和绿霉病菌形态相似（图11-16、图11-17），其区别如表11-1所示。

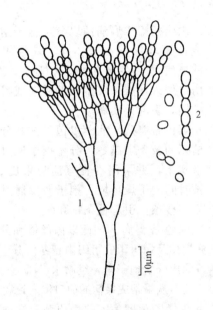

图11-16　柑橘青霉病菌
1—分生孢子梗的梗基、
瓶梗及分生孢子；2—分生孢子

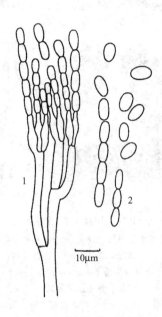

图11-17　柑橘绿霉病菌
1—分生孢子梗的梗基、
瓶梗及分生孢子；2—分生孢子

表11-1　青霉病菌和绿霉病菌形态比较

项　目	青霉病菌	绿霉病菌
分生孢子梗分枝次数	3次分枝	1~2次分枝
小梗数	3~4枝	2~6枝
瓶梗末端形状	较尖细	较钝
分生孢子形状	长椭圆形，较小	椭圆形至广椭圆形，较大

（2）黑腐病菌　病原为柑橘链格孢（*Alternaria citri* Ellis et Pierce），属半知菌亚门、链格孢属。分生孢子梗直立，暗绿色或暗褐色，通常不分枝，其顶端呈膝状弯曲，具1~7个分隔。分生孢子2~7个串生，褐色或暗橄榄色，卵形，表面光滑或具有圆疣，有1~6个横隔和0~5个纵隔。病菌生长适温为25℃，当温度降至12~14℃时，生长速度减慢。

（3）黑色蒂腐病菌　病原为橘色二孢（*Diplodia natalensis* Evans），属半知菌亚门、色二孢属。分生孢子器洋梨形，黑色，表面光滑，有孔口。分生孢子梗密生，无色，圆柱形，不分枝，有侧丝。未成熟的分生孢子单胞，无色，近球形或卵形，表面光滑。成熟的分生孢子双胞，长椭圆形，暗褐色，有线纹，隔膜处稍缢缩。

(4) 褐色蒂腐病菌　病原为柑橘小囊孢拟茎点霉（*Phompsis cytosporella* Penz. et Sacc.），属半知菌亚门，拟茎点属。分生孢子器球形、椭圆形或不规则形，具瘤状孔口。分生孢子有两种，一种为卵形，无色，单胞，含油球1～4个；另一种为丝状或钩状，无色，单胞（图11-18）。

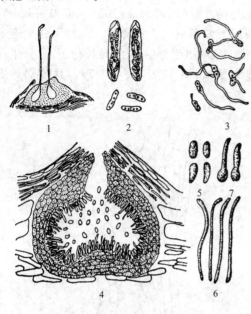

图11-18　柑橘褐色蒂腐病菌
1—埋藏在子座内的子囊壳；2—子囊及子囊孢子；
3—子囊孢子萌发；4—分生孢子器；
5—卵状分生孢子；6—丝状分生孢子；
7—分生孢子萌发
（引自：中国农作物病虫害，第2版）

3. 发病规律

(1) 青霉病和绿霉病　青霉菌、绿霉菌分布较广，常有大量的分生孢子扩散在空气中，随气流传播落在果实上，萌发后从伤口侵入，引起果实腐烂。病部产生的大量分生孢子进行再侵染。

(2) 黑腐病　黑腐病菌以分生孢子附着在病果上或以菌丝潜伏在枝、叶、果组织内越冬。条件适宜时产生分生孢子，通过气流传播，从伤口侵入，在果实生长的后期或贮藏期进一步扩展，引起果实腐烂。

(3) 黑色蒂腐病　病菌以菌丝体和分生孢子器在枯死的枝条上越冬。分生孢子通过雨水飞溅到果实上，并可潜存在萼洼与果皮之间，能耐较长时间的干燥环境。孢子萌发通过伤口侵入。为害枝条，引起枝条枯死。

(4) 褐色蒂腐病　病菌以菌丝体和分生孢子器在病柑橘及病树干的组织内越冬。分生孢子器终年可涌出分生孢子角，经雨水、风力、昆虫与鸟类传播，从果蒂或果柄的剪口侵入致病。

引起柑橘贮运期病害的病原菌，多通过果皮上的各种伤口、果蒂剪口及蒂缘组织侵入。因此，柑橘果实在采收、装运及贮藏过程中，若造成伤害过多，则易引起发病。青、绿霉病发病温度范围为6～33℃，但青霉病最适温度为18～26℃、绿霉病最适温度为25～27℃。有利于发病的相对湿度为95%～98%。因此，青霉病发生在前、绿霉病发生在后。黑腐病的发生与品种关系密切，橙类发病轻，宽皮柑橘如温州蜜柑、南丰蜜橘、椪柑及福橘等发病重。此外，砧木与果实耐贮性关系也很大。

4. 防治方法

(1) 加强田间防治　贮藏病害多来自田间，在生产中已受感染或潜伏侵染，一旦果实在贮藏期生理变衰弱，病菌便乘虚侵入，引起发病。因此需抓好田间病害防治。

(2) 适时采收，防止果实受伤　贮藏果的采收期以果实八成成熟度为最佳。在采收、装运和贮藏过程中防止果实造成各种机械伤。此外，贮藏入库时要剔除病伤果。

(3) 药剂处理　在果实采收前10天，可用25%苯醚甲环唑悬浮剂、10%腈菌唑水分散粒剂1000倍液、25%咪鲜胺乳油1000倍液等对树冠喷药。果实采后3天内，可用50%多菌灵、50%甲基硫菌灵可湿性粉剂1000倍液、25%咪鲜胺乳油2000倍液、50%抑霉唑乳油1500倍液等，分别加入200mL/L的2,4-D，浸果1～2min，捞出晾干包装。

(4) 改善贮藏条件　采果前或果实入库前，应将贮藏库和采果工具用多菌灵或甲基硫菌灵进行消毒，或每立方米库房用10g硫黄粉熏蒸24h，然后通风2～3天，将果实入库贮藏。

柑橘贮藏期间，应将贮藏库（窖）的温度控制在 5~10℃，日温差以不超过 1~2℃为宜；相对湿度保持在 85% 左右，适当通风换气。贮藏期间要定期检查，及时剔除病果。

第四节 热带果树病害的诊断与防治

一、香蕉束顶病

香蕉束顶病又称"萎缩病"、"蕉公"、"虾蕉"，是香蕉的毁灭性病害。在我国的广东、广西、海南、福建和云南等地都有发生。

1. 症状

主要为害新叶。最典型的症状是病株新叶一片比一片短而窄小，形似剑状，矮缩，叶片硬直并成束丛生于假茎顶端，形成束顶的树冠和矮缩的株型。病株老叶较黄，新叶则比健株较为浓绿。叶柄短，叶片硬而脆，易用手折断。在叶柄和假茎上有浓绿条纹，俗称"青筋"。病株分蘖较多，根尖红紫色，无光泽，大部分的根腐烂或变紫色，不发新根，一般不开花结实。现蕾时发病，果柄弯曲，果少且小，果端细小，肉脆无香味。

2. 病原

病原为香蕉束顶病毒(Banana bunchy top virus)，缩写为 BBTV，属黄矮病毒属，病毒粒体球状。BBTV 自然条件下可侵染香蕉、大蕉、粉蕉、野蕉、小果野蕉等芭蕉属植物，人工接种可侵染黄瓜、甜瓜、长春花、三七草等。

3. 发病规律

病菌在病残体、带毒吸芽和田间病株中越冬。远距离传播由带毒吸芽或幼苗的调运引起，田间主要由香蕉交脉蚜吸食病株后辗转传染。蕉苗感病后 1~3 个月内就可发病。12 月至翌年 2 月间，由于气温低、雨水少，蕉树停止生长，虽已染病但不表现症状，3 月后气温逐渐回升，雨水增多，蕉树恢复生长，4~5 月表现明显症状，5~6 月进入病害流行高峰。

香蕉束顶病主要靠蕉蚜传播，凡是能影响蚜虫发生期和发生量的气候因素，都影响束顶病的发生期和发生程度。在雨水少的干旱年份，香蕉交脉蚜发生数量多，发病较重。幼嫩吸芽和补植的幼苗比成株发病重。不同香蕉品种抗病性有显著差异，以矮把香蕉发病较重，过山蕉类（龙牙蕉、糯米蕉）次之，粉蕉类和大蕉类较抗病。

4. 防治方法

实行以种植无病苗、及时铲除病株并做好治虫防病为主的综合防治措施。

(1) 选种抗病蕉、无病蕉苗 重病园改种粉蕉或大蕉类品种；病区扩大种植时，必须对母树进行检查，选用无病、健壮的蕉苗。种植后，还要进行检查。

(2) 加强栽培管理 发现病株，立即喷施杀蚜剂，挖除病株，集中烧毁。用 10~15mL 草甘膦原液在植株距地面 15cm 处向假茎基部注射，杀死病株。铲除蕉园杂草；增施有机肥、氮、磷、钾配合使用。每亩取 40g 稀土微肥用醋酸溶解后兑水 40kg 从树冠顶心漫灌假茎，或用病毒克星喷雾叶片，预防束顶病发生。

(3) 治蚜控病 于 8~9 月间蚜虫开始转移至蕉株心叶时首次施药治蚜，10 月或 11 月和次年 2 月蚜虫移居蕉株基部叶鞘内之前，再分别施药 1 次。可选用 50% 抗蚜威可湿性粉剂 2000 倍液、25% 吡虫啉水分散粒剂 5000~10000 倍液喷雾。4 月份可用 3% 毒死蜱毒土（药：土=1：25）投入蕉株喇叭口内，每株投药土 25g。

二、香蕉镰刀菌枯萎病

香蕉枯萎病又称香蕉巴拿马病、黄叶病，是一种毁灭性的维管束病害，在我国广东、广西、云南、福建、海南等省（区）均有分布，近年有逐步加重扩大为害的趋势。

1. 症状

幼龄蕉树染病，一般不表现症状，在接近抽蕾时才显症。成株期下部叶片先发病，初期叶片边缘变黄，后向主脉扩展，整叶黄化；病叶叶柄靠近叶鞘处折曲、下垂，由黄变褐而干枯，倒垂在假茎四周。病株假茎叶鞘爆裂，直达心部，裂口处维管束变红、黄或褐色干腐，最后整株死亡。发病初期观察植株根茎部横切面，中柱髓部和皮层薄壁组织间可见黄色或红棕色斑点，若纵剖病株根茎，可见黄红色病变的维管束，近茎基部颜色深，向上渐变淡；病株根部木质部导管常出现红棕色病变，后期大部分根变成黑褐色或干枯。发病严重的病株，其假茎横切面可见内层幼嫩叶鞘的维管束变黄色，外层老叶鞘维管束变赤红色，在变色维管束内及附近的组织中，易检查到病菌的菌丝体和分生孢子。

2. 病原

病原为尖镰孢菌古巴专化型 [$Fusarium\ oxysporum$ f. sp. $cubense$ (E. F. Smith) Suyder et Hansen.]，属半知菌亚门、镰孢菌属。具大型、小型分生孢子和厚垣孢子。大型分生孢子产生于分生孢子座上，无色，镰刀形，有 3~5 个分隔；小型分生孢子无色，卵形或椭圆形，单胞或双胞，团生于菌丝体的单瓶梗上；厚垣孢子无色至黄色，单胞或双胞，椭圆形至球形，生于瓶梗上或菌丝间。

该菌有 4 个生理小种，其中 1 号小种世界性分布，在我国的多数省区发生的是 1 号小种。尖镰孢菌古巴专化型在田间侵染粉蕉、龙芽蕉、香芽蕉等。

3. 发病规律

病菌在土壤中能存活 3~5 年。带病植株、吸芽及病株周围的病土都是该病的初侵染源。病菌从染病蕉树的根茎通过吸芽的导管延伸至繁殖用的吸芽，种植带菌吸芽，病害开始传播。在带菌土壤中种植蕉苗，病菌从幼根或受伤根茎侵入，向假茎或叶部蔓延；当病株枯死后，病菌随病残体遗留在土壤中营腐生生活。在田间主要通过流水和农事操作传播。

该菌喜高温高湿，因此在温度较高的多雨天气或土壤湿度大、通透性差，土壤持水量 25% 时发病重。水浸后蕉园往往发病也较重。排水不畅、土质黏重、酸性大以及沙壤土、肥力低的蕉园易发病。粉蕉、西贡蕉以及含粉蕉亲缘的香蕉较感病，其他类型的香蕉较抗病。发病高峰期出现于每年的 10~11 月份。

4. 防治方法

（1）严格实行检疫　严禁从国内外病区输入蕉苗。若从无病国家、地区输入其他品种时，入境后要隔离种植，观察 2 年确认无病后才能繁殖推广。

（2）采用无病种苗，种植抗病品种　在无病区应使用无病自育苗或试管组培苗。种植抗病品种，如抗枯 1 号、抗枯 5 号、广粉 2 号、海贡贡蕉等。

（3）加强栽培管理　起畦种植，注意排水，增施有机肥和钾肥，施肥要远离蕉头，防止断根伤根；及时挖除病株，同时挖走病穴泥土，病穴撒施尿素或石灰或喷洒 2% 福尔马林消毒。必要时可喷苯菌灵或多·硫悬浮剂等药液。重病蕉园可与甘蔗轮作或水旱轮作 2 年以上。

（4）治虫防病　及时防治香蕉线虫，减少根系伤口。可用 10% 硫线磷每株 20~30g，撒施在距香蕉假茎 30~50cm 以内的土壤中。

三、香蕉炭疽病

香蕉炭疽病又名熟果腐烂病，是全世界香蕉产区重要的采后病害，自果实黄熟起常引致严重腐烂，在中国香蕉种植区普遍发生。

1. 症状

主要为害成熟或近成熟的果实，也可为害花、叶、主轴等。采后香蕉变黄才显症，果皮初生圆形稍凹陷的黑褐色斑点，后呈梭形黑褐色斑块，并逐步扩大相连成片，严重时整个果实变黑腐烂，病斑上产生大量的橙红色黏质状小粒点（分生孢子盘和分生孢子），有的病斑上布满小黑点。果梗、果轴受害症状相似。叶片受害，病斑呈长椭圆形或不规则，大小不等，斑边褐色稍深，交界不明显，斑面产生黑色小粒点。

2. 病原

病原为香蕉炭疽菌[*Colletotrichum musae*（Brek. et Curt.）Arx]，属半知菌亚门、炭疽菌属。分生孢子盘黑褐色，圆形。分生孢子梗较短，无色，瓶梗状。分生孢子长椭圆形，内含物颗粒状（图 11-19）。

3. 发病规律

病菌以菌丝体及载孢体在蕉树上越冬。翌年蕉树上的病斑在条件适宜时产生分生孢子，借风雨或昆虫传播，进行初次侵染，引起发病。受害部病斑产生的分生孢子在果园引起再次侵染。

高温高湿有利于病害发生，成熟果实在贮运期温度高达 25～32℃ 时，发病最重。此菌只侵染蕉类各品种，以香蕉受害最重，大蕉次之，龙牙蕉、粉蕉发病很轻。香蕉

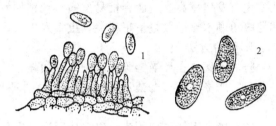

图 11-19　香蕉炭疽病菌
1—分生孢子梗及分生孢子；2—分生孢子（放大）
（引自：中国农作物病虫害，第 2 版）

中，威廉斯、63-1、巴西种等品种较抗病。此外，若收蕉小心轻放、尽量减少擦伤、贮运前认真消毒杀菌，则发病较轻，否则发病严重。

4. 防治方法

（1）加强栽培管理　选种高产优质的抗病品种；及时清除和烧毁枯叶、病花和病果，加强水肥管理，提高植株抗性。适时采果，成熟度七八成时采收，并于晴天进行，采收及贮运小心轻放，防止擦伤。

（2）药剂防治　现蕾开花期开始喷药保护，可用 0.5% 波尔多液或用 50% 多菌灵与农用高脂膜水乳剂按 1∶5 比例的 1000 倍液喷雾。用药后套袋保护。10 天左右 1 次，连喷 2～4 次，着重喷果实及附近的叶片。

（3）采后果实处理　采果后及时脱梳，并在 24h 内用药剂浸果消毒，可选用 45% 特克多水剂 1000 倍液、50% 咪鲜胺可湿性粉剂 1000～1500 倍液，浸果后晾干。贮运仓库或运输车辆用 5% 甲醛液或硫黄熏蒸消毒杀菌。

四、龙眼、荔枝鬼帚病

龙眼、荔枝鬼帚病又称"丛枝病"、"麻疯病"，是荔枝和龙眼树上为害严重的一种病毒病。在我国广东、广西、福建等地均有发生。

1. 症状

主要为害嫩梢和花穗。病梢幼叶浅绿狭小，叶缘上卷，整叶呈线状。成长叶叶片凹凸不平呈波纹状，叶脉黄绿呈明脉，脉间出现浅黄绿色斑纹，叶缘向叶背反卷，叶尖下弯；病树新梢节间短，侧枝丛生呈"扫帚状"；严重时，叶片呈深褐色畸形，病梢畸形叶干枯脱落成秃枝。花穗发病节间缩短或丛生成簇状、花畸形密集、早落不结实，能结实者，果小、果肉无味，不能食用。

2. 病原

病原为线状病毒(Longan witches broom Virus)，缩写为 LWBV，是分布在细胞内成束的线状粒体病毒，亚基呈轮状排列。

3. 发病规律

病毒通过种子、苗木、接穗和介体昆虫传播，花粉可能带毒，不能通过汁液摩擦传染。远距离传播靠带毒的种子、接穗和苗木的调运。在田间主要靠荔枝蝽成、若虫和龙眼角颊木虱传病。

龙眼和荔枝各品种间抗病有差异，如乌龙岭、信代本、东壁和大乌圆等龙眼品种较耐病，红核仔、牛仔、大粒、油潭本、普明庵、福眼、蕉眼、石硖和龙壳等品种较感病；荔枝如乌叶、陈紫、东刘一号和山枝等品种较感病。龙眼和荔枝的幼年树比成年树感病。高压苗比实生苗发病率高。一般春梢易发病，秋梢抽发不整齐也易发病。病害蔓延的速度与荔枝蝽和龙眼角颊木虱的数量呈正相关，虫害发生重，病害发生也重。

4. 防治方法

防治该病是在杜绝毒源的基础上，加强栽培管理，及时防治传毒昆虫。

(1) 严格检疫　严禁从病区调运带毒的种子、接穗和苗木等繁殖材料进入新区和新果园。

(2) 培育无病良种壮苗　建立从无病区良种健树采集种子和接穗、科学繁育无病苗的体系，在隔离区建苗圃育苗。病区尽可能选栽品质优良的抗、耐病品种，如广西桂平市新育出迟熟品种"白露1号"抗鬼帚病。

(3) 治虫防病　荔枝蝽于2月中旬至3月上旬，或3月中下旬越冬成虫大量迁入果园时，以药剂喷雾。可用90%晶体敌百虫800倍液，2.5%氟氯氰菊酯或10%氯氰菊酯2000倍液加80%敌敌畏1000倍液等喷雾。也可繁放平腹小蜂、卵跳小蜂等天敌1~2次。防治龙眼角颊木虱应在3月前的越冬若虫及5~6月间若虫大量出现时喷药。卵期可用3%阿维菌素。若虫期用80%敌敌畏乳油800倍液、25%吡虫啉1000倍液、20%氰戊菊酯2500倍液等喷雾。

(4) 加强栽培管理　及时挖除病苗（树）烧毁；果树进入结果期后，每年要增施有机肥，氮、磷、钾肥配施（N∶P∶K=1∶0.5∶1），尤其是注意采果前后施肥，以恢复树势；冬季深翻扩穴培土，春季犁翻松土；及时剪除病枝梢，疏去病花穗。

五、荔枝霜疫霉病

荔枝霜疫霉病原称荔枝霜霉病，是我国广东、广西、福建等省（区）荔枝生产中的一种重要病害。

1. 症状

主要为害花穗和近成熟果实，也可为害叶片。花穗受害，初呈淡黄色，逐渐变褐腐烂。幼果受害后变褐干枯而脱落。成熟果实受害多从果蒂处开始，先在果皮表面产生褐色不规则病斑，迅速扩展到全果，果皮呈暗褐色至黑色，果肉腐烂发出酒味或酸味，流出褐色汁液。潮湿时病部表面长出白色霜霉状物。

2. 病原

病菌为荔枝霜疫霉菌(*Peronophythora litchii* Chen et Ko et al.)，属鞭毛菌亚门、霜疫霉属。菌丝无隔多核，自由分枝。孢囊梗主干明显，上部二叉分枝一次至数次，孢囊梗多级有限生长，分枝顶端1个孢子囊，孢子囊成熟后脱落；孢子囊柠檬形或椭圆形，乳突明显（图11-20）。

病菌在11~30℃可形成游动孢子囊，22~25℃最适。孢子囊14~22℃时萌发产生游动孢子，26～30℃萌生芽管，24℃时两种情况都有。在田间除侵染荔枝外，还为害番木瓜。

3. 发病规律

病菌在病叶和病果上越冬。翌年春末夏初产生孢子囊，借风雨传播，环境条件适宜时萌发产生游动孢子，侵入叶片及果实。叶片及果实发病后再产生孢子囊，进行再次侵染。

孢子的萌发必须在有水滴或重雾中进行，因此，多雨、多雾或多露的情况下最适发病。地势低洼、土质黏重、排渍不畅、种植密度大的果园，以及枝繁叶茂、挂果多的树发病都较重。

4. 防治方法

（1）减少菌源　清洁果园，剪除病枝、弱枝，清除病果、烂果及落叶，铲除园内杂草，集中烧毁或深埋。

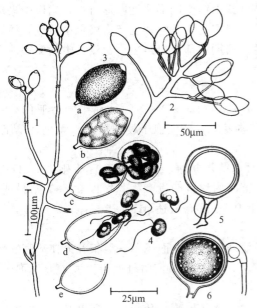

图 11-20　荔枝霜疫霉病菌
1—孢囊梗；2—孢子囊；3—孢子囊释放游动孢子的过程；
4—游动孢子；5—具围生雄器的藏卵器；
6—具侧生雄器的藏卵器

对地面及树冠全面喷施 30% 氧氯化铜悬浮剂 600 倍液或 77% 可杀得可湿性粉剂 800 倍液 1 次。

（2）加强栽培管理　新建果园宜选择在土壤疏松、排水良好的向阳地段，老果园要加强肥水管理。注意深耕培土、排水防渍、抹梢控梢、间果疏果，促进植株生长健壮，果数适中，提高抗病力。在第 2 次落果期过后，用专用无纺布袋或纸袋套果穗，可有效减少病菌侵入。

（3）药剂防治　采果清园后，用 0.3～0.5°Bé 石硫合剂全园喷施一次。重病园在每年 3 月中旬至 4 月上旬气温回升时，用 1% 硫酸铜或 0.5∶1∶100 波尔多液喷施树冠下的土表，杀死部分病菌。在分蕾期、幼果期和荔枝成熟前喷药防治，其中以荔枝成熟前防治最重要。可选用 58% 甲霜·锰锌或 25% 甲霜灵可湿性粉剂 800 倍液、50% 烯酰吗啉可湿性粉剂 2000 倍液、25% 嘧菌酯悬浮剂 1500 倍液、64% 噁霜·锰锌可湿性粉剂 600 倍液、60% 氟吗·锰锌可湿性粉剂 2000 倍液、72% 霜脲·锰锌可湿性粉剂 700 倍液、40% 乙磷铝可湿性粉剂 300 倍液、72.2% 普力克水剂 800 倍液喷雾。

六、荔枝、龙眼炭疽病

炭疽病是荔枝、龙眼幼龄树的重要病害，可引起苗期落叶，影响幼龄树的生长发育及苗木出圃率；成年树被害，直接影响当年的果实产量。

1. 症状

果实、枝条和叶片均可受害，尤其幼苗、未结果树和初结果树发病重。龙眼幼苗受害最重，荔枝果实成熟期受害重。

果实受害，从果蒂或果实基部开始发病，病斑呈圆形、褐色，后期果肉腐烂、变酸。潮湿时病部长出橙色黏质小粒点。叶片受害，荔枝和龙眼的症状不同。荔枝叶片受害有两种症状：一种是叶枯型，在叶尖和叶缘形成褐色、灰褐色大型病斑，病部呈焦枯状，病健交界明显；另一种是斑点型，在叶片上形成圆形或近圆形褐色斑点，后期病部长出黑色小粒点。龙眼叶片受害也有两种症状：一种是黄晕型，细嫩叶片上产生圆形或近圆形斑点，病斑中央灰白色、边缘深褐色、周围有黄色晕圈；另一种是枯斑型，老熟叶片上产生褐色小斑点，病斑扩大或连成大斑块，病斑中央灰白色、边缘褐色。后期病部长出黑色小粒点。嫩梢受害顶部先呈萎蔫状，后整条嫩枝枯死，病部呈黑褐色。

2. 病原

病原为胶孢炭疽菌[*Colletotrichum gloeosporioides*(Penz.)Sacc.]，属半知菌亚门、炭疽菌属。分生孢子盘生于病部表皮下，成熟时突破表皮。分生孢子梗圆柱形，无色，单胞，内含两个油球。

适宜菌丝生长温度为15~35℃，低于5℃时菌落不扩展，42℃ 2天后即死亡；pH为2~11，最适pH为6~9。分生孢子在15~35℃范围内均可萌发和生长，以20~30℃最适；分生孢子萌发需要90%~100%的相对湿度，pH为3~10，最适pH为5~8。

3. 发病规律

病菌以菌丝体和分生孢子盘在病组织上或随病残体落入地面越冬。翌年春天在适宜气候条件下，分生孢子借风雨、昆虫传播到新生器官上，引起发病，病斑上产生大量分生孢子，通过风雨及昆虫传播进行多次再侵染。

高温、高湿、多雨条件下易发病。暴风雨、台风及荔枝蝽、介壳虫等害虫发生重时易给植株造成大量伤口，利于病菌的传播和侵染而发病。早熟品种发病少，迟熟品种发病重。

4. 防治方法

(1) 加强栽培管理　深翻改土，深沟排渍，增施有机肥和磷钾肥，喷施0.5%~1%的尿素等铵态氮肥。提高苗木幼树水肥管理技术，及时修剪整形。

(2) 减少菌源　冬季彻底剪除病枝叶，集中烧毁。结合防治其他病虫害，喷施1次0.8~1°Bé 石硫合剂，春、夏梢发病时，及早剪除病叶、病枝和病果。

(3) 药剂防治　苗木幼树在春、夏梢抽出后，叶片展开未转绿前喷药。结果树在花穗期、幼果发育期和果实近成熟期喷药，每7~10天喷1次，连喷2~3次。药剂可用0.5%石灰倍量式波尔多液、70%甲基硫菌灵+75%百菌清(1:1)1000倍液、40%多·硫悬浮剂600倍液、50%咪鲜胺可湿性粉剂1000倍液、10%腈菌唑水分散粒剂1500倍液、45%噻菌灵悬浮剂500倍液。

七、芒果炭疽病

芒果炭疽病是芒果生长期及芒果采后的主要病害之一，在世界芒果产区普遍发生。芒果生长期，可造成10%的损失；贮运期，病果率达30%~50%，严重的可达100%。

1. 症状

主要为害叶、嫩枝、花穗、贮藏期果实。叶片发病，初呈黑褐色斑，边缘发暗，病叶干枯脱落，枯死病斑破裂，致使外观破碎。枝梢发病，初期在枝条上或嫁接处及主茎上出现黑斑，发病枝条干枯，其上丛生小黑粒。果实发病，多始于花期至果实长到1/2以上时，初在近茎端处出现褐色小斑点，以后迅速扩大变黑，有时斑点成条状由茎端向下扩展，致使果实表面被连接的斑点覆盖，病部常裂开，稍凹陷。湿度大时，病部产生粉红色的孢子团。

2. 病原

病原无性态为胶孢炭疽菌[*Colletotrichum gloeosporioides*(Penz.)Sacc.]，属半知菌亚门、炭疽菌属；有性态为围小丛壳菌[*Glomerella cigulata*(Stonem.)Spauld. et Schrenk]，属子囊菌亚门、小丛壳属。分生孢子盘浅褐色、圆形或卵圆形，扁平或稍隆起。刚毛深褐色，1~2个隔膜，直或弯。分生孢子无色，单胞，椭圆形至圆筒形，直或稍弯，有油点(图11-21)。

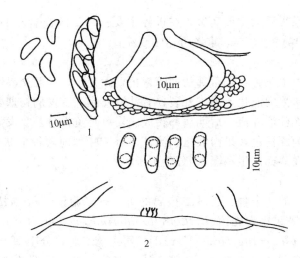

图11-21 芒果炭疽病菌
1—子囊壳、子囊和子囊孢子；2—分生孢子盘、产孢细胞和分生孢子
(引自：戚佩坤等)

病菌生长最适温度28℃，37℃下菌丝生长畸形，分生孢子形成的适温为25～31℃，pH5～8适宜病菌生长。病菌可为害61科160种植物，常见的寄主有苹果、梨、柑橘、葡萄、柿、木瓜、龙眼、荔枝等。

3. 发病规律

病菌以分生孢子在病部越冬。翌年分生孢子借风雨传播，进行初次侵染，引起发病。以后病斑上产生的分生孢子进行再次侵染。

芒果炭疽病属高温高湿病害，因此，在嫩枝期、开花期和幼果期若遇高温高湿条件，病害发生重。光照不足、通风透光差、空气湿度大为害也重。不同品种抗病性有差异，如泰国象牙芒、云南象牙芒、湛江吕宋芒等品种抗病。

4. 防治方法

(1) 加强栽培管理　种植抗病品种。改善果园通风透光条件，降低园内空气湿度。做好施肥控水工作，以施腐熟农家肥为主，适当增施钾、钙、镁肥，控制氮肥。剪除病枝、病叶，清除园中病残体，并集中烧毁。

(2) 减少菌源　在芒果园秋季采果后，剪除密枝、枯枝及病枝。剪下的枝叶及园内铲除的杂草一起集中烧毁或深埋。进入冬季，在花穗萌发前再进行1次彻底清园。

(3) 药剂防治　冬季果树修剪后，用1%等量式波尔多液或0.3～0.4°Bé石硫合剂喷雾，防止剪口回枯；当春梢抽出时和展叶后以及60%的花开放时或花穗长至5cm时，各喷1次1%～2%等量式波尔多液或0.3～0.4°Bé石硫合剂；在秋梢抽发期用70%甲基硫菌灵或50%咪鲜胺锰盐可湿性粉剂1500倍液、25%嘧菌酯悬浮剂2000倍液、25%苯醚甲环唑悬浮剂1000倍液、75%百菌清可湿性粉剂600倍液交替喷雾，直至各次梢转绿。在开花期、幼果期、果实膨大期也可分别采用上述药剂喷雾以保护花果。

贮藏期间果实处理：用50%咪鲜胺锰盐可湿性粉剂500～1000倍液浸果2min，42%噻菌灵悬浮剂180～450倍液浸果3min，50%苯菌灵可湿性粉剂1000倍52℃热药液中浸泡果实5～10min，取出晾干，用无菌纸包裹装箱。

八、芒果蒂腐病

芒果蒂腐病是芒果采后的主要病害,在世界主要芒果产区普遍发生,在我国华南地区,贮藏期一般病果率为10%～40%,重者可达100%。

1. 症状

该病症状主要有以下三种:①蒂部初期暗褐色,无光泽,病健交界明显,不久病部转为深褐色至黑褐色,病果果肉液化,果皮开裂,有汁液外流。②发病初期蒂部呈暗黄色,水渍状,病部果皮皱缩,无汁液外流,后期病部转成浅褐色至黄褐色。③发病初期在果蒂上产生暗黄褐色病斑,后转为深褐色,果肉液化、流汁,有酸味。前两种症状在25～34℃下3～5天可致全果腐烂,并在病部产生小黑点(分生孢子器)。

2. 病原

病原为半知菌亚门的3个种:①球二孢属的可可球二胞菌(*Botryodiplodia theobromae* Pat.);②小穴壳属的芒果小穴壳菌(*Dothiorella dominicana* Pet. et Cif.);③拟茎点霉属的芒果拟茎点霉(*Phomopsis mangiferae* Ahmad)。可可球二胞菌分生孢子梗无色,单生无隔。未成熟的分生孢子呈椭圆形或卵圆形,单胞透明,壁厚,内含物颗粒状。成熟的分生孢子,黑褐色,椭圆形,有一横隔,少数表面有纵纹(图11-22)。小穴壳菌分生孢子长梭形或倒棒形,单胞,无色(图11-23)。拟茎点霉菌分生孢子器单生,扁球形或近三角形,壁厚。分生孢子梗分枝,产孢细胞瓶梗型。分生孢子单胞,无色透明,α型分生孢子近梭形,β型分生孢子线形(图11-24)。

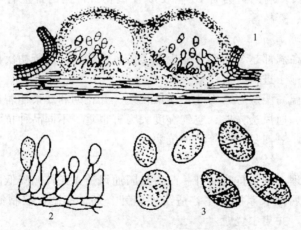

图11-22 可可球二胞菌
1—分生孢子器;2—分生孢子梗及分生孢子;3—分生孢子(放大)

3. 发病规律

病原菌主要以菌丝体及分生孢子器在寄主病残体上或以菌丝体潜伏在寄主体内越冬。次年条件适宜时,分生孢子自分生孢子器孔口涌出,通过昆虫、雨水传播,侵染发病。

温暖(25～35℃)潮湿的天气有利于病害发生,贮藏期若湿度大,果实从发病到全果腐烂仅需3天。虫伤、机械损伤易诱发病害。果实采收时留短果柄,避免被土壤污染并及时进行采后处理的发病较轻,反之则发病重。

4. 防治方法

(1) 加强栽培管理 苗期及时拔除死苗焚毁,病穴灌淋高锰酸钾或硫酸铜1000倍液。果实采收时采用"一果二剪"法,即在采果时第一次剪,留果柄5mm,到加工厂处理前进

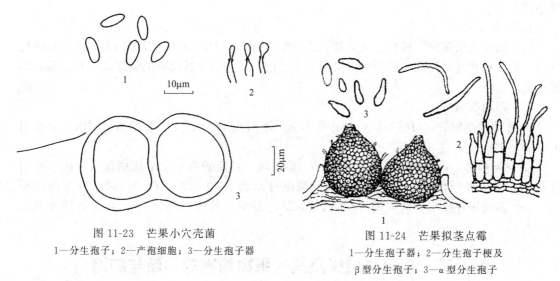

图 11-23　芒果小穴壳菌
1—分生孢子；2—产孢细胞；3—分生孢子器

图 11-24　芒果拟茎点霉
1—分生孢子器；2—分生孢子梗及
β型分生孢子；3—α型分生孢子

行第二次剪，留果柄 0.5mm。放置时果实蒂部朝下，防止胶乳污染果面，可降低病菌从果柄侵入的速度和概率。

（2）减少菌源　清洁果园，剪除病枝、烂叶，修剪时应贴近枝条分枝处剪下，避免枝条回枯。

（3）果实贮藏期管理　果实采收后用 40% 噻菌灵悬浮剂 450～900 倍液进行 52℃ 热药处理 5min，45% 咪鲜胺乳油 500～1000 倍液 31℃ 浸果 2min，低温贮藏。

九、芒果白粉病

芒果白粉病是芒果生产上的重要病害之一，在我国西南、华南芒果种植区普遍发生，每年因该病引起的产量损失占 5%～20%。

1. 症状

芒果树的花序、嫩叶、嫩梢和幼果均受侵染。发病初期寄主的幼嫩组织表面出现白粉状病斑，继续扩大并联合成大斑，布满白色粉状物。受害嫩叶常皱缩，病部棕褐色、略隆起。花序受害后花朵停止开放，花梗不再伸长，变黑枯萎。严重时引起大量落叶、落花和幼果脱落。

2. 病原

病原的无性态为芒果粉孢菌（*Oidium mangiferae* Berth.），属半知菌亚门、粉孢属；有性态为二孢白粉菌（*Erysiphe cichoracearum* DC.），属子囊菌亚门、白粉菌属。菌丝生于寄主体表，无色，有分隔，以吸器侵入寄主体内吸取营养。分生孢子梗直立，单生。分生孢子无色，卵圆形，串生于分生孢子梗顶端。

该菌属专性寄生菌。分生孢子萌发的最适温度为 23℃，在相对湿度 0～100% 下均能发芽，但高湿对其发芽更有利。

3. 发病规律

病菌以菌丝体在寄主的病叶、病枝条上越冬，其存活期可达 2～3 年。翌年，病组织上产生大量分生孢子随风扩散，侵染寄主的幼嫩组织。有多次再侵染。

气温在 20～25℃ 时适宜病害发生流行，因此，每年 2～4 月芒果抽叶开花期为白粉病盛发期。湿度对病害的发生影响不是很明显，但在花期如遇夜晚冷凉及雨水多时发病加重。芒果品种间抗病性有差异，黄色花序品种如秋芒较抗病，紫花品种如红芒、红象牙、紫花芒等较感病。

4. 防治方法

(1) 加强栽培管理　种植抗病品种；适当增施有机肥和磷钾肥，及时排水，提高植株抗病力。采果后开花前彻底清园，做好果园卫生清洁，花期发现被侵染的花序应及时剪除，以减少菌源。

(2) 药剂防治

① 各抽梢期喷药。可喷石硫合剂，春季和秋季用 $0.4 \sim 0.5°Bé$，冬季用 $0.8°Bé$，夏季用 $0.2 \sim 0.3°Bé$。

② 花期喷药。在花轴伸展为 $5 \sim 10cm$、始花期、花瓣脱落小果形成期各喷1次。常用药剂有20％三唑酮乳油、70％甲基硫菌灵可湿性粉剂1000倍液，12.5％烯唑醇可湿性粉剂、10％苯醚甲环唑水分散粒剂2000倍液，25％腈菌唑乳油5000倍液，40％氟硅唑乳油7000倍液。

第五节　核果类果树及其他果树病害的诊断与防治

核果类果树主要有桃、杏、李、梅和樱桃等，病害种类有200多种。杂果类果树包括枣、核桃、柿子、板栗、银杏等果树，病害主要有枣疯病、枣锈病、核桃腐烂病、枝枯病、黑斑病、柿圆斑病、炭疽病、栗树腐烂病等。

一、桃褐腐病

桃褐腐病又名菌核病，在我国辽宁、河北、山东、陕西等地均有发生。果实生长后期，果园虫害严重，且多雨潮湿，常常引起大量烂果、落果。果实贮运期间仍可以继续传染发病，造成很大损失。可为害桃、李、杏、樱桃等核果类果树。

1. 症状

主要危害果实，也可以危害花器、枝梢和叶片。果实自幼果期至成熟期均可受害。发病初期，果面出现褐色圆形病斑，如果条件适宜，数日内即可扩展到全果。病果果肉软腐，表面土褐色，生出灰褐色绒状霉层，呈同心轮纹状排列。病果腐烂后易脱落，如失水较快则干缩成僵果(假菌核)，在树上经冬不落。落地病果翌春有的形成子囊盘。花器受害，先从花瓣和柱头开始，产生褐色水浸状斑点，逐渐扩展到花萼和花柄，潮湿时，病花迅速腐烂，枯死后不脱落。枝梢受害后引起溃疡，病斑长圆形，边缘紫褐色，中央稍凹陷、灰褐色，有时流胶。病斑扩展绕枝一周时，枝条枯死。

2. 病原

桃褐腐病菌(*Monilia fructigenna* Poll)属半知菌亚门、丛梗孢属；有性阶段[*Monilinia fructicola*(Wint.)Rehm]属于子囊菌亚门、链核盘菌属，很少见到。病斑上的灰霉为病菌的分生孢子梗和分生孢子。分生孢子串生，无色，单胞，圆形或卵圆形(图11-25)。

3. 发生规律

病菌以菌丝体在僵果上越冬，第二年春季产生分生孢子进行初侵染。分生孢子经风雨、昆虫传播，从伤口或自然孔口侵入。环境条件适宜时，病部产生分生孢子进行多次再侵染。

果树开花期遇低温高湿时，易造成花腐，花腐是再侵染的主要菌源。果实成熟期，如果温暖($20 \sim 25℃$)、多雨高湿，果腐严重。害虫可以传播病菌又造成伤口，给病菌侵入创造了条件，有利于发病。管理粗放、地势低洼、树势衰弱、通风透光差的果园，发病重。成熟后柔软、多汁、味甜、皮薄的品种易感病；表皮角质层厚，成熟后果实组织坚硬的抗病力较

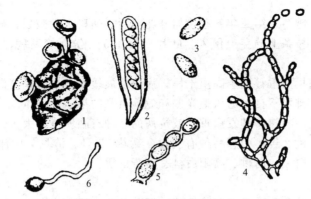

图 11-25 桃褐腐病菌
1—僵果（假菌核）及子囊盘；2—子囊、侧丝；
3—子囊孢子；4—分生孢子梗和分生孢子；5—分生孢子串放大；6—分生孢子及其萌发

强。贮藏期间高温、潮湿发生严重。温度低于 10℃不易发病。

4. 防治方法

（1）减少菌源　彻底清除僵果、病枝，集中销毁，冬季果园深翻，将地面病残体深埋地下。

（2）防治害虫　喷药防治害虫减少伤口及传病机会，减轻病害发生。

（3）药剂防治　果树发芽前喷 5°Bé 石硫合剂或 45％晶体石硫合剂 30 倍液。落花后 10 天左右开始进行药剂防治，花腐重的地区可以在花开约 20％时加喷一次，可以选用 65％代森锌可湿性粉剂 500 倍液、50％多菌灵可湿性粉剂 1000 倍液、70％甲基托布津可湿性粉剂 1000 倍液、50％速克灵可湿性粉剂 1000～2000 倍液、50％苯菌灵可湿性粉剂 1500 倍液、50％异菌脲可湿性粉剂 1000～2000 倍液、25％苯醚甲环唑乳油 12000～15000 倍液、25％嘧菌酯悬浮剂 1500～2000 倍液。

二、桃细菌性穿孔病

我国各地均有发生，在多雨年份或地区，常引起落叶。可为害桃、李、杏、樱桃、梅等核果类果树。

1. 症状

主要为害叶片，也能为害果实和枝梢。叶片染病，初生水渍状小点，逐渐扩大成圆形或不规则形病斑，红褐色至黑褐色，直径 2～4mm，周围水渍状并有黄绿色晕圈。以后病斑干枯，病健组织交界处发生一圈裂纹，脱落形成穿孔，或仅有一小部分与叶片相连。叶片上病斑多发生在叶脉两侧和叶缘附近。枝条染病，春季展叶后形成暗褐色小疱疹，直径约 2mm，可扩展至 1～10mm，有时造成枯梢。开花期前后，病斑表面破裂溢出菌脓。夏末在当年生嫩枝上，以皮孔为中心，形成水渍状暗紫色斑点，以后病斑变至紫黑色，圆形或椭圆形，稍凹陷，边缘水渍状，很快干枯。果实发病，病斑暗紫色，圆形，稍凹陷，边缘水渍状。潮湿时可溢出黄色溢脓，干燥时，病斑常发生裂缝。

2. 病原

桃细菌性穿孔病菌[*Xanthomonas campestris pv. pruni*(Smith)Dye]属薄壁菌门、黄单胞杆菌属甘蓝黑腐黄单胞菌桃穿孔致病型，菌体短杆状，单极生鞭毛 1～6 根。干燥条件下可存活 10～13 天，在枝条溃疡组织中可存活一年以上。

3. 发病规律

病菌在病枝梢上越冬，第二年春季桃树开花前后，病斑表面破裂，病菌溢出，经雨水和昆虫传播，由气孔及枝条上的芽痕侵入。叶片一般在5月份开始发病，7～8月份高温高湿发病重。

春暖潮湿，发病早而重；夏季高温干旱，病势发展缓慢；夏秋季高温、多雨、潮湿，严重发生。树势衰弱、排水不良、通风透光差和偏施氮肥的果园发病重。

早熟品种发病轻，晚熟品种发病重。较抗病的品种有临城桃、大久保、大和白桃、中山金桃、仓方早生、罐桃2号；中感品种有明星、罐桃12号、清见、中津白桃、金桃；发病重的品种有肥城桃、白凤、白桃、高阳白桃、西野白桃。

4. 防治方法

（1）减少菌源　结合冬季修剪剪除病枝，清除落叶，集中烧毁。

（2）加强管理，增强树势　桃园及时排水，增施有机肥，避免偏施氮肥，合理修剪，使桃园通风透光，增强树势，提高抗病力。

（3）药剂防治　发芽前选喷4～5°Bé石硫合剂、45%固体石硫合剂30倍液、1∶1∶100波尔多液、30%碱式硫酸铜胶悬剂400～500倍液。发芽后喷72%农用链霉素3000倍液或硫酸锌石灰液（硫酸锌0.5kg、消石灰2kg、水120kg）半个月一次，喷2～3次。

三、桃缩叶病

我国各地均有发生，在沿海和滨湖等高湿地区发生较重。早春发病后，引起初夏早期落叶，影响当年的产量和品质及第二年花芽的形成。

1. 症状

主要为害叶片，严重时也可为害花、嫩梢和幼果。春季嫩叶自芽鳞抽出即可被害，嫩叶叶缘卷曲，颜色变红。随叶片生长，皱缩、扭曲程度加剧，叶片增厚变脆，呈红褐色。春末夏初叶面上生一层白色粉状物，即病菌的子囊层。后期病叶变褐、干枯脱落。长出的新叶一般不再受害（见彩图61）。新梢受害后肿胀、节间缩短、呈丛生状，淡绿色或黄色，发病严重时，可整枝枯死。幼果被害，果实畸形，果面龟裂，易早期脱落。

2. 病原

桃缩叶病菌[*Taphrina deformans*(Berk)Tul]属子囊菌亚门、外囊菌属。子囊层裸生在角质层下，子囊圆筒形，上宽下窄，顶端平截，无色。子囊内含8个子囊孢子，子囊孢子无色，单胞，圆形或椭圆形，子囊孢子可以在子囊内、外以芽殖方式产生芽孢子（图11-26），通常看到子囊内的孢子数目多于8个。

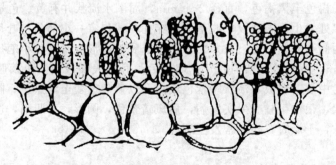

图11-26　桃缩叶病菌

3. 发生规律

病菌以子囊孢子和芽孢子在芽鳞缝隙内，以及枝干病皮中越冬和越夏。4月初桃树萌芽时，越冬孢子萌发由气孔或表皮直接侵入，每年只侵染一次。病菌侵入后，菌丝在表皮下蔓延，刺激病叶肿大变色，至初夏产生子囊层，孢子成熟后即行放射。在条件适宜时，形成大量的芽孢子。

早春桃芽萌发时，如果气温低、持续时间长且湿度又大的地区和年份发病重。品种间早熟桃品种发病较重，中、晚熟品种发病较轻。

4. 防治方法

（1）加强果园管理　在病叶初见而未形成白粉状物之前及时摘除病叶，集中烧毁，可减少当年的越冬菌源。发病较重的桃树，由于叶片大量焦枯和脱落，应及时增施肥料，加强管理，促使树势恢复，以免影响当年和第二年的产量。

（2）药剂防治　早春花瓣露红但未展开时，均匀喷洒一次农药，可选用 2～3°Bé 石硫合剂或选择 1∶1∶100 波尔多液、70% 代森锰锌 500 倍液、70% 甲基硫菌灵 1000 倍液等。桃树发芽后，一般不再喷药。

四、桃疮痂病

桃疮痂病又名黑星病、黑点病。在我国辽宁、山东、河北、江苏等地发生较重。可为害桃、李、杏、樱桃等果树。

1. 症状

主要为害果实，也能为害枝梢及叶片。果实染病，病菌侵染只限于表皮，不深及果肉。初期，病斑呈暗绿色、圆形小斑点状，逐渐扩大。严重时数个病斑连合成片。随果实的长大，果面龟裂、粗糙，呈疮痂状，果实近成熟时，病斑变紫黑色或红黑色。果柄发病，病果常脱落。枝梢发病，初期为浅褐色椭圆形斑点，边缘紫褐色，大小为 3mm×4mm。秋季病斑表面紫色或黑褐色，微隆起，常流胶。翌年春季，病斑灰色，产生暗色绒点状分生孢子丛。

2. 病原

桃疮痂病菌（*Cladosporium carpophilum* Thum）属半知菌亚门、黑星孢属。分生孢子梗数根丛生，不分枝，稍弯曲，有分隔，暗褐色，长度差异很大。分生孢子单生或形成短链状，椭圆形，多数单胞，无色至浅橄榄色。

3. 发病规律

病菌以菌丝在枝梢的病部越冬。第二年 4～5 月产生分生孢子，借风雨传播，直接侵入。病菌潜育期在果实上为 40～70 天、在枝梢及叶片上为 25～45 天。

疮痂病的发生、流行与春夏降雨量关系密切。多雨潮湿的年份或地区发病重。果园低洼、栽植过密、枝叶郁闭的果园易发生。晚熟品种较感病。

4. 防治方法

（1）减少菌源　结合冬剪，去除病枝、僵果、残桩，烧毁或深埋。生长期也可剪除病枝、枯枝，摘除病果。

（2）农业防治　在常发区，可选栽早熟抗病品种。注意雨后排水，合理修剪，防止枝叶过密，减少发病。

（3）药剂防治　开花前，喷 5°Bé 石硫合剂或 45% 晶体石硫合剂 30 倍液，铲除在枝梢上的越冬病菌。落花后半个月，可选用 70% 代森锌 500 倍液、80% 炭疽福美 800 倍液、70% 甲基硫菌灵 1000 倍液、25% 多菌灵 250～500 倍液、40% 氟硅唑 8000～10000 倍液喷雾，以上药剂与 1∶2∶200 硫酸锌石灰液或 0.3°Bé 石硫合剂交替使用，效果更好。每半个月一次，共喷 3～4 次。

(4) 果实套袋　桃树可在落花后 3～4 周进行套袋，防止病菌侵染。

五、柿角斑病

柿角斑病分布很广，我国华北、北山区、川、贵州、浙江、江西、广东、广西、福建、台湾等地柿产区均有发生。除危害柿树外还可以危害君迁子。

1. 症状

主要危害叶片、柿蒂。叶片受害，初期正面出现不规则、黄绿色病斑，以后颜色逐渐加深，变成褐色或黑褐色，病斑受叶脉限制呈多角形，病斑上密生黑色绒状小粒点。柿蒂染病，蒂的四角呈淡黄色至深褐色病斑，其上着生绒状小粒点，以背面较多。

2. 病原

柿角斑病菌（*Pseudocercospora kaki*）属半知菌亚门、假尾孢属。子座球形或近球形，分生孢子梗丛生、较短、无隔膜，分生孢子倒棍棒形，直或弯曲，无色至淡褐色，0～8 个隔膜。

3. 发生规律

病菌以菌丝体在病蒂及病叶中越冬，病蒂可以残留在树上 2～3 年，病菌在其上可存活 3 年。残体特别是挂在树上的病蒂是病害发生的主要侵染来源。借气流、雨水传播，从叶背面气孔侵入。在整个生长季节可进行多次再侵染。河北、山东一般从 8 月份开始发病，9 月造成大量落叶，浙江 6 月开始发病，7～8 月危害较重。

5～8 月份降雨早、雨日多、雨量大，有利于分生孢子的产生和侵入，发病早而严重，老叶、树冠下部叶及内膛叶发病严重，树势衰弱发病重，缺肥发病重。

4. 防治方法

(1) 减少菌源　清除挂在树上的病蒂，清扫落叶，及时销毁，以减少侵染来源。避免与易感柿角斑病的君迁子混栽，减少相互传播的机会。

(2) 加强栽培管理　增施有机肥料，改良土壤，控制挂果量，促使树势生长健壮，提高抗病力。

(3) 药剂防治　落花后 20～30 天（北方柿区 6～7 月份），可选用 1 :（3～5）:（300～600）波尔多液、65% 代森锌可湿性粉剂 500～600 倍液、70% 代森锰锌可湿性粉剂 600 倍液、70% 甲基托布津可湿性粉剂 600 倍液、40% 福星乳油 5000 倍液喷 1～2 次，喷药时主要在叶片背面。

六、柿圆斑病

柿圆斑病俗名柿子烘、柿子杵。我国华北、西北山区发生比较普遍。为害叶片和柿蒂，造成早期落叶落果，削弱树势，也能诱发柿疯病。

1. 症状

发病初期，叶上出现大量浅褐色圆形小斑，边缘不明显，渐扩大成深褐色，边缘黑褐色，直径 2～3mm。病叶渐变红色，随后病斑周围出现黄绿色晕环，外层还有一层黄色晕，发病后期病斑背面出现黑色小粒点，叶上病斑很多。弱树病叶变红脱落较快，强树落叶较慢，且叶片不变红。柿树叶片大量脱落，以致柿果变红发软，风味淡，易脱落。柿蒂上病斑圆形，褐色，出现时间晚于叶片，病斑较小。

2. 病原

柿圆斑病菌（*Mycosphaerella nawae* Hiura et Ikata）属子囊菌亚门、球腔菌属。病斑背面的小黑点，是病菌的子囊腔。初期埋生叶表皮下，以后突破表皮。子囊腔球形或洋梨形，黑褐色，顶端有小孔口，子囊腔底部着生子囊。子囊无色，圆筒形，内生 8 个子囊孢子。子囊孢子在子囊内排成两行。子囊孢子无色，双胞，纺锤形，成熟时上胞稍宽，分隔处缢缩。

3. 发病规律

晚秋病菌在病叶中形成子囊腔越冬。第二年子囊腔成熟，子囊孢子6月中旬至7月上旬大量飞散，借风雨传播，由叶片气孔侵入，潜育期一般为两月之久，8月下旬至9月上旬开始出现病斑，10月上中旬开始大量落叶。在自然条件下不产生无性世代，所以无再侵染。

越冬病叶多、越冬菌源多，发病重。6~8月降雨量偏多，发病早而重。施肥不足、土壤贫瘠、树势衰弱，发病严重。

4. 防治方法

(1) 减少菌源　秋末冬初直至第二年6月，彻底清除落叶，集中深埋或烧毁，可减少侵染来源，控制该病的为害。

(2) 加强栽培管理　增施有机肥料，改善土壤条件，及时防治其他病虫害，控制结果数量，增强树势。

(3) 药剂防治　6月上中旬柿树落花后，即子囊孢子大量飞散以前，喷布1∶5∶(400~600)波尔多液或70%代森锌600倍液保护叶片，重病地区，半个月后再喷1~2次。

七、李袋果病

1. 症状

病果发病，在落花后即显症，初呈圆形或袋状，后渐变狭长略弯曲，病果平滑，浅黄色至红色，皱缩后变成灰色至暗褐色或黑色而脱落。病果无核，仅能见到未发育好的皱形核。枝梢和叶片染病，枝梢呈灰色，略膨胀、组织松软；叶片在展叶期开始变成黄色或红色，叶面皱缩不平，似桃缩叶病。5~6月病果、病枝、病叶表面着生白色粉状物，即病原菌的裸生子囊层。病枝秋后干枯，翌年在这些枯枝下方长出的新梢易发病。

2. 病原

病原属子囊菌亚门、外囊菌属[*Taphrina pruni*(Fuck.)Tul.]。除为害李、樱桃李外，还可为害山樱桃、短柄樱桃、豆樱、黑刺李等。

3. 发病规律

病菌以子囊孢子或芽孢子在芽鳞缝内或树皮上越冬，当李树萌芽时，越冬的孢子也同时萌发，产生芽管，进行初次侵染，一年只侵染一次。早春低温多雨，延长萌芽期，病害发生严重。病害始见期于3月中旬，4月下旬至5月上旬为发病盛期。一般低洼潮湿地、江河沿岸、湖畔低洼旁的李园发病较重。

4. 防治方法

(1) 加强栽培管理　注意园内通风透光，栽植不要过密。合理施肥、浇水，增强树体抗病能力。在病叶、病果、病枝梢表面尚未形成白色粉状物前及时摘除，集中深埋。冬季结合修剪，剪除病枝，摘除宿留树上的病果，集中深埋。

(2) 药剂防治　李树发芽前选用3~4°Bé石硫合剂、1∶1∶100倍式波尔多液、77%氢氧化铜可湿性粉剂500~600倍液、30%碱式硫酸铜胶悬剂400~500倍液、45%晶体石硫合剂30倍液喷树体，以铲除越冬菌源。李芽开始膨大至露红期，可选用65%代森锌可湿性粉剂400倍液+50%苯菌灵可湿性粉剂1500倍液、70%代森锰锌可湿性粉剂500倍液+70%甲基硫菌灵可湿性粉剂500倍液等，每10~15天喷1次，连喷2~3次。

八、枣疯病

枣疯病、扫帚病等，我国各地均有分布，尤其在河南的内黄、尉氏枣区蔓延成灾，为害严重。

1. 症状

病树主要表现为丛枝、花叶和花变叶三种症状。病树根部和枝条上的不定芽、腋芽和隐芽大量萌发成发育枝，枝上芽又萌发成小枝，如此逐级生枝形成一丛丛的短疯枝。病枝节间缩短，变细，叶片变小，色泽变淡。毛根上生出的疯枝，出土后枝细、叶小、淡黄色，经强光照射全部焦枯。病株新梢顶端的叶片黄绿相间出现花叶。病株的花退化为营养器官，花梗伸长，比健花长出 4～5 倍，并有小分枝，萼片、花瓣、雄蕊均可变为小叶，有时雌蕊变成小枝，结果枝变成细小密集的丛生枝。

2. 病原

枣疯病由植原体（Phytoplasma）侵染所致。对四环素族药物（四环素、土霉素、金霉素、氯霉素等）敏感。

3. 发生规律

枣疯病在自然界中主要通过叶蝉传播，如中国菱纹叶蝉、橙带拟菱纹叶蝉、凹缘菱纹叶蝉和红闪小叶蝉等。凹缘菱纹叶蝉一旦摄入枣疯病植原体后，则能终生带毒、终生传毒。另外，嫁接也可以传染，如皮接、芽接、枝接、根接等。土壤、花粉、种子、汁液及病健根的接触均不能传病。枣疯病是一种系统性侵染病害。发病后，小树 1～2 年、大树 5～6 年即可死亡。当年实生苗发病后仅能存活 3～5 个月。

土壤干旱瘠薄，肥水条件差，管理粗放，杂草丛生，其他病虫严重，以及树势衰弱发病重。盐碱地很少发病。枣树各品种间抗病性有一定差异。金丝枣、小枣、圆红枣高度感病，发病后 1～3 年内整株死亡；长红枣次之，可维持 5 年左右；藤县红枣、马芽枣、长铃枣、灰铃枣、酸铃枣比较抗病；交城醋枣免疫。

4. 防治方法

（1）培养无病苗木　在无病区建立无病苗圃基地，在无枣疯病的枣园中采取接穗、接芽或分根繁殖，杜绝使用可能带病接穗。苗圃中一旦发现病苗，应立即拔除干净，包括根蘖。

（2）挖除重病树和病根蘖，剪除病枝　枣树发病后不久即会遍及全株，并成为传染源，应及早彻底挖除病株，树根一起刨干净，以免再生病蘖。对小疯枝要及时发现，从大分枝基部砍断，阻止带病树液向根部回流。如果植原体到根部下行不超过砍断部位时即可治愈。但要注意经常防治害虫，避免病树上的叶蝉传播植原体。

（3）防治传毒昆虫　一般每年喷药 4 次，第一次在 4 月下旬(枣树发芽时)，防治中国拟菱纹叶蝉越冬卵及枣尺蠖幼虫；第二次在 5 月中旬(开花前)，用 10%氯氰菊酯 3000～4000 倍液，防治中国拟菱纹叶蝉第一代若虫和其他害虫；第三次在 6 月下旬(枣盛花期后)，用 80%敌敌畏 1500～2000 倍液防治中国拟菱纹叶蝉第一代成虫及其他害虫；第四次在 7 月中旬用 20%速灭杀丁 3000 倍液，防治中国拟菱纹叶蝉等害虫。

（4）药物治疗　对发病轻的枣树，用四环素族的药物治疗，有一定效果。方法有两种：一种是在早春树液流动前，对病株主干 50～80cm 处，沿周围钻孔 3 排，深达木质部，塞入棉捻，敷上浸有"去丛灵"250 倍液 400～500mL 的药棉，用塑料薄膜包严。同时修剪病枝。第二次于秋季在树液回流根部前（10 月份）以同样方法再施药一次。另一种是夏季在病树干四周钻孔 4 个，深达木质部，插入塑料曲颈瓶，用蜡封严钻孔，每株注入"去丛灵"（含土霉素原料 1000 万单位）液 400mL，10h 以后，药液即被吸收，病枝渐渐枯焦。

九、核桃黑斑病

我国西北、华北、西南和华东地区均有分布。造成大量减产，影响核桃质量。

1. 症状

主要为害果实、叶片，也可为害嫩梢及枝条。果实染病，初为褐色小斑点，病斑边缘不清晰，逐渐扩大为圆形或不规则形漆黑色病斑，雨天病斑四周明显地呈水渍状。幼果发病时，病菌可扩展到果仁，使核仁腐烂。果实长到中等大小受害，病变只限于外果皮，但果仁生长受阻碍，呈不同程度的干瘪状。叶片受害，初为褐色小斑点，逐渐扩大，病斑受叶脉限制，大多呈多角形，直径 2~9mm，褐色至黑色，背面油渍状，发亮。雨天病斑四周亦呈水渍状。后期病斑中央呈灰色或穿孔。严重时，病斑连片，整个叶片发黑发脆，风吹后病叶残缺不全。嫩梢及枝条上的病斑呈长梭形或不规则形，黑色，稍下陷，病斑环绕一周枝条枯死。

2. 病原

核桃黑斑病菌（*Xanthomonas juglandis*）属薄壁菌门、黄单胞杆菌属。菌体短杆状，一端有鞭毛。在马铃薯、琼脂、葡萄糖培养基上菌落初呈白色，渐呈草黄色，最后呈橘黄色，圆形。该菌能缓慢地液化明胶，在葡萄糖、蔗糖和乳糖中不产生酸，也不产生气。

3. 发病规律

病菌在病枝的老溃疡斑中越冬，翌春主要通过雨水、昆虫传播，由于细菌侵染花粉，故花粉也是传播媒介之一。通过气孔、皮孔和各种伤口侵入。

雨水是影响发病的重要因素，风雨不仅传播细菌，还造成伤口，雨后病害常迅速蔓延。因此，在雨水多的年份发病重，干旱年份则发病轻。

4. 防治方法

（1）减少菌源　结合修剪，剪除有病枝梢及病果，并收拾地面落果，集中烧毁，以减少果园中病菌来源。

（2）加强栽培管理　改良土壤，增施粪肥，合理修剪，保持树体健壮。及时中耕除草，使园内及树冠内通风透光良好，可减轻发病。

（3）药剂防治　核桃发芽前，喷一次 3~5°Bé 石硫合剂，减少越冬菌源，可兼治介壳虫等其他病虫害。核桃展叶前喷 1：0.5：200 波尔多液，以保护树体。在发病初期选用 77%可杀得可湿性粉剂 500~600 倍液、72%农用链霉素 4000 倍液、1：（0.5~1）：200 波尔多液喷雾保护，每半月一次。配合杀虫剂防治核桃害虫效果更好。

十、板栗疫病

板栗疫病又名干枯病、胴枯病、腐烂病，分布于我国河北、河南、陕西、山东、江苏、浙江、广东等地。有些地区新嫁接的小树发病很严重，常成片发生，引起树皮腐烂，直至全株枯死。

1. 症状

主要为害主干及主枝，也可引起枝枯。初发病时，树皮上病斑为红褐色，组织松软，稍隆起，有时自病部流出黄褐色汁液。撕破病皮，可见内部组织呈红褐色水渍状腐烂，有酒糟味。发病后期，病部失水，干缩凹陷，树皮下产生黑色瘤状小粒点，即为病菌的子座。在雨后或潮湿条件下，子座内涌出橙黄色卷须状的孢子角。最后病皮干缩开裂，并在病斑周围产生愈伤组织。

2. 病原

板栗疫病菌[*Cryphonectria parasitica*（Murr.）Barr]属子囊菌亚门、隐丛赤壳属。子囊壳在子座底部形成，暗黑色，球形或扁球形，颈长，一个子座内有数个子囊壳。子囊棍棒状，无色，内含 8 个子囊孢子。子囊孢子椭圆形，无色，双胞，隔膜处稍缢缩。无性时期产生分生孢子器。分生孢子无色，单胞，圆筒形。

3. 发病规律

病菌以菌丝体及子囊壳、分生孢子器在病枝中越冬。3～4月份病斑扩展最快，常在短期内造成枝干枯死。4～5月随着叶片展开，树体营养积累增加，愈伤力增强，抗病力也增强，病斑逐渐停止扩展。5～6月间病斑上出现孢子角。借雨水和昆虫传播，苗木调运可使病菌远距离传播。病菌主要通过各种伤口侵入。

不同品系的栗树，抗病力有明显差异。美洲栗不抗病，日本栗较抗病，中国板栗中明栗、长安栗很少发病，红栗、二露栗、领口大栗、油光栗和亢花栗等发病较轻，半花栗、薄皮栗、兰溪锥栗、新抗尖栗和大底青栗等发病较重。从栗树树龄上看，成年树较幼龄树发病率高。

4. 防治方法

（1）增强树势，提高抗病能力 改良土壤，增施肥料，不过度密植，冻害发生较重的地区，应于晚秋进行树干培土。良好的栽培措施，促进树体的正常生长，可以大大增强抗病性，减轻干枯病的为害。

（2）选用无病苗木及选栽抗病品种 在引种和栽种栗苗时，应严格汰除病苗。实生苗嫁接时，应提高嫁接部位。在发病较重的地区，应选用抗病耐寒品种。

（3）药剂防治 在栗树萌发时，用快刀将病变组织及带菌组织彻底刮除，刮后选用10°Bé石硫合剂、60%腐植酸钠50～75倍液、10%甲基或乙基大蒜素200倍液加0.1%平平加涂抹病部，将刮下的病组织深埋或烧毁。

复习检测题

1. 柑橘黄龙病症状表现有哪些？该病如何传播？应采取哪些有效措施防治？
2. 柑橘溃疡病症状表现有哪些？该病如何传播？应采取哪些有效措施防治？
3. 香蕉束顶病的症状有何特点？简述其发生规律和防治措施。
4. 荔枝霜疫霉病的症状表现如何？应如何防治？
5. 龙眼鬼帚病的症状表现如何？应如何防治？
6. 芒果炭疽病的症状有何特点？简述其发生规律和防治措施。

实验实训三十四 仁果类果树病害的症状及病原观察

【实训要求】

识别当地仁果类果树主要病害的症状及病原菌特征。

【材料与用具】

苹果树腐烂病、苹果干腐病、苹果轮纹病、苹果炭疽病、苹果斑点落叶病、苹果褐斑病、苹果白粉病，以及苹果、梨锈病、梨黑星病、梨黑斑病、梨轮纹病等病害的症状标本、散装标本、玻片标本及照片、挂图等。

显微镜、放大镜、载玻片、盖玻片、挑针、镊子、刀片、滴瓶、纱布、培养皿等。

【内容及步骤】

1. 症状观察

观察所列病害标本的主要症状特点，认真比较苹果树腐烂病、苹果干腐病和枝干轮纹病之间的症状差别；比较苹果轮纹病、炭疽病、褐腐病在果实上的症状差别；比较苹果斑点落叶病、褐斑病、灰斑病、轮斑病等叶斑病的症状差别。观察苹果褐斑病、苹果花叶病引起的不同症状类型。

观察梨黑星病和梨黑斑病在叶片、果实和新梢上的病斑形状、颜色、大小、发生部位，以及有无霉状物。观察苹果、梨锈病在苹果、梨树和龙柏上（转主寄主）的症状。

2. 病原菌观察

（1）选取具有典型病征的苹果树腐烂病、苹果轮纹病、炭疽病实验材料，做徒手切片，镜下观察其病原菌形态特征。注意子囊壳、分生孢子器、分生孢子盘着生位置、形态，及分生孢子梗和分生孢子形态、颜色、细胞个数。

（2）取苹果斑点落叶病病叶，在病征明显的病斑上，用刀片刮取黑色霉状物制成装片，镜下观察分生孢子梗及分生孢子的形态特点。

（3）取苹果褐斑病病叶，切下病征明显的病斑，进行徒手切片，镜检分生孢子盘、分生孢子梗和分生孢子的形态。

（4）取苹果白粉病病枝、叶，用挑针挑取白粉状物，制成玻片，镜检分生孢子梗及分生孢子的形态；在病枝上挑取黑色颗粒制成临时装片，镜下观察闭囊壳的形态及附属丝的类型和特点，然后用挑针轻轻挤压盖玻片，将子囊及子囊孢子压出，观察其形态和数目。

（5）制片观察梨黑星病病原菌，注意孢子梗的形态、粗细、长短、曲直，梨黑星病菌的分生孢子梗有无孢子痕；分生孢子的形态、大小、形状、有无分隔；梨黑斑病菌的分生孢子有无纵隔、有无喙胞。

（6）制片观察苹果、梨锈病病菌各种孢子的形态特征。

【实训作业】

1. 列表比较三种枝干病害的症状区别。
2. 列表比较苹果果实轮纹病、炭疽病、褐腐病的症状异同。
3. 绘制苹果树腐烂病、苹果轮纹病病原菌图。
4. 绘制梨黑星病菌分生孢子、分生孢子梗和梨锈病菌冬孢子形态图。

实验实训三十五　仁果类果树病害调查与防治

【实训要求】

了解当地仁果类果树病害的种类、发生与为害情况，学习果树病害的调查方法，为防治奠定基础。

【材料与用具】

放大镜、镊子、枝剪、挠子、切接刀、采集箱、标本夹和显微镜等室内病害鉴定常规仪器用具等。

【内容及步骤】

1. 苹果病害种类调查

选择病害发生较重的苹果园，分成小组，在不同时期以普查方式进行调查。采集病害标本，带回室内鉴定种类，目测发生轻（＋）、中（＋＋）、重（＋＋＋），列表记载发生轻重程度（表 11-2）。

表 11-2　苹果病害调查记载表

病害名称	寄主及品种	为害部位	为害程度	症状或为害状特点

2. 苹果重点病害发生和为害情况调查

在普查的基础上，选择当地 1～2 种苹果主要病害，调查统计其发生和为害情况，计算其被害率和病情指数。

苹果树腐烂病调查：用棋盘式或顺行式取样100株以上，统计发病株率和每株平均病疤数，根据五级分级标准计算病情指数，填入表11-3。

表 11-3　苹果树腐烂病发生情况调查表

调查地点：　　　　　　　调查日期：　　　　　　　调查人：

品种	树龄	调查株数	发病株数/%	总病疤数	新生病疤数	每株平均病疤数	各级病株数					病情指数	备注
							0	1	2	3	4		

注：新生病疤包括新发病的病疤和在旧病疤旁重新发病的病疤。

苹果树腐烂病分级标准为：
0级　枝干无病。
1级　树体有小病疤或1~2块大病疤（15cm左右），树干齐全，对树势无明显影响。
2级　树体有多块病疤，或在粗大枝干部位有3~4个较大病疤，枝干基本齐全，对树势有些影响。
3级　树体病疤较多，或粗大枝干部位有几个大病疤（20cm以上），已锯除1~2个主枝或中心干，树势和产量已受到明显影响。
4级　树体遍布病疤或粗大枝干的病疤很多或很大，枝干残缺不全，树势极度衰弱，以致枯死。

3. 梨树病害种类调查

选择病害发生较重的梨园3~5个，分成小组在不同生育期以普查方式进行调查，采集病害标本，带回室内，鉴定病害种类，目测发生轻（＋）、中（＋＋）、重（＋＋＋）程度，列表记载。

4. 梨树重点病害发生和为害情况调查

根据普查结果，选择当地梨树上发生为害重的病害1~2种，调查统计其发生数量和为害情况，计算其被害率和病情指数。分级标准由任课教师提前制定、准备。记载表由学生根据苹果重点病害调查记载的表格设计。

【实训作业】
1. 采集和制作苹果、梨主要病害标本。
2. 根据苹果或梨树病害发生调查结果，提出主要病害的防治意见。

实验实训三十六　葡萄病害症状及病原观察

【实训要求】

认识葡萄主要病害症状和病原菌。了解当地葡萄病害的种类。学会鉴定病害的方法，为防治奠定基础。

【材料与用具】

葡萄白腐病、葡萄黑痘病、葡萄霜霉病、葡萄炭疽病、葡萄房枯病、葡萄黑腐病、葡萄白粉病、葡萄褐斑病、葡萄轮斑病、葡萄蔓枯病、葡萄锈病等病害的标本、实验材料及玻片标本。

显微镜、放大镜、挑针、刀片、滴瓶、载玻片、盖玻片、培养皿等。

【内容及步骤】

1. 观察葡萄白腐病在穗轴、果梗、果粒、枝蔓和叶片上的症状，切片观察其病原菌的分生孢子器和分生孢子的形态，注意发病部位的颗粒状物的颜色和分生孢子器壁的厚薄及底部的丘形凸起。比较观察葡萄炭疽病、葡萄白腐病、葡萄房枯病、葡萄黑腐病等在果梗、果粒和穗轴上的症状区别。用自制切片或永久玻片观察病原菌的形态。

2. 观察葡萄霜霉病、葡萄褐斑病等叶部病害症状标本。观察病原菌的形态特点。注意观察葡萄霜霉病菌的孢囊梗的分枝特点、葡萄褐斑病分生孢子梗是否成束及分生孢子的形态和颜色等。

3. 观察当地葡萄其他主要病害的症状和病原。

【实训作业】

1. 绘制葡萄白腐病、葡萄霜霉病、葡萄褐斑病等葡萄主要病害的病原形态图。
2. 列表比较葡萄白腐病、黑痘病、炭疽病、房枯病、黑腐病等病害在果粒上的症状区别。
3. 总结什么样的病害症状制片时，需要挑、刮还是切？

实验实训三十七　柑橘病害的症状及病原观察

【实训要求】

识别当地柑橘主要病害的症状及病原特征，并根据症状和病原能正确地诊断病害。

【材料与用具】

柑橘黄龙病、柑橘溃疡病、柑橘疮痂病、柑橘炭疽病、柑橘绿霉病和青霉病、柑橘脚腐病、柑橘树脂病等的标本和病原菌玻片，以及病害挂图、光盘和幻灯片等。

显微镜、载玻片、盖玻片、贮水滴瓶、挑针、刀片、搪瓷盘、幻灯机、多媒体设备等。

【内容及步骤】

1. 柑橘黄龙病的症状观察

观察时注意黄梢上的黄花叶与斑驳的黄花叶的区别，斑驳叶与缺素症的区别，以及病果的形状、大小和口味。

2. 柑橘叶部病害观察

比较观察柑橘溃疡病、柑橘疮痂病、柑橘炭疽病病叶形状、颜色，有无黄色晕圈。切片观察疮痂病菌、炭疽病菌的分生孢子盘及分生孢子。

3. 柑橘果实病害的观察

比较观察柑橘溃疡病、柑橘疮痂病、柑橘炭疽病病果症状，注意观察果实大小、果皮颜色，果表是否光滑。比较观察柑橘青霉病与柑橘绿霉病的症状及区别。挑取病部霉层制片观察青霉病菌、绿霉病菌分生孢子梗及分生孢子。

4. 柑橘枝干病害的观察

比较观察柑橘脚腐病与柑橘树脂病的症状及区别。

【实训作业】

1. 绘柑橘疮痂病、柑橘炭疽病、柑橘青霉病、柑橘绿霉病的病原形态图。
2. 列表比较柑橘溃疡病与柑橘疮痂病以及柑橘青霉病与柑橘绿霉病的症状区别。

实验实训三十八　柑橘病害的田间调查与防治

【实训要求】

了解当地柑橘园病害种类、发生及为害情况，熟悉调查方法，进行当地主要病害的防治工作,加强实际操作技能训练。

【材料与用具】

放大镜、标本采集用具、记录本、铅笔,根据防治内容选定农药、器械和材料等。

【内容及步骤】

1. 柑橘主要病害发生及为害情况调查

选择当地柑橘有代表性的果园,分组调查柑橘病害的种类及主要病害发病率。

2. 柑橘枝干病害调查

一般可采用对角线或分行取样 100 株以上,统计病株率和病情指数记入表 11-4。

表 11-4 柑橘枝干病害调查记载表

调查地点:　　　　　调查时间:　　　　　调查人:

病害名称	品种	调查株总数	病株数	发病率/%	病害严重度分级					病情指数	备注
					0	1	2	3	4		

3. 柑橘溃疡病调查

一般可采用对角线取样法,按东、南、西、北、中五个方位,各调查 500 张叶片(果实调查 100 个),统计病叶率(或病果率),同时检查地面脱落的病叶率、病果率。

4. 柑橘果实病害调查

在柑橘采收期,结合果实的分级、包装,调查统计果实病害的种类和病果率。

5. 防治

根据调查和统计情况,以当地柑橘的一种主要病害为主,制定出综合防治方案,并进行实际防治操作。

【实训作业】

1. 采集、制作当地柑橘主要病害标本。
2. 写出普查及重点调查的调查结果,并提出防治措施。
3. 结合当地柑橘的一种主要病害的防治操作,分析不同防治措施的田间防病效果。

实验实训三十九　热带果树病害的症状及病原观察

【实训要求】

认识当地香蕉、荔枝、龙眼、芒果主要病害的症状和病原特征,并根据症状和病原能正确地诊断病害。

【材料与用具】

香蕉束顶病、镰刀菌枯萎病、炭疽病、荔枝霜疫霉病、龙眼、荔枝炭疽病、龙眼、荔枝鬼帚病、芒果炭疽病、蒂腐病、白粉病等病害的标本和病原菌玻片,以及病害挂图、光盘及幻灯片等。

显微镜、载玻片、盖玻片、贮水滴瓶、挑针、刀片、搪瓷盘、幻灯机、多媒体设备等。

【内容及步骤】

1. 观察香蕉束顶病、香蕉炭疽病的标本,注意香蕉束顶病有无病征,并剖视茎秆和根茎部观察维管束颜色。观察香蕉炭疽病果皮颜色变化,果实是否腐烂。切片观察香蕉炭疽病菌分生孢子梗及分生孢子。

2. 观察香蕉镰刀菌枯萎病病株，注意病叶凋萎倒垂及假茎叶鞘爆裂状。横切病根茎，观察横切面上维管束是否变色。挑取维管束内的病组织制片，镜检分生孢子的形态。

3. 观察荔枝霜疫霉病标本，注意果皮颜色，果肉是否腐烂、发出酒味或酸味，是否流出褐色汁液，潮湿时病部表面是否长出白色霜霉状物。挑取白色霜状霉层制片观察孢囊梗及孢子囊。

4. 观察龙眼、荔枝鬼帚病标本，注意病嫩叶叶缘是否向内弯曲成条状，叶尖向上卷曲，似月牙形，不能伸展。

5. 取芒果炭疽病、芒果蒂腐病、芒果白粉病标本，观察芒果炭疽病病果是否裂开或稍凹陷，病部是否产生粉红色的孢子团，切片镜检分生孢子盘和分生孢子的形态；注意芒果蒂腐病发病部位、病斑颜色，果实是否腐烂、流汁液。流出的汁液是否有酸味。观察芒果白粉病幼嫩组织上的白色粉状物，病叶是否扭曲畸形。挑取病部白粉状物制片，镜检分生孢子形态。

【实训作业】
1. 绘香蕉炭疽病、荔枝霜疫霉病、芒果白粉病的病原形态图。
2. 描述香蕉束顶病、荔枝和龙眼鬼帚病、芒果炭疽病、芒果蒂腐病症状特征。

实验实训四十 核果类果树及其他果树病害症状及病原观察

【实训要求】
识别核果类果树及其他果树主要病害的症状和病原菌，为防治病害奠定基础。

【材料与用具】
桃褐腐病、桃疮痂病、桃腐烂病、桃炭疽病、桃细菌性穿孔病、桃流胶病、李囊果病、杏疔病、柿角斑病、柿圆斑病、枣疯病、枣锈病、核桃细菌性黑斑病、板栗枝枯病等本地发生的其他果树病害症状标本、实验材料和病原菌玻片标本。

显微镜、放大镜、挑针、刀片、滴瓶、载玻片、盖玻片、培养皿等。

【内容及步骤】
1. 观察桃褐腐病、桃疮痂病、桃腐烂病、桃炭疽病在果实、叶片、枝干上的症状特点，并制片用显微镜观察病原菌特征。
2. 观察桃缩叶病、李囊果病、杏疔病的症状特点，并在显微镜下观察病原菌特点。
3. 观察细菌性穿孔病在叶片和枝梢上的症状特点，并注意细菌性穿孔病与其他穿孔病在症状上的区别。
4. 观察当地桃、李、杏等核果类果树的其他病害的症状和病原菌形态。
5. 观察柿角斑病、圆斑病干制标本，注意其症状的区别。观察病原菌玻片标本。
6. 观察枣疯病的症状特点。
7. 观察核桃黑斑病的症状特点。学习通过制片观察细菌溢、诊断细菌病害的方法。
8. 观察枣锈病、板栗枝枯病的干制标本，注意各病害的症状特点。观察病原菌玻片标本。

【实训作业】
1. 绘制桃褐腐病菌的分生孢子梗和分生孢子图。

2. 绘桃缩叶病病原菌的子囊及子囊孢子图。
3. 列表比较桃树褐腐病和炭疽病的症状区别。
4. 绘柿树几种叶斑病的症状图。
5. 绘枣锈病、板栗枝枯病、银杏茎腐病的病原菌形态图。
6. 绘观察到的细菌溢图。

参考文献

[1] 董金皋. 农业植物病理学（北方本）. 北京：中国农业出版社，2001.
[2] 侯明生，黄俊斌. 农业植物病理学. 北京：科学出版社，2006.
[3] 方中达. 中国农业植物病害. 北京：中国农业出版社，1996.
[4] 北京农业大学. 农业植物病理学. 北京：农业出版社，1982.
[5] 华南农学院，河北农业大学. 植物病理学. 北京：农业出版社，1980.
[6] 陈庆恩，白金铠. 中国大豆病虫图志. 长春：吉林科学技术出版社，1987.
[7] 马润年. 大豆顶枯病病原初探. 山西农业大学学报，1985，5（2）：159-162.
[8] 王玉民，王宁. 大豆顶枯病发生与防治. 植保技术与推广，1999，19（1）：171.
[9] 徐映明，朱文达. 农药问答精编. 北京：化学工业出版社，2007.
[10] 农业部农药检定所. 新编农药手册. 北京：农业出版社，1989.
[11] 农业部农药检定所. 新编农药手册（续集）. 北京：中国农业出版社，1998.
[12] 中国农作物病虫图谱编绘组. 中国农作物病虫图谱·油料病虫（一）. 第2版. 北京：农业出版社，1992.
[13] 费显伟. 园艺植物病虫害防治. 北京：高等教育出版社，2010：7-10，49-52，65-611.
[14] 程亚樵. 园林植物病虫害防治. 第2版，北京：中国农业大学出版社，2011：142-1461.
[15] 林达. 植物病理学实验实习指导. 北京：农业出版社，1993：33-351.
[16] 方中达. 植病研究方法. 北京：高等教育出版社，1957：7-81.
[17] 徐树清. 植物病理学. 北京：农业出版社，1993.
[18] 许志刚. 普通植物病理学实验指导：下册. 北京：科学出版社，2006.
[19] 刘鸣韬，马桂珍. 蔬菜保护学. 北京：中国农业科学技术出版社，2001.
[20] 刘大群，董金皋. 植物病理学导论. 北京：科学出版社，2007.
[21] 陆家云. 植物病害诊断. 第2版. 北京：中国农业出版社，1997.
[22] 陈利锋，徐敬友. 农业植物病理学（北方本）. 北京：中国农业出版社，2001.
[23] 侯明生，黄俊斌. 农业植物病理学. 北京：科学出版社，2006.
[24] 李洪连，徐敬友. 农业植物病理学实验实习指导. 北京：中国农业出版社，2001.
[25] 华南农业大学，河北农业大学. 植物病理学. 北京：中国农业出版社，2000.
[26] 崔金杰，马奇祥，马艳. 棉花病虫害诊断与防治原色图谱. 北京：金盾出版社，2004.
[27] 王久兴，孙成印. 蔬菜病虫害诊治原色图谱葱蒜类分册. 北京：科学技术文献出版社，2004.
[28] 梁金兰. 蔬菜病虫实用原色图谱. 郑州：河南科学技术出版社，1996.
[29] 王久兴. 图解蔬菜病虫害防治（一）. 天津：天津科学技术出版社，2002.
[30] 谢连辉. 普通植物病理学. 北京：科学出版社，2006.
[31] 陆家云. 植物病原真菌学. 北京：中国农业出版社，1997.
[32] 李涛. 植物保护. 北京：化学工业出版社，2009.
[33] 方中达. 植病研究法. 第2版. 北京：中国农业出版社，1997.
[34] 张海军，李泽芳. 绿色木霉GY20对棉花枯萎病菌的抑菌作用. 西北农业学报，2012，21（8）：193-197.
[35] 徐小浪，曾金国. 防治辣椒病毒病的技术措施. 现代园艺，2016，（6）：143-144.
[36] 张蕊，张贺，刘晓妹等. 杀菌剂对芒果蒂腐病菌的抑菌活性及复配增效作用. 农药，2016，55（6）：463-465.
[37] 周喜新，周倩，胡日生等. 烟草黑胫病生物防治研究进展. 江西农业学报，2011，23（7）：124-126.
[38] 贾志成，郑加强，黄雅杰等. 柑橘黄龙病热处理防治技术研究进展. 农业工程学报，2015，31（23）：1-9.
[39] 项鹏，陈立杰，朱晓峰等. 种子处理诱导大豆抗胞囊线虫病的生防细菌筛选与鉴定. 中国生物防治学报，2013，29（4）：661-666.
[40] 管磊，郭贝贝，王晓坤等. 苯醚甲环唑和氟啶胺的两种制剂包衣种子对花生土传真菌病害的防治效果. 中国农业科学院，2015，48（11）2176-2186.

■ 彩图 1 植物病害症状示意图

1 花叶；2 黄化；3 肿瘤；4 溃疡；5 穿孔；6 流胶；7 软腐；8 疮痂；9 萎蔫；10 叶枯；11 丛枝；12 黑脚（胫）；13 维管束变褐

■ 彩图 2 稻瘟病（叶瘟慢性型）

■ 彩图 3 水稻胡麻斑病（病叶）

■ 彩图 4 稻曲病

■ 彩图 5 小麦条锈病（病叶）

■ 彩图 6 小麦叶锈病（病叶）

■ 彩图 7 小麦腥黑穗病（病穗）

■ 彩图 8 小麦白粉病（病叶）

■ 彩图 9 小麦赤霉病（穗部症状）

■ 彩图 10 小麦赤霉病（穗轴发病）

■ 彩图 11　小麦纹枯病（茎秆发病症状）

■ 彩图 12　小麦根腐病（茎基腐症状）

■ 彩图 13　玉米大斑病

■ 彩图 14　玉米大斑病（田间症状）

■ 彩图 15　玉米小斑病

■ 彩图 16　玉米弯孢菌叶斑病

■ 彩图 17　玉米瘤黑粉病（雌穗发病症状）

■ 彩图 18　玉米丝黑穗病

■ 彩图 19　高粱炭疽病（叶部症状）

彩图 20　高粱丝黑穗病

彩图 21　玉米锈病

彩图 22　玉米褐斑病（叶片发病症状）

彩图 23　玉米褐斑病（叶鞘发病症状）

彩图 24　玉米青霉病

彩图 25　油菜菌核病（病茎）

彩图 26　大豆花叶病（轻花叶型）

■ 彩图 27 花生黑斑病

■ 彩图 28 花生褐斑病

■ 彩图 29 棉花角斑病（病叶）

■ 彩图 30 棉花黄萎病（发病株叶片症状）

■ 彩图 31 棉铃疫病

■ 彩图 32 棉铃红腐病

■ 彩图 33 棉铃红粉病

■ 彩图 34 白菜软腐病（外腐型）

■ 彩图 35 白菜黑腐病（发病叶片）

■ 彩图36 番茄灰霉病（病叶）

■ 彩图37 番茄灰霉病（病果）

■ 彩图38 番茄病毒病（蕨叶型）

■ 彩图39 番茄叶霉病

■ 彩图40 黄瓜霜霉病（病叶正面）

■ 彩图41 甜瓜白粉病（病叶）

■ 彩图42 西葫芦病毒病（花叶型）

■ 彩图43 菜豆锈病（夏孢子堆）

■ 彩图44 菜豆锈病（冬孢子堆）

■ 彩图45 豇豆煤霉病

■ 彩图 46　葱紫斑病

■ 彩图 47　芹菜斑枯病（病叶）

■ 彩图 48　茄子灰霉病（发病果实）

■ 彩图 49　丝瓜根结线虫病

■ 彩图 50　黄瓜灰霉病（病叶）

■ 彩图 51　黄瓜灰霉病（病花）

■ 彩图 52　菜豆细菌性疫病（发病叶片）

■ 彩图 53　苹果轮纹病（发病树干）

■ 彩图 54　苹果轮纹病（发病果实）

■ 彩图 55　梨锈病（性孢子器和锈孢子器）

■ 彩图 56 梨黑星病（病叶）

■ 彩图 57 梨黑星病（果实病斑）

■ 彩图 58 葡萄霜霉病（发病初期叶正面）

■ 彩图 59 葡萄霜霉病（叶背霜霉）

■ 彩图 60 葡萄炭疽病（病果）

■ 彩图 61 桃缩叶病